寒地半干旱区玉米抗逆提质增效栽培技术

◎杨克军　王玉凤　薛盈文　著

中国农业科学技术出版社

图书在版编目(CIP)数据

寒地半干旱区玉米抗逆提质增效栽培技术 / 杨克军，王玉凤，薛盈文著. --北京：中国农业科学技术出版社，2023.5

ISBN 978-7-5116-6421-1

Ⅰ.①寒…　Ⅱ.①杨…②王…③薛…　Ⅲ.①玉米-抗逆品种-高产栽培　Ⅳ.①S513

中国国家版本馆 CIP 数据核字(2023)第 170778 号

责任编辑　周丽丽
责任校对　李向荣
责任印制　姜义伟　王思文

出 版 者　中国农业科学技术出版社
北京市中关村南大街 12 号　　邮编：100081
电　　话　(010) 82109194 (编辑室)　　(010) 82109702 (发行部)
(010) 82109709 (读者服务部)
网　　址　https://castp.caas.cn
经 销 者　各地新华书店
印 刷 者　北京建宏印刷有限公司
开　　本　185 mm×260 mm　1/16
印　　张　19.75
字　　数　500 千字
版　　次　2023 年 5 月第 1 版　2023 年 5 月第 1 次印刷
定　　价　88.00 元

序　　言

东北地区是我国粮食作物的主产区，该区域主要涵盖辽、吉、黑三省及内蒙古东北部地区，由于地处高寒地区、加之受到区域气候因素的影响，东北地区的大部分土地仍处于“靠天吃饭”的生产境遇，年际间、作物生长季节内的降雨和积温分布不均，年际间、不同区域的产量水平波动较大。近年来，由于经济社会发展需要、国际粮食贸易需求旺盛，玉米的生产规模和经济效益呈现逐年增加的趋势，在东北地区的粮食生产中处于举足轻重的地位。

黑龙江省作为产粮大省，截至 2022 年已连续 13 年粮食产量位居全国第一，粮食自给率、粮食商品率、商品粮输出量等指标位居全国第一，广袤的黑土地为保障国家粮食安全做出了不可磨灭的贡献。玉米作为黑龙江省的主要粮食作物，在种植规模、总产和单产水平、比较效益等指标均高于省内的其他粮食作物。随着全球范围内的气候变暖，玉米在黑龙江省的种植区域逐年北移，在有效积温大于 2 100 ℃的的第一至第四积温带内大面积种植，虽有零星面积受到不利气候条件的影响，但生产形势总体较好，单产提升潜力较大，总体上适合规模种植和机械化管理，生产经营风险相对较小，比较效益高。这就给高寒半干旱地区的粮食生产提供了借鉴意义和研究价值。

黑龙江八一农垦大学玉米栽培和生理教研组从寒地半干旱地区的生产实际出发，借鉴国内外现有研究成果，并综合多年来的研究结果，对影响玉米生产的主要因素进行系统阐述，从“栽培方式、耕作方式、大量元素及其互作、中量元素、中量元素与大量元素的互作、肥密组合及膜下滴灌以及生物菌肥”对玉米群体结构、土壤理化性状、玉米产量和品质指标等指标进行系统阐述，力求为高寒半干旱地区的玉米产能提升贡献微薄的力量。

本著作共分为十一章，其中：第一章至第三章由薛盈文撰写，第四章、第六章至第十章由杨克军教授撰写，引言、第五章和第十一章由王玉凤撰写。本书是在国家重点研发计划“黑龙江省半干旱区春玉米机械化丰产增效技术体系集成与示范”（2018YFD300101）项目的支持下完成的。

此外，在撰写的过程中，吸收了部分专家、学者的学术成果和著述内容，在此衷心感谢他们对本书的支持。由于作者水平有限，对数据资料的汇总、数据分析和总结概括等方面仍有很多不足之处，敬请读者不吝指正。

著者

2023 年 3 月

目　录

引　言

玉米是世界三大粮食作物之一，玉米产业经济横跨第一、第二、第三产业，牵动整个农村经济的发展，其独具“粮—饲—经”三元结构属性，开发潜力大，是其他作物无法比拟的。近年来，随着石油资源的日趋紧张，玉米已成为一种非常重要的能源作物。中国是全球第二大玉米生产国，玉米在粮食生产中占有举足轻重的地位，在我国国民经济中具有越来越重要的地位。随着我国农业结构的进一步调整，在今后一段时期内，我国畜牧业和农产品加工业将得到不断发展与强化，玉米作为畜牧业的优质饲料和工业原料，需求量与日俱增。因此，发展玉米生产对国民经济和社会发展具有重要意义。东北地区作为保障我国粮食安全的“压舱石”，粮食总产约占全国的20%，对保障国家粮食供给和工业原料供应起到决定性作用。

多年来，针对如何提高玉米单产，涉农高校和科研单位围绕品种改良、栽培技术、土壤耕作、病虫害防治等多方面开展研究。黑龙江省受温带大陆性气候影响，冬季漫长寒冷、夏季炎热、雨热同季且分布不均，南北跨度较大，玉米种植主要集中在第一至第四积温带，不同地区的玉米产量因活动积温、土壤类型以及地形地势等因素的原因而呈现较大差异。因此，本书针对影响玉米生长发育和产量形成的研究成果进行分类汇总，以期对高寒半干旱地区的玉米生产提供理论依据和数据参考。

第一节　栽培方式对玉米群体结构和产量品质的影响

一、栽培方式与玉米群体结构

玉米群体结构包括几何形状、大田切片和数量性状。几何形状主要指茎叶夹角、叶向值、叶方位角。大田切片是指光合器官（叶片等）与非光合器官（茎、穗等）的空间分布状况，或者指玉米群体的垂直结构。数量性状主要指群体叶面积大小、生育状况和群体生产能力等。玉米群体结构代表群体的基本特性，是产生群体和个体差异的主要根源，与产量品质的关系密切。

（一）茎叶夹角与叶向值

自 Donald（1968）提出了玉米理想株型（紧凑型）的概念以来，作物株型问题得到了广泛重视和深入研究，已证明冠层结构优化可大幅度地提高生产力。茎叶夹角（叶片平面与茎秆垂直方向的夹角）与叶向值是构成玉米群体结构的两个重要因素。茎叶夹角越小，植株越紧凑，叶片坚挺上举，群体透光性好，有利于增加叶面积指数，充分利用光能；相反，茎叶夹角越大，群体透光性越弱，群体下层叶片的光截获数量越少。Pepper（1987）研究指出，除玉米叶片的叶倾角外，叶片下垂情况也在较大程度上影响群体中光的分布，并由此提出叶向值的概念。叶向值是表示叶片挺拔、上冲和在空间下垂程度的综合指标，其值越大，表明叶片上冲性越强，株型越紧凑；其值越小，则表明叶片平展，下垂程度大，上冲性差，株型越平展松散。

20世纪90年代初期，玉米株型能否增产是学术界争论的焦点之一，黄舜阶（1992）认为，株型是玉米增产中的一个重要因素，并对株型和杂种优势在增产中所占的份额以及株型与光能利用的关系进行了系统研究，其研究结果认为，杂种优势是玉米增产的主要因素，株型的作用很小。随着紧凑型玉米品种的大面积推广，并连续创造了玉米的高产纪录，以及围绕着玉米株型所展开的一系列理论研究，已经证实了株型在玉米增产中的作用。

徐庆章（1995）研究表明，玉米同株型之间的群体光合速率差别不大；不同株型对群体光合速率有显著影响，在高密度条件下，株型越紧凑，群体光合速率越高，紧凑型比平展型群体的平均光合速率高出约1/5。徐庆章（1995）通过茎叶夹角、叶向值与群体光合速率的比较，认为玉米最适茎叶夹角为10°；上部叶片适当小些，下部叶片适当大些，最优叶向值平均为64.63。王庆成等（1996）在大田条件下，通过人工改变株型的方法，测定比较平展型与紧凑型玉米品种在不同种植密度下的群体光合速率，结果表明，株型紧凑的玉米群体光合速率比平展型玉米群体高17.2%，籽粒产量增加5.3%~8.6%。

另外，有关施肥量与种植密度对茎叶夹角及叶向值的影响也有相关报道。有研究指出，高肥条件下，可使沈单10号、东单7号穗位以下的叶夹角显著缩小，叶向值显著增大；高密度条件下也可显著缩小穗位以下叶的茎叶夹角，增大叶向值。施肥量与种植密度互作可使沈单10号穗位以上叶的叶向值显著增大。穗位以上叶的叶向值随种植密度的增加而增加（陈志斌，2001）。薛吉全等（1995）研究指出，穗位以上叶片夹角随密度增加而明显减小，茎叶夹角有随叶片冠层增大而自动调节的能力，但这种能力是有限的，目前尚无叶夹角随密度变化的定量描述。

（二）叶面积指数（LAI）

玉米叶片是进行光合生产的主要器官。叶面积的大小和生长动态，是衡量玉米群体结构是否合理的依据之一，也是决定群体产量的重要指标。玉米一生中积累的干物质95%以上来自光合产物，其中90%是依靠叶片的光合作用生产的，整个生育期内植株绿叶面积的大小直接影响着群体光合能力和经济产量的形成，尤其是抽雄期与灌浆期对籽粒产量的贡献最大（赵明，1992）。在衡量群体的光合规模时，通常采用“叶面积指数”来表示，叶面积指数（LAI）是玉米光合面积中绿色叶片在利用光能合成有机物的间接指标。玉米产量的形成取决于光合面积、光合强度、光合时间、光合产物的消耗及其分配利用，在这5个方面中，光合面积是决定产量高低的主要因子。李登海等（1992）研究认为，紧凑型玉米高产杂交种的经济系数一般是0.50~0.55，而平展型玉米杂交种一般是0.40~0.50。

叶面积指数受密植程度、株型和施肥等多种因素的影响。王庆祥等（1987）研究发现，密度越高，叶面积指数增长越快，在生育中期，高密度群体较早获得最大叶面积指数，低密度群体最大叶面积指数出现的时间相对延迟；生育中后期，高密度群体稳定时间短，下降速度快，而低密度群体稳定时间相对较长，下降速度也比较平缓，因而使不同密度群体间叶面积指数的差距变小。杨克军（2001）研究发现，玉米单株绿色叶面积在整个生育进程中呈单峰曲线变化，但在不同栽培方式和种植密度条件下，玉米各生育阶段的LAI、LAD及群体内光的分布等指标均存在明显差异。大垄双行栽培方式下，玉米单株绿色叶面积增长迅速，LAI和LAD明显高于小垄栽培处理，进而可以有效地提高玉米的光能利用率。王继安（2000）指出，在提高大豆产量的育种工作上，应更加注意提高中层叶片的叶面积指数，适当照顾上层、下层叶面积，在生育后期虽然产量形成贡献较小，但它在前期的营养生长期起主导作用。为此，提出高产大豆的理想叶面垂直分布应为：下层叶面积大（利用前期营养体快速生长），中层叶面积大且光合时间长（鼓粒期主要功能叶），上层叶面积小（利于通风透光）的设想。关于玉米的最适叶面积指数，20世纪50年代，苏联学者尼奇博洛维奇提出玉米的最适叶面积指数为4，20世纪50—60年代国内学者研究表明，玉米产量随着叶面积指数的增加而增加，LAI超过4以后，玉米产量下降，这一观点一直持续到20世纪80年代中期。一个理想的玉米高产群体叶面积发展过程应该是“前快、中稳、后慢”。要实现这一过程，在育种上，要通过选育紧凑型品种来增加群体叶面积，改善叶片持绿性；在栽培管理上，要通过合理密植、科学的肥水管理、病虫害防治、规范田间管理等措施，增加玉米生育前期群体的光合面积，延长叶面积稳定期，降低后期叶片的衰老速度，才能构建光能利用率高的玉米群体，为实现玉米持续高产奠定基础。

二、栽培方式与玉米冠层特性

（一）玉米叶片光合速率

光合作用是玉米干物质积累和籽粒产量形成的生理基础，通过光合作用将二氧化碳和水同化为富含能量的有机物。玉米群体进行光合作用的主要器官是叶片，单叶光合能力的强弱是影响群体光合的最大因素。光合速率是衡量单叶光合作用强弱的单位，即：单位叶面积在单位时间内同化二氧化碳的数量，或者是单位叶面积单位时间内积累干物质的数量。因此，深入研究单叶的内部结构、光合特性以及环境因子对单叶光合的影响，对提高玉米群体光合效率、增加产量具有重要意义。

徐庆章（1995）通过人工改型的办法测定5种不同密度下的群体光合速率，结果表明，同一基因型的不同株型对玉米群体光合速率有显著影响，特别是高密度下影响更明显；改为紧凑株型后的最高群体光合速率及其最适密度高于平展型，紧凑型的平均群体光合速率比平展型的高19.09%。包岩（2006）研究表明，玉米群体适宜的冠层结构特征增强了群体的光合特性，尤其是灌浆期以后更明显。光合速率的日变化呈单峰曲线，一天中最大值出现在12:00左右。不同群体内不同层次叶片光合速率为：中层叶＞上层叶＞下层叶。王崇桃（1997）研究表明，玉米大喇叭口期追施N肥可提高玉米群体光合速率，有利于提高玉米产量。胡昌浩（2005）针对不同株型夏玉米品种群体光合速率与产量的关系进行研究，结果表明，玉米高产群体的最适叶面积指数为：紧凑型品种为6~7，平展型品种为4~5。王庆成（1996）研究指出，种植密度是影响群体光合速率的重要因素。光合速率在抽丝前比抽丝后受密度的影响相对较小，随密度增加而提高。密度过高时，光合速率最高值出现较早，但出现高值后下降速度也较快。肥料对玉米群体光合速率的影响，主要是通过对玉米生育状况的影响实现的。缺肥地块，玉米生长差，光合面积小，群体光合速率低，叶片功能期短；肥水供应充足、栽培管理精细的地块，玉米生长健壮，发育良好，光合面积大，叶片功能期长，群体光合速率高（王庆成，2001）。

（二）玉米叶片蒸腾速率与气孔导度

玉米的蒸腾作用是指水分通过其植株表面（主要是叶片）以气体状态散失到体外。蒸腾速率（Transpiration rate）也叫蒸腾强度，是植物在单位时间内、单位叶面积通过蒸腾作用而散失的水分，是蒸腾作用的重要指标。蒸腾作用通过保持体内的水分动态平衡而使植物正常生长发育，获得高产稳产。蒸腾作用和光合作用的对外门户都是“气孔”，气孔是蒸腾过程中水蒸气与二氧化碳从植物体内排出体外的主要出口，气孔的状态直接决定光合作用效率（Photosynthesis efficiency）的高低，气孔开闭程度一般用气孔导度（Stomata conductance，Sc）表示。相关研究表明（佟屏亚，2001；Daynard，1983），不同的冠层结构及不同作物，蒸腾速率、光合速率以及水分利用效率不同。因此，通过比较蒸腾作用与气孔导度的变化，是研究高光效玉米群体的重要途径（刘萱，1990；蔡永萍，1996）。

徐克章等（2001）研究表明，在高密度下，耐密型品种中层叶片能保持较高的蒸腾速率和气孔导度，蒸腾速率与气孔导度的变化呈显著正相关，从蒸腾速率和气孔导度的角度出发，探索合理群体结构具有一定的可行性。蔡永萍（1996）研究表明，气孔导度与蒸腾速率之间呈明显正相关，有密切的线性关系。气孔导度影响蒸腾速率的变化，当玉米叶片气孔导度小时，其气孔阻力增大，降低蒸腾速率，有利于减少水分损失，玉米叶片的相对含水量与蒸腾速率、气孔导度间呈显著负相关。王庆成（2001）将玉米群体分为不同层次并将各叶层群体光合速率占群体总光合百分率进行比较，发现不同株型、不同层次叶片的玉米群体光合速率分布呈现明显差异。

（三）玉米冠层内光合有效辐射（PAR）

光合有效辐射（Photosynthetic active radiation，PAR），在光合作用中，绿色植物只能利用太阳辐射中波长为380~710 nm（另有400~700 nm）的可见光部分，它在玉米群体内分布状况与光能利用率和产量有密切的关系。因此，构建合理的群体结构，改善群体内部的光合有效辐射分布状况对提高光能利用率、增加玉米产量具有十分重要的实践意义（邹琦，1994；赵会杰，2002）。

早在20世纪50年代，国外对光合有效辐射已开展相关研究。日本学者Monsi和Saeki最早于1953年将比尔定律用于描述植被冠层辐射的传输和分布，将植被冠层看成一个均匀的整体，按高度切分成多层，并测定各层中的叶面积和光强，建立了叶面积和光强的分布关系（高晓飞，2004）。从20世纪50年代末开始，大多关于植被冠层内光分布的理论研究都沿这个思路发展，主要是根据植物冠层非均质、叶方位非随机分布以及叶片的叶倾角等对其基本假定作了补充和修改，并建立了一系列复杂的植物冠层辐射传输模型（Norman，1983）。我国学者对这方面的研究较晚，最早由刘洪顺（1980）对PAR进行了测定，随后，董振国（1989）和周允华（1984）等分别对农田和森林光合有效辐射的入射率、反射率和透射率进行了测定，这些研究大多侧重于到达冠层上方的光能强度。王锡平（2004）曾用ACCUPAR冠层分析仪对玉米冠层内的光合有效辐射进行了三维测定与分析。作物冠层光合产量及其生物产量的形成受到冠层结构的影响。在一定的生长环境条件下，其冠层叶片光合能力大小取决于吸收的光合有效辐射以及叶片的生理特性，光合有效辐射在植被冠层中的分布除受到辐射强度的影响外，还受到叶片生理生态特性、冠层形状、叶角分布、叶面积指数以及太阳高度角的影响。栽培措施方面，在不同栽培方式、种植密度、肥力水平下，玉米各层次PAR在整个生育时期内动态变化的研究还较少。

三、栽培方式与玉米根际土壤微生态

土壤温度、容重、水分、孔隙度等物理性状是影响作物生长发育、产量和品质的重要因素。在作物生长过程中，物理性状不同的土壤在保水、保肥、供水和供肥能力出现显著差异，生产实践证明，作物高产不仅需要土壤中各种养分充足平衡，而且要求各项物理性状适宜协调。土壤酶在土壤生态系统的物质循环和能量转化中起着非常重要的作用，它催化土壤中的一切生物化学反应，其活性大小是土壤肥力的重要标志，反映土壤中各种生物化学过程的强度和方向。土壤温度影响植物的生长发育、土壤的形成和性状。此外，土壤空气和土壤水的运动也与土壤温度有密切关系。土壤物理特性既是影响作物生长发育的重要环境指标，又是土壤肥力因素的重要内涵。土壤物理特性的优劣，不仅取决于自然成土条件，且受人为措施的影响，特别是耕作制度的影响最为突出。紧实度是土壤重要的物理性状之一，它是衡量土壤中三相物质的存在状态和容积比例的重要指标，它对土壤的水、肥、气、热及其物理、化学和生物学过程等因素有调控作用，进而对植物养分吸收和根、叶等器官和植株的生长发育产生重要影响。关于土壤酶活性与肥力的关系、秸秆还田对土壤酶活性的影响已有不少报道。耕作方式显著影响着微生物活性，同常规耕作相比，免耕土壤有更丰富多样的土壤微生物、线虫、节肢动物，并能显著提高土壤微生物的数量及活性。

四、栽培方式与玉米地上干物质积累动态变化

（一）玉米地上植株干物质积累动态变化

玉米同化产物可以用干物质的积累数量来表示。植株的生长发育过程，就是干物质的不断积累。籽粒产量的形成是光合产物的积累。因此，干物质积累是形成玉米籽粒产量的物质基础，提升干物质积累量，并加大干物质在籽粒中的分配比率，是提高玉米籽粒产量的根本途径。

产量和干物质总量及经济系数都呈正相关关系，但产量和干物质总产量的相关更密切。陈国平（1994）研究表明，产量和干物质总量的相关系数 $r=0.9731$，在一定范

围内，干物质产量越高，籽粒产量也就越高，二者的关系可用方程 $y=95.65+0.5968x$ 表示，从回归系数可以看出，随着干物质量的增加，籽粒产量增加的部分超过50%。黄舜阶（1963）研究指出，玉米植株生长速度在生育前期和后期较慢，中期较快，可以划分为指数增长期（出苗至拔节）、直线增长期（拔节至抽雄）、缓慢增长期（抽雄至成熟），干物质积累主要在中后期。一般认为，干物质生产的量与籽粒产量有着更直接关系。从大喇叭口期到乳熟末期，是玉米叶面积系数最高、干物质生产能力最强的时期，称之为干物质生产的关键时期，要想获得高产，就必须全力提高这一时期的干物质生产。不同品种最后干物质产量的差别，主要表现在这一时期干物质生产能力的不同。关于干物重的增长过程，大多数学者研究认为符合“S”形曲线形式，可以用Logistic 方程进行模拟。黄瑞冬研究认为，Logistic 方程所描述的干物质增长曲线为单峰曲线，与作物干物质积累所常见的双峰或多峰波动现象不一致。因此，对于双峰或多峰增长曲线应采用作物生长率的积分方程来模拟（黄瑞冬，1993）。佟屏亚研究指出，玉米干物质积累高峰出现在玉米叶片全部展现、雌穗花丝授粉的时期。玉米在拔节期干物质分配的顺序是：叶片＞叶鞘＞茎秆，穗位叶展现期（雄穗小花分化结束）分配顺序是：叶片＞茎秆＞叶鞘＞雌穗；抽穗期分配顺序是：茎秆＞叶片＞叶鞘＞雌穗；籽粒成熟期分配顺序是：雌穗＞茎秆＞叶片＞苞叶＞叶鞘（佟屏亚，2000），胡昌浩等（1995）的研究结果也得出类似结论。戴俊英等（1988）研究指出，除了苗期，其余各生育时期的干物重与产量的相关都达到了显著水平，并用二次多项式描述了二者的关系，求出各时期的最适干物重。佟屏亚（1994）研究结果表明，不同时期的干物重与产量之间有一定的相关性，并且拔节后 10 d 以前及抽雄后 40 d 以后的干物重与产量的相关达到了显著水平。

（二）玉米籽粒灌浆动态

Simmon 等研究指出，大部分对玉米产量有贡献的同化物质都是在吐丝后产生的，不同播期试验中，只有不到10%的最终产物来自吐丝前的同化物（刘凤宁，1988）。玉米籽粒 80%以上的产量来自灌浆期的生殖生长。陈国平（1994）、孙月轩（1994）等研究认为，玉米籽粒产量与花后干物质积累呈极显著线性正相关，而与吐丝期的干物质积累呈二次曲线关系。Johnson et al.（1972）指出，玉米籽粒产量是籽粒发育期所积累的籽粒干物质总和，在灌浆期籽粒干物质积累随时间呈直线增加。

五、栽培方式与玉米籽粒品质

玉米籽粒营养品质和其他性状一样，是由基因型、环境及其相互作用决定的，其中任一因素的变化都会影响到营养物质的含量。国外在作物品质方面，既重视作物遗传因素的作用，也重视外界环境条件和农业技术措施对品质的影响。国内也有玉米品质随着播种期、种植密度、收获期等栽培措施而变化的相关报道，但研究结论不尽相同。

玉米的产量和品质除受遗传因素影响外，还要受到环境条件及栽培措施的影响，在大田生产中，合理密植和科学施肥是重要的增产措施。阮培均等（2004）研究显示，在一定范围内增加密度和氮肥施用量对提高玉米产量及其籽粒中的粗淀粉、粗脂肪、粗蛋白质、赖氨酸、色氨酸的含量有明显作用，其中随着密度增加，籽粒粗淀粉、粗脂肪、粗蛋白质的含量均有所提高。何世炜等（2003）研究了氮肥施用量和种植密度对玉米产量的影响，结果表明，增施氮肥、增加种植密度对玉米生物量有显著的增大效应，当种植密度为 15 万株/hm^2、施氮量 237 kg/hm^2 时，玉米生物量最高，达到 32 584.7 kg/hm^2，比常规种植密度（9 万株/hm^2）增大 26%。马兴林等（2004）研究了种植密度与施氮水平对中单 9409产量及籽粒粗蛋白质含量的影响，试验结果指出，在 4 个施氮水平下，玉米产量随种植密度的变化趋势基本一致，从 3 万株/hm^2 增至 6 万株/hm^2 时，产量提高，密度继续增加到 9 万株/hm^2 时，产量下降，即密度过高与过低不利于提高玉米产量。陈志辉等（1996）针对春玉米密肥调控的研究指出，种植密度和氮肥用量是影响玉米高产的主导因子。

增加种植密度，将会降低玉米的单株穗粒数，在密度、氮肥、磷肥和钾肥四个因素中，密度对玉米产量影响最大（李明，2004）。合理密植条件下，可使群体发育协调、群体结构合理，并且个体生产能力高、产品质量好（赵化春，2001）。玉米总产量是由单株发育和群体效应相互协调的结果，种植密度通过影响玉米单株和群体光合而影响产量，籽粒中的蛋白质、脂肪和淀粉含量总和变化趋势是随密度增加呈现“先降后升”的趋势，王鹏文（1996）的研究结果表明，玉米产量和密度表现出非线性关系：$y=4\,142.7x-318.9x^2$，对于紧凑型普通玉米掖单 54 的研究结果表明，在种植密度为每公顷 5 万株、6 万株、7 万株、8 万株的范围内，淀粉含量表现为“减—减—增”的变化趋势。郑延海等（2004）在高产玉米密度及氮磷肥用量优化方式的研究中指出，在种植密度、氮肥、磷肥 3 个因素中，种植密度对夏玉米的产量影响最大。马兴林等（2005）研究表明，随着种植密度增加，高淀粉玉米郑单 18 的蛋白质含量和油分含量逐渐下降，淀粉含量上升。许崇香等（2005）选取 4 个高淀粉早熟玉米品种，研究 4 个种植密度对早熟高淀粉玉米品种籽粒中淀粉含量的影响，结果表明，不同种植密度直接影响籽粒淀粉含量，而不同玉米品种在不同种植密度下的籽粒淀粉含量不同，不同密度处理淀粉产量的差异主要由群体产量差异引起的。侯鹏（2005）研究了氮肥及密度对高淀粉玉米产量与品质的影响，结果表明，增加密度，高淀粉玉米品种——迪卡 1 号的粗蛋白质含量与淀粉含量下降；粗脂肪含量则表现为先降低后增加的趋势。刘兴贰等（2006）针对 3 个高淀粉玉米新品种开展适宜种植密度的研究，结果表明，在中等生产条件下，可采用适宜密度的下限，以求高产稳产；在高肥水条件下和较高的生产管理水平区，采用最佳密度，以求达到最高单产。

氮肥作为玉米的生命元素，对产量的影响最大，但也有一个合适范围，施氮量过高对产量仍会产生不利影响。在 20 世纪杂交育种获得成功以后，玉米的单产潜力得到了大幅度的提高。人们通过一系列栽培措施来不断挖掘这一巨大潜力，其中增施氮肥是一项必不可少的措施。耿玉翠（1999）研究表明适量增施氮肥可抗倒伏，提高比叶重，延缓叶片衰老，增加干物质积累，可延长干物质直线增长期，增加玉米 LAI 和单株穗粒数，进而增加产量。氮肥在改善玉米品质和提高玉米产量起着重要的作用。前人在施氮量对玉米籽粒品质的影响方面进行了较细致的研究。一般认为，多施氮肥能有效提高玉米籽粒粗蛋白含量，但在施氮量对玉米籽粒淀粉含量的影响还存在不同意见。在一定施氮水平范围内，随着施氮量的增加，籽粒蛋白质含量和玉米产量均表现增加的趋势。贺竞赪等（1988）提出，增加氮肥施用量在提高玉米籽粒蛋白质含量的同时降低了玉米籽粒淀粉含量。易镇邪等（2006）研究表明，增施氮肥能明显提高玉米籽粒粗蛋白含量，但施氮量对玉米淀粉含量的影响与品种有关。赵宏伟等（2007）研究认为，施氮水平对玉米籽粒淀粉含量有较大影响。金继运等（2004）研究显示，粗蛋白含量、淀粉含量和脂肪酸总量随施氮量的增加而增加，过量施氮则其含量下降。王洋等（1999）对耐密型玉米的研究表明，在相同磷肥用量下，耐密型玉米籽粒淀粉含量随氮肥用量的增加而增加，当氮肥用量达到 200 kg/hm^2 时，淀粉含量开始下降；在相同氮肥用量时，低磷用量处理下的玉米籽粒淀粉含量高于高磷用量处理，低氮用量处理间的增幅高于高氮用量处理间的增幅。李建奇等（2004）研究结果表明，随着氮肥施用量的增加，玉米籽粒中粗蛋白含量提高，淀粉含量减少。张智锰等（2005）研究表明，增施氮肥使玉米籽粒淀粉含量增高。赵宏伟等（2007）研究结果表明，随着氮肥施用量提高，淀粉含量表现增加趋势，但施氮量达到一定程度后淀粉含量反而不再提高，各品种表现不同。

第二节　耕作方式对土壤理化性质和玉米产量的影响

土壤耕作是农业生产中一项重要的措施，与土壤水分状况、土壤结构、土壤养分有效性、土壤生物特性以及作物生长发育状况密切相关。近些年来，为了满足经济需求和追求利益最大化的社会背景下，人类在农业生产中对土壤进行不合理的开发和利用，造成土壤退化严重，土壤有效肥力补充不足，土壤生产力下降。我国农业正处于新的发展阶段，随着农业结构的不断深入调整，我国正在加快实施农业可持续发展战略。土壤耕作方式的合理应用对于改善土壤理化性状、提高农田土壤质量具有重要意义。旋耕起垄是松嫩平原半干旱区长期使用的传统耕作方式。深松作为一种友好型耕作方式，成为拥有大型农机设备的国营农场的主要耕作方式，而平作是一种有利于土壤保水保墒的耕作方式。但这些耕作方式各有其优缺点。长期实行单一耕作方式会导致土壤结构紧实、土壤贫瘠、土壤理化性状变差等问题。建立合理的土壤耕作制度，有利于充分和持续均衡发挥蓄水、固肥、增产增收（江晓东，2005；Edwards，1992）。针对传统耕作存在的问题，世界许多国家都开始对新型土壤耕作方式的探索和研究。以少免耕、深松、秸秆覆盖为核心的保护性耕作措施已逐渐成为备受推崇的新型耕作技术。美国自 20 世纪 30 年代发生“黑风暴”事件之后，逐渐认识到传统耕作方式的不足（李洪文，2005）。在 20 世纪 50 年代初，开展了小面积的“少免耕”试验，主要研究耕作方式对土壤养分、土壤水分及作物产量的影响，“少免耕”方式较传统耕作在以上指标均表现出不同程度的优势，目前，西方发达国家基本已经普及了少免耕制度（金攀，2010；Lafond，2009）。我国在 20 世纪 60 年代才逐渐开始研究少免耕的单项技术；70 年代农业科研院所和部分高校开始少免耕试验研究；80 年代和 90 年代许多研究机构开展了少免耕试验、农机与农艺相结合的系统试验，并取得了重大成果（常旭虹，2004；姜勇，2004）。

一、耕作方式对土壤物理性状的影响

（一）耕作方式对土壤含水量的影响

土壤水分状况是决定作物生长的重要因素之一，对作物生长、发育和产量等指标影响较大（张薇，2011）。只有在适宜的水分条件下，通过以水调肥、调气、调热，才能促进作物的正常发育和良好生长。在土壤水分下降到一定范围时，作物会出现干旱现象。刘绪军等（2009）研究表明，在降水量为375.2 mm的情况下，深松地区的贮水深度为110 cm，而未深松地区的贮水深度只有60 cm。翟瑞常等（1990）通过对9 000个数据的分析发现，在玉米整个生育期内，传统耕法的土壤平均含水量＜一年免耕的含水量＜长期免耕的含水量。吕军杰等（2003）发现，“免耕”和“深松”两种处理方式比传统耕作的水分保蓄能力分别提高5.67%和6.11%，深松与免耕处理的小麦水分生产效率分别较传统耕作提高17.5%和8.5%。免耕与深松不仅可以增加耕层土壤的水分含量，同时可以提高0~50 cm土壤贮水量，为后季作物的播种及苗期生长提供较好的土壤水分环境。有研究表明，与传统耕作方式相比，保护性耕作显著增加玉米生育前期0~60 cm和后期100~200 cm土层的土壤含水量，并具有较好的保水和蓄水作用（马涛，2010）。李玲玲等（2005）研究指出，保护性耕作方式对0~10 cm表层土壤含水量影响较大，但对于0~200 cm剖面贮水量影响不明显。有研究表明，深松和深翻能够打破犁底层，使耕层加深，从而更好地吸纳雨水，促进作物生长发育（赵建波，2008）。付国占（2005）研究指出，玉米深松覆盖条件下，土壤水分利用效率较传统耕作提高8.5%。随着近现代耕作技术的发展，以免耕、深松、秸秆覆盖和覆膜措施为主要耕作措施的保护性耕作得到不断改进和发展。马月存等（2007）研究认为，无论以免耕还是深松为基础的保护性耕作，都能够提高土壤水分含量。

（二）耕作方式对土壤容重与孔隙度的影响

土壤容重和孔隙度是反映土壤紧实度的一项重要的物理指标。土壤容重的变化，对土壤孔隙度产生较大影响，并影响作物根系的生长发育以及生物量积累。土壤孔隙度越大，土体越疏松多孔、透气性好，能够提高土壤蓄水能力，有利于保墒。不同的耕作方式能够改变土壤孔隙度，免耕、旋耕和深松可以在一定程度改变土壤孔隙度。有研究表明，0~50 cm土层，深松能够使土壤容重平均下降0.14 g/cm^3，土壤孔隙度增加10%~20%。深松耕作处理较传统耕作方式能够降低土壤容重，增加土壤通透性，提高土壤的总孔隙度（黄健，2002）。也有研究表明，免耕可以改善土壤孔隙状况，保持毛管孔隙度的相对稳定（孙利军，2007）。朱文珊（1996）研究认为，由于孔隙分布均匀，免耕处理在生育期内具有相对稳定的土壤孔隙度，并且土壤孔径变化小，连续性强，便于土壤水流运动和气体交换。大量研究证明，土壤容重太高将会导致作物根系发育受到抑制，同时减少对N、P、K等营养元素的吸收利用，影响植株生长，减小单株叶面积、使叶片变薄，抑制光合产物积累，最终导致作物产量降低（孙艳，2009；Young，1997；王群，2010）；Afzalinia et al.（2014）在研究土壤扰动程度对土壤容重的影响时发现，在免耕措施下，土壤容重最大。Dolan（1992）和Voorhees（1989）研究认为，土壤紧实对表层 N、P、K 吸收的影响不显著，下层土壤紧实会明显影响对养分的吸收利用，可使玉米减产 30%。吴才武等（2015）研究发现，少耕和免耕的土壤容重显著高于传统耕作，但仍在作物生长的适宜范围内，不同耕作方式中，免耕的土壤容重最大。深松土壤耕作方式能够打破犁底层，降低土壤容重，促进土壤中的水、气相互平衡，并为植物和微生物生长提供良好的生态环境，与免耕处理相比，土壤容重可以显著降低，有利于改善土壤结构，提高土壤的蓄水保墒能力（梁金凤，2010；侯雪坤，2011）。

二、耕作方式对土壤养分及土壤酶活性的影响

（一）耕作方式对土壤碳及 pH 值的影响

土壤有机质是评价土壤肥力高低的重要指标，对于作物生长发育也起着多方面的影响，有机质含量增加可增强土壤固肥、供肥能力，有利于土壤养分有效性的增加；土壤 pH 值对土壤供肥能力有一定影响（王靖，2009；田慎重，2008）。传统耕作方式对土壤进行大幅度的扰动，增加了土壤与土壤中有机质的接触，有利于微生物对土壤有机质的分解，不利于土壤有机碳的积累。大量研究表明，少免耕与深松耕作，能够减少对土壤扰动和农田地表微地形状态的改变，使土壤有机质矿化速率降低，从而促进土壤有机质含量增加（李琳，2007）。孙海国等（1997）研究指出，随着土壤扰动程度下降，保护性耕作措施较传统耕作的土壤有机质年均提高 0.03%~0.05%。相比于传统耕作，免耕能够提高土壤表层（0~10 cm）的有机碳，但不利于下层土壤有机碳含量增加。深松处理能够使有机质较均匀分布在整个耕作土层之中，因为免耕处理能够使秸秆、作物残茬以及根系大量的分布在土壤表层，利于有机质在表层富集（毛红玲，2010）。Campbell et al.（2001）研究表明，免耕条件下，土壤有机质的积累很大程度会受到土壤肥力的影响，土壤肥力贫瘠将导致免耕土壤有机质含量增加不明显。免耕能够增加土壤有机碳含量，但也有研究表明，传统耕作不覆盖、传统耕作和秸秆还田结合等耕作方式可能会破坏土壤结构，不利于有机质含量的累积（逄蕾，2006）。土壤 pH 值降低，将会有利于固定的矿质元素在土壤中更多的释放（兰全美，2009）。有研究发现，免耕土壤的 pH 值较传统耕作显著降低，可能由于免耕处理化肥表层土壤施入，或是因为免耕处理有机质含量高于传统耕作（余晓鹤，1991）。但也有不同的研究结果，Thomas et al.（2007）研究发现，0~30 cm 土壤层次内，土壤 pH 值不受耕作和残茬覆盖处理的影响。

（二）耕作方式对土壤氮素含量的影响

土壤氮素是土壤中重要的营养物质，土壤中氮素的变化，主要受气候、作物、耕作制度等因素的影响。特别是水热条件，对土壤中氮素含量有显著的影响。保护性耕作由于改善了土壤的水分、热量等条件，因此对土壤氮素含量变化影响明显。不同耕作方式下的土壤全氮随着土层的增加而降低，免耕土壤 0~30 cm 土壤全氮含量出现明显的分层现象，而深耕土壤上下层土壤全氮含量相差较少、分布均匀（朱杰，2006）。侯贤清（2009）研究指出，不同耕作方式下，深松和免耕处理各层土壤全氮含量较传统翻耕明

显提高。但也有研究指出，玉米季短期耕作方式，免耕处理 0~20 cm 土层土壤全氮含量显著高于深松耕处理（张俊丽，2012）。碱解氮含量的高低能在一定程度上评价近期内土壤氮素的供应情况，与作物生长和产量有一定相关性。保护性耕作较传统耕作能够使土壤碱解氮含量升高，0~100 cm 土层，碱解氮含量向土壤表层富集，并随着玉米生育进程推进，表层土壤碱解氮含量逐渐下降，其中传统耕作下碱解氮含量显著下降（赵如浪，2010）。

（三）耕作方式对土壤中磷钾含量的影响

磷和钾也是作物生长所必需的营养元素，由于有机质对土壤 N、P、K 具有吸附作用，因此，免耕能够提高土壤有机质含量，同时也能够相应增加 N、P、K 的含量（Miele，1984）。有研究表明，0~5 cm 土层，免耕覆盖较传统耕作能够显著增加土壤有效磷含量（罗珠珠，2009）。但也有研究指出，连续 11 年和 15 年的免耕覆盖处理分别较传统耕作 0~10 cm 土层土壤中有效磷含量降低 56.1%和 51.9%（王改玲，2011）；深松能够增加 0~30 cm 土层土壤速效钾含量，增加幅度为 9.29%~60.23%，其中土壤速效钾含量 0~10 cm 土层增加最为显著；10~30 cm 土层土壤有效磷含量显著增加（张玉玲，2009）。深松与免耕处理下，冬小麦开花期和灌浆期间 0~40 cm 土层土壤速效钾的含量显著不差异（黄明，2009）。

（四）耕作方式对土壤酶活性的影响

土壤酶是由土壤内微生物和动植物活体分泌、动植物残骸所分解释放于土壤中一类具有催化土壤中一切生物化学反应的生物活性物质，既是土壤有机物转化的执行者，也是作物营养元素的活性库，其活性大小是土壤肥力的重要标志之一（文都日，2010）。耕作方式会对土壤系统进行一定程度的扰动，改变了土壤内的水、肥、气、热等环境状况，同时也引起植物残体和土壤有机质的重新分布，进而改变土壤酶活性。免耕措施可以提高土壤表层蔗糖酶、脲酶、磷酸酶等土壤酶的活性，在全生育期内，保护性耕作处理的土壤中过氧化氢酶、脲酶和蔗糖酶的活性分别提高 15.0%、18.5%和 57.3%（张星杰，2008）。沈世华（1996）研究发现：水稻免耕对土壤中生物生长繁殖有利，并能改善土壤化学性质。高明等（2004）研究发现，不同耕作方式对土壤酶活性影响显著，垄作免耕处理的土壤脲酶、过氧化氢酶比其他处理都高，特别是蔗糖酶活性，垄作免耕是常规水平的 2 倍。

三、耕作方式对玉米生长发育的影响

土壤耕作方式通过改变土壤结构和性状，对作物生长发育具有重要的影响。合理的耕作方式利于改善土壤环境，提高土壤质量，增加作物对养分的吸收，有利于作物生长发育。宫亮等（2011）研究发现，旋耕后深松 30 cm 或翻耕 25 cm 均能改善玉米根系的生长发育环境，能够促进玉米植株干物质及其根系的协调发育，还可以改善玉米的生长环境，增强玉米叶片的酶活性，能为高产奠定基础。李旭等（2009）研究指出，小麦收获后秸秆还田可以提高玉米穗长、穗粗、穗粒数和千粒重等穗部性状，秋季旋耕耙地翻 25 cm 比常规耕作具有更大的根干重，还能延缓叶片衰老，促进根系向下伸展，提高叶面积、增加玉米植株的生物量。付国占等（2005）研究表明，深耕后玉米株高增加，叶面积指数（LAI）提高，最终玉米产量显著高于常规耕作。叶片中叶绿素含量在适宜的土壤环境和耕作方式下有一定增加，其含量有效提高，光合作用增强，延迟了植物叶片的衰老速度。但也有研究表明，拔节期采用深松作业将会在一定程度上抑制夏玉米的生长发育，其中表现为干物质积累量减少、光合速率趋缓，但能够延缓吐丝后叶片的衰老速度、提高粒重（王云奇等，2013）。在严重干旱的年份，大豆带状种植、少耕栽培处理的出苗率比传统耕作方式高20%左右，而秸秆覆盖处理的夏玉米出苗率可提高4%~13%（孙伟红，2004；逢焕成，1999；杜懋国，1994）。土壤容重增大，能够使土壤含水量和气体含量下降，增加机械阻力，根系发育受限，从而影响了植物对养分的吸收与累积。在一定范围内，容重变化与养分的累积呈负相关关系。李潮海等（2005）研究表明，适宜的下层土壤容重有利于维持玉米地上部分茎叶的氮、磷、钾含量在生育后期仍处于较高水平，有利于延缓玉米叶片衰老，促进生育后期的光合作用。蔡丽君（2014）研究指出，深松耕作能够促进玉米根系发育，提高根系吸收水分、养分的能力，提高夏玉米单株生产能力，促进夏玉米地上部植株对N、P、K的吸收，提高干物质积累量，使单位面积作物产量增加。

四、耕作方式对玉米产量的影响

少耕深松能够打破犁底层，增加土壤的透气性和贮水能力，为玉米提供一个良好的生长环境，提高玉米的水肥利用效率，促进玉米产量的提高。有研究指出，保护性耕作方式对黄土高原农业的持续发展具有重要意义，可以改善土壤理化性状、提高土壤肥力，进而有效提高作物产量，在干旱年份，小麦增产明显（王改玲，2011）。Campbell et al.（1973）研究指出，在大豆田实施保护性耕作，少耕和免耕条件下可维持高于或相当于常规耕作的作物产量。刘爽等（2011）研究表明，在东北黑土区，大豆适于实施免耕，既有利保育农田，又有利于降耗增产，从而提高种植户的经济效益；而玉米实施免耕，虽有利于农田保育，但由于减产严重，普遍不被农民接受，免耕的长期影响还有待深入研究。付国占（2005）研究指出：与对照相比，深松后更利于提高作物的株高、茎粗及百（千）粒重等性状，作物产量显著增加，其中玉米增产24%，小麦增产15.4%，大豆增产5.5%。田秀平等（2002）研究表明，免耕、深松、翻耕3种耕作模式下，以免耕模式下的玉米和大豆产量最低，而深松处理的产量最高。李洪文等（1997）通过连续4年的研究指出，免耕覆盖和深松覆盖处理的玉米产量均高于传统耕作，深松、免耕较传统耕作分别增产13%、23%。但在半干旱、地表无覆盖的地区，免耕增产效果不明显。合理的耕作技术能够改善耕层的土壤结构，并为农作物的增产丰收起到重要的保障作用，所以我们只有构造出优良的土壤结构，才能实现作物的稳产增产。

第三节　氮肥施用及利用效率

膜下滴灌技术可以很大程度上提高氮肥利用率，我国通过学习并引进滴灌设备几年后，相关科研人员也开始关注并自主设计膜下滴灌技术，但是进展十分缓慢，仅仅局限于某些特种经济作物上，而且推广工作并不完善。直到1998年，我国的滴灌技术覆盖面积也不足 2×10^4 hm^2，而且以水带肥技术仅占当时滴灌面积的2%。1998年后，膜下滴灌技术才得以有效推广（徐健，2015）。膜下滴灌技术是将作物所需肥料水溶后、通过滴灌带滴灌至田间，有效解决了玉米后期施肥难的问题，同时可以实现分期定量，明显提高作物的水分利用效率。近些年来，在东北地区实施的膜下滴灌技术已经得到了普遍认可，玉米全生育期内肥料利用率低、后期追肥难度大等实际问题得到了比较有效的解决，同时也较好地改善了低温和冷害的影响，有效提高了玉米产量。上述成果主要源于地膜覆盖具有增温保墒的作用，增加玉米全生育期内的有效积温，促进作物生长发育，同时达到水肥同步、节水节肥，有利于土壤理化性状的改善，可以达到减少投资、提高产量、保证品质、增产增收等多重效应。滴灌施肥方式可明显促进根系生长发育，对玉米前期的地上部生长发育有较大的促进作用，在较常规灌溉施肥方式节省灌水量50%前提下，产量提高420 kg/hm^2（周继华，2013）。高成功等（2014）研究指出，相比于传统的灌水施肥方式，膜下滴灌施肥技术能有效减少水分向土壤中的下渗和养分淋失，达到节水节肥、高产优质的目的。姬景红等（2015）研究表明，合理应用膜下灌溉技术，可以很好地协调玉米营养生长与生殖生长之间的关系，在提高作物总干物质积累基础上，进一步提高籽粒产量和水分利用率。周继华（2013）研究表明，滴灌施肥技术可促进作物前期的营养生长，增加作物的株高和茎粗，并且对根密度等性状有非常显著的影响，通过合理实施膜下滴灌栽培模式下的水肥管理措施，可以获得较高收益。

一、化肥在栽培管理中存在的问题

根据联合国粮农组织（FAO）试验示范结果统计，在试验所涉及的41个国家中，施用化肥增产作用已经成为作物增产的主要手段。朱兆良（2003）统计表明，每千克化肥增加产量可以达到8.9 kg。我国粮食供应世界21%的人口，耕地状况却并不乐观，耕地数量仅占到世界耕地总量的9%，主要还依靠提高作物单产来提高综合产量。其中氮肥、磷肥、钾肥之间的配施发挥了极其重要的作用，根据联合国粮农组织（FAO）的统计，21世纪初，我国的化肥用量已经占世界总施用量的很大一部分。当时有预计，若发展到2030年，中国的人口数量将增长到16亿人，未来极有可能发生粮食供不应求的现象。

二、氮肥不合理使用产生的问题

1961—1980年，我国农业飞速发展，同时也造成了大量氮肥施用不当的严重后果，氮肥施用量从占世界总用量的5%上升至20%。1996年以后，我国氮肥施用量已经将近2 000万t，甚至达到2 500万t，占据全球氮肥施用量的百分率已经上升至30%，同时氮肥的合理施用依然存在很多问题。

如今我国氮肥增产效果呈现逐渐下滑的态势。1989—1998年10年间，我国粮食产量与我国化肥施用量的相关系数（R^2）为0.931，回归系数为9.7。在后2个10年间，化肥增产效果已经明显低于前一段时间，尽管增施化肥仍然表现出一定的增产作用，这也就意味着还同时被其他的限制因素制约。影响氮肥利用率的原因较多，如土壤理化性质、生长时期、水热条件、降水时间和降水量等，氮肥利用率的数据跨度较多。有学者在我国进行田间试验，用成熟期的地上植株所积累的氮素总量为基础，通过计算所得到的几种作物肥料利用率变幅很大。生产上一般在30%~35%的氮肥利用率是针对平均水平而论的，国外的一些作物试验结果显示，作物氮肥利用效率在不同试验条件下有很大的不同，各个试验处理之间平均值在25%~83%。肥料减施对于降低环境污染也有重要意义（Nyiraneza，2009；Mosisa，2007；Presterl，2002），化肥施用对环境有很强烈的负面影响，因此在生产上大家一直极为重视。

三、农田氮肥的去向机理

施入农田的氮肥去向复杂，农田土壤中的氮素转化和移动范围，受到作物和生长环境条件等诸多因素的影响。朱兆良（2000）认为，氮肥利用率的变化范围处在9%~72%之间，高产地区甚至更低。闫湘等（2008）认为我国主要作物的氮素利用率当季平均值为28.7%。国际上也普遍认为随氮肥的施用量增加，增产效果反而降低，表现出明显的高投入、低回报的趋势。我国许多学者认为，20世纪80年代时期每千克氮肥增产情况仅是1950年末至1960年初的50%（林葆，1989），一直到今天，此种局面仍没有得到较大的改观。同时氮肥施用引起的大气氧化亚氮的排放量增加、农产品硝酸盐累积、土壤地下水污染等诸多问题也日益突出（Tilman，2002）。

四、氮肥管理对玉米生长发育和产量的影响

（一）叶龄氮素管理对玉米产量的影响

叶龄动态变化在玉米发育进程和栽培管理上有非常重要的实践指导意义，可以根据叶片的生长与其他器官之间的同伸关系来确定栽培措施和管理方法。在玉米生产管理中，玉米的叶龄生长动态是一项重要指标，可以根据玉米叶片伸展过程、叶片伸展后的外部形态特征来更准确的判断玉米各生育期内的营养需求，进而采取相应的、合理有效的施肥管理措施，可以达到高效管理、节水节肥、高产高效的目的，在可持续发展的基础之上保证粮食增产增收。郭景伦（1997）等研究认为，氮、磷、钾的吸收均为单峰型，应该将氮、磷、钾肥选择理想配比，在播种之前基施或在玉米6叶展生育时期追施，余下的数量在吐丝期追施。也有研究表明，同一品种对不同营养元素的需求以及该元素的需求时期、需求量均不同。即：氮、磷、钾的吸收高峰不同且不同步（化党领，2004）。刘慧迪（2015）研究表明，松嫩平原西部地区在玉米45%叶龄指数时期施用150 kg/hm^2氮肥，能够使玉米获得最佳的肥效利用率。周青等（2000）研究发现，适宜的氮肥施用时期对产量提高影响显著。唐亚芹等（2005）研究得出结论，叶龄指数45%时期是玉米需肥敏感期，在这个时期施肥对玉米产量提高显著。贺绳武（1986）研究表明，玉米在10叶期施用氮肥可以使肥效最大化。据贾凯文（2010）研究表明，以施肥量150 kg/hm^2、10叶期追肥处理产量最高。郎家庆（2014）研究表明，在玉米6展叶期追肥效果好，若追肥的数量相对较大，也可以进行分期追肥。

（二）施肥量对玉米生长及产量的影响

增施氮肥是提高作物产量、满足粮食需求的重要举措。世界谷类作物氮肥利用率平均为33%左右（Raun，1999），过量施肥，会造成极大的负面影响，包括：肥料浪费、环境污染等。前人研究普遍认为，氮素营养水平和玉米叶片衰老及产量之间密切相关，适宜的氮肥施用量能提高玉米干物质的积累量，有效延缓叶片衰老；此时，氮肥农学效率、氮肥利用率、生理利用效率及籽粒产量均最大（谷岩，2013）。但不同地区最佳施氮量存在一定差异，其中：新疆北部（朱金龙，2014）和吉林西部（黄海，2013）地区以总氮量300 kg/hm^{2}时产量最高，宁夏地区以255 kg/hm^{2}为宜（黄兴法，2015）。刘洋等（2014）结合田间试验结果，建议东北黑土区玉米膜下滴灌适宜追氮量为150～200 kg/hm^2。朱金龙（2014）研究指出，采用膜下滴灌栽培技术可以使玉米地上部干物质积累量随着氮肥施用量的增加而呈现先增加后降低的趋势；另外，施氮肥可以有效增加玉米干物质积累的能力，并且使干物质积累时期大大缩短，过量的施用氮肥会使玉米干物质累积受到抑制。研究表明，玉米成熟期提前，籽粒提前成熟都和肥料供应不及时或不充足有关（Ma，1998）。氮素可以有效提高叶片的光合速率，维持叶绿素含量以及延长叶片功能期。李潮海等（2002）研究指出，随着施氮量增加，玉米群体叶面积也随着增加，并且在吐丝后群体叶面积下降速率开始逐渐减慢；而何萍等（1998）认为，氮肥过多或不足均能加速玉米生育期后期叶面积指数的下降过程，使叶片提早衰老。杨升辉（2011）研究表明，合理的氮肥运筹能通过提高穗粗和穗粒数来提高玉米产量。

（三）氮肥施用对玉米生长和产量的影响

氮肥施肥时期、追施次数及比例会显著影响玉米的产量和品质。“大喇叭口期”的根、茎、叶生长旺盛，整个植株随着生育进程发展而迅速扩大，干物质迅速增加，雄穗已经发育完全，大喇叭口期至成熟期之前是玉米氮素需求最敏感、吸收和积累强度最大的时期。姜涛（2013）研究表明，相同施氮量条件下，大喇叭口期增加施氮量对玉米籽粒氮素含量影响显著。王忠孝（1999）等研究表明，合理的氮肥施用时期以及施肥比例因土壤肥力的状况、氮肥用量及玉米产量水平而不同；土壤肥力基础相对较好的高产田宜采用巧施苗肥、重追穗肥和补追粒肥的方式施用氮肥；土壤基础肥力较低的农田要注意施肥方法，即：施肥时期、施肥量、施肥方式以及各个时期的施肥配比；随着土壤肥力的变化、玉米品种改进以及作物产量水平的不断提高，合理的改善施肥方式具有极其重要的意义。王宜伦（2011）研究表明，合理施用氮肥显著影响氮素的吸收数量，同时增加蛋白质产量，有效的氮肥运筹模式可以比常规施氮的氮肥利用率提高1.88%～9.70%。同时，多次滴灌、分期施氮也被认为是实现氮肥后移、提高氮素利用率的有效途径。姜涛等（2013）研究表明，适当氮肥后移可以有效增加玉米的粒重，进而增加玉米籽粒产量。分期施氮已经成为现今重点的研究方向，找到一个合理的施肥时期、施肥次数、施肥量以及各种肥料之间合理搭配的系统研究已经势在必行。

五、氮肥施用对玉米品质的影响

合理施用氮肥能显著改善玉米籽粒品质；同时，滴灌施肥能够显著提高作物的水分利用率，增加作物产量、改善品质。据关义新等（2000）研究发现，氮肥对改善玉米籽粒品质具有重要的调节作用。李战国等（2008）研究表明，滴灌施肥处理能够显著提高果实品质，使果实的维生素C含量和糖含量显著增加。而且，在一定施肥范围内，玉米籽粒的蛋白质含量会随着施氮量的增加而显著提高。冯绍元等（1998）研究表明，采用滴灌施肥技术能显著提高水分利用效率，显著提高产量、改善作物品质。许恩军（2004）研究表明，滴灌相对于畦灌能显著节省肥料，是实现作物高产高效的一条有效途径。

传统施肥条件下，作物生育后期不便于施肥操作，但如果通过滴灌施肥，可显著提高供肥效率，减少作物生长中后期存在的农田封闭问题，也在很大程度上改善了氮肥的基肥与追肥比例。刘洋（2014）研究表明，施氮次数对氮素吸收量和产量的影响要大于施氮量。刘慧迪（2015）研究表明，在叶龄指数为30%、45%分2次追施氮肥处理时，叶面积指数（LAI）、叶绿素值以及玉米产量均达到最大值。李彬（2015）研究认为，施肥总量在适宜的范围内增加，产量和经济效益也随之增加。王秀斌（2009）研究认为，“氮肥后移”能影响玉米生育期内土壤反硝化速率以及N_2O排放通量的峰值，与农民常规施氮量（240 kg/hm^2）相比，氮肥减量30%后的氮肥利用率却显著增加，而玉米产量和氮素吸收量均没有降低。

膜下滴灌施肥技术已经逐渐被人们所接受，未来也将成为农业上主要的节肥增效施肥技术。同时，在国际市场上，产量和品质的提高才能进一步提高玉米的竞争优势，优化施肥是今后玉米生产的发展趋势，传统的施肥方式将无法适应玉米增产上的更高需求，急需找到一种节肥增效、省时省力的施肥方式。膜下滴灌施肥技术的实施不仅能满足玉米整个生育期对水肥的需求，同时能很大程度上降低肥料损失。与此同时，氮肥后移也是肥料施用方面的大势所趋，分次高效施肥已经获得大家广泛认可，施肥量与施肥时期能和玉米生长期需肥实现供需同步，将使玉米肥料利用率成为未来生产实践中的核心问题。

第四节　锌肥对玉米品质的影响

一、植物对锌的吸收和运输

锌主要以二价阳离子（Zn^{2+}）形式被植物吸收，少量的Zn（OH）$^+$形态及与某些有机物螯合态锌也可被植物吸收利用。植物对锌的吸收量与介质供锌浓度之间呈一定的线性关系（刘福来，1998）。叶片中的锌大多以低分子化合物、金属蛋白结合态和自由离子形态存在，也有少部分锌和细胞壁结合形成不溶的形态。锌是主动吸收还是被动吸收，在文献中有较大的争议。Moore（1972）认为锌的吸收是由代谢控制的。Lindsay（1972）认为早期研究人员没有能区分被动交换吸附作用和细胞主动积累作用。在植物根部，90%的锌存在于皮层的交换位上，或者吸附在皮层细胞的细胞壁表面，因此对从短暂试验得出锌被动吸收的结论表示怀疑。Schenird et al.（1965）用大麦进行的试验证明，锌是主动吸收，他们观察到大麦吸收锌速率稳定，为典型的主动吸收。低温和代谢抑制剂能大幅减少锌的吸收，在糖用甜菜上得到同样的观察结果。介质 pH 值影响植物对锌的吸收，当土壤 pH 值由 5 增至 7 时，植物对锌的吸收量会减少一半。此外，HCO_3^-、有机酸、Ca^{2+}、Mg^{2+}、K^+、Fe^{2+}、Mn^{2+}等都会影响锌的吸收。一些报告指出，铜抑制锌的吸收，可能是由于这两个离子竞争载体上的同一位置；另有一些报告指出，铁和锰对水稻秧苗吸收锌也有同样的竞争影响；碱土金属能降低小麦植株对锌的吸收，其中镁比钙更严重。这些都说明锌是主动吸收过程。另外，植物可以通过叶片吸收部分锌素，尤其在植物出现缺素症状前，通过叶面喷施锌肥，可快速有效地补充锌元素。

根系吸收的锌，通过木质部输送到地上部。木质部和韧皮部之间由传递细胞沟通，锌也可以进入韧皮部再向上运或向下运，根据植物对锌的需要分配到植株各器官、组织中，已进入各器官、组织的锌，还可进行再分配，运往别处。一般情况下，锌在根部积累较多，在植株中移动不大，植株缺锌时，锌向幼嫩组织转移的速率很慢。

锌是微量元素中在韧皮部移动性较强的元素。锌进入导管后，随蒸腾流沿木质部迅速向地上部转移，但锌的运输并不单单受蒸腾流的控制（Riceman，1958）。在一般锌供给量下，大部分锌被运转到地上部；过量的锌供给情况下，大部分锌富集在根部，地上部锌也会有所增加（Longnecker，1993）。在锌沿木质部向上运输的同时，也存在锌的横向运输至韧皮部，Erenoglu et al.（2001）研究发现，小麦植物体中的锌可以通过韧皮部由老叶再运输至幼叶和根部，并且锌在韧皮部的这种再运输能力还与植物的锌营养状况有关。此外，增施磷肥往往会诱发植物缺锌，可能是由于磷干扰了锌向地上部运输，因此植物体内的代谢过程与磷/锌的比值有密切关系。

锌在大豆木质部中主要以“锌-柠檬酸复合物”的形式运输，在番茄木质部主要以“锌-柠檬酸和锌-苹果酸”复合物形式。锌在木质部的运输形式也受木质部中的 pH 值、氧化还原电位的影响（White，1981；Liao，2000）。另有研究指出，不同品种锌营养效率之间的差异，表现在锌向种子转移的能力（赵同科，1996）。植物再运输的锌量在低锌供应情况下远高于其在高锌条件下的再运输量。例如，在低锌条件下，从小麦老叶中再转移的锌量为 26%~35%，而在高锌条件下仅为 14%~18%。Hajiiboland 等还报道锌在水稻植株体内的再运转能力存在基因型差异，并且与植物的锌效率有关。当锌供应太高时，植株将吸收更多的锌转运储存在根和茎而不是在籽粒中（Herren，1997），这可能是为了避免造成籽粒部位的“锌中毒”。

二、锌的积累与分配

大豆生长期间，顶芽的锌含量最高，叶次之，茎较少，植株锌含量由下部到上部逐渐增加，与生长素分布有密切关系。锌可以从老叶向幼叶转运，各器官中的含量容易发生变化。但一般来说，锌多分布在生长旺盛的幼嫩组织（叶、生长点等）和花器官中。用^{65}Zn 试验证实，锌大量地进入正在生长的植株幼嫩部位。和 Mn 不同，锌在种子中含量也比较高，主要累积在胚中，锌对胚叶片中的含量随着生育进程推进稍有上升，而茎秆中则呈现下降趋势，叶片和荚中锌含量高于茎。玉米生育后期叶片中的锌含量呈下降趋势，上部叶片高于下部叶片，叶片高于叶脉。甜菜叶片中锌含量是叶柄的 3 倍。锌是番茄植株发育所必需的，在番茄叶细胞中，80%的锌以离子态或低分子量化合物存在于细胞液中，大约各有 10%的锌分别存在于原生质蛋白或线粒体中，存在于叶绿体和线粒体中的大部分锌是和高分子化合物结合的，细胞核和线粒体比其他细胞器含有更多的锌（刘铮，1991）。

三、锌的生理功能

锌在许多生理生化反应过程中起到重要作用，现已从不同的物种中发现 300 种以上的含锌蛋白，承担着几十种不同的生物功能。含锌的生物大分子参与生物体内大多数新陈代谢过程。就含锌酶而言，六大类功能酶中都有锌的存在（Vallee et al.，1990）。这些酶的生理功能主要是促进光合作用、参与生长素代谢、蛋白质合成等。锌参与 DNA 复制、RNA 转录和其他多种细胞活动，影响细胞增殖、分化，参与核酸、蛋白质的代谢，维持正常的细胞周期，增强机体免疫力，还有抗氧化作用（李箔，2000）。以下简要介绍锌在植物体生理过程中的几种作用。

（一）锌参与光合作用

缺锌使净光合速率下降 50%~70%，其原因可能有以下几方面：①锌能促进光合作用的进行。锌是碳酸酐酶（CA）的组成成分，作物体内含锌量与碳酸酐酶活性成正相关，呼吸过程中作物可释放碳酸，而碳酸酐酶可捕捉碳酸，释放 CO_2，为光合作用提供原料。碳酸酐酶（CA）可催化植物光合作用过程中 CO_2 的水合作用，缺锌时作物的光合速率大大降低，这不仅与叶绿素浓度减少有关，也与 CO_2 水合反应受阻有关，缺锌时 CA 的活性明显降低，从而影响 CO_2 的同化。在 C_4 植物中，CA 催化 CO_2 形成 HCO_3^-，然后 HCO_3^- 在 PEP 羧化酶作用下被同化（Harmens，1993）。而在 C_3 植物中，CA 不直接参与 C_3 植物的光合作用，Randall et al.（1973）发现缺锌时，菠菜中的碳酸酐酶活性降低到正常植物的 10%，而对磷酸化速率仅有稍微的一点影响，因而指出，碳酸酐酶（CA）与光合作用没有什么密切的联系，此推论得到了 Boardman（1975）的支持，可见锌对碳酸酐酶的影响以及由此产生的效应仍是一个有待研究的问题。所以碳酸酐酶（CA）对光合作用的影响在 C_3 和 C_4 植物之间是不同的。②缺锌时，1，5-二磷酸核酮糖羧化酶（RUBPC）的活性降低，RUBPC 是催化光合作用中 CO_2 固定的酶，因此它的活性影响光合作用。③锌对叶绿体结构有明显影响。缺锌会导致叶绿体内膜系统的破坏。锌与叶绿素的形成有直接或间接的关系，Zn 对 δ 氨基乙酰丙酸脱水酶的生物合成在翻译水平上起促进作用，所以不可能直接影响叶绿素的生物合成过程。在缺锌条件下，叶绿素含量降低，叶肉和维管束鞘叶绿体结构出现异常，从而导致光合作用下降。吴振球等（1990）研究指出，在水稻 7 叶期严重缺锌会使叶片叶绿素含量显著下降。王人民等报道在轻度缺锌或严重缺锌的初期，叶绿素含量有所增加，但在严重缺锌的后期叶绿素含量则明显下降（王人民，1999；Cayton，1985），这是因为锌的增加会减少植株对磷和铁的吸收，在轻度缺锌或严重缺锌的初期，可能是由于锌的缺乏促进了磷和铁的吸收，而磷和铁对叶绿素的影响要比锌大得多；近年来有人发现，过量施锌对植物光合作用中电子传递与光合磷酸化过程有抑制作用。

锌是甘油醛磷酸脱氢酶的成分，此酶在卡尔文循环的中心环节——还原阶段参加反应。锌还是醛缩酶的组分并对其活性有很大的影响，在卡尔文循环的更新阶段，醛缩酶在二羟丙酮磷酸和甘油醛-3-磷酸缩合为果糖-1，6-二磷酸，以及和赤藓糖-4-磷酸缩合为景天庚酮糖-1，7-二磷酸的反应中起催化作用。

（二）锌参与呼吸作用

植物呼吸作用第一阶段是糖的分解过程，糖酵解是淀粉或六碳糖转变为丙酮酸的一系列反应。在有氧条件下，丙酮酸通过三羧酸循环脱羧和脱氢，逐步释放 CO_2 和 NADH（$FADH_2$）；在缺氧条件下，丙酮酸进一步发酵产生乙醇或乳酸。锌是乙醇脱氢酶、磷酸甘油醛脱氢酶、乳酸脱氢酶、磷酸甘油醛脱氢酶、醛缩酶、苹果酸脱氢酶的组成成分，并影响其活性，从而促进植物这一阶段的呼吸作用。植物呼吸作用的第二阶段，是由糖酵解和三羧酸循环产生的 NADH（或 $FADH_2$）都要通过一个电子传递链将其电子一步一步地传递给分子态氧，并在这种氧化过程中形成 ATP，即氧化磷酸化。锌能促进细胞色素 C 的合成，故锌对呼吸作用的电子传递有间接作用。此外，线粒体的发育还需要锌。

（三）锌参与氮素同化及蛋白质与核酸代谢

在几种微量元素中，锌是影响蛋白质合成最为突出的元素。因此，缺锌总是和蛋白质合成速率联系在一起。

锌对蛋白质合成与核酸代谢也有影响。一般来讲，缺锌植物中，蛋白质含量明显降低（Czupryn，1987），同时还可能存在特定蛋白的诱导或缺失。缺锌导致蛋白质合成速率和蛋白质含量下降，而氨基酸的含量上升，供锌给缺锌植物，其蛋白质的合成速率迅速提高到正常水平。其原因是缺锌降低 RNA 和核糖体水平，并使核糖体变形（Cwivedi，1974；Kitagishi et al.，1986；Kitagishi，1986；Prask，1971）。在供锌充足的情况下，细胞中的核糖体 RNA 含量为 650～1 280 μg/g，然而，在缺锌的情况下仅为 300～350 μg/g。在缺锌的情况下，核糖体水解加快，而重新补充锌时，其核糖体的含量又得以恢复。

锌参与 DNA 复制、RNA 转录等细胞活动。缺锌时 RNA 水平降低是由于 Zn 与 RNA 聚合酶和核糖核酸酶的活性有关。锌是 RNA 聚合酶活动的必需元素，锌可阻止核糖核酸作用于核蛋白体 RNA。在供锌充足的条件下，核糖核酸酶的活性下降，而在缺锌条件下，植物体内核糖核酸酶的活性提高，因此缺锌时，RNA 水平明显下降。在水稻和珍珠谷子上，RNA 水平的降低发生于核糖核酸酶活性提高之前（Seethambaram，1984），这表明缺锌对 RNA 生物合成的影响大于对核糖核酸酶活性提高的影响。锌在蛋白质合成中的重要性表明了分生组织中需要较高浓度的锌。蛋白质中的锌络合区域通常称为“锌指”。“锌指”在高等植物中也已经发现。锌也许直接作为蛋白质的成分或间接作为激活剂而影响改变组蛋白和非蛋白的锌激酶的作用。锌作为锌指蛋白的组成，通过改变染色质的结构或通过中断 DNA 的合成来影响基因表达。Zn 在基因表达中的作用还需要作进一步的研究。

含锌 SOD 同功酶对膜脂和蛋白质不被破坏起着重要的保护作用。缺锌时，毒性氧自由基增加，破坏膜中不饱和脂肪酸及磷酸的双键，增加溶质如：K^+、蔗糖、氨基酸的外渗，叶片蜡质氧化增加，导致叶绿素被破坏，植株矮化，特别是在强光下更明显。施锌也有助于 SOD 活性提高及可溶性蛋白质含量的增加（汪邓民，2000；周国庆，2000）。

（四）锌参与碳水化合物代谢

由于许多参与碳水化合物代谢的酶都需要锌的存在才能正常催化相应的反应，因此，锌对碳水化合物的代谢十分重要。缺锌植物随着缺锌程度的增加，叶片中的碳酸酐酶（CA）活性急骤下降，由于1，6-二磷酸果糖磷酸酶活性下降较大，造成糖和淀粉等碳水化合物的累积，但对其他酶活性的影响要小得多，在轻度缺锌时更是如此。缺锌造成碳水化合物累积的程度还随着光强度的增加而提高。

碳水化合物代谢中的另一组关键酶由醛缩酶的同功酶组成。在叶绿体中，它们调节 C_3 光合产物向细胞质中转移。而在细胞质中，它们则调节 C_6 糖类向糖酵解支路转移。有研究表明，不同的植物种在缺锌条件下，体内醛缩酶的活性显著降低，这一变化可以作为判断植物锌营养状况的指标。但是这一结果未能在柑橘属植物叶片中得到证明。这一差异可能与不同植物种或与细胞区域如叶绿体和细胞液中的醛缩同功酶所要求的辅基不同有关。大多数从绿色植物试验中得到的结果支持这样一个观点，即：植物缺锌所引起的生长受阻和缺锌症状都不是主要由于植物缺锌导致碳水化合物代谢变化造成的。

（五）锌参与生长素的合成

锌在植物体内参与生长素（吲哚乙酸）的合成。在此过程中，锌能促进吲哚和丝氨酸合成色氨酸，然后可能按照两个途径合成生长素，一个途径是氧化脱氨变为吲哚丙酮酸，再脱羧变成吲哚乙醛；另一个途径是先脱羧变为色胺，再氧化脱氨变成吲哚乙醛，吲哚乙醛在酶的作用下氧化为吲哚乙酸（生长素）。因此，当缺锌时，植物体内的生长素和色氨酸含量都有所降低，特别是在芽和茎中的含量明显减少，植物生长发育出现了停滞状态。

锌还在调节芳香氨基酸转氨酶活性上起作用，后者是吲哚和酚型生长调节剂生物合成的关键酶。一些研究者发现，锌对赤霉素类物质有影响，植物缺锌后，赤霉素减少可能是抑制茎生长和引起节间缩短的原因之一，另一个原因可能是脱落酸含量增加。

（六）锌对植物繁殖器官的影响

锌是种子中含量较多的微量元素，大部分集中在胚中，有人检验雌性配子体细胞中的锌，发现在卵球原生质中锌的浓度最高，表明锌对繁殖器官形成起重要作用。培养在缺锌条件下的豌豆，其卵球完全退化，不产生种子，表明锌对卵球和胚发育的影响胜于对花粉发育，对种子形成的影响胜于对营养器官生长。

（七）锌对植物抗性的影响

不少报道指出，锌可以降低植物感病性，高浓度的锌能抑制植物的某些病害。

锌是提高植物的抗旱力和抗热力的元素之一，因为它能提高植物组织的束缚水含量和水分保持能力，提高植物的蒸腾效率，由于细胞质黏度增加，过热的危险也变小了。水分状态的改善和锌引起的代谢变化有关，即亲水的蛋白和核蛋白增多，这些分子的水化程度较大。在干旱和高温下，植物体内有氨积累，而锌能增加脱氢酶活性，从而产生更多的有机酸，由于增加了氨的受体，因此可减少氨的积累。锌还能增加高温下叶中蛋白质大分子构象的柔性。干旱和高温会降低光合速率和抑制碳水化合物转运，而锌能促进植物在供水不足的高温条件下，增强光合作用，缩短“午睡”现象，刺激小麦和大麦叶片中的碳水化合物向穗状花序转运。

锌还能提高植物抗低温和霜冻的能力。据报道，油桐、菠萝、柑橘、三叶草、小麦、玉米和黄瓜等可由改善锌营养而使其抗低温和霜冻的能力得到提高，这种功能是通过对植物细胞结构和物质代谢的影响来实现的，主要是增加束缚水合量和高分子物质的水合度，通过取代组氨酸咪唑环和赖氨酸及天冬氨酸侧链中的氢，来修饰蛋白质大分子的二级和三级结构，从而改变和蛋白质联结的水的排列秩序，降低对霜冻的敏感性；促进戊糖磷酸途径的糖代谢和糖累积，并使糖由叶片向根部转运。提高抗坏血酸、谷胱甘肽、谷氨酸、脯氨酸、ATP 和 RNA 含量，降低 β-葡萄糖苷酶活性，而谷氨酸和脯氨酸可能是抗低温的保护性物质，加快植物的发育进程，避寒避冻。

锌能提高植物的抗盐性，其原因是锌有降低原生质对 Cl^- 和 SO_4^{2-} 透性的作用，增加原生质胶体稳定性，提高亲水胶体含量和糖含量的能力，从而恢复水分平衡。

四、植物缺锌与锌毒害及适应机理

（一）植物缺锌症状

植物体内锌含量的范围一般为 10～150 mg/kg（蒋式洪，2000），低于 15 mg/kg 为缺锌（Yoshida，1973），在成熟叶片或植株顶端达到 20 mg/kg 或更低的锌含量就可能出现可见的锌缺乏现象（Viets，1954），同时伴有明显的缺锌症状出现（董爱平，1995），植物锌缺乏症已是常见的微量元素缺乏症之一。大多数作物常见的缺锌症状如下。

①株型矮小，叶片小且常呈畸形，叶片脉间失绿发黄或白化，并常有不规则的斑点，丛簇状生长。在热带作物上，胡椒表现尤为突出，严重缺锌时，胡椒的新叶仅为正常叶片大小的 1/10，而热带果树如荔枝、杧果发生缺锌的小叶现象也十分明显。②枝条节间缩短，疏导组织发育也受抑制，机械组织不发达（褚天铎，1986；1995）。树体生长速度减慢，形成矮化苗。缺锌时赤霉素含量则明显减少，这可能是锌抑制茎生长而引起节间变短的原因之一。③缺锌会使花的发育不正常，果实和种子败育，表现为花提前开裂，胚珠败育，落花落果严重，果实发育受阻，因此果实或种子的产量大大降低，甚至绝收。植物对缺锌有一定的适应能力。不同种类植物以及同一植物的不同品种，其适应低锌土壤的能力存在着明显差异（王景安，2000）。

玉米缺锌时，出苗后 10～12 d，大面积发生多在 3～4 叶期，叶下部沿主脉两侧出现淡黄色或白色的失绿区，俗称“白苗病”或“白芽病”，新芽发白，新叶脉间失绿，或呈淡黄、淡白色。特别距基部 2/3 部较为明显，以后连续 3～5 片叶均失绿或变成黄白色。典型症状是老龄叶沿叶脉平行地出现白色条带，未失绿部分与失绿部分界线明显。这种条带从叶舌处一直平行引伸延到叶尖。严重缺锌时，苗期叶片呈白色半透明状薄膜，有时沿条纹裂开，叶肉坏死，茎部变扁，节间缩短，植株矮小，延迟抽雄吐绿，叶尖卷曲呈受旱状。后期严重时叶片变紫干枯，部分植株死亡，有的即使成活，但也出现空秆或穗秃顶，果穗秃顶缺粒、结实差。

缺锌麦苗长期矮缩不长，拔节期麦株不拔节，植株矮小，叶片主脉两侧失绿，形成黄绿相间的条带，条带边缘清晰，条带上无颗粒状斑点及霉污。一般先从基部老叶开始失绿，逐渐向上延至旗叶也有明显失绿症状，下部老叶逐渐成水浸状而干枯死亡。根系不发达，变黑。严重缺锌的小麦不能抽穗，麦苗干枯死亡。有的即使能成穗，也会出现穗小、粒少、粒轻，产量寥寥无几，甚至绝产。

水稻缺锌症状表现为“僵苗”“缩苗”。一般症状出现在秧苗返青后，即移栽后10~30 d。其秧苗下部叶片的中部首先出现细小的褐色斑点，叶背比叶面明显，这些斑点逐渐连成一片并向两端发展，使整个叶片都变成褐色，而且变得易碎。严重时整株的叶片变褐。严重缺锌的水稻叶片中脉和叶梢颜色变淡，甚至发白。水稻缺锌叶片变窄，生长停滞，植株矮小，不分蘖或很少分蘖，老根变黑并逐渐死亡，新根不长或生长迟缓，严重时整株死亡，甚至全田死亡。

果树缺锌时表现为病叶有黄色斑点，叶茎畸形，叶小且挤在一起形成叶簇，称为“小叶病”。葡萄缺锌时叶片发生斑点病并停止生长，果粒大小不均，果粒少。

（二）植物对锌的敏感程度

植物对缺锌的敏感程度，常因其种类不同而有很大差异。不同作物或同一作物的不同基因型对缺素的敏感程度存在明显差异，禾本科作物常被分为锌缺乏敏感型、锌缺乏不敏感型（Brown，1954）。Tiwari et al.（1990）指出小扁豆、鹰嘴豆、豌豆等作物比油料作物和禾本科作物对锌更敏感。禾本科植物中，玉米和水稻对锌最为敏感，通常可作为判断土壤有效锌丰缺的指示作物。Cakmak（1997）发现麦类作物对缺锌敏感程度的顺序为：硬质小麦＞燕麦＞triticale＞面包小麦＞大麦＞黑麦。

赵同科等（1997）研究认为，锌胁迫条件下各玉米基因型敏感程度不同，不同磷水平对各基因型锌吸收产生不同的影响与之相同，锌的用量也对不同基因型磷的吸收产生不同影响，不同玉米基因型在苗期和大喇叭口期植株体内磷和锌的浓度变化，揭示了基因型间对锌、磷吸收、运输及再利用程度的差异。房蓓等（2004）以两种不同基因型玉米（唐玉10号、博丰12号）为材料，用溶液培养的方法研究了低锌、缺锌和正常供锌对玉米生长发育的影响，结果表明：一定浓度的低锌比缺锌对玉米危害更大，但不同基因型玉米对此敏感性不同。

（三）锌中毒症状

一般认为植物含锌量大于400 mg/kg时，就会出现锌的毒害，锌中毒时叶片失绿，继而产生褐斑，与其他重金属元素相比，锌的毒性较小，作物的耐锌能力较强。据报道，水稻、小麦、玉米等禾谷类作物比甜菜、豌豆及许多蔬菜作物对过量锌的适应性强，尤其是玉米，既有对过量锌的拒吸作用，同时又具有耐高锌的能力。研究表明，在锌过量时，玉米根系能分泌一些不溶性的低分子量金属结合蛋白，可以螯合重金属，使其不易被根吸收（Rauser，1984）；很多研究证明，在锌污染的土壤中，VA菌根的侵染可明显降低植物对锌的吸收。

解剖学研究表明，锌营养过剩时细胞结构遭到破坏，叶肉细胞严重收缩，叶绿体明显减少。从形态上来看，锌过量时植株矮小，叶片黄化（褚天铎，1995）。李惠英等（1994）指出，锌在作物中的累积主要在根部，而地上部则相对较少，籽实中的含量更低。锌在籽实中的积累随土壤中投加梯度的增加而升高，皆呈直线关系。可见锌对植物的危害，首先是抑制作物的生长，降低产量，而累积次之。近年来，有人发现过量施锌对植物光合作用中电子传递与光合磷酸化有抑制作用。

（四）植物缺锌的适应性机理

通过根系分泌酸性物质（如质子或有机酸）。据 Cakmak 研究表明，植物缺锌时，根系分泌的无机离子和低分子量的有机化合物数量大大增加。原因在于植物缺锌时，细胞内的超氧化物歧化酶（SOD）活性下降，而 NADPH-氧化物活性增加，自由基大量累积而对细胞产生毒害作用，细胞膜受损，透性增加（张福锁，1993b）。此外，缺锌还导致 NADPH 氧化酶产生自由基的能力增强（Cakmak，1988）和游离氨基酸增加的现象（陈丹，1998）。缺锌条件下根系分泌质子的数量增加，对根际微环境产生重要作用，尤其对难溶性锌的活化有促进作用。植物缺锌胁迫根系分泌质子，其数量多少除受基因型差异的影响外，还由于缺锌严重地抑制植物对 NO_3^- 的吸收，造成阴阳离子吸收不平衡，使阳离子的吸收总量增加，根系向外分泌质子，降低了 pH 值（Cakmak，1991）。

（五）锌对植物的调节机制

在形态学方面，植物通过改变根系的形态特征。例如，增加根系长度、根毛密度以增大吸收面积的方法，保证根系在缺锌环境下仍能保持较高的吸收率。另外，还有报道指出，植物会出现“亚细胞区室化”现象，使其在缺锌时能够有效地从根部转运锌至叶片，以维持植株体内有生理活性的锌含量。

Cakmak（1996）推测在缺锌条件下，禾本科植物能够合成和分泌特异抗性化合物——植物铁载体（如：2-脱氧麦根酸）。植物铁载体能够促进植物在缺锌情况下的营养吸收及转运，是植物对营养缺乏的一种适应性调节机制。植物缺锌时，磷和铁都会过量积累，并在木质部形成“铁-磷沉淀物”，曾经有人认为缺锌导致铁转运机制被抑制（Boawn，1968），但是现在看来，铁的过量富集反驳了这种“伤害说”（Walter，1994）。实际上，“铁-磷沉淀物”的形成导致了植物体内可溶性铁的减少（Lasat，2000），从而出现一种生理缺铁现象，进而导致了植物铁载体的分泌。

植物可通过调控植物生理状态调节金属离子平衡（van de Mortel，2006）。不同植物或同一植物的不同基因型对于锌的需求量都是不同的，对于缺锌的敏感性也各不相同（王景安，1999，2000，2003；Grewal，1997）。有些植物或是某些植物的特定基因型在缺乏锌供应的情况下仍能生长良好并获得较高产量。Grewal et al.（1999）对紫花苜蓿 13 个基因型进行各种生理指标的检测，发现不同基因型的紫花苜蓿在锌利用效率方面存在显著差异。最近几年，研究者们一直试图阐明“缺锌表现不同”的原因，基本包括如下解释。

1. 抗性品种比敏感品种有着较高的超氧化歧化酶（SOD）和碳酸酐酶（CA）活性

在 Grewal et al.（2002）的试验中，敏感品种比抗性品种的细胞液体渗出物显著增多。这是由于缺锌使 SOD 活性下降，不能够及时清除超氧自由基而使细胞膜过氧化，导致膜的渗透性增加。但是缺锌对于抗性品种中 SOD 活性影响相对较小，使得膜完整性的保存要好于敏感品种。通过 Northern blot 分析，发现小麦抗缺锌品种的 SOD 和 CA 基因在缺锌时上调表达，而缺锌敏感品种的 SOD 和以基因却没有这种上调表达。这一结果表明，抗缺锌品种能够在低锌时有效调节含锌酶的功能，从而帮助植物有效地抵抗缺锌带来的危害。

2. 抗性品种的锌需求量较低

不同植物用以维持其生理功能的最小锌需求量是不同的。Grewal 报道，在一些不同基因型的紫花苜蓿里，根中的锌浓度与对缺锌敏感性呈负相关，表明抗性品种与敏感品种相比，维持根的生理功能所需锌的数量较少。

3. 抗性品种对土壤中的锌有着更为有效的吸收机制

对于这一点，研究者们分别从对大豆、小麦、油菜的研究中得到证实。抗性品种能够高效地从土壤中吸收锌，并及时将锌转运到叶片。

4. 种子中的锌含量对于植株缺锌时的营养生长有很大影响

Grewal et al.（1997）研究报告中分别对抗缺锌品种和敏感品种的种子锌含量以及在锌匮乏时植物的表现作了研究。他发现，在缺锌时，种子中锌含量高的植株在营养生长期间，生长得更旺盛，根长和茎长比其他植株都要高，拥有更大的叶面积和更高的叶绿素含量。这种现象在锌敏感品种中表现尤为突出。但是这种由种子锌含量而导致的生长现象差异在完全供锌时会消失。

五、锌与其他元素的关系

（一）锌与磷素的关系

锌与磷的相互作用是世界范围内的研究热点。由于大量施用磷肥而引起锌的缺乏常见于世界各地。但大量施用磷肥并不一定会造成缺锌，只有当土壤有效锌含量低时才会引起缺锌。许多国家的科学工作者对此问题进行了大量的研究。Wallace et al.（1970）发表一篇专门论述锌与磷相互作用的综述，引用了 110 篇文献，而自那时以来，关于这个问题又发表了 100 篇以上的文献。这些结果极不相同而又互相抵触，反映了这个问题的复杂性。Olsen 和 Adriano 详细地评述了土壤和植物中锌与磷相互作用的问题。将磷引起缺锌的原因归纳为 4 种，即：①在土壤中发生的锌与磷之间的相互作用；②由于磷多而减慢了锌从根到地上部分运转的速度；③由于磷促进了生长而使地上部分锌的浓度被稀释的简单效应；④由于磷和锌之间不平衡而产生的植物细胞代谢上的失常，或者由于磷的浓度过大而干扰了锌在细胞中某些部位所起的代谢作用。英国 *Micronutrient News* 杂志的编者针对这个问题收集了许多已经发表的研究结果，对锌与磷相互作用问题进行了较全面的评述。现择其较新颖的论点介绍如下。

1. 植株中锌的钝化

锌在植株中的生理学钝化作用多半来自这样一些观察结果，即缺锌症状与磷锌比例的关系比植株中锌的浓度更为密切。人们通过溶液培养来研究磷锌比，但其结果常常与平行的土培试验结果相反，水培试验的结果往往是增加磷的供应时，植株中磷的含量显著增加，而很少影响幼叶中锌的含量。而种植在土壤中的植物，当磷的供应增加时，叶中磷含量稍有增加，而叶锌含量则显著降低。在水培试验中，即使磷与锌比率达到1 000，并无缺锌现象发生，并且磷对叶锌的影响很小，这些结果清楚地表明，磷与锌的相互作用是在土壤中或者可能在根部。

2. 增加锌的吸附

人们已提出施磷增加了锌在土壤中的铁铝氢氧化物和氧化物上的吸附，同时也增加其在碳酸钙上的吸附。Schropp 和 Marschner 于 1977 年证实，用化学提取法测定的锌有效性和锌扩散速率，可能由于大量施磷而降低。锌在氧化铁上的吸附作用而不是生成磷酸锌沉淀（后者是植物较好的锌源）似乎是最好的解释。

3. 菌根侵染

植物根被 VA 菌根侵染，故磷、锌相互作用的模式更加复杂化。被 VA 菌根侵染的植物根比未受侵染的植物根吸收更多的锌，另外，根系的菌根侵染可能由于施用磷而大大减少。于是，很可能由于增加磷而将降低受菌根侵染植物的锌含量，但可能不影响未被菌根侵染的植物的锌含量。前人研究表明，在一次大量施用过磷酸钙（160 kg/hm^2）以后种植小麦，磷减少、小麦缺锌，在高磷处理中，植物根部的 VA 菌根的水平显著降低。他们发现，植株中锌的含量与 VA 菌根的侵染有密切相关。

4. 磷毒害

Loneragan 和他的合作者 1979 年在西澳大利亚的研究证实，在缺锌和大量施用磷肥的条件下，磷的吸收可能增加到植株中积累毒害程度。在这种情况下，磷毒害症状（例如：叶缘坏死、缺锌植株上成熟叶片发生皱缩）可能被误认为是缺锌加重，但是磷毒害是否对幼叶有什么影响（缺锌时首先使其受到影响）还不清楚。1982 年，Welch 与合作者用玉米、小麦、大麦、番茄和地三叶草所进行的试验也得到类似的结果。

前人用棉花进行的试验认为，磷引起的棉花缺锌最初是由增强磷的吸收和运转而引起的，不是出于限制锌的吸收引起的。他们发现，在叶中磷含量高时，缺锌症状可能被磷毒害症状所掩盖。在棉花中，第一个表现缺锌症状的叶片是中位叶，它也是出现磷毒害的叶片。也有研究工作表明：棉花植株中控制吸收和运转到植株的“反馈机制”在缺锌时受到损害，使达到毒害浓度的磷积累在植物中。

（二）锌镉交互作用

镉是植物非必需的元素，它在植物内容易累积，植物对镉既可被动吸收也有代谢吸收（贺建群等，1992）。镉离子最重要的生化性质是它对某些化合物的巯基（-SH）具有很强的亲合力，同时对蛋白质的其他侧链和磷酸盐功能团也具有一定的亲合力，这样使镉易富集在植物的蛋白质颗粒中。镉在植物体中主要以与蛋白质结合的形态存在，通过干扰酶活性来影响作物生长发育（许嘉琳等，1991）。镉进入植物体后，占据酶活性位置而影响其酶活性，镉可取代许多锌酶中的锌或镁激活酶中的镁，来抑制其酶活性，从而产生危害，同时糖代谢也会受到影响，镉污染可使集中在植物体内的可溶性糖含量降低。

锌与镉为同一族元素，化学性质相近，在同一生物体系内不可避免地发生相互作用。Hill 和 Matrone 早在 1970 年就首先指出：物理化学性质相近的生命必需元素与有毒的重金属元素之间存在生物学上的重要相互作用。镉进入植物体内后可与功能蛋白质相结合，占据酶活性位置，使酶活性受到影响，镉可取代许多锌酶中的锌（吕选忠，2006）。

植物中镉与锌的相互作用没有得出一致的结论，Wagner 等认为是协同效应，但 Alloway et al.（1995）认为是拮抗效应，Thomet et al.（1999）认为无相互作用。二者的这种相互作用即与镉、锌的浓度有关，也与物种有关系。Herren et al.（1997）的研究表明，培养液中锌浓度在 20～80 μmol/L 时，随着锌浓度的增加，谷物中镉的含量降低。Chakravarty et al.（1997）的研究表明，在锌等于或大于镉的浓度时，锌可拮抗镉的毒性。Choudhary et al.（1995）报道，镉在硬质小麦各个部位的含量大小顺序为：根＞叶＞茎秆＞籽粒。虽然土壤锌的增加能显著减少菠菜、烟草对镉的吸收（宋菲等，1999；李花粉等，1999），但从试验结果看，锌的阻碍作用不会影响植物对镉吸收的绝对优势（宋菲等，1999）。有报道表明，锌与镉二者存在明显的拮抗，锌能缓解镉对植株的毒害作用。在锌污染土壤上施用腐殖酸较镉污染土壤上施用腐殖酸更能有效地降低重金属对植物的毒害；而锌镉复合存在时与单一离子存在时相比较，施用腐殖酸将增加镉污染的危害而减少锌污染的危害（华洛等，2001）。

也有不少报道土壤施锌可促进植物对镉的吸收。在镉污染土壤上施入锌肥，能使土壤中的有效态镉含量提高，从而提高小麦籽粒中镉的含量；可是在锌污染的土壤上施入镉，虽然能使土壤中的有效态锌含量提高，但是小麦籽粒中锌的含量却降低。镉能加重锌对油菜的毒害症状，当土壤加锌量＞25 mg/kg 时，锌可抑制油菜对镉的吸收；可是，当加锌量＜25 mg/kg 时，锌却促进油菜对镉的吸收（黄益宗，2003）。周启星（1994）试验表明，随着锌的加入，糙米中镉含量增加的强度增加，因此锌有促进水稻籽粒累积镉的作用。

（三）氮锌交互作用

氮锌交互作用的研究较少，一般认为高氮使生物学产量增加，含锌量相对降低，缺锌症状加重（胡明芳等，1997）。在作物不同生长阶段，氮锌之间表现出不同的效应。在玉米生长初期，氮锌之间有拮抗作用，氮锌配施降低了作物对氮锌的吸收和生物学产量；在生长后期，氮锌之间有协同效应，氮锌配施促进了作物生长（李生秀，1999）。Satinder 报道，氮锌配施能显著提高玉米地上部分锌的浓度，但根中锌的浓度有所降低。

从田间试验结果来看，氮锌配合能提高小麦产量（杨清等，1995）。作物不同生长阶段，氮锌之间表现出不同的效应。在玉米生长初期，氮锌之间有拮抗作用，氮锌配施降低了作物对氮锌的吸收和生物学产量。在玉米生长后期，氮锌之间有协同效应，氮锌配施促进了作物生长（李生秀，1999）。前人研究发现氮对珍珠粟叶和茎中的锌浓度有协同效应，对根中锌的浓度有拮抗效应，然而，锌对叶和根中氮浓度有拮抗作用。施锌可增加水稻在分蘖、抽穗、成熟期各器官中氮的浓度及吸收量（孙桂芳等，2002）。

适当的氮锌配施对小麦生长发育具有明显的促进作用，能同时大幅度提高土壤有效锌和水解氮含量水平，具有较好的相互促进作用，为改善小麦氮锌营养打下了坚实的土壤肥力基础。黄文川等（2000）研究表明，施用氮肥能显著增加土壤碱解氮含量，施用锌肥能大幅度提高土壤有效锌含量，同时有助于提高土壤水解氮含量，而土壤有效锌在高氮营养条件下有所下降。氮锌配合施用，土壤有效锌含量较单施氮处理升高32.3%~64.5%，较单施锌处理增加87.5%~ 42.9%；碱解氮含量相应比单施氮处理提高9.13%~21.2%，比单施锌处理提高29.0%~43.2%。这说明合理的氮锌配施能同时大幅度提高土壤有效锌和水解氮含量水平。施锌或氮锌配合施用，既能增加植株体内锌含量，又能提高含氮量；而氮锌配合施肥，对植株养分吸收量的提高有明显促进作用。

（四）锌铜交互作用

锌往往对植物吸收铜有竞争性抑制作用，在水培条件下，更易观察到锌对铜吸收的抑制。在土培条件下，在不施铜时，小麦产量随着施锌量增加反而有所下降，但是补充铜，产量随施锌量增加而增加。植物的铜营养对小麦叶片中锌的再分配有影响，缺铜小麦植株老叶衰老，氮、铜、锌的输出都要比供铜植株延迟，而在有硫酸钙条件下，铜的吸收速率比锌高，并且只有一小部分锌铜处于交换态。铜对锌吸收的影响比锌对铜吸收的影响大（Mesquita，1996）。Peder et al.（2003）发现在锌缺乏条件下，铜累积量在大麦根部非常高，在小麦中也发现了类似现象。说明铜在大麦和小麦中的转运受到锌的抑制（Peder，2003）。韩文炎采用叶面喷施铜锌的方法，研究了铜锌交互作用对茶树生长的生理效应，结果表明，铜锌配合使用，不仅显著促进了茶树新梢及枝条对 Cu 的吸收，而且有利于铜由地上部向吸收根转移。只有在锌浓度较低时，锌与铜配合施用才能促进锌的吸收；反之，则不利于对锌的吸收（韩文炎等，1996）。

六、锌对作物产量与品质的影响

锌作为植物必需的微量营养元素，与作物产量有着重要关系。作物中的锌绝大部分来自土壤，土壤缺锌，农作物产量和锌含量都降低（马晓河，2007；荣廷昭等，2003）。适当施锌后，光合作用功能增强，光合面积增大，植株鲜重和干重增加。施木田（2004）通过研究发现，在一定的范围内施用硫酸锌，苦瓜产量随锌肥的增加而增加，30 kg/hm^2 时，其产量比未施锌的对照显著增加；45 kg/hm^2 以后，随着施锌肥量的增加其产量有所降低。李强等（2004）通过大田试验发现，缺锌是制约小麦高产的主要因素之一。长期定位试验研究发现，长期施用锌肥条件下，正常年份锌肥增产率为4.3%，干旱年份增产率为3.7%，丰水年份增产率为4.1%（蒋廷惠，1989）。锌对小麦的增产作用主要在于促进小麦发根、提高根系活力及增加分蘖，延缓小麦花后叶面积衰减进程，促进干物质积累，增加成穗数和千粒重。何天春和闫青云（2003）对甘蔗进行研究后发现，每公顷施用硫酸锌52.5 kg，可以使甘蔗产量提高1 590 kg。施锌不仅可以提高小麦、玉米（杨利华等，2003）、棉花（曾庆芳，1996）、油菜（高俊杰等，1998）的产量和品质，还可以提高马铃薯（李华，1997）、茶叶（韩文炎等，1994）、白菜（谢建治等，2004）、黄瓜、菠菜、芹菜等多种蔬菜的产量品质（魏捃，1999）。段光明（1993）研究指出，Zn^{2+}是小麦开花灌浆期良好的抗旱抗热保护剂。在大田条件下，将硫酸锌用于马铃薯栽培的研究结果表明：适量的施锌可使马铃薯产量和品质均有所提高，而过高施用不仅不会提高，反而会使其产量和品质有所下降。有报道指出，土壤中锌的含量适量（锌浓度2~8 mg/kg）时，可促进棉株地上部分根系对氮、磷的吸收，提高根系生长发育及植株的生物学产量，但施锌过量（16 mg/kg）时，则限制了棉株对氮磷的吸收，从而遏制了生物学产量（高柳青，1999）。

徐立新等研究表明，灌浆期喷施锌肥对小麦氮代谢及品质形成有一定的影响，可以不同程度地提高小麦旗叶中的硝酸还原酶（NR）、谷丙转氨酶（GPT）活性，改善小麦的营养品质和加工品质，可以提高沉淀值、湿面筋、吸水量和稳定时间。其他相关研究也表明，锌肥能提高作物产量和蛋白质含量。

很多研究表明，增施锌肥可提高蔬菜中的锌含量，改善蔬菜品质。牛庆良等（2006）研究表明，在正常溶液培养条件下，锌肥的增施对甜瓜果实内糖分积累、蔗糖酶和磷酸化酶活性以及产量等的影响不显著，但可使果实品质得到改善。锌肥增施提高了果实中甜味和鲜味氨基酸含量，降低了苦味氨基酸含量，因而果实风味得到改善。增施锌肥还使甜瓜果实中的锌元素含量提高 17.1%，而硝酸盐和亚硝酸盐含量分别降低 6.4%和 10.2%，果实品质得到提高。谢建治等（2004）研究表明：土壤中添加锌 0~600 mg/kg 时，白菜体内粗纤维含量呈逐渐下降趋势；当锌添加大于 600 mg/kg 时，则呈逐渐增加趋势。对于粗纤维而言，可能是因为低量的锌对于白菜而言属于微肥，可促进其生长（生物量的变化趋势证明了这一点），但高量锌则导致毒害，使生长受到影响，导致茎叶严重木质化和纤维化。

当环境中或植物体内的锌超过一定限度时，植物就会受到毒害，并表现出一定的受害症状，作物根部会受到严重损害。根部破坏使植物对水分和养分的吸收受到影响，造成生长不良，甚至死亡，严重影响了作物的生长发育和品质（宗良纲等，2001）。近年来，由于大量元素的过量施用和有机肥料投入的减少，微量营养元素越来越成为制约产量的因素。锌作为作物必需的微量营养元素之一，对作物产量有一定影响。相关研究结果表明，以收获营养器官为目的的作物，由于施锌后光合作用功能增强，光合面积增大，植株鲜重和干重增加（王永勤等，1999）。例如，施锌促进茶芽早发、多发，提高产量（韩文炎等，1994）。马铃薯施锌则一般花期提早 5~7 d，成熟期提前 3~4 d，并由于早结薯、早上市而提高了马铃薯的经济价值（王正银等，1999）。以收获生殖器官为主的植物，施锌后整体光合作用功能得到改善，光合时间延长，尤其灌浆时间延长，灌浆强度增强而提高产量（Kanwar，1967；Hemantaranjan，1984）。玉米合理施锌后，由于抗病能力提高，空秆率降低，产量构成因素都有所提高而增产，尤其是在有效锌含量低的土壤上，效果更为明显。小麦增施锌肥后，植株分蘖数增加且成穗率高，不孕小穗、小花少，单位面积穗数、穗粒数、千粒重增加，产量提高（褚天铎等，1987）。但是，也有施锌后产量并不提高甚至减产的报道。曹宏鑫等（1995）在土壤有效锌为 0.978 mg/kg 的潜在缺锌状况下进行的 3 年试验结果表明，在施用氮、磷、钾肥基础上增施锌肥的春小麦，由于产量构成因素没有显著变化，籽粒产量也没有显著变化。另外，用有效锌含量 0.55 mg/kg（接近缺锌临界值 0.5 mg/kg）而且缺锰的土壤进行的盆栽试验发现，由于施锌后土壤有效锰含量进一步降低，造成施锌后不孕小穗数增加，穗粒数减少，产量显著降低。（陈铭等，1989）。

微量元素锌能够影响氮磷钾的代谢和分配，促进氮磷向籽粒中再分配（陈铭等，1992），而且锌是合成蛋白质所必需的 RNA 聚合酶、影响氮代谢的蛋白酶、肽酶和谷氨酸脱氢酶的组成成分，也是核糖和蛋白质的组成成分（李华，1997），缺锌时因积累大量酸性氨基酸而抑制蛋白质形成，施锌后蛋白质含量提高（陈铭等，1989；石孝均等，1990）。

第五节　木霉菌对玉米生长的影响

一、木霉菌的研究进展

（一）木霉菌简介

木霉菌（*Trichoderma*）是自然界中的一种植物促生菌，在生态环境中分布十分广泛，在腐木、空气、土壤及有机肥中居多，属于半知菌类丛梗孢目、丛梗孢科真菌（屈海泳，2003）。木霉菌在构成土壤生物区系中十分重要。1932 年，Weindling et al.（1932）研究发现了在一些土壤土传病原真菌上出现了木霉菌（*T. lignorum*），通过木霉菌施入量的增加来防治很多土壤土传植物病原菌，从此国内外学者开始深入研究木霉菌。

近些年来，人们对木霉菌生物防治机制开展研究，木霉菌对植物生长发育、病原菌的防御能力都能有效调节。在生物防治中木霉菌具有促进和抑制作用。不同微生物群落也影响着木霉菌产生分生孢子的过程，其中一部分微生物菌群对其的作用是促进的，还有一部分是抑制作用（朱双杰，2006）。一些木霉菌能够加速土壤中矿物质的溶解，使其分解为植物可以直接吸收的元素，加速植物的生育进程。木霉菌通过寄生促进作物的生长发育，木霉菌可以有效地防治土壤病原物引起的病害，在农业生产中增产效果明显。木霉菌具有较强的定殖能力，通过向植物根际周围分泌一些物质，达到抑菌的效果。木霉菌产生的分泌物质能够作为营养物质被植株吸收；木霉菌促进植物生长发育的另一个途径是通过调节植物体内的激素（Ziegenhain，2009；Gravel，2007），固氮（Lugtenberg，2009）、吸收更多的磷元素（Altomare，1999），加强植物对矿质元素的吸收能力（Renshaw，2002）。

（二）木霉菌的应用

木霉菌抑制病原真菌的作用早已被人们认识并逐渐利用。木霉菌用来防治植物病原菌得到广泛应用，木霉菌在农业生产中可以用作生物防治，台莲梅等（2018）发现长枝木霉菌 T115D 可以提高防御酶活性，缓解大豆植株的发病和死亡。木霉菌作为一种典型的生防制剂，在蔬菜、观赏作物及大田作物中被广泛应用（Matteo，2010）。

近些年来，哈茨木霉菌被应用到环境保护与绿化方面，孔涛等（2018）研究表明，在煤矸石上施入不同剂量的哈茨木霉与丛枝菌根真菌，可以促进煤矸石释放碳、氮、磷，而且还促进丛枝菌根菌丝释放的长度，提高分解煤矸石的过氧化酶等活性，哈茨木霉菌对煤矸石分解的最适施入量为中剂量，可以显著提高煤矸石分解率、紫花苜蓿的菌根侵染率，试验表明，对于煤矸石的分解和绿化，施入哈茨木酶菌的效果十分显著。木霉菌还能使农药降解，且不会对周围环境造成污染（Urbanek，2010）。木霉菌生物肥是一种绿色肥料，这种新型肥料为农作物解决了农药残留问题，为我国绿色无公害的产品提供了广阔的发展空间，使我国农业发展更上一层楼。木霉菌在应用过程中还可以有效地改良土壤环境，提高作物产量。杨玉萍等（2019）人研究发现，喷施500倍液的绿色木霉菌微生物菌剂，对于番茄植株的生长发育具有显著的促进作用，增强抗病能力，提高产量。前人研究发现，木霉菌还具有改善和修复土壤的能力。

二、施用木霉菌对土壤理化特性的影响

（一）木霉菌对土壤酶活性的影响

土壤酶是土壤中的一种催化生物反应的生物活性物质，土壤酶活性的大小是表现土壤肥力的标志之一。前人研究发现，木霉菌可以影响黄瓜不同生育时期的根系土壤脲酶、土壤酸性磷酸酶和土壤过氧化氢酶活性的变化，增强土壤中过氧化氢酶的含量，可以更好地缓解土壤中过氧化氢的危害，增强了植物的抗病能力（李世贵，2010）。施用木霉菌后，可有效改善根际土壤酶活性。土壤酶活性对土壤养分的转化及循环有重要作用，在转化及循环的过程中，土壤酶活性可以发挥非常重要的作用（Hiradate，2005）。前人研究发现，水稻苗床接种哈茨木霉菌可优化水稻幼苗根际土壤酶活性，改变水稻根际土壤微生态环境，增强土壤肥力，使水稻秧苗素质得到更好的提高（宫占元，2013）。

（二）木霉菌对土壤养分的影响

作物在生长发育过程中必须吸取的营养元素是土壤养分，大量营养元素由土壤提供，土壤养分吸收在作物吸收营养过程中占有很大比例，土壤中营养元素的主要来源是土壤有机质，土壤有机质可以吸附土壤中阳离子，从而调节土壤离子平衡。土壤中速效养分含量对作物生长发育有重要作用，土壤中速效养分含量可以反映土壤近期内养分供应情况及释放效率，因此，土壤质量好坏可以用土壤中速效养分含量来评定。生物菌肥的施用，可以使土壤养分含量有所增加。前人研究表明，黄绿霉菌的施用可以显著增加土壤养分含量（孙冬梅，2010）。大量研究表明，土壤中施用木霉菌后能够明显增加土壤养分含量（Tripathi，2013）。同时，木霉菌可以较好地溶解土壤磷酸盐，进而增加土壤肥力（Saravanakumar，2013）。木霉菌能够较好地改变土壤构造，提高土壤中的有机质含量，提高植物对土壤速效养分的吸收能力（陈建爱，2011）。

三、木霉菌对土壤可培养微生物数量和动物多样性的影响

土壤微生物分布范围广泛，数量巨大，在土壤中比较活跃，通常1 g土壤中存在几亿至几百亿的土壤微生物个体，土壤微生物可以参与有机质的分解，进而提高有机质含量，土壤微生物还可以促进土壤养分的转化。土壤可培养微生物测定采用梯度稀释平板计数法。前人研究表明，土壤中施用深绿木霉T2菌剂，在苜蓿生长过程中，可以影响微生物群落数量（尹婷，2012）。前人研究发现，木霉菌的施用，可以影响玉米根际土壤可培养微生物数量，可培养微生物数量的增加对玉米根际土壤环境有影响，有效地提高细菌和放线菌数量，可以有效阻止土传病原真菌的生长，使作物抗病能力增强，最终促进作物生长（付健，2017）。

土壤动物是土壤生态系统中不能缺少的一部分，《东北森林土壤动物研究》的出版，标志着我国土壤动物的研究取得了新进展（邵元虎，2015；尹文英，1992）。张雪萍等（2007）对寒温带大兴安岭地区、刘新民等（1999）对干旱、半干旱地区草地的土壤动物生态学进行了大量的研究。目前，从科学发展、资料积累和实际应用中可以知道，土壤动物在土壤中活动、生存及获取食物的行为对土壤结构和质量进行调节，进而改善土壤微生物和土壤理化性质（马金豪，2018；武海涛，2008）；研究发现，由于化肥、农药的不合理施用，会导致土壤动物丰度、数量和种类的降低，从而造成土壤动物群落季节稳定性变差（朱新玉，2013；杨大星，2016）。唐静等（2020）研究发现，生物碳的施用可以改变土壤污染物的有效性，进而影响土壤动物的种群和数量。张四海等（2013）研究表明，秸秆碳源可以提高原生动物丰富度。木霉菌可以改善土壤结构，然而关于木霉菌对土壤动物多样性影响的研究报道甚少。

四、木霉菌对玉米生长发育及产量的影响

传统施肥方式，使土壤环境遭受到恶劣影响，直接影响作物生长发育。玉米在生长发育的过程中对土壤要求并不严格，玉米可以种植在很多类型的土壤上，但是，土壤环境良好、肥力充足、营养丰富的土壤最适合玉米的种植和生长。合理的施肥方式，可以有效改善土壤环境，使受到破坏的土壤得到修复，土壤环境的好坏对作物生长发育有直接的影响。

玉米在生长发育的过程中，需要大量氮、磷、钾的供应，改善土壤养分含量，有利于玉米的生长发育。传统的施肥方式必然会导致一定的土壤危害，最终影响玉米生长发育。木霉菌的施用对作物生长发育有利，可以明显提高植物光合特性。目前，人们广泛应用生物菌肥进行土壤改良，生物菌肥的好处就是在施用过程中，使土壤不受到伤害，并且长久施用可以改善土壤结构，生物菌肥的肥效期特别长，在玉米的整个生育时期内都会发挥作用，使其他肥料的利用率提高。最终使作物的产量和品质都得到相应的提高。

研究表明，木霉菌对很多种作物的生长发育均有影响，对作物的品质、生理代谢及相关酶活性有显著的提高作用（袁扬，201；李松，2017；Bansh，2019）。前人在棉花上施用木霉菌后发现，叶片的光合作用有升高的趋势（焦琮，1995）。魏林等（2005）研究发现，施用木霉菌可以有效增加植株的地上部干重。施用哈茨木霉菌后，可以显著提高玉米植物的光合作用和暗呼吸速率，并且促进玉米植株的生长发育（陆宁海，2005）。木霉菌对土壤酶活性、土壤养分、微生物数量的变化均有所提高，进而对产量产生影响。木霉菌在蔬菜生产中也有重要意义，萝卜、番茄、辣椒在施用木霉菌后，出苗率、叶面积、株高和干重增加（Shoresh，2008）。木霉菌肥在作物生长中不仅有刺激作用，而且在提高作物产量和品质等方面的积极作用也得到证实。周池卉等（2018）研究发现，在等量施肥条件下，增加哈茨木霉菌剂用量，可以提高西瓜的秧苗长势、单果重、平均可溶性固形物含量、产量。魏林等（2017）研究发现，木霉菌可以增加剑兰叶片和花枝的数量，使开花时期延长，木霉菌对剑兰的营养生长和生殖生长有一定的促进作用。木霉菌使土壤理化性质得到改变，使营养物质增加，增强植物的抗病性（吴燕玉，1997）。

第一章　栽培方式对寒地玉米群体结构特性及产量品质的影响

第一节　材料与方法

一、供试材料

供试玉米品种：京单 28，由北京市农林科学院玉米研究中心选育的高产、稳产、耐密、抗倒、抗旱型品种。该品种株型紧凑，幼苗拱土能力强，苗期生长健壮，株高 230~240 cm，穗位高 85 cm 左右。

供试肥料：大庆尿素（含 N 46.4%）、玉米专用复合肥（其中含 N 24%、P 10%、K 11%，总养分≥45%）。

二、试验设计

试验于 2007—2009 年在黑龙江省农业科学院大庆分院安达试验站进行，土壤类型为碳酸盐黑钙土，0~20 cm 耕层土壤养分状况如表 1-1 所示。试验采用三因素裂区试验设计（表 1-2），主区一个因素，即玉米栽培方式（A）；裂区两个因素，分别为总施氮量（B）和种植密度（C）。区组内各处理随机排列，每个处理 3 次重复，共计 96 个小区。每个试验小区为 5 垄，垄长 10 m，A1 处理小区面积 50 m^2、A2 处理小区面积 32.5 m^2，每个处理 3 次重复。整地作业采取秋翻地、春起垄，人工精量点播。播种时使用玉米专用复合肥作为底肥一次性施入 750 kg/hm^2，在拔节期利用尿素对各个处理进行追肥。其他管理措施与大田一致。

表 1-1　试验田土壤养分含量状况（0~20 cm 耕层）

测定项目	碱解氮（mg/kg）	有效磷（mg/kg）	速效钾（mg/kg）	有机质（%）	pH 值
含量	115.95	8.50	96.67	2.10	8.35

表 1-2　裂区试验设计及其处理代号

主区处理 栽培方式	裂区处理 1 总施氮量（kg/hm²）	裂区处理 2 种植密度（万株/hm²）
“Ⅱ1465”栽培方式（A1）	450（B1）	4（C1）
	330（B2）	6（C2）
	210（B3）	8（C3）
	0（B4）	10（C4）
传统垄作栽培方式（A2）	450（B1）	4（C1）
	330（B2）	6（C2）
	210（B3）	8（C3）
	0（B4）	10（C4）

如图 1-1 所示，传统垄作栽培方式（图 1-1a）：垄上单行种植、垄距为 65 cm；“Ⅱ1465”栽培方式（图 1-1b）：垄上双行种植、垄距为 100 cm，垄上植株行距为 40 cm，两垄间相邻植株行距为 60 cm，平均行距为 50 cm。

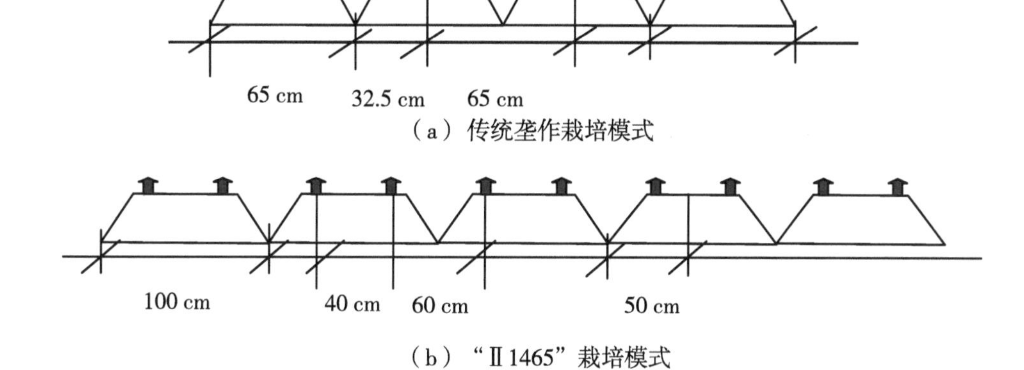

图 1-1　两种栽培方式示意图

三、测定项目与方法

（一）玉米群体结构特性的测定

1. 茎叶夹角和株高、茎粗

在玉米灌浆期随机选择有代表性 5 株进行定点测量。

2. 叶向值

叶向值采用 Pepper（1977）公式计算。

$$LOV = \sum_{i=1}^{n}(90-\theta_i)(L_f/L)_i/n$$

式中，θ_i为叶片与茎秆垂直方向的夹角（度），L_f为叶片伸展最高点到叶环的长度（cm），L为叶片总长（cm），n为所测叶片的数目。

3. 叶面积指数（LAI）

分别在苗期、拔节期、抽雄期、吐丝开花期、灌浆期和成熟期测定玉米群体冠层的叶面积指数。叶面积的计算采用长宽系数法，A＝长×宽×0.75，最后利用测得的总面积除以对应的土地面积即可算出叶面积指数（LAI）。

4. 透光率

在玉米灌浆期选择晴朗天气进行玉米群体冠层上层（雄穗底部位置）、穗位层、底层（距地面 20 cm）3 个层次的光强测定。

透光率（%）＝（测定层光强/冠层顶层光强）×100

5. 光合有效辐射（PAR）

冠层内光合有效辐射（PAR）采用英国 Delta 公司生产的 Sunscan 冠层分析系统测定，在灌浆期 10:00—11:00 分别测量底层（距地面 20 cm）、穗位层、顶层（雄穗底部位置）的 PAR。

（二）玉米光合特性的测定

1. 光合速率、蒸腾速率、气孔导度

分别于玉米的苗期、拔节期、抽雄期、吐丝开花期、灌浆期和成熟期，采用美国 LI-6400 型光合作用测定仪在田间直接测定。于灌浆期选择天气晴朗的 3 d 测定光合速率的日变化，从 8:00 开始测定，每隔 2 h 测定一次，至 18:00 为止。

2. 叶绿素

参照张宪政（1992）《作物生理研究法》计算叶绿素含量。用无水乙醇：丙酮体积比为 1：1 混合，于室温下浸提至叶片全白，用 757 紫外可见分光光度计于 663 nm 和 645 nm 下比色，记录吸光值，代入公式。

（三）土壤理化性状的测定

1. 土壤容重与孔隙度

用铝盒环刀法测量。

2. 土壤温度

采用曲管水银温度计在玉米灌浆期进行测定，分别于当天的 8:00、10:00、12:00、14:00、16:00，对地下 10 cm 土壤温度进行测定。

3. 土壤水分

于 2008 年 6 月 2 日至 9 月 16 日对不同耕层土壤含水量测定，用铝盒取土壤鲜样称重后，放入烘箱中于 80 ℃烘至恒重，冷却后用分析天平称重。

土壤含水量（%）＝（烘干前土样重-烘干后土样重）/烘干土样重 ×100

4. 土壤中 CO_2 通量

采用美国 LI-6400-09TC Soil probe thermocouple 进行测定。于玉米灌浆期（8 月 27 日），将仪器埋于 10 cm 土层深度处，在室外温度分别达到 25 ℃、26 ℃、27 ℃、28 ℃时测定 4 次。

5. 土壤中酶的测定

土壤脲酶（Urease）、过氧化氢酶（CAT）、蔗糖酶、碱性磷酸酶（ALP）活性的测定参照关松荫方法（关松荫，1986）。

（四）玉米地上干物质积累和籽粒灌浆动态测定

1. 玉米地上植株干物质积累

分别在出苗后 20 d、40 d、60 d、80 d、100 d，各处理取 3 次重复，将玉米植株带回室内，放在 105 ℃烘箱内杀青 30 min 后，在 80 ℃下烘干至恒重。

2. 籽粒灌浆速率

吐丝后开始，各处理每隔 10 d 取样 3 穗，每穗取中部籽粒 100 粒左右称量鲜重后，置烘箱中 105 ℃杀青 30 min 后，置于 80 ℃下烘干至恒重。

（五）玉米产量及产量构成因素的测定

10 月 1 日收获各处理中间两垄全部果穗，进行测产，田间直接测定鲜穗重量，带回室内脱粒后测定籽粒含水量，折算 14%标准水下的籽粒产量，并随机抽取 10 穗进行考种。

（六）玉米品质的测定

1. 籽粒粗蛋白

参照何照范《粮油籽粒品质及其分析技术》考马斯亮蓝法测定蛋白质含量（关松荫，1986）。

2. 籽粒淀粉

参照何照范《粮油籽粒品质及其分析技术》硫酸蒽酮比色法测定淀粉含量（关松荫，1986）。

3. 籽粒粗脂肪

参照何照范《粮油籽粒品质及其分析技术》索氏提取法测定脂肪含量（关松荫，1986）。

第二节　结果与分析

一、不同栽培方式下玉米群体结构特性的变化

（一）茎叶夹角和叶向值变化

茎叶夹角与叶向值是构成玉米群体结构的两个重要因素。茎叶夹角越小，说明植株越紧凑、叶片坚挺上举、群体的透光性越好，有利于增加叶面积指数，光能利用充分。相反，茎叶夹角越大，则群体的透光性越弱，群体下层叶片的光截获数量越少。叶向值是表示叶片挺拔、上冲和在空间下垂程度的综合指标，其值越大，表明叶片上冲性越强，株型越紧凑；值越小则表示叶片平展，下垂程度大，上冲性差，株型越平展松散。

由表 1-3 可知，两种栽培方式下玉米植株茎叶夹角都是随着密度的增加而减少，

而叶向值则是随着密度的增加而增大。当密度为4万株/hm^2、6万株/hm^2、8万株/hm^2、10万株/hm^{2}时，“Ⅱ1465”栽培方式下穗位叶以上的茎叶夹角要比传统垄作栽培方式相应减小0.6°、1.1°、2.2°、2.6°，穗位叶茎叶夹角减小0.6°、1.4°、2.5°、2.4°，穗位以下茎叶夹角增大0.3°、1.8°、1.9°、2.3°，而全株平均茎叶夹角则减小了0.3°、0.2°、0.9°、0.9°。当种植密度为4万株/hm^2、6万株/hm^2、8万株/hm^2、10万株/hm^{2}时，穗位叶以上的叶向值变化趋势为，“Ⅱ1465”栽培方式要比传统垄作栽培方式相应增加2.1、2.4、2.6、1.9，穗位叶叶向值分别增加了1.8、2.1、2.4、2.5，穗位以下叶向值增加了1.7、1.9、2.1、1.3，而全株平均叶向值增加了1.9、2.1、2.4、2.6。可见，在相同种植密度下，“Ⅱ1465”栽培方式的玉米穗位叶及穗位以上叶的茎叶夹角低于传统垄作栽培方式，而穗位以下叶茎叶夹角高于传统垄作栽培方式，高密度比低密度下变化明显。“Ⅱ1465”栽培方式下叶向值整株水平均高于传统垄作栽培方式。

表1-3　不同栽培方式下玉米茎叶夹角与叶向值

种植密度	栽培方式	茎叶夹角（°）				叶向值			
		穗位以上	穗位	穗位以下	全株平均	穗位以上	穗位	穗位以下	全株平均
C1	A1	22.3	45.5	36.1	34.6	54.8	29.1	41.1	41.7
	A2	21.8	44.5	33.1	33.1	53.0	28.0	39.7	40.2
C2	A1	20.7	43.1	34.9	32.9	55.4	30.1	41.6	42.4
	A2	21.8	44.5	33.1	33.1	53.0	28.0	39.7	40.2
C3	A1	18.1	40.1	32.1	30.1	55.7	30.5	42.2	42.8
	A2	20.3	42.6	30.2	31.0	53.1	28.1	40.1	40.4
C4	A1	16.9	30.5	28.9	25.4	55.2	30.0	41.7	42.3
	A2	19.5	32.9	26.6	26.3	53.3	28.5	40.4	40.7

（二）株高和茎粗的变化

由图1-2可以看出，两种栽培方式下的玉米株高随着密度的增加呈先增高后降低的趋势，但处理间差异未达到显著水平。

由图1-3可以看出，茎粗随着密度的增加有明显降低的趋势，“Ⅱ1465”栽培方式与传统垄作栽培方式相比较，在密度为4万株/hm^2、6万株/hm^{2}低密度群体下，“Ⅱ1465”栽培方式下的茎粗高于传统垄作栽培方式，但未达到显著水平。在8万株/hm^2、10万株/hm^{2}高密度群体下，“Ⅱ1465”栽培方式下的茎粗高于传统垄作栽培方式，并达到5%显著水平。

（三）玉米群体叶面积指数变化

叶面积指数（LAI）是群体冠层动态的直接量化指标，也是冠层特性中一个比较容

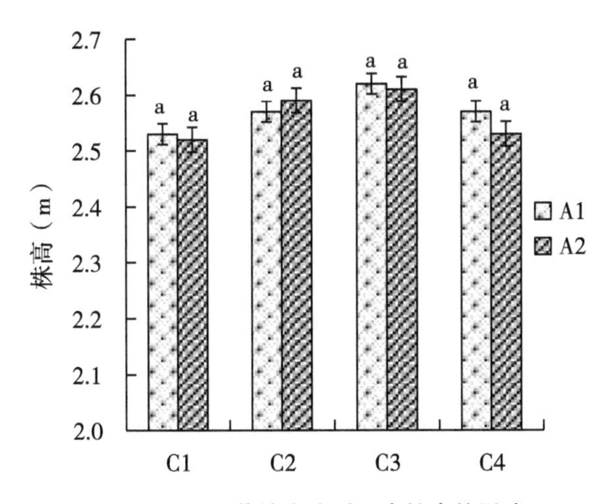

图 1-2　不同栽培方式对玉米株高的影响

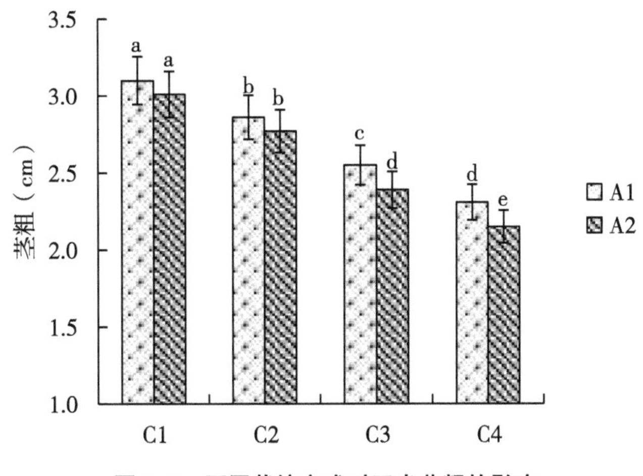

图 1-3　不同栽培方式对玉米茎粗的影响

易调控的指标。不同栽培方式、种植密度和不同品种都可调节 LAI，从而达到调节作物群体冠层发展的目的。研究表明，叶面积指数在作物整个生育期内与作物群体光分布以及冠层内叶片光合特性有密切的关系。一个理想株型玉米群体叶面积的发展过程具有缓慢生长期较短、叶面积稳定期持续时间较长、波动较小、衰亡时间短、叶面积降低比较缓慢等特点，即“前快、中稳、后衰慢”。按照这个规律发展的群体，可以获得较高的光能利用效率和产量。

由图 1-4 可见，不同栽培方式下，玉米群体 LAI 在整个生育期内均呈单峰曲线变化。从苗期至拔节期 LAI 增长相对较慢，而拔节后到吐丝期 LAI 迅速增长，并在吐丝期达到最高值；此后，LAI 开始呈下降趋势，灌浆期至成熟期下降速度加快，特别是种植密度高的群体后期 LAI 下降速率更快。

从栽培方式和种植密度来看，LAI 随着种植密度的增加而增加；在相同的种植密度条件下，“Ⅱ1465”栽培方式下玉米群体的 LAI 高于传统垄作栽培群体，且随着种植密

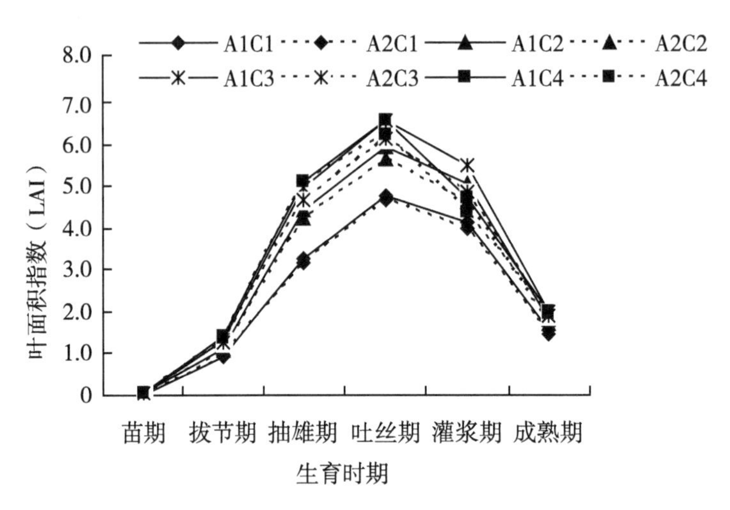

图 1-4　不同栽培方式对玉米 LAI 的影响

度加大，“Ⅱ1465”栽培方式群体的 LAI 高于传统垄作栽培群体的 LAI 值。在种植密度为 4 万株/hm^2 时，两种栽培方式下玉米群体的 LAI 相差不大；当密度为 6 万~8 万株/hm^2 时“Ⅱ1465”栽培方式比传统方式 LAI 高，并且吐丝期至灌浆期 LAI 下降速率较传统方式减慢，相对稳定期长，这表明“Ⅱ1465”栽培方式下玉米种植群体空间结构更合理，光照和气体优势使叶片有更大的伸展空间，使中层叶片的叶面积较大。当种植密度达 10 万株/hm^2 时，苗期至吐丝期玉米群体的叶面积迅速升高，使叶片间相互遮挡，导致中下部叶片光照条件变劣，光能利用率低；吐丝期后，LAI 下降迅速，特别是灌浆期后，中下部叶片早衰迅速，这可能是导致产量降低的因素之一，这说明该品种在种植密度达 10 万株/hm^2 时不利于玉米的高产。在种植密度为 6 万株/hm^2 和 8 万株/hm^2 时，“Ⅱ1465”栽培方式比传统方式在生育后期有较高的 LAI 和较强的生理活性，能够充分利用生育后期的光能进行光合作用，延长灌浆期，从而制造更多的干物质，为高产奠定基础。

（四）玉米群体冠层光合有效辐射（PAR）变化

光合有效辐射（Photosynthetic active radiation），简称 PAR，是绿色植物在光合作用中只能利用太阳辐射中波长为 380~710 nm（另有 400~700 nm）的可见光部分，它在玉米群体内分布状况与光能利用率和产量有密切的关系。因此，培育合理的群体结构，改善群体内部的光合有效辐射分布状况对提高光能利用率、增加玉米产量具有十分重要的意义。

由图 1-5 可以看出，玉米群体内不同层次 PAR 随着密度的增加而降低，种植密度为 4 万株/hm^2 的底层、穗位层、顶层的 PAR 最高，密度为 10 万株/hm^2 各层次 PAR 最低。种植密度分别在 4 万株/hm^2、6 万株/hm^2、8 万株/hm^2 和 10 万株/hm^2，“Ⅱ1465”栽培方式与传统垄作栽培方式相比，底层 PAR 分别比传统垄作栽培增加 9.6 μmol/（m^2·s）、10.1 μmol/（m^2·s）、14.9 μmol/（m^2·s）、16.8 μmol/（m^2·s），穗位层分别比传统垄作栽培增加 10.2 μmol/（m^2·s）、20.0 μmol/（m^2·s）、50.0 μmol/（m^2·s）、59.8 μmol/（m^2·s），顶层分别比传统垄作栽培增加 15.2 μmol/（m^2·s）、

15.9 μmol/（m^2·s）、22.6 μmol/（m^2·s）、21.8 μmol/（m^2·s）。可见在高密度种植条件下，“Ⅱ1465”栽培方式比传统垄作栽培各层次 PAR 的增加幅度相对低密度群体的效果更明显。

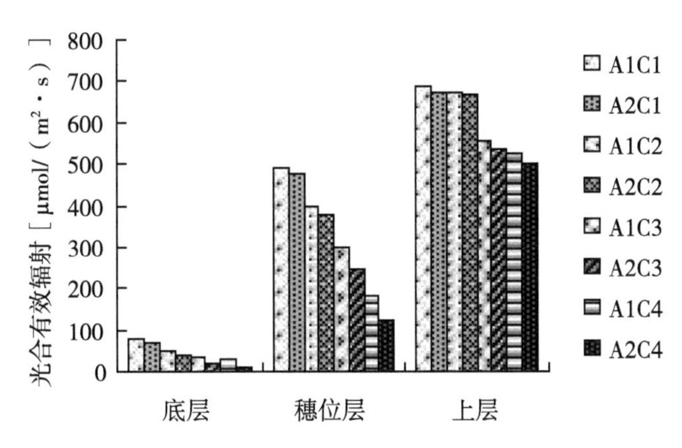

图 1-5　不同栽培方式对玉米冠层内 PAR 的影响

（五）玉米群体冠层透光率变化

透光率是反映玉米群体冠层内微环境中光强的一个重要指标。冠层内光照强度是决定冠层光合特性的主要微环境因子。因此，要构建强光合能力的冠层结构，首先要构建出合理的冠层内光分布，这不仅可以提高冠层内叶片的光合效率，而且也可以改善冠层内温度、空气等其他微环境条件。

两种栽培方式下、不同种植密度的玉米灌浆期群体冠层内透光率的日变化如表 1-4 所示，玉米冠层内透光率日变化最大值出现在 12:00；玉米群体冠层各层次内透光率随着种植密度的提高而降低；“Ⅱ1465”栽培方式与传统方式相比，种植密度为 4 万株/hm^2时玉米冠层内透光率差异不大；密度为 6 万株/hm^2 和 8 万株/hm^2 时，玉米群体冠层内灌浆期每日透光率各时刻“Ⅱ1465”栽培方式均高于传统垄作栽培方式。其中，12:00“Ⅱ1465”栽培方式比传统栽培方式下玉米群体的底层、穗位层、顶层透光率分别增加 0.85、9.45、2.82。这表明，由于“Ⅱ1465”栽培方式改变了群体冠层结构，使光分布发生了改变，穗位层及穗位以下都能有效利用光能进行光合作用，因而延长并提高了叶片的光合能力，加速玉米灌浆，进而提高产量。

表 1-4　不同栽培方式和种植密度对玉米灌浆期群体冠层透光率的影响　　单位：%

密度	栽培方式	透光率											
		9:00			12:00			15:00			18:00		
		底层	穗位层	上层	底层	穗位层	上层	底层	穗位层	上层	底层	穗位层	上层
C1	A1	5.59	48.91	78.05	7.10	62.43	94.13	6.25	56.82	80.13	5.54	43.27	72.28
	A2	5.58	48.86	77.26	7.09	62.37	93.17	6.24	56.76	79.32	5.53	43.22	71.55

（续表）

密度	栽培方式	透光率											
		9:00			12:00			15:00			18:00		
		底层	穗位层	上层	底层	穗位层	上层	底层	穗位层	上层	底层	穗位层	上层
C2	A1	5.32	46.60	69.41	6.76	59.48	83.70	5.95	54.13	71.26	5.28	41.22	64.28
	A2	5.03	44.07	68.69	6.39	56.26	82.84	5.63	51.20	70.52	4.99	38.99	63.61
C3	A1	4.15	36.36	54.27	5.28	46.41	65.45	4.65	42.24	55.72	4.12	32.17	50.26
	A2	3.49	30.52	51.94	4.43	38.96	62.63	3.90	35.46	53.32	3.46	27.00	48.10
C4	A1	2.30	20.14	53.51	2.92	25.71	64.52	2.57	23.40	54.93	2.28	17.82	49.55
	A2	1.49	18.39	52.41	1.89	23.47	63.20	1.66	21.36	53.80	1.47	16.27	48.53

（六）玉米群体结构指标的相关性分析

由表 1-5 可以看出，玉米群体结构构成因素中茎叶夹角、叶向值与光合有效辐射（PAR）之间的相关系数表现为：茎叶夹角与叶向值相关系数为-0.91，说明二者呈负相关，并达到了1%显著水平。茎叶夹角与 PAR 相关系数为-0.37，说明二者也呈负相关，但未达到显著水平。叶向值与 PAR 的相关系数为 0.49，说明二者呈正相关，并且达到了 5%显著水平。

表 1-5　群体结构指标的相关系数

指标	茎叶夹角	叶向值	光合有效辐射（PAR）
茎叶夹角	1	—	—
叶向值	-0.91**	1	—
光合有效辐射（PAR）	-0.37	0.49*	1

注：* $P<0.05$，** $P<0.01$。

二、不同栽培方式下光合特性变化

（一）不同栽培方式下整个生育期叶片光合速率的变化

由图 1-6 可知，玉米群体冠层内叶片光合速率在整个生育期基本呈单峰曲线变化。从苗期至灌浆期，叶片光合速率逐渐升高，灌浆期的光合速率达全生育期最大；灌浆期后光合速率开始下降。随着玉米种植密度的加大，玉米光合速率呈下降趋势，以 4 万株/hm^2 密度下光合速率最高。从两种玉米栽培方式比较来看，特别种植密度为 6 万株/hm^2和 8 万株/hm^2 时，“Ⅱ1465”栽培方式下玉米的光合速率高于传统垄作栽培。灌浆期光合速率“Ⅱ1465”栽培方式明显高于传统垄作栽培，这表明“Ⅱ1465”栽培方式、在此种植密度下冠层群体结构更具有明显的光合优势，高光合冠层特性群体，其光合速率生育期内的变化主要应表现在，抽雄期至灌浆期保持相对较高的光合速率，甚至应延续到乳熟期，保证光合速率较高值的持续期尽量延长，最终保证玉米高产。种植密度为 4 万株/hm² 时，传统垄作栽培方式抽雄期前光合速率稍高于“Ⅱ1465”栽培方式，吐丝期后“Ⅱ1465”栽培方式的光合速率稍高于传统垄作，此时期是玉米籽粒从灌浆到成熟的关键时期，也是决定玉米产量的关键时期，光合速率的提高显然为玉米产量的提高奠定了坚实基础。同时也可看出，“Ⅱ1465”栽培方式下密植到 6 万株/hm² 至 8 万株/hm² 时，相对于传统垄作栽培，也能保持较高的光合速率，因此体现出了“Ⅱ1465”栽培方式的优越性。

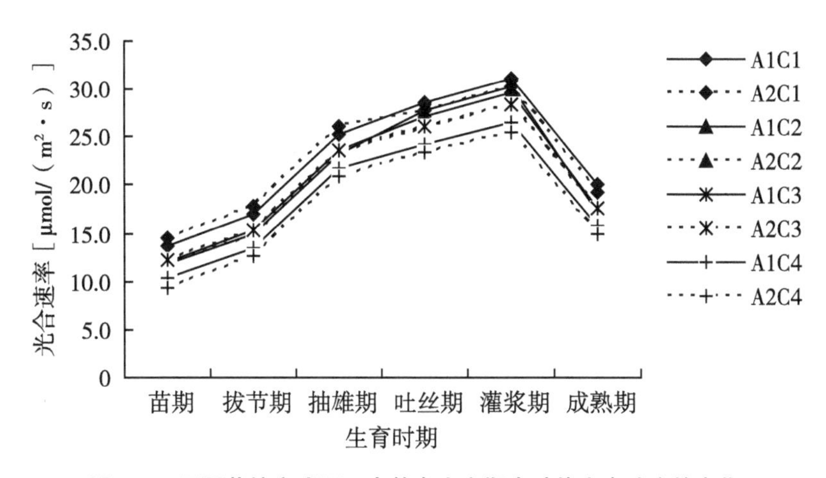

图 1-6 不同栽培方式下玉米整个生育期内叶片光合速率的变化

（二）不同栽培方式下叶片光合速率日变化

从图 1-7 可以看出，不同栽培方式下玉米叶片光合速率的日变化呈双峰曲线变化，在 10: 00—14: 00，叶片光合速率保持较高状态，但 12: 00 有所下降。14: 00—18: 00 光合速率呈明显的下降趋势。“Ⅱ1465”栽培方式与传统方式相对比，在光合速率的日变化上，种植密度为 4 万株/hm² 与 6 万株/hm² 处理之间叶片光合速率差别不大，日变化

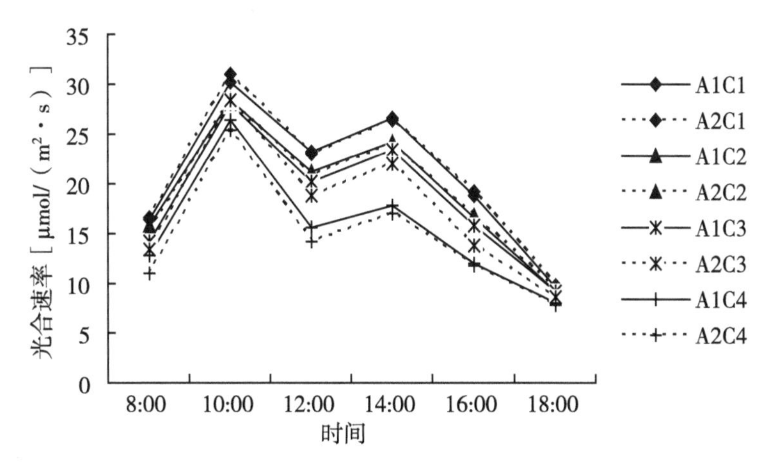

图 1-7 不同栽培方式下灌浆期玉米叶片光合速率的日变化

趋势基本一致。当种植密度为 8 万株/hm² 与 10 万株/hm² 时，“Ⅱ1465” 栽培方式下玉米叶片光合速率在全天各时刻都要高于传统垄作栽培方式，这说明了当在高密度种植条件下，“Ⅱ1465” 栽培方式表现出良好的玉米群体结构使玉米叶片紧凑，叶片透光好，而传统垄作栽培在高密度种植条件下则表现出叶片透光差，导致光合速率偏低。

（三）不同栽培方式下整个生育期叶片蒸腾速率的变化

蒸腾作用和水分利用效率是决定光合作用特性的重要指标，水分的蒸发和蒸腾除了与温度、风速等有关外，与作物种植密度和气孔的状态也有关。研究表明，作物不同，群体的冠层结构不同，蒸腾速率、光合速率以及水分利用效率也不同。因此，提高冠层内叶片的水分利用率也是创造高产冠层结构的重要指标之一。

由图 1-8 可以看出，玉米叶片蒸腾速率在整个生育期内呈单峰曲线变化，在吐丝期达到最大值，“Ⅱ1465” 与传统垄作两种栽培方式下变化趋势一致。还可看出，种植密度对蒸腾速率影响较大，蒸腾速率随着密度的增加而降低。在低密度种植条件下，在整个生育时期两种栽培方式之间蒸腾速率差异不大，当在高密度种植条件下，“Ⅱ1465” 栽培方式的蒸腾速率要始终高于传统垄作栽培方式。试验结果表明，“Ⅱ1465” 栽培方式下玉米叶片蒸腾作用得以改善，提高了下层叶片的水分利用效率，进一步扩大了下层叶的光合作用效率和优势。

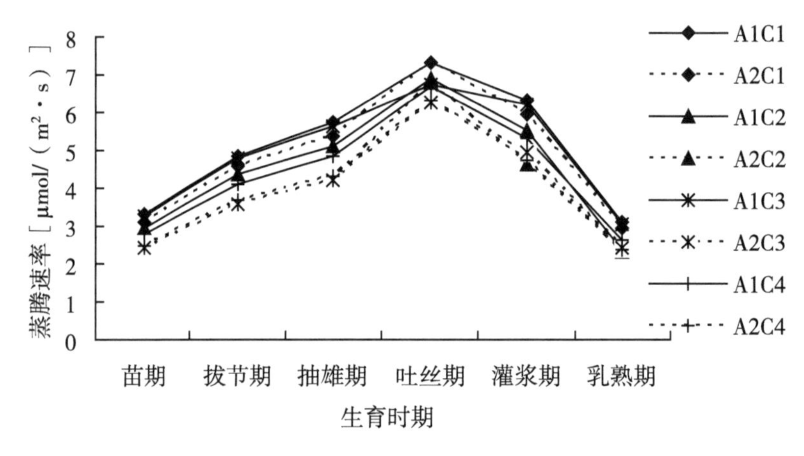

图 1-8 不同栽培方式下玉米整个生育期内叶片蒸腾速率的变化

（四）不同栽培方式下叶片蒸腾速率的日变化

由图 1-9 可以看出，两种栽培方式下叶片蒸腾速率的日变化趋势基本一致，在 10: 00—11: 00，蒸腾速率达到最大值，在 12: 00 蒸腾速率有所下降，14: 00 之后则一直呈下降趋势。“Ⅱ1465” 栽培方式相对于传统垄作栽培方式在 14: 00—18: 00 仍能保持相对较高的蒸腾速率，这可能是由于通风性增强的原因。

（五）不同栽培方式下玉米叶片气孔导度变化

由图 1-10 可以看出，玉米群体冠层内叶片气孔导度的日变化曲线呈 “M” 形。基本与光合速率日变化一致。由于气孔的开闭与光强有关，并且气孔的开张有一个光照诱导期，8: 00 以前气孔导度较小，8: 00 以后随着气孔张开，气孔导度逐渐上升，光合作

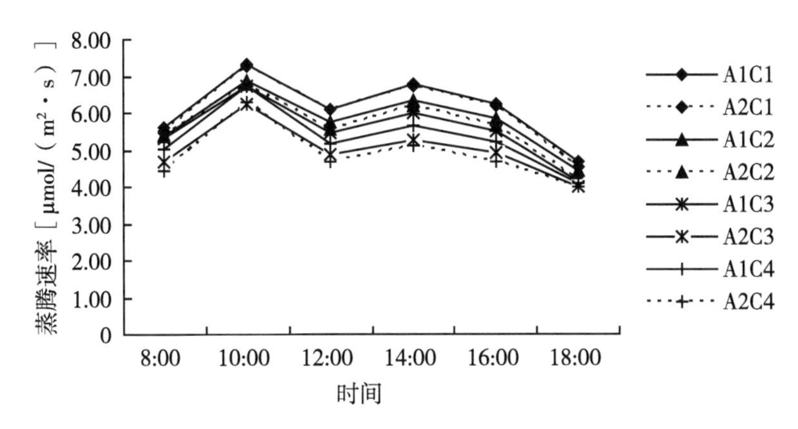

图 1-9　不同栽培方式下灌浆期玉米叶片蒸腾速率的日变化

用和蒸腾作用也在逐渐上升，10: 00—11: 00 气孔导度为一天中最大值。12: 00 左右由于气温高，太阳辐射强，叶片失水大，气孔开度减小，气孔导度下降。14: 00 之后气温开始降低，气孔导度又有增加，傍晚前气孔导度下降。“Ⅱ1465”栽培方式与传统垄作栽培方式相比较，一天中除个别时间内，基本上都有“Ⅱ1465”栽培模方式的玉米叶片的气孔导度大于传统垄作栽培方式。因此，“Ⅱ1465”栽培方式在光合作用的日变化上，气孔限制因素要远小于正常种植，从而创造了高光合特性的冠层结构。

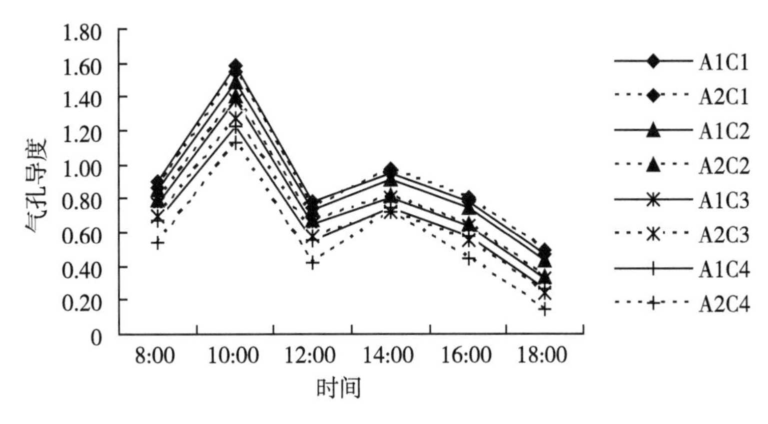

图 1-10　不同栽培方式下灌浆期玉米叶片气孔导度的日变化

（六）不同栽培方式下玉米叶片叶绿素含量变化

由图 1-11 可以看出，两种栽培方式下玉米叶片叶绿素含量在整个生育期内变化趋势一致，呈单峰曲线变化，在吐丝期达到最大值。“Ⅱ1465”栽培方式与传统垄作栽培方式相比较，在相同种植密度条件下，整个生育时期叶绿素含量一直要高于传统垄作栽培方式。

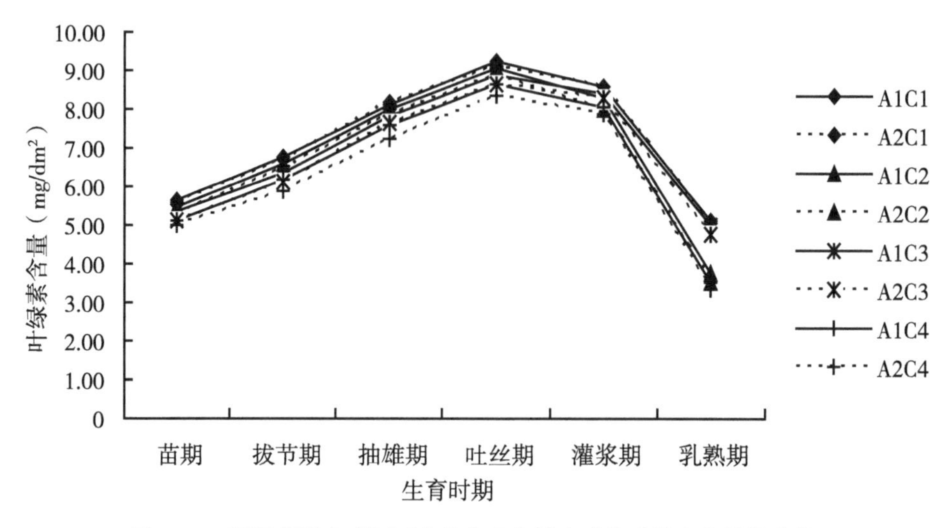

图 1-11　不同栽培方式下玉米整个生育期内叶片叶绿素含量的变化

三、不同栽培方式对玉米根际理化性质的影响

（一）不同栽培方式对土壤容重和孔隙度的影响

土壤容重是衡量土壤松紧状况的重要指标之一，是土壤质地、结构、空隙等物理性状的综合反映。孔隙是土壤结构的重要组成部分，所有生物、物理、化学过程都发生在其内部或者与孔隙有关，它对土壤中水和空气的传导、运动，植物根的穿扎、吸水具有重要作用。

由表 1-6 可以看出，在整个生育期中，“Ⅱ1465”栽培方式下 0~10 cm、10~20 cm、20~30 cm 耕层的土壤容重分别比传统垄作降低 2.4%、3.1%、1.39%，土壤孔隙度增加 5.9%、8.33%、2.08%。“Ⅱ1465”栽培可以改善玉米根系土壤物理性状，有利于玉米根系的生长发育和土壤微生物活动，为玉米根系吸收功能的改善和个体发育提供了良好的生态环境。

表 1-6　不同栽培方式对土壤容重和孔隙度的影响

土层深度（cm）	栽培方式	容重（g/cm³）	孔隙度（%）
0~10	传统垄作	1.28	51
	“Ⅱ1465”方式	1.25	54
	±△%	-2.40	+5.9
10~20	传统垄作	1.35	48
	“Ⅱ1465”方式	1.31	52
	±△%	-3.10	+8.33

（续表）

土层深度（cm）	栽培方式	容重（g/cm³）	孔隙度（%）
20~30	传统垄作	1.45	48
	“Ⅱ1465”方式	1.43	49
	±△%	-1.39	+2.08

（二）不同栽培方式对玉米群体土壤温度的影响

土壤水热变化是一个连续的过程，直接影响作物生长发育。同时，土壤温度和水分也影响土壤养分的迁移、转化以及微生物的数量与活性，间接地影响作物生长发育。

由图1-12可以看出，玉米灌浆期的两种栽培方式相比，在一天当中，从8:00到12:00“Ⅱ1465”方式耕层土壤升温速度较快，到14:00不同栽培方式下耕层土壤温度均达到最大值。两种栽培方式下，10 cm土壤深度温度变化趋势一致，但由于“Ⅱ1465”栽培方式增大了接受光照的地表面积，同时也改变了光照达到地面时的角度，改变了植株田间分布，从而引起“Ⅱ1465”栽培方式升温快于传统垄作，午后“Ⅱ1465”栽培方式降温速度低于传统垄作，垄作昼夜温差大，有利于干物质的积累和产量的形成。

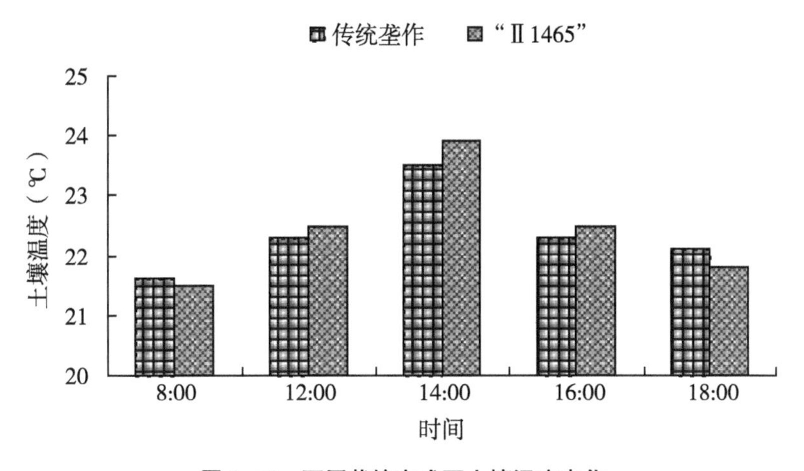

图1-12　不同栽培方式下土壤温度变化

（三）不同栽培方式对耕层土水分的影响

由表1-7可以看出，6月2日至9月16日对不同耕层土壤含水量测定结果表明，两种栽培方式下0~10 cm、20~30 cm耕层土壤含水量差异不显著，而10~20 cm耕层土壤含水量差异达5%显著水平，“Ⅱ1465”栽培方式显著提高了10~20 cm耕层土壤含水量。

表 1-7　不同栽培方式各时期土壤含水量变化　　单位:%

土层深度（cm）	处理	测定日期（月-日）						平均
		6-2	6-9	6-16	7-2	8-15	9-16	
0~10	传统垄作	0.161	0.148	0.151	0.158	0.142	0.139	0.150 aA
	“Ⅱ1465”方式	0.164	0.160	0.159	0.169	0.155	0.149	0.159 aA
10~20	传统垄作	0.166	0.161	0.167	0.153	0.148	0.152	0.158 aA
	“Ⅱ1465”方式	0.182	0.166	0.171	0.177	0.153	0.171	0.170 bA
20~30	传统垄作	0.168	0.170	0.189	0.163	0.154	0.156	0.167 aA
	“Ⅱ1465”方式	0.185	0.182	0.171	0.159	0.168	0.172	0.173 aA

注：表中小写字母表示5%显著水平，大写字母表示1%显著水平。

（四）不同栽培方式对玉米群体土壤中 CO_2 通量的影响

土壤 CO_2 通量速率反映了土壤中 CO_2 速率，主要与土壤中的有机质含量有关，但不同水分和温度条件下对 CO_2 通量速率也有一定影响。由图 1-13 可以看出，玉米灌浆期，随着温度的升高，土壤 CO_2 通量速率增加，但超过 27 ℃以后，随温度升高 CO_2 通量速率又降低。“Ⅱ1465”栽培方式下 CO_2 通量速率始终高于传统垄作，当温度超过 27 ℃后，两种栽培方式下土壤 CO_2 通量速率均下降。

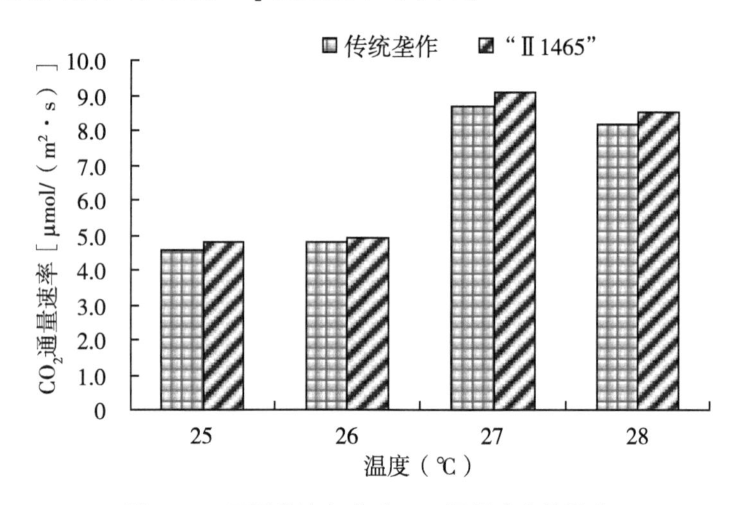

图 1-13　不同栽培方式对 CO_2 通量速率的影响

四、不同栽培方式对玉米群体土壤酶活性的影响

脲酶能分解有机物，促进其水解生成氨和 CO_2，其中氨是氮素营养的直接来源，因此，脲酶活性可表示土壤氮素供应状况。由图 1-14 可以看出，玉米在整个生育期内土壤脲酶活性变化情况如图所示，两种栽培方式下土壤脲酶活性变化趋势相同，都呈单峰曲线变化，在大喇叭口时期达到最大值，生育后期尿酶含量逐渐降低，“Ⅱ1465”栽培

条件下土壤尿酶含量在整个时期内都高于传统垄作栽培。说明“Ⅱ1465”栽培可以增加土壤尿酶活性，使土壤中氮素供应得以顺利进行，这可能是由于“Ⅱ1465”栽培方式改变了玉米根系土壤的紧实度而使得尿酶含量增加。

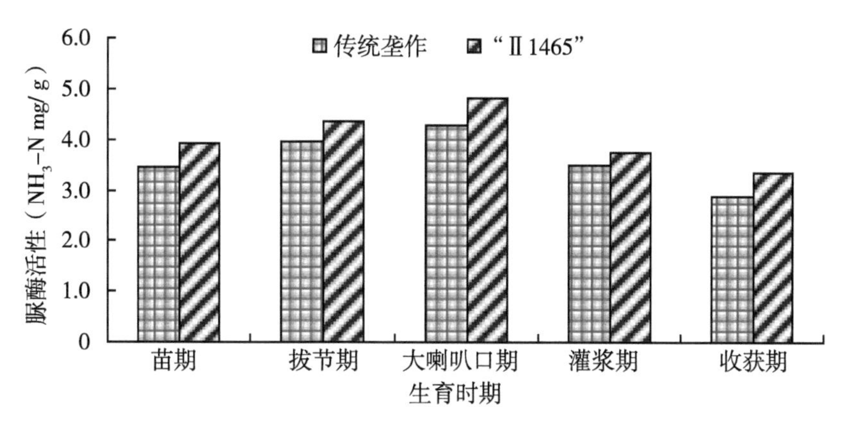

图 1-14　不同栽培方式对土壤中脲酶活性的影响

过氧化氢酶能促进 H_2O_2 分解成分子氧和水，防止 H_2O_2 在土壤中积累，而对生物产生毒害作用。由图 1-15 可以看出，土壤过氧化氢酶变化在玉米生长前期呈现上升趋势，在大喇叭口期出现酶活性高峰，因为这个时期植物根系发达，根系土壤生物呼吸作用增强，有机物氧化反应加快，过氧化氢酶活性也随之增强。在大喇叭口期之后酶活性开始下降。两种栽培方式相比较，“Ⅱ1465”栽培方式下玉米整个生育期内的过氧化氢酶要高于小垄栽培，可能是“Ⅱ1465”栽培方式调节了土壤中的养分含量，有利于作物根系发育。

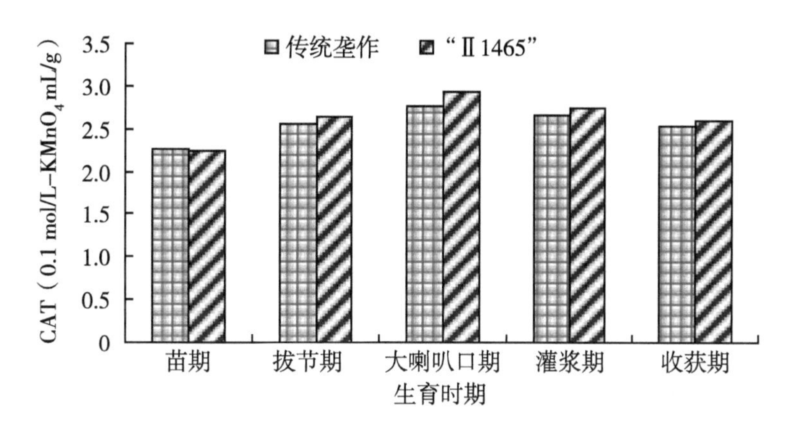

图 1-15　不同栽培方式对土壤中过氧化氢酶活性的影响

蔗糖酶是广泛存在于土壤中的一个重要酶，蔗糖酶对增加土壤中易溶性营养物质起着重要作用。由图 1-16 可以看出，在两种栽培条件下土壤蔗糖酶活性呈现相似变化趋势，在玉米整个生育期内土壤蔗糖酶活性有两个峰值，分别在拔节期和灌浆期。在大喇叭口期，土壤蔗糖酶活性出现降低趋势。在灌浆期蔗糖酶活性上升并达到最大值，到成熟期酶活性略有下降。在玉米整个生育期内“Ⅱ1465”栽培方式下土壤蔗糖酶含量始终高于传统垄作栽培。可能“Ⅱ1465”栽培方式条件下地表温度升高、湿度增大为土壤微生物酶促反映创造了有利条件，从而提高了土壤蔗糖酶活性。

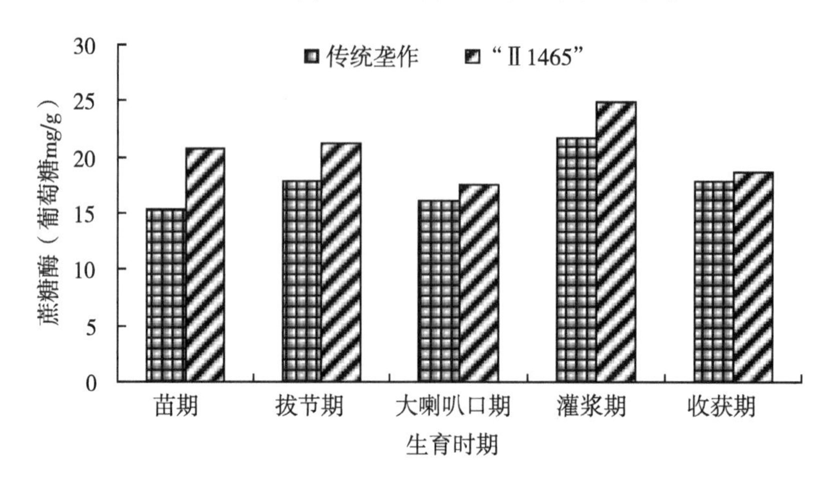

图 1-16　不同栽培方式对土壤中蔗糖酶活性的影响

磷酸酶可加速有机磷的脱磷速度，积累的磷酸酶对土壤磷素的有效性具有重要作用。磷酸酶活性受土壤坚实度影响较少，但受土壤通气状况影响很大。由图 1-17 可以看出，两种栽培方式下土壤磷酸酶呈现相同的变化趋势，均在灌浆期出现高峰，"Ⅱ1465"栽培方式条件下的磷酸酶活性较高，分析认为该处理根系留在土壤中形成的孔隙在一定程度上改善了土壤的通气状况，使土壤中水、气、热三相比趋于合理，进而促进了土壤酶活性的发挥。

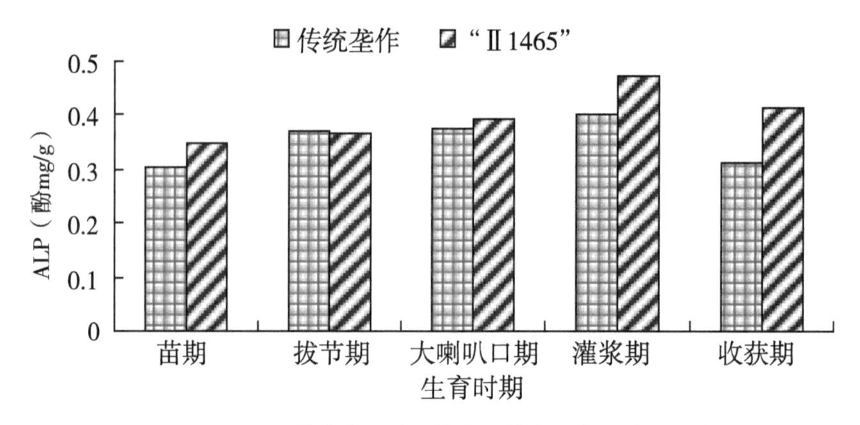

图 1-17　不同栽培方式对土壤中碱性磷酸酶活性的影响

不同栽培方式土壤酶活性差异显著性比较详见表 1-8。

表 1-8　不同栽培方式土壤酶活性差异显著性比较

栽培方式	脲酶活性（NH_3-N mg/g）	过氧化氢酶活性（0.1 mol/L -$KMnO_4$ mL/g）	蔗糖酶活性（葡萄糖 mg/g）	碱性磷酸酶活性（酚 mg/g）
传统垄作	3.60 aA	2.56 aA	17.76 aA	0.34 aA

（续表）

栽培方式	脲酶活性（NH_3-N mg/g）	过氧化氢酶活性（0.1 mol/L -$KMnO_4$mL/g）	蔗糖酶活性（葡萄糖 mg/g）	碱性磷酸酶活性（酚 mg/g）
“Ⅱ1465”方式	4.03 aA	2.63 aA	20.62 aA	0.40 aA
±△%	11.90	2.73	16.23	17.64

注：表中小写字母表示5%显著水平，大写字母表示1%显著水平；表中数据为5个时期测定的平均值。

由图1-14至图1-17、表1-8可以看出，脲酶、过氧化氢酶、蔗糖酶、碱性磷酸酶活性在“Ⅱ1465”栽培方式下整个生育期都要高于传统垄作栽培方式，其平均值分别比传统垄作栽培方式增加了11.9%、2.73%、16.23%、17.64%，但其差异并未达到显著水平。

五、不同栽培方式下玉米地上干物质积累动态变化

（一）玉米地上植株干物质积累动态曲线变化

由图1-18至图1-21可以看出，玉米地上部分干物质积累动态在不同栽培方式下表现出相似的规律性变化，随着密度的增加单株干物质重呈降低的趋势，总体呈“S”形曲线变化。玉米的干物质积累速度在生育前期和后期较低，中期较高。在灌浆末期“Ⅱ1465”栽培方式与传统垄作栽培方式单株干物质重相比较，种植密度分别为4万株/hm^2、6万株/hm^2、8万株/hm^2、10万株/hm^2时，在B1施肥水平条件下单株干物质重分别增加了3.6 g、7.2 g、8.6 g、12.1 g，在B2施肥水平条件下单株干物质重分别增加了10.2 g、12.1 g、16.5 g、18.2 g，在B3施肥水平条件下单株干物质重分别增加了11.2 g、18.2 g、22.1 g、25.1 g，在B4施肥水平条件下单株干物质重分别增加了12.1 g、19.5 g、20.1 g、23.2 g。由此可以看出，在灌浆末期“Ⅱ1465”栽培方式下的

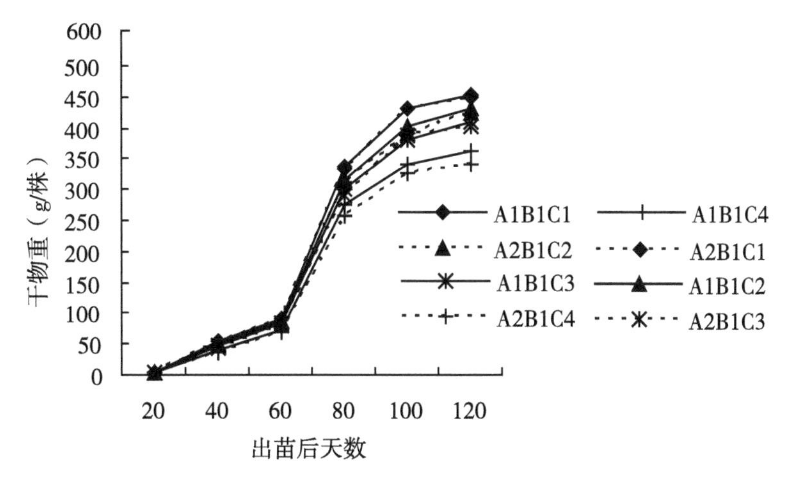

图1-18　施氮量为B1水平植株干物质积累曲线

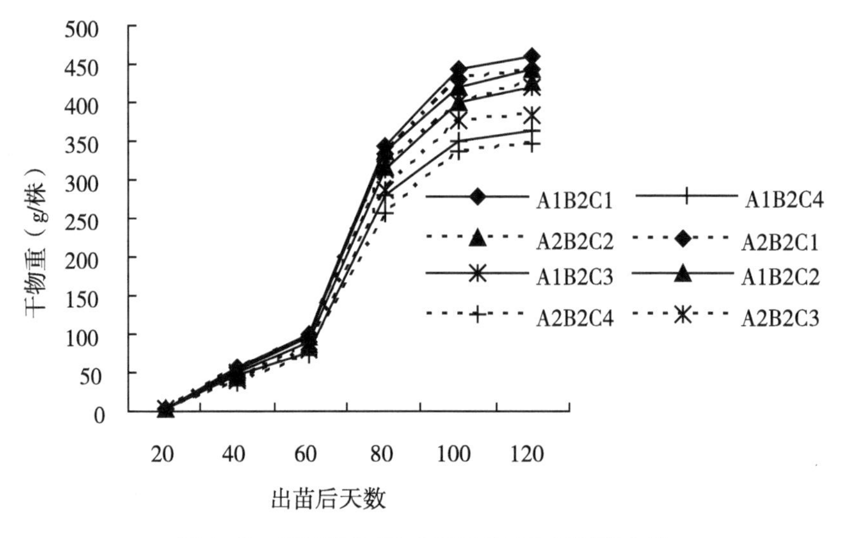

图 1-19　施氮量为 B2 水平植株干物质积累曲线

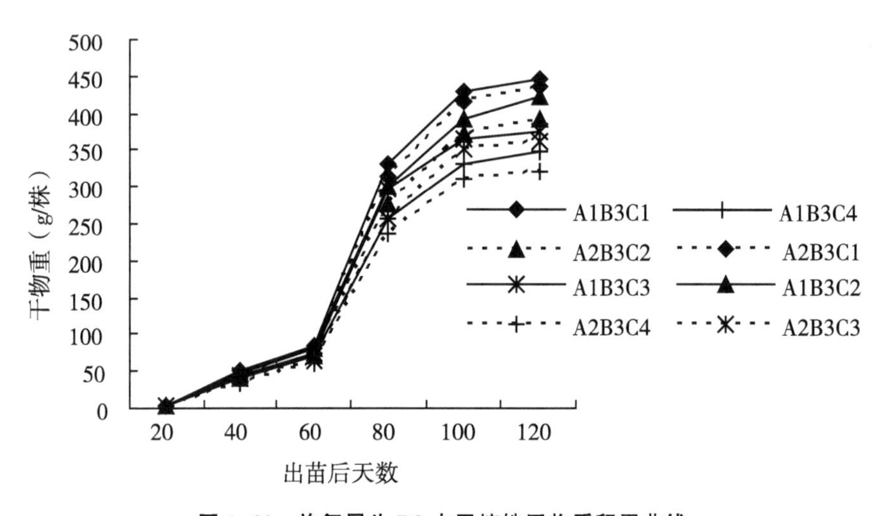

图 1-20　施氮量为 B3 水平植株干物质积累曲线

植株干重要始终高于传统垄作栽培方式，而且表现为在低肥与高密度种植条件下干物质重增加的幅度大。

由表 1-9 可以看出，在 B3 水平下不同处理玉米植株地上部干重积累用 Logistic 方程拟合，均达到极显著水平，但由于种植密度不同，导致不同处理的干物质积累速率存在差异。当种植密度为 4 万株/hm^2 时，“Ⅱ1465”栽培方式与传统垄作栽培方式的最大积累速率为 12. 52 g/d、12. 04 g/d，干物质积累最大速率出现的时间均为出苗后 72 d。当种植密度为 6 万株/hm^2 时，“Ⅱ1465”栽培方式与传统垄作栽培方式的最大积累速率为 10. 79 g/d、10. 64 g/d，干物质积累最大速率出现的时间为出苗后 72 d、73 d。当种植密度为 8 万株/hm^2 时，“Ⅱ1465”栽培方式与传统垄作栽培方式的最大积累速率为 10. 23 g/d、9. 85 g/d，干物质积累最大速率出现的时间为出苗后 74 d、76 d。当种植密

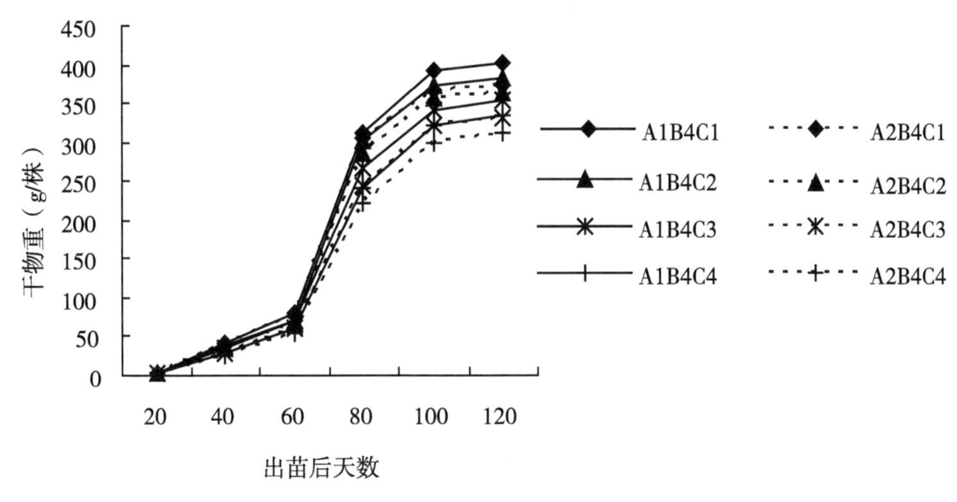

图 1-21　施氮量为 B4 水平植株干物质积累曲线

度为 10 万株/hm² 时，“Ⅱ1465”栽培方式与传统垄作栽培方式的最大积累速率为 9.30 g/d、9.18 g/d，干物质积累最大速率出现的时间为出苗后 78 d、81 d。由此可以看出，两种栽培方式下都表现出随着密度的增加，最大干物质积累速率降低、出现最大干物质积累速率时间的延迟。在同等条件下“Ⅱ1465”栽培方式的最大干物质积累速率高于传统垄作栽培，并且出现最大干物质积累速率的时间要早于传统垄作栽培方式。

表 1-9　在 B3 水平下不同处理玉米植株地上部干重积累曲线拟合方程

处理	方程	*F* 值	T_{max}	V_{max}（g/d）
A1B3C1	$Y=448.7758/1+EXP^{(7.9736-0.111680X)}$	198.94**	72	12.52
A2B3C1	$Y=437.8201/1+EXP^{(7.9209-0.110004X)}$	222.50**	72	12.04
A1B3C2	$Y=421.0427/1+EXP^{(7.3805-0.102528X)}$	175.14**	72	10.79
A2B3C2	$Y=393.5884/1+EXP^{(7.9123-0.108173X)}$	208.36**	73	10.64
A1B3C3	$Y=376.7579/1+EXP^{(8.0103-0.108617X)}$	167.71**	74	10.23
A2B3C3	$Y=368.2434/1+EXP^{(8.1592-0.107100X)}$	200.56**	76	9.85
A1B3C4	$Y=349.0189/1+EXP^{(8.2961-0.106634X)}$	203.79**	78	9.30
A2B3C4	$Y=324.3378/1+EXP^{(9.1194-0.113259X)}$	226.99**	81	9.18

由表 1-10 可以看出，在 C3 水平下不同处理玉米植株地上部干重积累用 Logistic 方程拟合，均达到极显著水平，但由于施肥量不同，导致不同处理的干物质积累速率存在差异。当施氮总量为 450 kg/hm² 时，“Ⅱ1465”栽培方式与传统垄作栽培方式的最大积累速率分别为 11.77 g/d、11.14 g/d，干物质积累最大速率出现的时间分别为出苗后

70 d、71 d。当施氮总量为 330 kg/hm^2 时，“Ⅱ1465”栽培方式与传统垄作栽培方式的最大积累速率分别为 10.84 g/d、10.89 g/d，干物质积累最大速率出现的时间分别为出苗后 73 d、74 d。当施氮总量为 210 kg/hm^2 时，“Ⅱ1465”栽培方式与传统垄作栽培方式的最大积累速率分别为 10.23 g/d、9.85 g/d，干物质积累最大速率出现的时间分别为出苗后 74 d、76 d。当施氮总量为 0 kg/hm^2 时，“Ⅱ1465”栽培方式与传统垄作栽培方式的最大积累速率分别为 9.81 g/d、9.60 g/d，干物质积累最大速率出现的时间分别为出苗后 77 d、78 d。由此可以看出，两种栽培方式在相同种植密度、不同施肥水平条件下都表现出随着施肥量的降低，最大干物质积累速率降低、出现最大干物质积累速率的时间要延迟。在同等条件下“Ⅱ1465”栽培方式的最大干物质积累速率高于传统垄作栽培方式，并且出现最大干物质积累速率的时间要早于传统垄作栽培方式。

表 1-10　在 C3 水平下不同处理玉米植株地上部干重积累曲线拟合方程

处理	方程	F 值	T_{max}	V_{max}（g/d）
A1B1C3	$Y=459.9552/1+EXP^{(7.1152-0.102412X)}$	171.33**	70	11.77
A2B1C3	$Y=428.3901/1+EXP^{(7.3509-0.104018X)}$	225.61**	71	11.14
A1B2C3	$Y=423.3421/1+EXP^{(7.3604-0.102419X)}$	187.36**	72	10.84
A2B2C3	$Y=387.7678/1+EXP^{(8.12675-0.112307X)}$	240.46**	73	10.89
A1B3C3	$Y=376.7579/1+EXP^{(8.0103-0.108617X)}$	167.71**	74	10.23
A2B3C3	$Y=368.2434/1+EXP^{(8.1592-0.107100X)}$	200.56**	76	9.85
A1B4C3	$Y=284.9505/1+EXP^{(8.7145-0.114286X)}$	256.72**	77	9.81
A2B4C3	$Y=265.2070/1+EXP^{(8.92459-0.115013X)}$	323.13**	78	9.60

由表 1-11 可以看出，“Ⅱ1465”栽培方式与传统垄作栽培方式在不同种植密度水平下，其地上部分干物质重平均水平高低不同，随着密度的增加，个体数量的增加超过了个体干重降低的作用，因此，根据灌浆末期测定群体干物质生产量仍随密度增加而增加，在同一密度条件下，“Ⅱ1465”栽培方式无论单株干物重，还是单位面积群体干重都相应高于传统垄作栽培方式，“Ⅱ1465”栽培方式能够获得相对较高的群体生产量，为提高经济产量奠定了基础。

表 1-11　不同处理下玉米群体的干物质积累量　　单位：kg/hm^2

处理	密度（万株/hm^2）			
	4	6	8	10
A1	17 860	25 296	30 048	32 630
A2	17 452	23 472	28 984	29 120

注：该表为灌浆末期测定不同肥力水平下的平均值。

由方差分析结果（表 1-12）可以看出，玉米地上部干物质重在栽培方式、施氮量、种植密度及其互作间的效应，都达到极显著水平，而地上部生物量与玉米产量通常呈现显著正相关关系。

表 1-12　(A+BC) 型裂区试验玉米地上干物重的方差分析

处理	平方和	自由度	均方	*F* 值	*P* 值
A	6 150. 480 6	1	6 150. 480 6	683. 386 7	0. 024 3
B	30 654. 455 6	3	10 218. 151 9	191. 076 8**	0. 000 1
C	79 380. 438 1	3	26 460. 146 0	2 620. 140 7**	0. 000 1
A×B	341. 925 6	3	113. 975 2	12. 131 3**	0. 007 6
A×C	98. 245 6	3	32. 748 5	13. 242 8**	0. 002 5
B×C	2 427. 381 0	9	269. 709 0	12. 607 3**	0. 000 1
A×B×C	916. 523 1	9	101. 835 9	4. 760 2**	0. 002 4

(二) 玉米籽粒干物质积累动态变化

由图 1-22 可以看出，当种植密度为 C3 水平，在不同栽培方式与施氮量条件下的玉米籽粒灌浆速率呈单峰曲线变化，在授粉后 40 d 左右玉米灌浆速率达到最大值。随着施氮量的增加玉米籽粒灌浆速率有先升高后降低的趋势，总体表现为：B2＞B1＞B3＞B4。两种栽培方式中，“Ⅱ1465”栽培方式与传统垄作栽培方式相比较，其授粉后各时间段的籽粒灌浆速率要高于传统栽培方式。以 A1B3C3、A2B3C3 为例，分别在授粉后 10 d、20 d、30 d、40 d、50 d、60 d 时，“Ⅱ1465”栽培方式下籽粒灌浆速率分别比传统垄作栽培方式提高了 0. 01 g/ (100 粒 · d)、0. 06 g/ (100 粒 · d)、0. 02 g/ (100 粒 · d)、0. 1 g/ (100 粒 · d)、0. 06 g/ (100 粒 · d)、0. 01 g/ (100 粒 · d)。

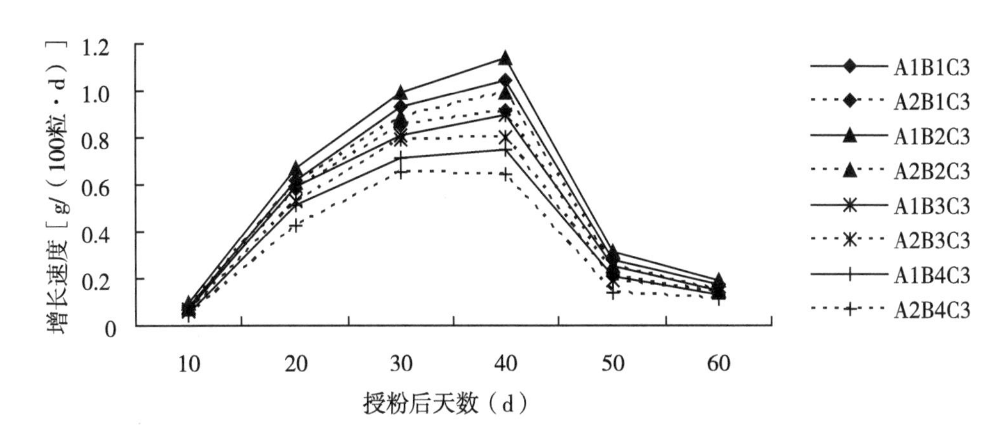

图 1-22　种植密度 C3 水平不同处理的玉米籽粒灌浆速率曲线

由图 1-23 可以看出，当施氮量为 B3 水平，不同栽培方式与种植密度条件下的玉米籽粒灌浆速率呈单峰曲线变化，同样在授粉后 40 d 左右玉米灌浆速率达到最大值。

随着种植密度的增加，玉米籽粒灌浆速率逐渐降低的趋势，总体表现为：C1 ＞ C2 ＞ C3 ＞ C4。“Ⅱ1465”栽培方式与传统垄作栽培方式相比较，其授粉后各时间段的籽粒灌浆速率要高于传统栽培方式。以 A1B3C2、A2B3C2 为例，分别在授粉后 10 d、20 d、30 d、40 d、50 d、60 d 时，“Ⅱ1465”栽培方式下籽粒的灌浆速率分别比传统垄作栽培方式提高了 0.02 g/（100 粒・d）、0.09 g/（100 粒・d）、0.06 g/（100 粒・d）、0.06 g/（100 粒・d）、0.02 g/（100 粒・d）、0.01 g/（100 粒・d）。

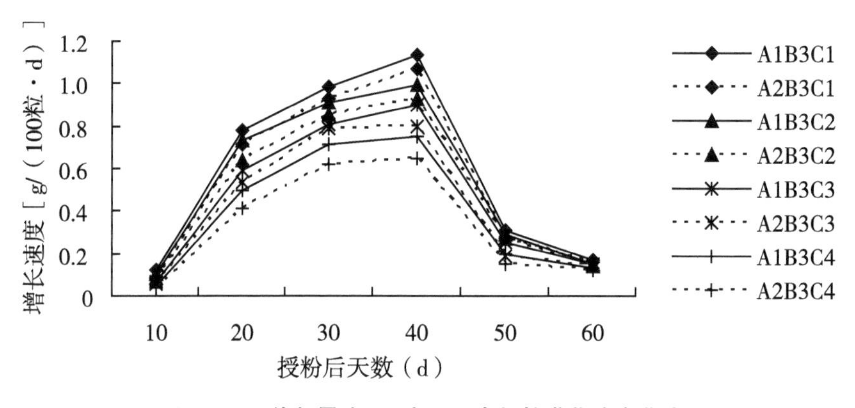

图 1-23　施氮量为 B3 水平玉米籽粒灌浆速率曲线

两种栽培方式下，不同种植密度与施氮量处理的平均籽粒灌浆速率变化趋势如图 1-24 至图 1-27 所示。平均籽粒灌浆速率随着种植密度的增加而降低，随着施氮量降低有先升高后降低的趋势，“Ⅱ1465”栽培方式与传统垄作栽培方式相比较，其籽粒平均灌浆速率始终要高于传统垄作栽培方式。当施肥量为 B1 水平，种植密度分别为 4 万株/hm^2、6 万株/hm^2、8 万株/hm^2、10 万株/hm^2 时，“Ⅱ1465”栽培方式下平均籽粒灌浆速率分别比传统垄作栽培高 0.02 g/（100 粒・d）、0.02 g/（100 粒・d）、0.03 g/（100 粒・d）、0.04 g/（100 粒・d）。当施肥量为 B2 水平，种植密度分别为 4 万株/hm^2、6 万株/hm^2、8 万株/hm^2、10 万株/hm^2 时，“Ⅱ1465”栽培方式下平均籽粒灌浆速率分别比传统垄作栽培高 0.03 g/（100 粒・d）、0.03 g/（100 粒・d）、0.04 g/

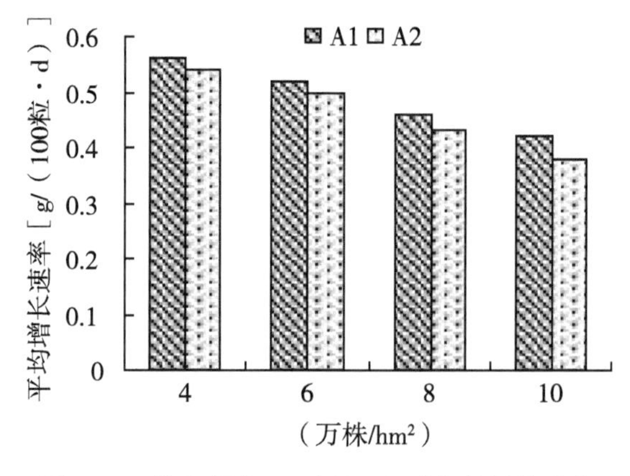

图 1-24　施氮量为 B1 水平下平均籽粒灌浆速率

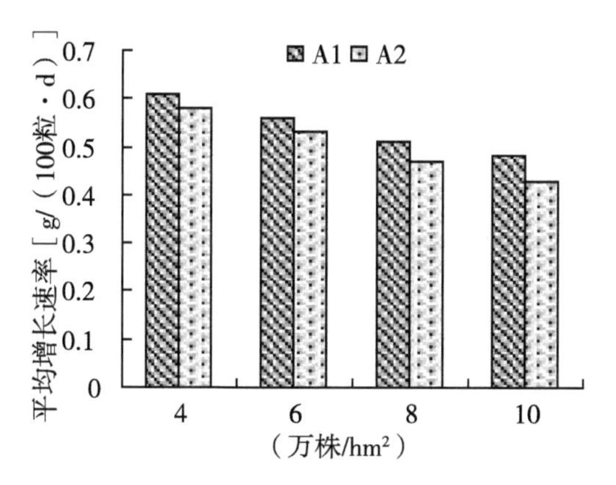

图 1-25　施氮量为 B2 水平下平均籽粒灌浆速率

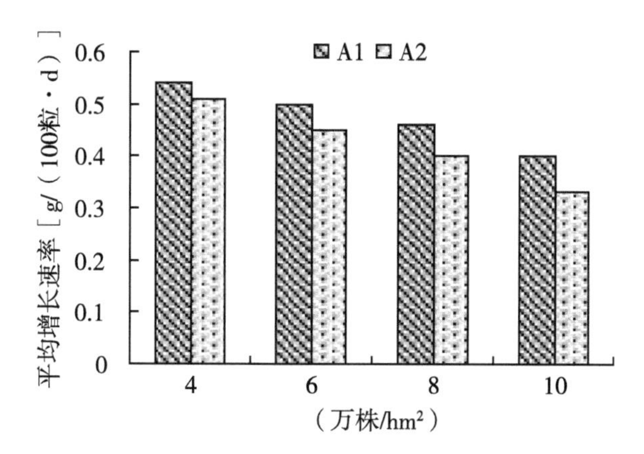

图 1-26　施氮量为 B3 水平下平均籽粒灌浆速率

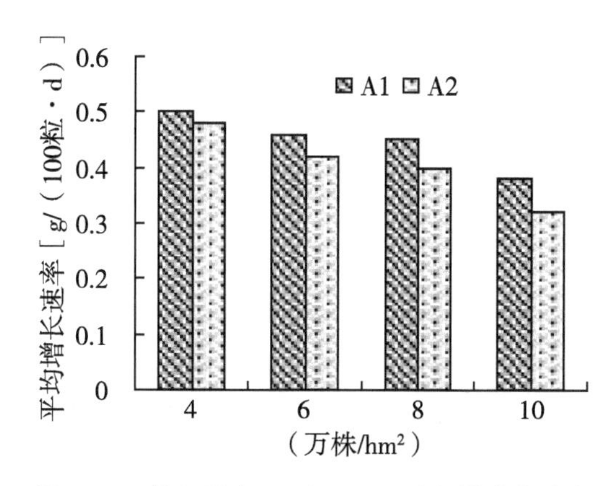

图 1-27　施氮量为 B4 水平下平均籽粒灌浆速率

(100 粒 · d)、0.05 g/ (100 粒 · d)。当施肥量为 B3 水平，种植密度分别为 4 万株/hm^2、6 万株/hm^2、8 万株/hm^2、10 万株/hm^2 时，"Ⅱ1465"栽培方式下平均籽粒灌浆速率分别比传统垄作栽培高 0.03 g/ (100 粒 · d)、0.05 g/ (100 粒 · d)、0.06 g/

(100 粒·d)、0.07 g/(100 粒·d)。当施肥量为 B4 水平，种植密度分别为 4 万株/hm²、6 万株/hm²、8 万株/hm²、10 万株/hm² 时，“Ⅱ1465”栽培方式下平均籽粒灌浆速率分别比传统垄作栽培高 0.02 g/(100 粒·d)、0.02 g/(100 粒·d)、0.05 g/(100 粒·d)、0.06 g/(100 粒·d)。

六、不同栽培方式对收获期玉米籽粒品质的影响

(一) 栽培方式、种植密度和施氮水平对收获期玉米籽粒粗蛋白含量的影响

由图 1-28 至图 1-31 可以看出，两种栽培方式下不同施氮量、不同种植密度条件下，收获期玉米籽粒粗蛋白含量的变化趋势为：籽粒粗蛋白含量都是随着密度的增加而降低。在相同种植密度条件下，“Ⅱ1465”栽培方式与传统垄作栽培方式相比较，提高了收获期玉米籽粒粗蛋白含量。籽粒粗蛋白含量随着施氮量的增加有先增后减的趋势，当施氮水平为 B1，种植密度分别为 4 万株/hm²、6 万株/hm²、8 万株/hm²、10 万株/hm²时，“Ⅱ1465”栽培方式相对于传统垄作栽培方式其收获期籽粒粗蛋白百分含量分别相应增加了-0.04、0.09、0.08、0.20。当施氮水平为 B2，种植密度分别为 4 万株/hm²、6 万株/hm²、8 万株/hm²、10 万株/hm² 时，“Ⅱ1465”栽培方式相对于传统垄作栽培方式其收获期籽粒粗蛋白百分含量分别相应增加了，0.13、0.16、0.19、0.13。当施氮水平为 B3，种植密度分别为 4 万株/hm²、6 万株/hm²、8 万株/hm²、10 万株/hm²时，“Ⅱ1465”栽培方式相对于传统垄作栽培方式其收获期籽粒粗蛋白百分含量分别相应增加了 0.03、0.06、0.05、0.08。当施氮水平为 B4，种植密度分别为 4 万株/hm²、6 万株/hm²、8 万株/hm²、10 万株/hm² 时，“Ⅱ1465”栽培方式相对于传统垄作栽培方式其收获期籽粒粗蛋白百分含量分别相应增加了 0.11、0.05、0.06、0.09。可见在相同施氮量条件下，“Ⅱ1465”栽培方式与传统垄作栽培方式相比较，提高了收获期玉米籽粒粗蛋白含量。

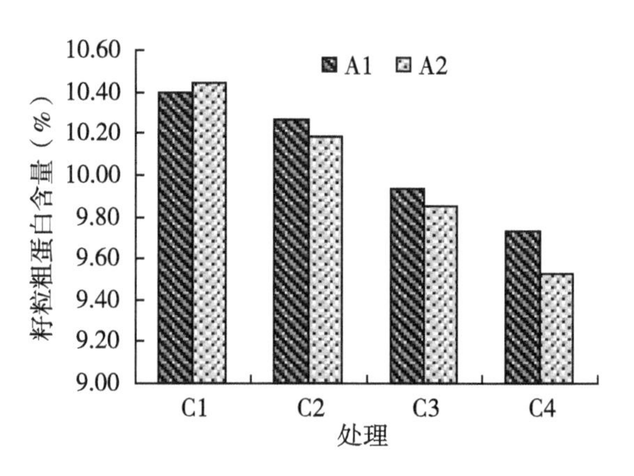

图 1-28　施氮量为 B1 水平籽粒粗蛋白质含量

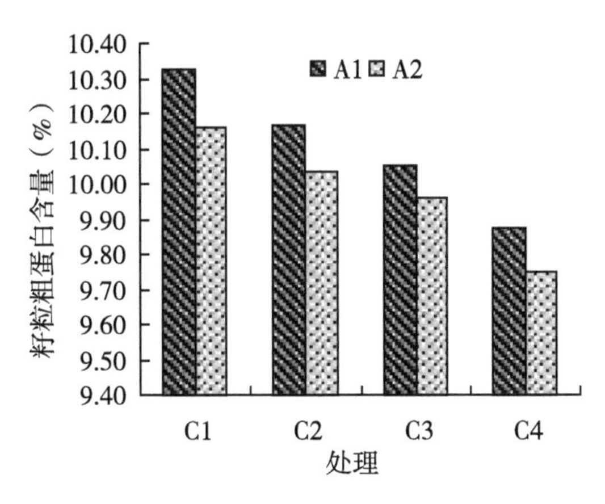

图 1-29　施氮量为 B2 水平籽粒粗蛋白质含量

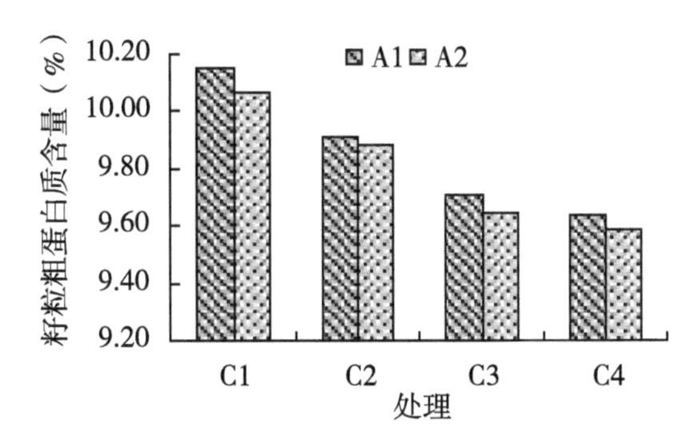

图 1-30　施氮量为 B3 水平籽粒粗蛋白质含量

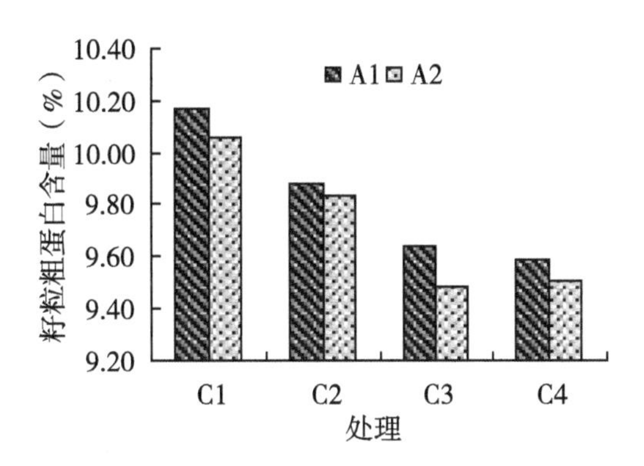

图 1-31　施氮量为 B4 水平籽粒粗蛋白质含量

由表 1-13 收获期玉米籽粒粗蛋白含量裂区试验方差分析表可以看出，栽培方式、施氮量、种植密度三因素对玉米籽粒粗蛋白含量影响。其中处理 A（栽培方式），通过方差分析可以看出 $0.01<P<0.05$，说明不同栽培方式间的玉米籽粒粗蛋白含量差异达到了 5%显著水平。处理 B（施氮量）、处理 C（种植密度）、A 与 B 互作、B 与 C 互作、A、B、C 三因素互作，其籽粒粗蛋白含量差异均达到 1%显著水平。

表 1-13　收获期玉米籽粒粗蛋白含量裂区试验方差分析

变异来源	平方和	自由度	均方	*F* 值	*P* 值
区组	0. 001 4	2			
处理 A	0. 052 7	1	0. 052 7	31. 077 3	0. 030 7
主区误差	0. 003 4	2	0. 001 7		
主区	0. 057 5	5			
裂区处理 B	2. 189 1	3	0. 729 7	477. 074 9	0. 000 1
A×B	0. 335 7	3	0. 111 9	73. 168 4	0. 000 1
裂区 B 误差	0. 018 4	12	0. 001 5		
裂区处理 C	4. 071 6	3	1. 357 2	401. 434 8	0. 000 1
A×C	0. 139 7	3	0. 046 6	13. 774 6	0. 000 3
裂区 C 误差	0. 040 6	12	0. 003 4		
B×C 互作	0. 235 0	9	0. 026 1	18. 761 2	0. 000 1
A×B×C	0. 445 9	9	0. 049 5	35. 592 0	0. 000 1
互作误差	0. 050 1	36	0. 001 4		
裂区	7. 526 1	90			
总的	7. 583 6	95			

由表 1-14 可以看出，“Ⅱ1465”栽培方式下平均籽粒粗蛋白含量要高于传统垄作栽培方式，两种栽培方式间，籽粒蛋白质含量达到 5%显著水平。

表 1-14　主处理 A 间籽粒粗蛋白含量差异多重比较

处理	均值（%）	5%显著水平	1%显著水平
A1	9. 905 6	a	A
A2	9. 858 8	b	A

（二）栽培方式、种植密度和施氮量对收获期玉米籽粒淀粉含量的影响

由图 1-32 至图 1-35 可以看出，两种栽培方式在不同施氮量、不同种植密度条件下，收获期玉米籽粒淀粉含量的变化趋势为：籽粒淀粉含量随着种植密度的增加，有先升高后降低的趋势，在 10 万株/hm^2 下籽粒淀粉含量最低。在相同种植密度条件下，“Ⅱ1465”栽培方式与传统垄作栽培方式相比较，收获期玉米籽粒淀粉含量降低。收获期玉米籽粒淀粉含量随着施氮量的增加有先升高后降低的趋势，当施氮水平为 B1，种植密度分别为 4 万株/hm^2、6 万株/hm^2、8 万株/hm^2、10 万株/hm^2 时，“Ⅱ1465”栽培方式相对于传统垄作栽培方式，收获期籽粒淀粉百分含量分别相应降低了 0. 25、0. 53、0. 10、0. 44。当施氮水平为 B2，种植密度分别为 4 万株/hm^2、6 万株/hm^2、8 万

株/hm²、10 万株/hm² 时，"Ⅱ1465" 栽培方式相对于传统垄作栽培方式，收获期籽粒淀粉百分含量分别相应降低了 0.55、0.14、0.82、0.84。当施氮水平为 B3，种植密度分别为 4 万株/hm²、6 万株/hm²、8 万株/hm²、10 万株/hm² 时，"Ⅱ1465" 栽培方式相对于传统垄作栽培方式，收获期籽粒淀粉百分含量分别相应降低了 0.56、0.81、0.97、0.50。当施氮水平为 B4，种植密度分别为 4 万株/hm²、6 万株/hm²、8 万株/hm²、10 万株/hm² 时，"Ⅱ1465" 栽培方式相对于传统垄作栽培方式，收获期籽粒淀粉百分含量分别相应降低了 0.43、0.71、0.34、0.04。可见，在相同施氮量条件下，"Ⅱ1465" 栽培方式与传统垄作栽培方式相比较，降低了收获期玉米籽粒淀粉含量。

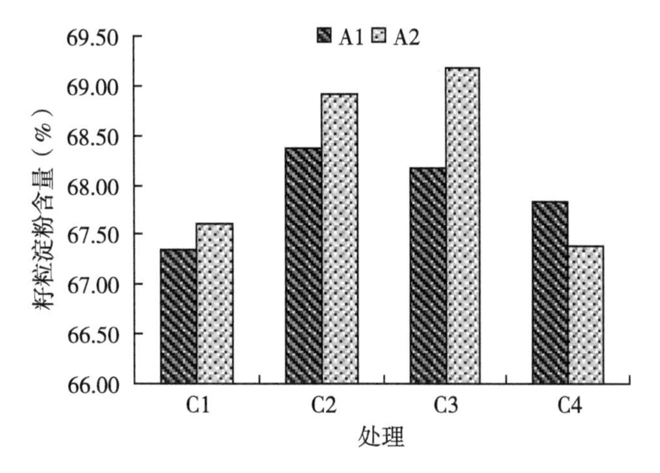

图 1-32　施氮量为 B1 水平下籽粒淀粉含量

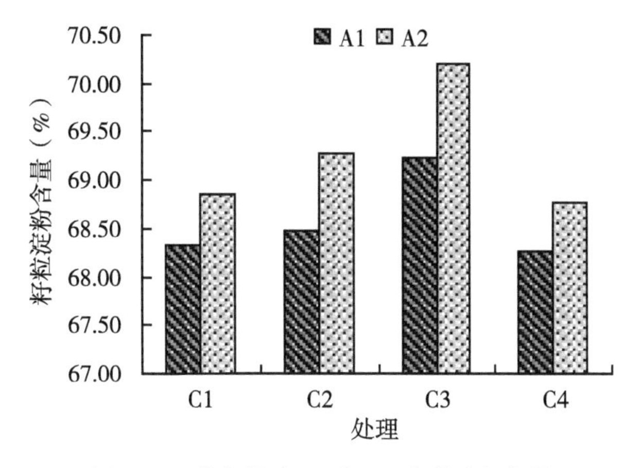

图 1-33　施氮量为 B2 水平下籽粒淀粉含量

由收获期玉米籽粒淀粉含量裂区试验方差分析结果（表 1-15）可以看出，栽培方式、施氮量、种植密度三因素，对玉米籽粒淀粉含量影响。其中处理 A（栽培方式），通过方差分析可以看出 $0.01<P<0.05$，说明不同栽培方式间的玉米籽粒淀粉含量达到了 5%显著水平。处理 B（施氮量）、处理 C（种植密度）、A 与 B 互作间、A 与 C 互作间淀粉含量差异达到 1%显著水平。B 与 C 间互作、A、B、C 三因素间互作，其籽粒淀

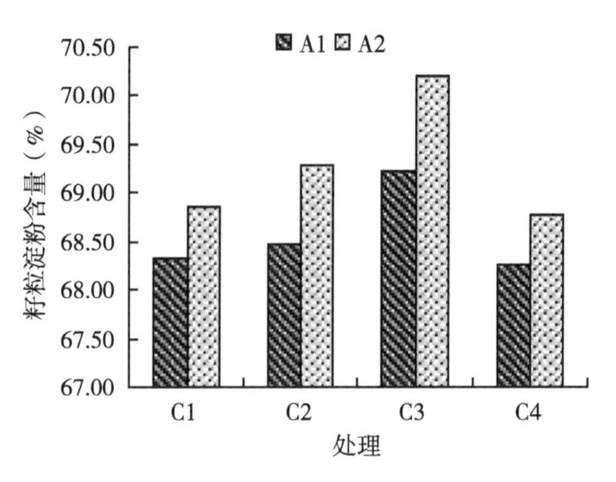

图 1-34　施氮量为 B3 水平下籽粒淀粉含量

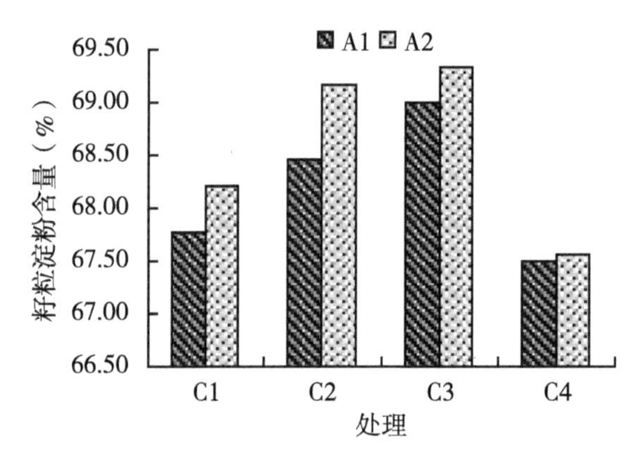

图 1-35　施氮量为 B4 水平下籽粒淀粉含量

粉含量差异均达到5%显著水平。

表 1-15　收获期玉米籽粒淀粉含量裂区试验方差分析

变异来源	平方和	自由度	均方	*F* 值	*P* 值
区组	0.929 9	2			
处理 A	0.729 8	1	0.729 8	44.127 6	0.021 9
主区误差	0.033 1	2	0.016 5		
主区	1.692 7	5			
裂区处理 B	6.583 9	3	2.194 6	15.635 0	0.000 2
A×B	4.930 7	3	1.643 6	11.709 0	0.000 7
裂区 B 误差	1.684 4	12	0.140 4		
裂区处理 C	26.397 2	3	8.799 1	56.650 4	0.000 1
A×C	4.277 8	3	1.425 9	9.180 5	0.002 0
裂区 C 误差	1.863 9	12	0.155 3		

（续表）

变异来源	平方和	自由度	均方	*F* 值	*P* 值
B×C 互作	3. 687 8	9	0. 409 8	2. 558 0	0. 021 9
A×B×C	3. 326 0	9	0. 369 6	2. 307 1	0. 036 5
互作误差	5. 766 6	36	0. 160 2		
裂区	58. 518 3	90			
总的	60. 210 9	95			

由表 1-16 可以看出，“Ⅱ1465”栽培方式下平均籽粒淀粉含量要低于传统垄作栽培方式，两种栽培方式间，籽粒淀粉含量达到 5%显著水平。

表 1-16　主处理 A 间籽粒淀粉含量差异多重比较

处理	均值（%）	5%显著水平	1%显著水平
A1	68. 540 4	b	A
A2	68. 714 8	a	A

（三）栽培方式、种植密度和施氮量对收获期玉米籽粒粗脂肪含量的影响

由图 1-36 至图 1-39 可以看出，两种栽培方式在不同施氮量、不同种植密度条件下，收获期玉米籽粒粗脂肪含量的变化趋势为：籽粒粗脂肪含量随着种植密度的增加而降低，在 C_4 水平，即 10 万株/hm^2 下籽粒粗脂肪含量最低。在相同种植密度条件下，“Ⅱ1465”栽培方式与传统垄作栽培方式相比较，提高了收获期玉米籽粒粗脂肪的含量。收获期玉米籽粒粗脂肪含量随着施氮量的增加而升高，当施氮水平为 B1，种植密度分别为 4 万株/hm^2、6 万株/hm^2、8 万株/hm^2、10 万株/hm^2 时，“Ⅱ1465”栽培方式相对于传统垄作栽培方式，收获期籽粒粗脂肪百分含量分别相应增加了 0. 25、0. 53、

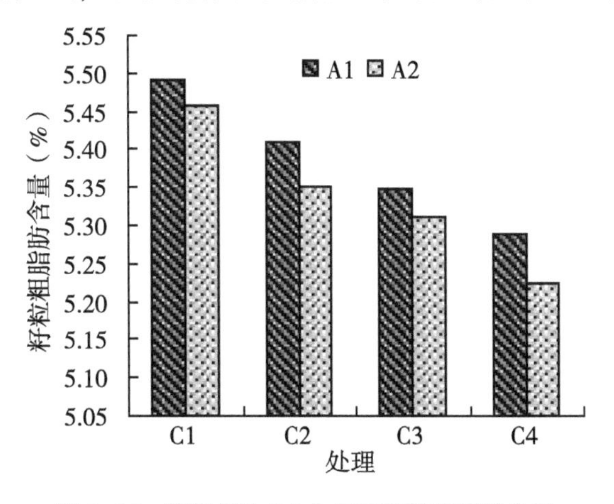

图 1-36　施氮量为 B1 水平下籽粒粗脂肪含量

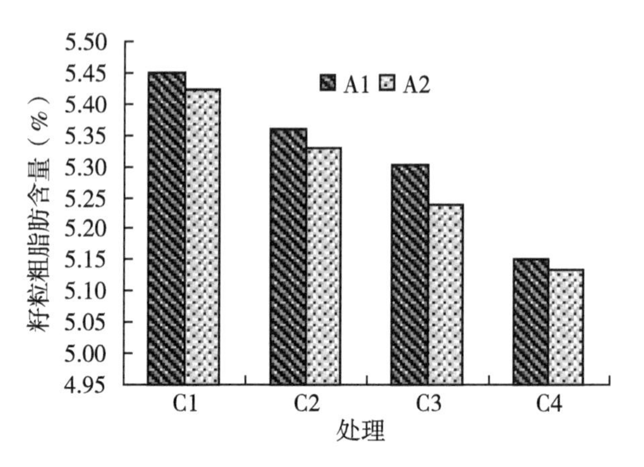

图 1-37　施氮量为 B2 水平下籽粒粗脂肪含量

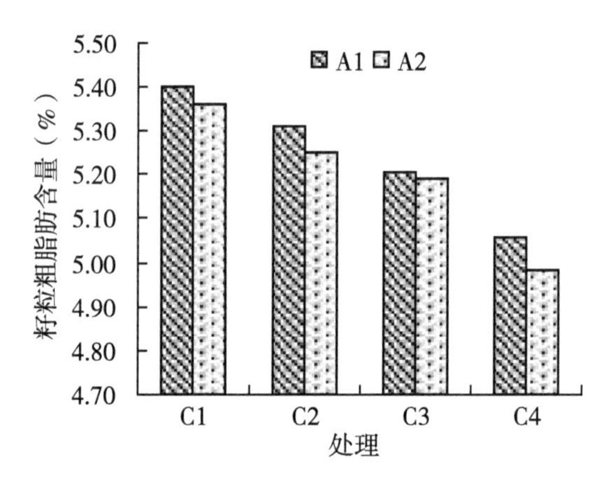

图 1-38　施氮量为 B3 水平下籽粒粗脂肪含量

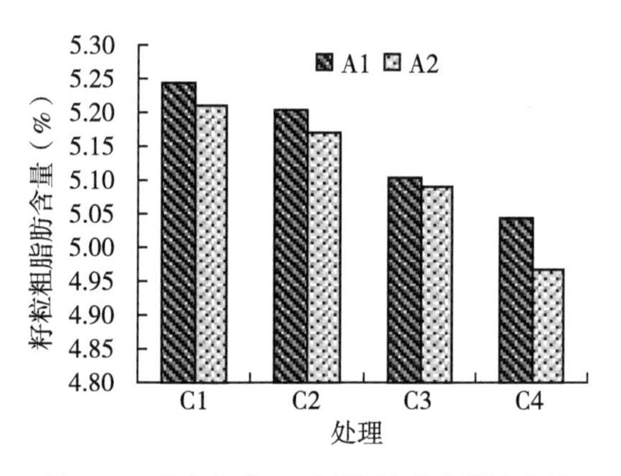

图 1-39　施氮量为 B4 水平下籽粒粗脂肪含量

0.10、0.44。当施氮水平为 B2，种植密度分别为 4 万株/hm^2、6 万株/hm^2、8 万株/hm^2、10 万株/hm^2 时，“Ⅱ1465”栽培方式相对于传统垄作栽培方式，收获期籽粒粗脂肪百分含量分别相应增加了 0.03、0.03、0.06、0.02。当施氮水平为 B3，种植密度分别为 4 万株/hm^2、6 万株/hm^2、8 万株/hm^2、10 万株/hm^2 时，“Ⅱ1465”栽培方式相对于传统垄作栽培方式，收获期籽粒粗脂肪百分含量分别相应增加了 0.04、0.06、0.02、0.08。

当施氮水平为 B4，种植密度分别为 4 万株/hm^2、6 万株/hm^2、8 万株/hm^2、10 万株/hm^2 时，“Ⅱ1465”栽培方式相对于传统垄作栽培方式，收获期籽粒粗脂肪百分含量分别相应增加了，0.03、0.03、0.01、0.07。在相同施氮量条件下，“Ⅱ1465”栽培方式与传统垄作栽培方式相比较，提高了收获期玉米籽粒粗脂肪的含量。

由表 1-17 收获期玉米籽粒粗脂肪含量裂区试验方差分析表可以看出，栽培方式、施氮量、种植密度三因素，对玉米籽粒粗脂肪含量影响。其中处理 A（栽培方式），通过方差分析可以看出 $0.01<P<0.05$，说明不同栽培方式间的玉米籽粒粗脂肪含量差异达到了 5%显著水平。处理 B（施氮量）、处理 C（种植密度）间籽粒粗脂肪含量差异达到 1%显著水平。A 与 B 互作间、A 与 C 互作间、B 与 C 间互作、A、B、C 三因素间互作，其籽粒粗脂肪含量差异则未达到统计学显著水平（表 1-18）。

表 1-17　收获期玉米籽粒粗脂肪含量裂区试验方差分析

变异来源	平方和	自由度	均方	*F* 值	*P* 值
区组	0.000 5	2			
处理 A	0.007 7	1	0.007 7	21.562 7	0.043 4
主区误差	0.000 7	2	0.000 4		
主区	0.008 9	5			
裂区处理 B	0.654 3	3	0.218 1	234.020 9	0.000 1
A×B	0.001 9	3	0.000 6	0.696 0	0.572 1
裂区 B 误差	0.011 2	12	0.000 9		
裂区处理 C	1.000 2	3	0.333 4	172.687 8	0.000 1
A×C	0.009 6	3	0.003 2	1.665 5	0.227 0
裂区 C 误差	0.023 2	12	0.001 9		
B×C 互作	0.028 1	9	0.003 1	1.823 1	0.097 7
A×B×C	0.011 4	9	0.001 3	0.742 5	0.668 0
互作误差	0.061 6	36	0.001 7		
裂区	1.801 5	90			
总的	1.810 4	95			

表 1-18　主处理 A 间籽粒粗脂肪含量差异多重比较

处理	均值（%）	5%显著水平	1%显著水平
A1	5.259 4	a	A
A2	5.241 5	b	A

七、不同肥密组合对两种栽培方式下玉米产量的影响

成熟期玉米产量裂区试验方差分析结果如表1-19所示，从表结果中可以看出，栽培方式、施氮量、种植密度三因素，对成熟期玉米产量的影响。处理A（栽培方式），处理B（施氮量）、处理C（种植密度）、A与B互作、B与C互作、A、B、C三因素互作，通过方差分析可以看出 $P<0.01$，说明成熟期不同处理间玉米产量差异达到了1%显著水平。

表1-19　成熟期玉米产量裂区试验方差分析

变异来源	平方和	自由度	均方	F值	P值
区组	282 547.2	2			
处理A	36 892 617	1	36 892 617	2 075.001	0.000 5
主区误差	35 559.14	2	17 779.57		
主区	37 210 723	5			
裂区处理B	3.33E+08	3	1.11E+08	1 424.99	0.000 1
A×B	11 433 174	3	3 811 058	48.924 1	0.000 1
裂区B误差	9 347 680	12	77 897.33		
裂区处理C	86 771 755	3	28 923 918	680.388 0	0.000 1
A×C	13 709 544	3	4 569 848	107.498 2	0.000 1
裂区C误差	5 101 310	12	42 510.92		
B×C互作	11 769 513	9	1 307 724	12.551 8	0.000 1
A×B×C	4 899 315	9	544 368.3	5.225	0.000 1
互作误差	3 750 697	36	104 186		
裂区	4.67E+08	90			
总的	5.04E+08	95			

由表1-20可以看出，当种植密度分别为4万株/hm^2、6万株/hm^2、8万株/hm^2、10万株/hm^{2}时，“Ⅱ1465”栽培方式与传统垄作栽培方式在4种施氮量水平下的产量平均值相比较，产量分别增加了2.78%、8.04%、24.40%、20.24%。可见，在高密度种植条件下，“Ⅱ1465”栽培方式增产效果明显。“Ⅱ1465”栽培方式下，施氮量为330 kg/hm^2，种植密度为8万株/hm^{2}时产量最高，达13 856.30 kg/hm^2。传统垄作栽培方式下施氮量为330 kg/hm^2，种植密度为6万株/hm^{2}时产量最高，达12 220.64kg/hm^2，相对于传统龙栽培，其最高产量增加了13.38%。可见，两种栽培方式下玉米产量达到最高的种植密度不同，“Ⅱ1465”栽培方式下以密度为8万株/hm^{2}时产量最高，而传统垄作栽培方式下以密度为6万株/hm^{2}时产量最高。两种栽培方式达到最高产量的施氮量不同，“Ⅱ1465”栽培方式为330 kg/hm^2，传统垄作栽培达到最高产量的施氮量为210 kg/hm^2。从产量构成来看，同一栽培方式、同一施肥水平下，随着种植密度的增加，虽然玉米穗长降低，穗粗变细，百粒重也呈下降趋势，但种植密度在4万株/hm^{2}至8万株/hm^{2}范围内，玉米群体的产量呈上升趋势，而收获时玉米籽粒含水量随着密度的增加也呈上升趋势。

表 1-20　两种栽培方式下产量及产量构成因素

处理			穗长（cm）	穗粗（cm）	行数	行粒数	水分（%）	百粒重（g）	小区产量（kg）	产量（kg/hm²）
栽培方式	施氮量	密度								
A1	B1	C1	18.4	5.2	16	39	28.22	38.7	55.15	11 029.1
		C2	18.2	5.0	16	40	27.09	35.6	63.55	12 711.0
		C3	18.2	5.1	16	40	26.90	34.4	66.08	13 216.5
		C4	16.0	4.8	16	36	29.01	32.6	51.09	10 218.0
	B2	C1	18.5	5.1	16	38	26.12	37.4	55.87	11 173.1
		C2	17.0	5.0	16	35	26.24	38.0	65.87	13 174.2
		C3	16.8	5.0	16	38	26.35	34.6	69.28	13 856.0
		C4	16.1	4.9	16	38	30.45	33.3	52.78	10 556.5
	B3	C1	18.7	5.5	16	39	28.27	36.8	56.32	11 264.2
		C2	18.2	5.4	14	35	25.99	35.4	61.87	12 374.1
		C3	17.5	5.3	14	36	26.71	33.7	63.53	12 706.7
		C4	17.0	5.1	14	37	27.87	33.8	50.14	10 028.0
	B4	C1	18.3	5.2	14	38	28.12	30.1	35.51	71 02.62
		C2	17.0	4.9	14	35	29.99	29.1	35.83	71 65.39
		C3	15.9	4.8	14	33	30.19	29.6	34.56	69 12.44
		C4	15.3	4.8	14	32	30.38	25.8	30.06	60 11.53
A2	B1	C1	18.6	5.6	16	39	31.49	36.5	35.50	10 923.8
		C2	17.7	5.3	16	38	31.67	34.5	37.83	11 639.0
		C3	17.2	5.3	14	37	33.12	35.0	33.97	10 452.6
		C4	17.1	5.3	14	38	34.02	30.4	26.58	81 79.62
	B2	C1	19.3	5.3	16	41	33.31	35.6	35.52	10 929.5
		C2	18.6	5.1	14	38	32.71	34.5	39.72	11 128.2
		C3	17.9	4.9	14	37	33.26	31.0	34.05	10 478.6
		C4	16.5	4.9	14	36	31.62	30.6	27.39	84 29.23
	B3	C1	19.4	5.3	14	40	33.00	34.2	34.19	10 520.6
		C2	18.0	5.3	14	37	33.48	32.3	36.17	12 220.4
		C3	17.2	5.3	14	38	31.58	33.1	31.80	97 85.40
		C4	16.9	5.3	14	35	33.34	33.3	26.01	80 03.14
	B4	C1	16.4	4.7	14	34	34.65	27.8	23.07	70 99.65
		C2	16.4	4.7	14	33	38.04	27.4	22.92	70 53.54
		C3	17.2	4.9	14	36	39.69	25.5	22.15	68 16.78
		C4	15.6	4.8	14	29	40.76	24.1	19.52	60 05.32

注：A1 为“Ⅱ1465”；A2 为“传统垄作”；B1 为施氮量 450 kg/hm²；B2 为施氮量 330 kg/hm²；B3 为施氮量 210 kg/hm²；B4 为施氮量为 0。

通过方差分析（表 1-21）可以看出，“Ⅱ1465”栽培方式下各处理每公顷平均产量比传统垄作栽培下每公顷平均产量提高 1 239.84 kg，增产幅度达 13.25%，并达到显著水平。

表 1-21　两种栽培方式产量差异显著性比较

处理	平均产量（kg/hm²）	差异显著性
A1	10 593.89	aA
A2	9 354.05	bB

注：表中小写字母表示 5%显著水平，大写字母表示 1%显著水平。

第三节　讨论与结论

一、讨论

（一）栽培方式与玉米群体结构特性的关系

通常人们通过育种方式来改变玉米株型。前人也通过人工改变株型的方法，测定人工改型后和原型的光合速率、茎叶夹角、叶向值等。塑造个体形态与空间排列方式，改善群体结构使作物叶片在空间分布合理，充分利用光照从而积累更多干物质。而本试验是通改变栽培方式来改变玉米植株间的行距与株距进而改变其群体结构，并研究群体结构的合理性，在这方面的研究还鲜有报道。茎叶夹角和叶向值是玉米群体结构的重要因素，一般认为，上部叶片茎叶夹角越小，下部叶向值越大，玉米植株就越紧凑，即叶片越直立，群体的透光性越好，有利于中下部叶片接受光照，为提高产量奠定基础。

本试验研究结果表明，在“Ⅱ1465”栽培方式相对于传统垄作栽培方式，在种植密度不变的条件下，其植株穗位以上平均茎叶夹角要小于传统垄作栽培，平均叶向值大于传统垄作栽培，而穗位以下植株茎平均叶夹角大于传统垄作栽培，平均叶向值小于传统垄作栽培。这与王庆成等（1996）在大田条件下通过人工改变株型后，使同一基因型玉米植株上部叶片茎叶夹角变小，中下部茎叶夹角变大，进而提高了玉米产量这一结论相一致。本试验得出两种栽培方式下，玉米植株穗位及穗位以上茎叶夹角都是随着密度的增加而减小，叶向值则是随着密度的增加而增大这一结论与陈志斌（2001）研究的不同的肥力密度主要影响穗位以下叶的茎叶夹角和叶向值，结果不同。玉米叶片是进行光合作用的主要器官。叶面积的大小与发展动态，是衡量群体结构是否合理的依据之一，也是决定群体产量的重要指标。玉米一生中积累的干物质 95%以上来自光合产物，其中 90%是依靠叶片的光合作用产生的，植株在整个生育期内绿叶面积的大与小，直接影响玉米群体光合速率与资历产量的形成，尤其是抽雄和灌浆期仍保持较高的 LAI 将对籽粒产量的贡献最大（赵明，1992）。在两种栽培方式下，LAI 都是随着密度的增加而增加，吐丝期达到最大值，“Ⅱ1465”栽培方式与传统垄作栽培方式相比较，在低密度条件下，LAI 相差不大，当在高密度条件下，“Ⅱ1465”栽培方式在生育后期体现出较大的优势，在吐丝期至灌浆期仍能保持较高的 LAI，能够充分利用光能积累有机物，进而为产量提高提供有利条件。王庆祥（1992）研究发现，高密度种植条件下，LAI 数增长速度快，在生育中期，高密度条件下的群体较早获得最大 LAI，低密度群体的最大

LAI 出现的时间相对延迟；生育中后期，高密度种植条件下群体稳定时间短，并且下降速度快，而低密度群体 LAI 的稳定时间相对较长，下降速度也比较平缓，因而使不同密度间 LAI 的差距变大，这与本试验结论相一致。但本研究表明，“Ⅱ1465” 栽培方式能有效缓解生育后期由于种植密度过高而导致 LAI 迅速下降的弊端，主要使其群体结构合理，通风透光效果好的原因。杨克军（2001）研究表明，大垄栽培方式优化了玉米群体结构，玉米生育前期 LAI 增长快，植株生长迅速，提高了玉米生育前期的光能截获量，提高了光能利用率。整个生育期内相对相对于小垄有较高的 LAI 和光合势，玉米生育后期叶面积下降缓慢并且下降幅度小，在玉米整个生育期内 LAI 变化动态合理，避免了叶面积指数的骤降，保证灌浆期的持续绿叶面积，这是大垄双行栽培方式增产的主要原因。这一结论相一致。本试验针对两种栽培方式在不同种植密度条件下对其群体结构特性进行了研究，但对不同肥力对其群体结构特性的影响还有待于进一步研究。

（二）栽培方式与玉米光合特性的关系

作物光合特性决定作物产量，而光合特性又受作物生长的微环境和冠层特性所控制。玉米叶片的光合作用是玉米生物产量形成的基础。光是驱动光合作用的源动力，作物利用 CO_2 进行光合作用。因此，玉米群体结构的差异就决定了光合作用特性的差异，改善玉米植株间微环境状况就可以改善冠层内叶片的光合作用特性。本试验采用 “Ⅱ1465” 栽培方式，在改变正常种植方式下，构建合理的群体结构与良好的微环境特性，探索 “Ⅱ1465” 栽培方式创高产的机理。玉米大垄双行的种植方式前人早有报道，不同株型玉米群体的光合特性研究也有很多报道。武志海（2002）研究表明，大垄双行在增强了冠层透光能力的同时，也改善了通风能力，即不同程度的提高了冠层内 CO_2 的浓度。冠层内叶片的光合特性与光照存在着密切的关系，冠层内叶片的光合特性与光照存在着密切的关系。赵明等（1997）研究认为，短时间光强变化可引起气孔阻力的明显变化，但光强变化与气孔变化并不完全成比例关系，气孔阻力与蒸腾速率呈负相关关系，与光合速率仅表现为相关。李潮海等（2002）研究认为，在大田条件下气孔导度和光合有效辐射是影响光合速率的最主要因素，与光合速率具有直接关系。而蒸腾速率与光合速率呈最显著线性相关的生态、生理因子。可见影响光合速率的因素有蒸腾速率、光照强度、LAI、气孔导度、群体内 CO_2 浓度等。本试验研究表明，玉米群体冠层内叶片蒸腾速率、光合速率、叶绿素含量在整个生育期内呈单峰曲线变化。蒸腾速率、光合速率、气孔导度日变化趋势基本一致，变化曲线呈 “M” 形。随着玉米种植密度的加大，玉米光合速率呈下降趋势，以 4 万株/hm^2 密度下光合速率最高。这与武志海（2002）、杨克军等（2001）研究结果一致。“Ⅱ1465” 栽培方式相对于传统垄作栽培方式，其光合速率、蒸腾速率、气孔导度、叶绿素含量都要高于传统垄作栽培方式。可能是由于 “Ⅱ1465” 栽培方式表现出良好的玉米群体结构，使玉米叶片透光好，不遮挡，提高了下层叶片的水分利用效率，进一步扩大了下层叶片的光合作用效率和优势，高光合特性群体的光合速率在生育期内的变化主要表现在，抽雄期至灌浆期保持相对较高的光合速率，甚至可延续到乳熟期，保证光合速率高值的持续期尽量延长，最终保证玉米产量的提高。而传统垄作栽培在高密度种植条件下则表现出叶片透光差，群体光截获率高，削弱了中部以下叶片的光照条件，致使后期叶片早衰，最终导致产量降低。

（三）栽培方式与玉米根际土壤理化性状的关系

土壤温度、容重、孔隙度、水分等物理性状是影响作物生长发育、产量和品质形成的重要因素。在作物生长中，土壤物理性状不同导致其保水、供肥能力出现显著差异，生产实践证明，作物高产不仅需要土壤中各种养分充足平衡，而且要各项物理性状适宜协调。土壤酶在土壤生态系统的能量转化和物质循环中起着非常重要的作用，它可以催化土壤中的一切生物化学反应，其活性大小是土壤肥力的重要标志，反映土壤中各种生物化学过程的强度和方向。不同的耕作方式与施肥量对土壤物理性状及酶活性的影响已有不少报道（江晓东等，2007；李春霞等，2006；曾玲玲等，2008；高秀君等，2008），然而在大垄双行栽培方式与传统小垄栽培方式下，其土壤物理性状及酶活性的变化还鲜有报道。本试验研究玉米在"Ⅱ1465"栽培方式与传统栽培方式下，其根际土壤物理性状及土壤酶的变化，阐述"Ⅱ1465"栽培方式增产机理，"Ⅱ1465"栽培方式能改善土壤理化性状，进而为作物高产提供科学依据。本试验研究表明，"Ⅱ1465"栽培方式相对于传统垄作栽培，降低了0~30 cm耕层土壤土壤容重，增加了耕层土壤的孔隙度。上午"Ⅱ1465"栽培方式升温快于传统垄作，午后"Ⅱ1465"栽培方式降温速度低于传统垄作，并且"Ⅱ1465"栽培方式显著提高了10~20 cm耕层土壤含水量。"Ⅱ1465"栽培方式下整个生育期内土壤酶活性要高于传统垄作栽培方式。可能是由于"Ⅱ1465"栽培改善了玉米根系土壤物理性状，有利于玉米根系的生长发育和土壤微生物活动，为玉米根系吸收功能的改善和个体发育提供了良好的生态环境，进而为高产提供了有利条件。

（四）栽培方式与玉米干物质积累的关系

从以上讨论及结果分析可以看出，不同栽培条件下对玉米群体结构特性及光合特性的影响不同，在"Ⅱ1465"栽培方式下，植株个体LAI与光合速率的增强为后期玉米植株干物质积累及产量的增加提供了有利条件。不同栽培方式导致群体内光合有效辐射及光分布发生了明显的变化，"Ⅱ1465"栽培方式相对于传统垄作栽培方式，在不同肥密因素水平下均有不同程度的增强。但就两种栽培方而言，都体现出单株干物质重都是随着密度的增加而减小这一规律。顾慰连等（1979）、王庆祥等（1987），沈秀瑛等（1993）也曾报道，群体内的光分布在一定程度上调节了植株干物质的分配比例，从而影响玉米的产量。本试验研究结果表明，在玉米的整个生长发育过程中，栽培方式、种植密度、施肥量对单株干重的影响程度，在不同生育阶段表现不同。在玉米拔节期以前，及低密度种植条件下，处理间单株干重无明显差异，单株生长状况与栽培方式和密度的关系不明显。而拔节后，在相同种植密度与施肥量条件下，不同栽培方式下植株干重变化产生明显差异，"Ⅱ1465"栽培方式单株干物重始终高于传统垄作栽培方式，由此可见，"Ⅱ1465"栽培方式有效地调节了植株个体与群体间的矛盾，而干物质积累量的增加为产量形成准备了物质基础。栽培方式和群体密度对籽粒的灌浆速率产生不同的影响，总的趋势为，"Ⅱ1465"栽培方式随着群体内光照条件的改善，籽粒灌浆速率明显加强。相同的种植方式不同密度处理间表现出在一定范围内灌浆速率随密度的增加而下降。各处理随着籽粒灌浆速率的增强，粒重也相应增加，这一结论与前人的研究结果相一致（顾慰连等，1979）。一般认为，粒重取决于灌浆速率和灌浆持续期，而本试验中不同处理间籽粒灌浆持续期未见明显差异，可见试验各处理最终粒重的差异主要是由灌浆速率决定的。在同等条件下“Ⅱ1465”栽培方式的最大干物质积累速率高于传统垄作栽培方式，并且出现最大干物质积累速率的时间要早于传统垄作栽培方式，尤其是在低肥和高密度条件下表现明显，由此体现出“Ⅱ1465”栽培方式能在高密度种植条件下，构建合理的群体结构，增加玉米整个生育期内的干物质积累量。

（五）栽培方式与玉米籽粒品质的关系

玉米的品质形成是遗传因素与非遗传因素两方面决定的。通常以改善玉米品质来提高其商品价值，国内外学者通过玉米育种、通过改善栽培措施对玉米品质的改良方面做了大量的研究工作，并取得了很大突破。我国通过遗传育种改善玉米品质的研究报道相对较多，但有关栽培方式、群体密度、施氮水平等非环境因素对玉米品质影响的报道相对较少。本书对不同栽培方式及不同肥密条件下籽粒营养物质积累变化规律进行初步探索。结果表明，粗蛋白含量随着施氮量的增加有先增后减的趋势，随着种植密度的增加籽粒粗蛋白质含量逐渐减少的趋势，籽粒粗脂肪含量随着施氮量的增加而升高，随着种植密度的增加而降低。这与前人研究结果相同。籽粒粗蛋白含量与王忠孝等（1990）研究认为蛋白质的百分含量随生育期的进展而呈下降趋势不同，造成这一差异的主要原因可能在于测定方法不同，王忠孝等采用半微量凯氏定氮法测定籽粒粗蛋白含量，所测得的值含有籽粒中的游离氮，而本试验采用考马斯亮蓝法测定粗蛋白的含量，相对更加精确。淀粉含量随着施氮量的增加有先升高后降低的趋势，随着种植密度的增加，有先增加后降低的趋势。这与刘玉兰（2007）研究结果相一致。这一结论与高荣歧等（1993）有关密度处理间淀粉含量差异不大的报道不同，而与王鹏文等（1996）籽粒淀粉含量在一定密度范围（6万~8万株/hm^2）内随密度增加淀粉百分含量有增高的报道相反。“Ⅱ1465”栽培方式下收获期玉米籽粒中粗蛋白、淀粉、粗脂肪含量都要略高于传统垄作栽培方式，原因是“Ⅱ1465”栽培方式改善了群体光照条件，加快了籽粒灌浆速率，因此灌浆前期粒重迅速增加，籽粒水分含量下降较快。进入成熟期各处理籽粒脱水速度逐渐减慢，但“Ⅱ1465”栽培方式下的各密度处理籽粒脱水速率仍明显高于小垄栽培对照处理，有效地降低收获期籽粒含水量，进而改善了玉米品质。

二、结论

第一，在不同栽培方式及种植密度条件下，其群体结构特性差异表现不同。“Ⅱ1465”栽培方式相对于传统垄两种栽培方式其穗位以上茎叶夹角小于传统垄作栽培，叶向值则高于传统垄作栽培，在8万株/hm^2、10万株/hm^{2}高密度群体条件下差异明显。不同栽培方式与种植密度，对玉米株高变化影响不大，在种植密度为8万株/hm^2、10万株/hm^{2}时，“Ⅱ1465”栽培方式下的茎粗高于传统垄作栽培，并达到了5%显著水平。LAI随着生育期的推进呈单峰曲线变化，在吐丝期达到最大值。LAI受种植密度影响，在生育前期，高密度种植条件下玉米前期LAI较大，并且增长速度也较快，高密度种植使LAI高峰持续期短，生育后期迅速下降。“Ⅱ1465”栽培方式相对于传统垄作栽培方式，LAI变化在低密度下差异不明显，在8万株/hm^2、10万株/hm^{2}高密度群体时，玉米生育后期LAI下降速度要明显低于传统垄作栽培方式。“Ⅱ1465”栽培方式相对于传统垄作栽培方式，在相同种植密度条件下，各层次PAR要高于传统垄作栽培方式，在高密度种植条件下差异明显。茎叶夹角、叶向值、PAR之间的相关性表现为：茎叶夹角与叶向值呈负相关，并达到1%显著水平，茎叶夹角与PAR也呈负相关，未达到显著水平，叶向值与PAR呈正相关，并达到5%显著水平。

第二，在不同栽培方式及种植密度条件下，其光合特性差异表现不同。玉米群体冠层内叶片蒸腾速率与光合速率在整个生育期内呈单峰曲线变化，蒸腾速率、光合速率、气孔导度日变化趋势基本一致，变化曲线呈“M”形。“Ⅱ1465”栽培方式相对于传统垄两种栽培方式，其光合速率、蒸腾速率、气孔导度、叶绿素含量都要高于传统垄作栽培方式。

第三，不同栽培方式条件下，其根际土壤理化性状差异表现不同。“Ⅱ1465”栽培方式相对于传统垄相比，两种栽培方式在0~10 cm、20~30 cm耕层土壤含水量差异不显著，而10~20 cm耕层土壤含水量差异达5%显著水平，整个生育期中，0~10 cm、10~20 cm、20~30 cm耕层的土壤容重分别比传统垄作降低2.4%、3.1%、1.39%，土壤孔隙度增加5.9%、8.33%、2.08%。由于土壤温度和含水量的变化，在0~10 cm耕层土壤的二氧化碳通量速率也高于传统垄作栽培方式。土壤中的脲酶、过氧化氢酶、蔗糖酶、磷酸酶在整个生育期内都高于传统垄作，但在统计学上未达到显著水平。

第四，在“Ⅱ1465”栽培方式与传统垄两种栽培方式、4种施氮量（450 kg/hm^2、330 kg/hm^2、210 kg/hm^2、0 kg/hm^2）、4种种植密度（4万株/hm^2、6万株/hm^2、8万株/hm^2、10万株/hm^2）条件下，玉米整个生育时期干物质积累与籽粒灌浆速率差异表现不同。在整个生育期，玉米地上植株干物质积累动态呈现出“S”形曲线变化。栽培方式、施肥量间、种植密度间互作，通过方差分析表明，各处理间玉米地上干物重差异达到显著水平。通过Logistic方程拟合，“Ⅱ1465”栽培方式的最大干物质积累速率高于传统垄作栽培，籽粒的灌浆速率明显提高，并且出现最大干物质积累速率的时间要早于传统垄作栽培。

第五，在“Ⅱ1465”栽培方式与传统垄两种栽培方式、4种施氮量（450 kg/hm^2、330 kg/hm^2、210 kg/hm^2、0 kg/hm^2）、4种种植密度（4万株/hm^2、6万株/hm^2、8万株/hm^2、10万株/hm^2）条件下，玉米收获期籽粒品质差异表现不同。籽粒粗蛋白含量表现为：随着施氮量的增加有先增后减的趋势，其中施氮水平为B2，即施纯氮量为330 kg/hm^{2}条件下籽粒粗蛋白质含量最高，随着种植密度的增加籽粒粗蛋白质含量逐渐减少的趋势，其中种植密度为4万株/hm^{2}条件下籽粒粗蛋白含量最高，“Ⅱ1465”栽培方式下收获期籽粒粗蛋白含量要高于传统垄作栽培。籽粒淀粉含量表现为：随着施氮量的增加有先升高后降低的趋势，其中施氮水平为B2与B3，即施纯氮量为330 kg/hm^2、210 kg/hm^{2}条件下籽粒淀粉含量相对较高，随着种植密度的增加，有先增加后降低的趋势，其中种植密度为8万株/hm^{2}条件下籽粒淀粉含量相对较高，“Ⅱ1465”栽培方式下收获期籽粒淀粉含量要低于传统垄作栽培。籽粒粗脂肪含量表现为：随着施氮量的增加而升高，其中施氮水平为B1，即450 kg/hm^{2}籽粒粗脂肪含量相对最高，随着种植密度的增加而降低，其中种植密度为 4 万株/hm^2 条件下籽粒淀粉含量相对较高，“Ⅱ1465”栽培方式下收获期籽粒粗脂肪量要高于传统垄作栽培。“Ⅱ1465”栽培方式可以在一定程度上加快籽粒脱水速率，降低收获时籽粒含水量。高纬度地区在选用熟期适宜的品种，适宜的种植方式与合理的群体结构可进一步降低收获时玉米籽粒含水量，使玉米品质得到改善。

第六，在“Ⅱ1465”栽培方式与传统垄两种栽培方式、4 种施氮量（450 kg/hm^2、330 kg/hm^2、210 kg/hm^2、0 kg/hm^2）、4 种种植密度（4 万株/hm^2、6 万株/hm^2、8 万株/hm^2、10 万株/hm^2）条件下，“Ⅱ1465”栽培方式下施氮量为 330 kg/hm^2，种植密度为 8 万株/hm^2 时产量最高，达 13 856. 30 kg/hm^2。传统垄作栽培方式下施氮量为 210 kg/hm^2，种植密度为 6 万株/hm^2 时产量最高，达 12 220. 64 kg/hm^2。“Ⅱ1465”栽培方式相对于传统垄作栽培方式，在不同肥密组合条件下，其平均产量提高了 13. 25%。

第二章　耕作方式对土壤主要理化性状及玉米产量形成的影响

第一节　材料与方法

一、试验地概况

试验于 2015 年 5 月在黑龙江八一农垦大学试验实习基地（大庆）进行，前茬作物为玉米，常规垄作种植。平均海拔 146 m，该区属于典型的北温带亚干旱季风气候区，降水量如表 2-1 所示。土壤为盐化草甸土，0～20 cm 耕层土壤基础肥力为：有机质 28.12 g/kg，全氮 1.16 g/kg，碱解氮 114.56 mg/kg，速效磷 18.21 mg/kg，速效钾 106.16 mg/kg，pH 值 8.09。

表 2-1　2015 年 4—10 月降水量

月份	4	5	6	7	8	9	10
降水量（mm）	5.3	94	155.9	44.3	118.6	74.4	22

二、供试品种

供试玉米品种为‘先玉 335’，为美国先锋公司选育的玉米杂交种。

三、试验设计

试验采用随机区组设计，设置 6 个试验处理分别为旋耕垄作（Ridge tillage）、旋耕平作（Flatten tillage）、免耕（No-tillage）、垄作深松（Ridge tillage subsoil）、平作深松（Flatten tillage subsoil）、免耕深松（No-tillage subsoil），以旋耕垄作为对照（表 2-2）。每个处理 3 次重复，每小区 8 行，行长 50 m，行距 0.65 m，小区面积为 260 m^2。氮（纯 N）、磷（P_2O_5）、钾（K_2O）肥施用量分别为 240 kg/hm^2、120 kg/hm^2 和 90 kg/hm^2，所用肥料为尿素（N 46%），磷酸二铵（P_2O_5 46%；N 18%），硫酸钾（K_2O 50%），其中 70% 氮肥和全部磷、钾肥作为基肥随播种一次性施入，剩余 30%氮肥拔节期追施。5 月 10 日播种，种植密度 7.5 万株/hm^2，其他田间管理措施均同大田常规栽培。

表 2-2　试验处理

符号	处理	耕作措施
RT	旋耕垄作	春季旋耕灭茬起垄，垄上施肥播种镇压，6 展叶期 1 次中耕培土
RTS	旋耕垄作+深松	春季旋耕灭茬起垄，垄上施肥播种镇压，6 展叶期行间深松（30 cm），不培土
NT	免耕	原垄卡种，玉米原茬播种，除追肥外，不进行任何土壤操作
NTS	免耕+深松	原垄卡种，玉米原茬播种，6 展叶期行间深松 30 cm，不培土
FT	旋耕平作	春季旋耕灭茬，使土地平整，平地施肥播种镇压，6 展叶期 1 次中耕起垄
FTS	旋耕平作+深松	春季旋耕灭茬，使土地平整，平地施肥播种镇压，6 展叶期行间深松 30 cm，不培土

四、测定项目与方法

（一）土壤有机质及养分含量测定

于苗期、拔节期、吐丝期、灌浆期（吐丝后 30 d）和成熟期，在田间，各小区采用“S”形随机取点法，并在每个样点使用土钻分别取 0~10 cm、10~20 cm 和 20~30 cm 土样。装袋带回实验室，风干研磨过筛后待测。

土壤养分相关指标的测定参照鲍士旦的《土壤农化分析》的方法，其中土壤有机质采用重铬酸钾容量法测定；土壤全氮：采用 H_2SO_4 加速剂消煮，利用全自动凯氏定氮仪（KjelFlex K-360，BÜCHI）测定；土壤碱解氮：采用氢氧化钠—硼酸碱解扩散法；土壤速效磷，采用 0.5 mol/L $NaHCO_3$ 浸提比色法；土壤速效钾，采用 0.5 mol/L NH_4OAc 浸提，使用原子吸收光度法测定。

（二）土壤含水量、容重和孔隙度的测定

土壤 pH 值采用电位法测定（土水比为 1∶2.5）；土壤水分含量采用铝盒烘干称重法测定；土壤容重采用环刀法，并计算土壤孔隙度、土壤蓄水量和作物水分利用率。计算方法如下。

土壤孔隙度（%）＝（$1-D/G$）×100，其中，D 为实测土壤容重（g/cm^3），G 为土壤比重，其近似值取 2.65 g/cm^3。

土壤含水量（%）＝（M_1-M_2）/M_2×100，其中，M_1 为湿土重，M_2 为烘干土重。

土壤蓄水量 W（mm）＝$D \times H \times w \times 10$，其中：$D$ 为土壤容重（g/cm^3），H 为土层厚度（cm），w 为土壤含水量（%）。

生育期耗水量 ET_a（mm）＝$P+$（$We-Wb$），其中，P 为作物生育期有效降水量（mm），We 和 Wb 分别为播前和收获时的土壤蓄水量（mm）。

水分利用效率 WUE [kg/（hm^2 · mm）]＝Ya/ET_a，式中，Ya 为单位面积的经济产量（kg/hm^2）。

（三）土壤酶活性测定

过氧化氢酶活性测定：采用高锰酸钾滴定法，用 20 min 后 1 g 土壤所需的 0.1 mol/L 高锰酸钾的毫升数表示；脲酶活性测定：采用靛酚比色法，24 h 后 1 g 土壤中释放氨态氮的毫克数表示；

碱性磷酸酶活性测定：采用磷酸苯二钠法，用 3 h 后 1 g 干土中释放酚的毫克数表示；

蔗糖酶活性测定：采用 3,5-二硝基水杨酸比色法，用 24 h 后 1 g 干土中葡萄糖的毫克数表示，各土壤样品均设 3 个重复，并设无基质对照和无土对照。

（四）植株叶面积指数及株高的测定

每个处理在玉米苗期、拔节期、吐丝期、灌浆期（吐丝后 30 d）和成熟期。每小区选择 3 株有代表性的植株，测定玉米株高，并测量单株叶面积，单叶面积=长×宽×0.75（式中 0.75 为校正系数），叶面积指数（LAI）= 单株叶面积×单位土地面积内的株数/单位土地面积，每个测定叶面积的植株进行标记，并留其以后进行再次测量，之后进行轮回测定以免损害植株。

（五）玉米穗位叶叶绿素（SPAD）含量的测定

在吐丝期，吐丝 20 d，吐丝 40 d 所测叶片上，利用 SPAD 叶绿素仪通过测量叶片当前叶绿素的相对数量。

（六）植株干物质积累与分配

于苗期、拔节期、吐丝期、灌浆期（吐丝后 30 d）和成熟期取样，每小区取 3 株，分叶片、茎鞘、苞叶、雄穗、雌穗 5 部分分别装袋，于 105 ℃下杀青 30 min，然后在 80 ℃下烘干至恒重，样品称重。计算群体干物质转运量（率）、花后同化物输入籽粒量及其对籽粒贡献率和收获指数。

花前营养器官干物质转运量（DMT）= 开花期营养器官干重-成熟期营养器官干重；

花前营养体干物质转运率（DMTE）=（花前营养器官干物质转运量/开花期营养器官干重）×100%；

花后同化物输入籽粒量（CAA）= 成熟期籽粒干重-开花前营养器官干物质转运量；

花后同化物对籽粒的贡献率（CPAG）= 干物质的转运量/成熟期籽粒的干重×100%

收获指数=籽粒产量/地上部生物量。

（七）植株不同部位（器官）氮磷钾含量测定

成熟期在各小区选取长势均匀具代表性的植株 3 株，按叶、茎、鞘、雄穗、雌穗（苞叶、穗轴和籽粒）等器官分解植株，于 105 ℃杀青 30 min，80 ℃烘干至恒重，将称重后的样品磨碎后充分混合，采用 $H_2O_2-H_2SO_4$ 湿灰化法消煮，用凯氏定氮仪（KjelFlex K-360，BÜCHI）测定全氮含量，计算植株的氮素吸收量。用钒钼黄比色法测定全磷量，用 AFG 型原子吸收分光光度计测定植株的全钾含量。

（八）收获期玉米产量及产量构成因素的测定

收获期，从每个小区中间选取 2 行（长 5 m），收获全部果穗，用 PM8818 水分测定仪测其含水量折算14%标准水分含量下的籽粒产量，并随机抽取10穗进行考种。主要对植株果穗的穗数、穗粒数、百粒重等指标进行测定。

五、数据分析

采用 Microsoft Excel 2003 和 SPSS 21.0 数据处理系统进行单因素方差分析（One-way ANOVA）。

第二节　结果与分析

一、耕作方式对土壤养分的影响

（一）耕作方式对土壤有机质含量的影响

如表2-3所示，0~10 cm土层，未深松条件下，土壤平均有机质含量为NT＞FT＞RT，结合深松下，RTS、FTS处理平均土壤有机质含量较RT和FT处理分别增加3.46%、3.60%。但NTS处理较NT处理下降3.50%。6种耕作处理中，NT处理土壤有机质含量最大，较对照RT处理增幅为5.61%~8.66%。10~20 cm土层，未深松条件下，平均土壤有机质含量为FT＞RT＞NT。结合深松后，RTS、FTS和NTS处理土壤有机质含量较未深松下各处理有所增加，其中RTS和FTS处理增量较大，与对照RT处理相比分别增加5.31%、5.69%。20~30 cm土层，未深松条件下，平均土壤有机质含量为FT＞RT＞NT，结合深松后，RTS、FTS和NTS处理有机质含量较RT、FT、NT处理分别增加5.56%、5.99%、7.73%。

表2-3　耕作方式对不同生育时期土壤有机质含量的影响　　单位：g/kg

处理	苗期	拔节期	吐丝期	灌浆期	成熟期
0~10 cm					
RT（CK）	25.37 a	24.13 b	25.26 a	25.13 a	24.77 b
RTS	25.88 a	24.66 ab	25.17 a	25.39 a	25.44 ab
NT	26.88 a	26.30 a	26.71 a	26.64 a	27.12 a
NTS	26.34 a	25.56 ab	25.39 a	25.70 a	25.98 ab
FT	25.93 a	24.39 b	25.42 a	25.05 a	25.12 ab
FTS	25.95 a	24.62 ab	25.38 a	25.40 a	25.50 ab
10~20 cm					
RT（CK）	23.55 a	22.17 a	23.16 a	22.87 a	21.96 ab
RTS	24.21 a	23.16 a	24.72 a	24.13 a	23.96 a
NT	23.34 a	23.02 a	22.76 a	22.38 a	21.02 b
NTS	23.67 a	23.13 a	24.89 a	23.95 a	23.62 a

（续表）

处理	苗期	拔节期	吐丝期	灌浆期	成熟期
FT	23.61 a	22.46 a	23.40 a	23.06 a	22.06 ab
FTS	24.28 a	23.55 a	24.74 a	24.22 a	24.23 a
20~30 cm					
RT（CK）	14.75 a	14.06 a	13.80 a	13.22 a	12.23 a
RTS	14.42 a	15.29 a	14.76 a	14.31 a	13.30 a
NT	13.38 a	13.36 a	13.03 a	12.81 a	11.10 a
NTS	13.04 a	14.46 a	14.16 a	13.96 a	13.39 a
FT	14.86 a	14.50 a	13.97 a	13.33 a	12.49 a
FTS	14.53 a	15.70 a	14.97 a	14.66 a	13.70 a

注：同列数据后不同小写字母表示处理间差异显著（$P<0.05$）。下同。

（二）耕作方式对土壤全氮含量的影响

如表 2-4 所示，0~10 cm 土层，未深松条件下，平均土壤全氮含量为 NT＞FT＞RT，在成熟期，NT 处理较 RT 和 FT 处理土壤全氮含量差异达到显著水平。结合深松后，FTS 和 RTS 处理土壤全氮含量较 FT 和 RT 处理分别增加 1.46%、1.67%，但 NTS 处理土壤全氮含量较 NT 处理下降。6 种耕作处理中，免耕处理土壤全氮含量最大，较对照 RT 处理增幅为 3.30%~4.72%。10~20 cm 土层，未深松条件下，平均土壤全氮含量为 FT＞RT＞NT。结合深松后，RTS、FTS 和 NTS 处理土壤全氮含量较 RT、FT、NT 处理分别增加 1.94%、2.03%、2.94%。20~30 cm 土层，未深松下，平均土壤全氮含量为 FT＞RT＞NT。结合深松后，垄作、平作和免耕处理土壤全氮含量较未深松处理下 3 种处理明显增加，分别增加 4.40%、3.53%、7.53%。6 种耕作处理中，免耕处理土壤全氮含量最低，在拔节期和吐丝期，垄作深松、免耕深松、平作深松处理土壤全氮含量显著高于免耕处理，增幅为 4.22%~13.63%。

表 2-4　耕作方式对不同生育时期土壤全氮含量的影响　　单位：g/kg

处理	苗期	拔节期	吐丝期	灌浆期	成熟期
0~10 cm					
RT（CK）	1.17 a	1.21 b	1.20 b	1.18 a	1.17 b
RTS	1.17 a	1.24 ab	1.22 ab	1.23 a	1.19 ab
NT	1.21 a	1.27 a	1.25 a	1.23 a	1.21 a
NTS	1.20 a	1.26 ab	1.23 ab	1.23 a	1.18 ab
FT	1.18 a	1.22 ab	1.21 ab	1.19 a	1.17 b
FTS	1.18 a	1.25 ab	1.22 ab	1.23 a	1.19 ab

（续表）

处理	苗期	拔节期	吐丝期	灌浆期	成熟期
10~20 cm					
RT（CK）	1.11 a	1.18 ab	1.13 ab	1.11 a	1.09 ab
RTS	1.10 a	1.20 a	1.16 a	1.13 a	1.13 a
NT	1.03 b	1.16 b	1.14 b	1.11 a	1.06 b
NTS	1.06 ab	1.20 a	1.16 a	1.13 a	1.11 a
FT	1.08 a	1.19 ab	1.14 ab	1.12 a	1.11 ab
FTS	1.10 a	1.21 a	1.17 a	1.15 a	1.13 a
20~30 cm					
RT（CK）	0.65 a	0.67 ab	0.61 ab	0.58 a	0.54 a
RTS	0.68 a	0.70 a	0.68 a	0.57 a	0.55 a
NT	0.63 a	0.62 b	0.57 b	0.55 a	0.54 a
NTS	0.68 a	0.71 a	0.66 a	0.55 a	0.55 a
FT	0.65 a	0.68 ab	0.63 ab	0.59 a	0.54 a
FTS	0.68 a	0.71 a	0.67 a	0.59 a	0.57 a

（三）耕作方式对土壤碱解氮含量的影响

如表2-5所示，0~10 cm土层，未深松条件下，土壤平均碱解氮含量为NT>RT>FT。结合深松后，RTS、FTS和NTS处理土壤碱解氮含量较RT、FT、NT处理分别降低1.17%、0.68%、6.71%。6种耕作方式中，NT处理土壤碱解氮含量最高，且在吐丝期-成熟期，显著高于其他处理。10~20 cm土层，未深松条件下，平均土壤碱解氮含量为FT>RT>NT，处理间差异未达显著水平。RTS、FTS和NTS处理平均土壤碱解氮含量较RT、FT、NT处理，分别增加13.91%、13.81%、8.54%。20~30 cm土层，未深松下，土壤平均碱解氮含量为RT>FT>NT。结合深松后，RTS、FTS和NTS处理土壤碱解氮含量较RT、FT和NT处理分别增加9.19%、9.04%、7.23%。在拔节期，RTS、FTS和NTS处理较RT、FT和NT处理差异达显著程度。

表2-5　耕作方式对不同生育时期土壤碱解氮含量的影响　　单位：mg/kg

处理	苗期	拔节期	吐丝期	灌浆期	成熟期
0~10 cm					
RT（CK）	110.29 ab	159.03 ab	144.18 b	105.63 b	107.10 b
RTS	109.29 ab	152.32 b	147.94 b	103.90 b	106.40 b
NT	113.87 a	170.60 a	160.35 a	114.88 a	115.61 a

（续表）

处理	苗期	拔节期	吐丝期	灌浆期	成熟期
NTS	108.29 ab	158.43 ab	145.49 b	101.64 b	108.76 b
FT	104.07 b	153.18 b	146.61 b	103.44 b	106.87 b
FTS	106.07 b	151.85 b	141.20 b	102.80 b	103.83 b
10~20 cm					
RT（CK）	95.11 ab	125.16 c	106.62 b	98.52 b	95.87 c
RTS	100.44 a	156.13 a	138.88 a	105.98 ab	103.79 ab
NT	96.91 ab	127.31 b	105.85 b	96.38 b	95.05 c
NTS	97.58 ab	151.17 a	132.79 a	101.25 ab	98.35 bc
FT	94.92 b	129.09 bc	105.74 b	98.04 b	96.42 bc
FTS	95.92 ab	157.48 a	140.29 a	109.25 a	106.01 a
20~30 cm					
RT（CK）	75.69 a	91.07 b	79.07 ab	48.54 a	47.52 a
RTS	79.35 a	98.84 a	87.35 ab	51.92 a	51.07 a
NT	72.94 a	87.22 b	73.10 b	45.95 a	44.58 a
NTS	75.94 a	98.31 a	83.28 ab	49.82 a	48.63 a
FT	73.67 a	91.76 b	76.29 ab	49.43 a	46.99 a
FTS	76.01 a	99.25 a	89.19 a	54.47 a	53.50 a

（四）耕作方式对土壤速效磷含量的影响

如表2-6所示，0~10 cm土层，未深松条件下，平均土壤速效磷含量为NT＞FT＞RT，在成熟期，NT处理较FT和RT处理显著增加。结合深松后，RTS、FTS和NTS处理土壤速效磷含量均较RT、FT、NT处理下降，以NTS处理下降明显，降幅为8.49%~18.59%。10~20 cm土层，未深松条件下，平均土壤速效磷含量为RT＞FT＞NT，处理间差异不显著。结合深松后，RTS、FTS、NTS处理土壤速效磷含量较RT、FT、NT处理分别增加19.19%、16.08%、13.28%。在吐丝期，RTS、FTS、NTS处理较RT、FT、NT处理差异达显著水平。20~30 cm土层中，未深松条件下，土壤平均速效磷含量为FTS＞RTS＞NTS。结合深松后，RTS、FTS和NTS处理平均土壤速效磷含量较RT、FT、NT处理分别增加11.13%、9.68%、10.30%，成熟期差异达到显著水平。

表2-6 耕作方式对不同生育时期土壤速效磷含量的影响 单位：mg/kg

处理	苗期	拔节期	吐丝期	灌浆期	成熟期
0~10 cm					
RT（CK）	20.56 a	27.21 b	35.47 ab	27.84 b	16.24 b
RTS	20.23 a	25.23 b	33.68 b	29.77 b	17.62 ab

（续表）

处理	苗期	拔节期	吐丝期	灌浆期	成熟期
NT	19.80 a	33.35 a	40.17 a	34.10 a	21.51 a
NTS	19.13 a	28.76 b	36.76 ab	30.42 ab	17.51 ab
FT	20.06 a	27.88 b	33.48 b	29.36 b	17.33 b
FTS	19.06 a	26.78 b	34.51 b	29.38 b	17.91 ab
10~20 cm					
RT（CK）	17.53 a	25.09 ab	32.72 b	26.40 bc	15.39 b
RTS	17.86 a	29.16 ab	39.65 a	32.56 a	20.34 a
NT	16.65 a	24.46 b	32.57 b	24.80 c	14.68 b
NTS	16.31 a	28.94 ab	38.06 a	31.46 ab	18.83 ab
FT	16.35 a	25.93 ab	33.14 b	26.42 bc	15.15 b
FTS	18.69 a	29.70 a	40.33 a	34.49 a	21.59 a
20~30 cm					
RT（CK）	14.11 a	22.54 a	26.44 ab	23.54 a	13.13 b
RTS	15.45 a	25.45 a	29.27 a	25.06 a	15.26 ab
NT	14.24 a	21.89 a	24.70 b	22.25 a	12.24 b
NTS	15.24 a	24.33 a	28.10 ab	24.45 a	14.19 ab
FT	14.38 a	22.43 a	25.34 ab	23.36 a	13.25 b
FTS	15.04 a	25.28 a	28.46 ab	26.19 a	16.87 a

（五）耕作方式对土壤速效钾含量的影响

如表 2-7 所示，0~10 cm 土层，未深松下，平均土壤速效钾含量为 NT>FT>RT。结合深松后，RTS、FTS、NTS 处理平均土壤速效钾含量均较 RT、FT、NT 处理降低，以 NTS 处理下降明显，下降 6.21%。NT 处理土壤速效钾含量最高，在成熟期，NT 处理较其他处理差异达到显著水平。10~20 cm 土层，未深松下，平均土壤速效钾含量为 FT>RT>NT。结合深松后，RTS、FTS、NTS 处理平均土壤速效钾含量较 RT、FT、NT 处理增加，RTS 和 FTS 处理增量最大，分别增加 6.65%、7.07%。在拔节期和灌浆期 RTS 和 FTS 处理较对照 RT 处理差异达到显著水平。20~30 cm 土层，未深松下，平均土壤速效钾含量为 RT>FT>NT，结合深松后，RTS、FTS、NTS 处理平均土壤速效钾含量均较未深松处理增加，以 FTS 处理较 FT 处理增量最大，增加 7.71%。其中拔节期至灌浆期，FTS 处理较 FT 处理差异显著。

表 2-7　耕作方式对不同生育时期土壤速效钾含量的影响　单位：mg/kg

处理	苗期	拔节期	吐丝期	灌浆期	成熟期
0~10 cm					
RT（CK）	104.05 b	100.43 ab	102.61 a	97.59 a	103.85 b
RTS	104.71 b	94.15 b	100.69 a	98.27 a	103.25 b
NT	111.83 a	105.99 a	107.76 a	105.05 a	109.78 a
NTS	106.16 b	95.87 b	101.02 a	98.12 a	105.63 ab
FT	103.03 b	101.84 a	101.04 a	97.32 a	102.43 b
FTS	102.69 b	94.20 b	101.67 a	98.52 a	104.35 b
10~20 cm					
RT（CK）	103.11 a	92.04 b	93.69 b	90.52 bc	95.80 b
RTS	102.44 a	101.46 a	104.64 a	97.95 a	103.26 a
NT	102.49 a	90.54 b	92.21 b	89.23 c	94.69 b
NTS	100.49 a	100.88 a	102.46 ab	93.10 ab	101.04 ab
FT	102.47 a	92.11 b	94.20 b	92.41 bc	97.86 ab
FTS	101.81 a	103.29 a	106.13 a	98.91 a	105.43 a
20~30 cm					
RT（CK）	94.57 a	82.12 bc	82.84 b	79.01 b	93.41 a
RTS	95.57 a	90.01 ab	92.45 a	88.59 ab	95.56 a
NT	93.31 a	80.84 c	81.42 b	77.67 b	92.71 a
NTS	92.31 a	89.52 ab	91.75 a	88.69 ab	92.77 a
FT	92.25 a	82.43 bc	83.09 b	78.03 b	92.15 a
FTS	93.61 a	91.63 a	93.75 a	90.49 a	95.57 a

二、耕作方式对土壤物理性状的影响

（一）耕作方式对土壤容重的影响

土壤容重是反映土壤紧实程度等结构性特征的重要指标，容重的变化直接或间接地影响土壤的水、肥、气、热状况，进而影响作物的生长。如表 2-8 所示，不同耕作方式对 0~30 cm 土壤容重的影响，整体表现为 10~20 cm 土层土壤容重最大，其次 20~30 cm 土层土壤容重，0~10 cm 土层土壤容重最低。0~10 cm 土层，未深松条件下，平均土壤容重表现为 NT＞FT＞RT。在苗期，NT 处理土壤容重显著高于 FT 和 RT 处理。结合深松后，RTS、FTS 和 NTS 处理土壤容重均较 RT、FT、NT 处理下降，其中 NTS 处理降幅最大为3.70%。10~20 cm土层，未深松条件下，平均土壤容重为NT＞FT＞RT。结合深松后，RTS、FTS和NTS处理平均土壤容重较对照RT处理分别下降2.02%、2.72%、2.02%。在拔节期，FTS处理土壤容重显著低于对照RT处理。20~30 cm土层，未深松下，RT、FT、NT处理土壤容重表现与10~20 cm土层相同。结合深松后，RTS、FTS和NTS处理平均土壤容重较对照RT处理分别下降2.76%、3.44%、2.07%。在拔节期，RTS和FTS土壤容重较对照RT处理显著降低。

表2-8　耕作方式对不同生育时期土壤容重的影响　　单位：g/cm^3

处理	苗期	拔节期	吐丝期	灌浆期	成熟期
0~10 cm					
RT（CK）	1.22 b	1.23 b	1.31 a	1.34 a	1.31 ab
RTS	1.23 b	1.24 b	1.28 a	1.31 a	1.29 b
NT	1.31 a	1.34 a	1.36 a	1.38 a	1.36 a
NTS	1.28 ab	1.27 b	1.29 a	1.33 a	1.32 ab
FT	1.23 b	1.24 b	1.32 a	1.35 a	1.32 ab
FTS	1.24 ab	1.25 b	1.27 a	1.32 a	1.30 ab
10~20 cm					
RT（CK）	1.45 a	1.46 a	1.50 a	1.51 a	1.49 a
RTS	1.44 a	1.41 b	1.44 bc	1.48 a	1.47 a
NT	1.43 a	1.44 ab	1.47 abc	1.49 a	1.47 a
NTS	1.43 a	1.42 ab	1.43 c	1.48 a	1.46 a
FT	1.44 a	1.45 aba	1.49 ab	1.50 a	1.48 a
FTS	1.43 a	1.40 b	1.44 bc	1.47 a	1.45 a
20~30 cm					
RT（CK）	1.40 a	1.45 a	1.46 a	1.48 a	1.45 a
RTS	1.41 a	1.38 ab	1.40 a	1.44 a	1.42 a
NT	1.41 a	1.42 ab	1.43 a	1.46 a	1.43 a
NTS	1.42 a	1.39 ab	1.41 a	1.45 a	1.43 a
FT	1.41 a	1.44 ab	1.45 a	1.49 a	1.44 a
FTS	1.40 a	1.37 b	1.40 a	1.43 a	1.41 a

（二）耕作方式对土壤含水量的影响

如表2-9所示，生育期内土壤含水量有明显的波动，这与生育期内降水量及气温有关。在0~10 cm土层，不同耕作方式平均土壤含水量表现为NT＞NTS＞RTS＞FTS＞FT＞RT处理。结合深松后RTS和FTS处理土壤含水量均较RT、FT处理增加，分别提高 2.65%、2.21%，而 NTS 土壤含水量较 NT 处理降低，下降达 7.52%。6 种耕作处理中，NT 处理土壤含水量最高，在苗期和拔节期显著高于其他处理。10~20 cm 土层，未深松条件下，平均土壤含水量表现为 NT＞RT＞FT。结合深松后，RTS、FTS 和 NTS 处理土壤含水量较 RT、FT、NT 处理分别增加 8.34%、4.98%、9.32%，其中在成熟期，FTS 处理土壤含水量较对照 RT 和 FT 处理显著提高，分别提高 14.11%、13.79%。20~30 cm 土层，未深松下，平均土壤含水量为 NT＞RT＞FT。结合深松后，RTS、FTS 和 NTS 处理土壤含水量较 RT、FT、NT 处理增加，增幅为 0.98%~3.67%。说明深松耕作处理对生育后期 20~30 cm 土壤含水量影响不大。

表 2-9　耕作方式对不同生育时期土壤含水量的影响　　单位:%

处理	苗期	拔节期	吐丝期	灌浆期	成熟期
0~10 cm					
RT（CK）	21.71 b	13.54 b	17.50 a	19.22 a	18.02 a
RTS	21.12 b	14.89 ab	17.97 a	19.85 a	18.62 a
NT	25.99 a	17.59 a	19.27 a	21.44 a	20.79 a
NTS	23.38 ab	15.85 ab	18.48 a	20.60 a	18.83 a
FT	21.89 b	13.56 b	17.56 a	19.51 a	18.08 a
FTS	20.94 b	14.98 ab	18.16 a	19.92 a	18.65 a
10~20 cm					
RT（CK）	22.23 a	15.85 a	18.28 ab	20.70	18.99 b
RTS	21.99 a	17.56 a	20.55 ab	22.91	21.80 ab
NT	21.27 a	17.11 a	18.52 ab	20.92	19.48 ab
NTS	22.70 a	17.76 a	19.75 ab	21.67	20.52 ab
FT	22.10 a	15.62 a	17.98 b	20.99	19.06 b
FTS	22.28 a	17.40 a	20.64 a	23.16	22.11 a
20~30 cm					
RT（CK）	23.19 a	19.52 a	20.63 a	20.50 a	20.25 a
RTS	23.26 a	19.46 a	21.99 a	22.01 a	21.34 a
NT	22.81 a	20.17 a	20.80 a	20.97 a	20.74 a
NTS	22.59 a	19.27 a	21.40 a	22.13 a	21.17 a
FT	22.21 a	19.40 a	20.95 a	20.63 a	20.29 a
FTS	22.41 a	19.33 a	22.04 a	22.26 a	21.44 a

（三）耕作方式对土壤孔隙度的影响

土壤孔隙性状对植物根系的伸展，土壤水分的渗透，通气状况以及养分供应等都有影响，如表 2-10 所示，0~30 cm 土层土壤孔隙度的变化，这与土壤含水量和土壤容重大小有关。0~10 cm 土层，不同耕作方式平均土壤孔隙度表现为 RT＞FTS＞RTS＞FT＞NTS＞NT 处理。结合深松后，RTS、FTS 和 NTS 处理土壤孔隙度均较 RT、FT 和 NT 处理分别提高 0.71%、3.84%、0.96%。6 种耕作处理中，NT 处理的土壤孔隙度最低，在拔节期，NT 处理显著低于其他各处理。10~20 cm 土层，未深松下，平均土壤孔隙度为 NT＞FT＞RT。结合深松后，RTS、FTS 和 NTS 处理土壤孔隙度较 RT、FT 和 NT 处理分别增加 2.78%、2.75%、1.27%。在拔节期，NTS 和 FTS 处理土壤孔隙度显著高于对照 RT 处理。20~30 cm 土层，未深松条件下，平均土壤孔隙度为 RT＞FT＞NT。结合深松后，RTS、FTS 和 NTS 处理土壤孔隙度较未深松 3 种耕作处理增加，以 RTS 和 FTS 处理增量较大，分别增加 2.91%、3.60%，说明 RTS 和 FTS 处理可以在一定程度上提高深层土壤孔隙度。

表 2-10　耕作方式对不同生育时期土壤孔隙度的影响　　单位：%

处理	苗期	拔节期	吐丝期	灌浆期	成熟期
0~10 cm					
RT（CK）	54.02 a	53.46 a	50.71 a	49.47 a	50.61 ab
RTS	53.42 ab	53.12 a	51.64 a	50.64 a	51.26 a
NT	50.50 b	49.28 b	48.81 a	47.92 a	48.53 b
NTS	51.70 ab	52.12 a	51.22 a	49.78 a	50.02 ab
FT	53.77 a	53.30 a	50.08 a	48.94 a	50.15 ab
FTS	53.21 ab	52.70 a	51.90 a	50.14 a	50.80 a
10~20 cm					
RT（CK）	45.41 a	44.73 c	43.47 c	42.91 b	43.64 a
RTS	45.66 a	46.68 ab	45.58 ab	44.04 ab	44.48 a
NT	45.91 a	45.58 abc	44.42 abc	43.70 ab	44.63 a
NTS	45.91 a	46.43 ab	45.96 a	44.01 ab	44.82 a
FT	45.66 a	45.29 bc	43.76 bc	43.32 ab	43.99 a
FTS	45.91 a	47.18 a	45.56 ab	44.55 a	45.10 a
20~30 cm					
RT（CK）	47.17 a	45.28 a	45.09 a	44.00 a	45.31 a
RTS	46.92 a	47.80 a	47.16 a	45.49 a	46.30 a
NT	46.67 a	46.57 a	45.91 a	45.05 a	46.15 a
NTS	46.42 a	47.53 a	46.79 a	45.27 a	45.98 a
FT	46.67 a	45.59 a	45.21 a	43.90 a	45.61 a
FTS	47.30 a	48.36 a	47.31 a	45.89 a	46.67 a

（四）耕作方式对土壤蓄水量的影响

如图 2-1 所示，0～30 cm 土层土壤贮水量变化，各土层整体变化趋势相同。0～10 cm土层，未深松下，平均土壤蓄水量为 NT＞RT＞FT。其中，苗期至拔节期，NT 处理土壤蓄水量显著高于 RT 和 FT 处理。结合深松后，RTS、FTS 处理土壤平均蓄水量较 RT、FT 处理分别增加 1.48%、2.02%。但 NTS 处理土壤蓄水量较 NT 处理降低 10.93%。

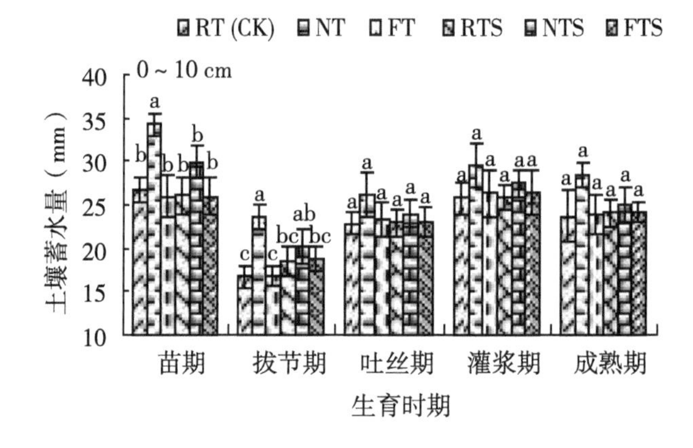

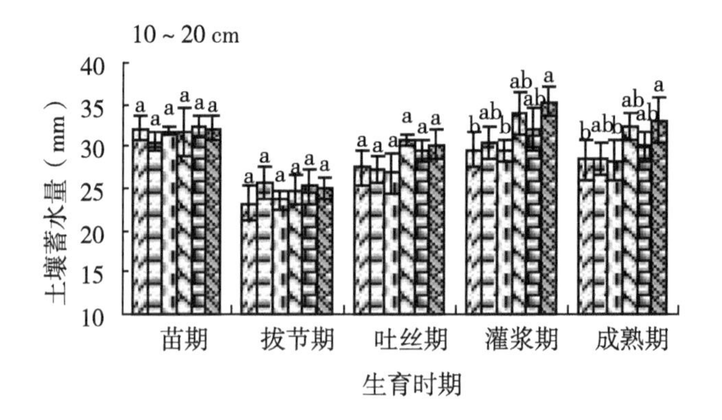

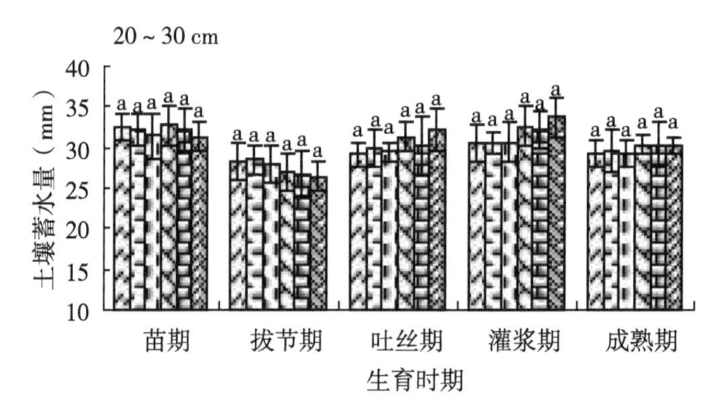

图 2-1　耕作方式对 0～30 cm 土壤蓄水量的影响

10~20 cm 土层，未深松下，平均土壤蓄水量为 NT>RT>FT。结合深松后，RTS、FTS 和 NTS 处理平均土壤蓄水量较 RT、FT、NT 处理分别增高 8.39%、7.13%、4.39%。其中在灌浆期和成熟期，FTS 处理显著高于对照 RT 处理。20~30 cm 土层，未深松下，平均土壤蓄水量为 NT>RT>FT。结合深松后，RTS、FTS 和 NTS 处理平均土壤蓄水量较未深松 3 种处理增加，其中 RTS 和 FTS 处理增量较大，分别增加 2.79%、3.44%。说明 RTS 和 FTS 处理能够打破犁底层，有利于改善土壤的渗透性能和对降水的接纳和蓄存能力，进而提高半干旱区土壤蓄水保墒性能。

三、耕作方式对土壤酶活性及 pH 值的影响

（一）耕作方式对土壤碱性磷酸酶活性变化的影响

碱性磷酸酶是土壤微生物和植物根系的一种分泌产物，受土壤通气状况影响较大。从表 2-11 可以看出，耕层（0~20 cm）土层土壤碱性磷酸酶活性随玉米生育进程发生明显波动。苗期，不同耕作方式土壤碱性磷酸酶活性为：RT>RTS>NT>NTS>FTS>FT，其中 RT 处理较 FT 和 FTS 处理土壤碱性磷酸酶活性显著提高，分别增加 27.15%、28.44%。拔节期，结合深松后，RTS、FTS 和 NTS 处理土壤碱性磷酸酶活性较 RT、FT、NT 处理明显增高，分别增加 10.25%、8.30%、11.73%。吐丝期，不同耕作处理土壤碱性磷酸酶活性较拔节期均降低。未深松下，RT、FT、NT 处理降幅为 10.96%~38.80%，结合深松后，RTS、FTS 和 NTS 处理降幅为 14.12%~19.87%。RTS、FTS 和 NTS 处理土壤碱性磷酸酶活性较 RT、FT、NT 处理下降缓慢。灌浆期，不同耕作处理土壤碱性磷酸酶活性均达到最大值。与对照 RT 处理相比，RTS、FTS 和 NTS 处理土壤碱性磷酸酶活性分别增加 9.13%、7.08%、10.84%，其中 FTS 处理较对照 RT 处理显著增加。成熟期，FTS 处理土壤碱性磷酸酶活性最高，说明 FTS 处理有利于提高 0~20 cm 土层土壤碱性磷酸酶活性。

表 2-11　耕作方式对土壤碱性磷酸酶活性的影响

单位：酚 mg/（g·24h·37 ℃）

处理	苗期	拔节期	吐丝期	灌浆期	成熟期
RT（CK）	4.651 a	5.655 a	3.456 b	8.968 bc	7.990 a
RTS	4.451 ab	6.301 a	5.209 a	9.869 ab	8.524 a
NT	4.010 ab	5.466 a	4.926 ab	8.521 c	8.007 a
NTS	3.960 ab	5.961 a	5.119 ab	9.651 ab	8.476 a
FT	3.388 b	5.583 a	4.175 ab	9.034 bc	8.032 a
FTS	3.328 b	6.325 a	5.068 ab	10.058 a	8.699 a

（二）耕作方式对土壤蔗糖酶活性变化的影响

蔗糖酶在所有土壤中广泛存在，它是表征土壤生物学活性的重要酶之一，其活性强弱能够评价土壤熟化程度和肥力水平，对增加土壤中易溶性营养物质具有重要作用。从

表2-12中可以看出，耕层（0~20 cm）土层土壤蔗糖酶活性整体呈“M”形变化趋势。苗期，各处理间土壤蔗糖酶活性无显著差异。拔节期，未深松条件下，土壤蔗糖酶活性为RT>FT>NT，处理间差异不显著。结合深松后，RTS、FTS和NTS处理土壤蔗糖酶较RT、FT、NT处理分别提高16.31%、18.95%、19.14%。其中RTS和FTS处理较对照（RT）达到显著水平。吐丝期，未深松条件下，土壤蔗糖酶活性为NT>FT>RT，NT较RT和FT处理差异显著。结合深松后，RTS、FTS处理土壤蔗糖酶较RT、FT处理活性分别增加16.10%、14.19%，但处理间差异不显著。灌浆期，除NT处理外，各处理土壤蔗糖酶活性较吐丝期略有增加。RTS、FTS和NTS处理土壤蔗糖酶活性较RT、FT、NT处理分别增加15.71%、15.83%、8.67%。其中，RTS和FTS处理较对照RT处理显著增加。成熟期，RTS、FTS和NTS处理土壤蔗糖酶活性显著高于未深松各处理，增幅为9.16%~13.62%。

表2-12　耕作方式对土壤蔗糖酶活性的影响

单位：葡萄糖 mg/（g·24h·37 ℃）

处理	苗期	拔节期	吐丝期	灌浆期	成熟期
RT（CK）	27.356 a	35.125 bc	25.404 c	29.459 b	28.684 b
RTS	27.856 a	41.977 a	30.279 abc	34.950 a	32.750 a
NT	30.053 a	31.805 c	34.317 a	31.383 ab	30.126 b
NTS	30.703 a	39.246 ab	30.905 ab	34.363 ab	33.164 a
FT	28.059 a	34.675 bc	26.780 bc	29.916 b	29.216 b
FTS	27.059 a	42.883 a	31.210 ab	35.543 a	33.825 a

（三）耕作方式对土壤过氧化氢酶活性变化的影响

过氧化氢酶广泛存在于生物体和土壤中，它能解除过氧化氢的毒害作用，其活性可用来表征土壤氧化强度，在有机质氧化和腐殖质形成过程中起重要作用。从表2-13可以看出，6种耕作处理下，耕层（0~20 cm）土壤过氧化氢酶活性整体变化趋势一致。苗期，不同耕作处理间土壤过氧化氢酶活性接近，且无显著差异。拔节期，不同耕作处理土壤过氧化氢酶活性均上升，NT处理达到最大值。未深松下，表现为NT>RT>FT，NT处理较FT和RT处理差异显著。结合深松后，RTS和FTS处理土壤过氧化氢酶较RT、FT处理有所升高，分别升高3.97%、5.70%。吐丝期，不同耕作处理土壤过氧化氢酶活性下降，未深松下，表现为NT>RT>FT。RTS和FTS处理较RT和FT处理分别升高2.34%、4.22%，NTS处理土壤过氧化氢酶活性略有下降。灌浆期，除NT处理外，其他耕作处理土壤过氧化氢酶活性均升高，与对照RT处理相比，RTS、FTS、NTS处理分别增加5.65%、6.03%、4.45%，并达到显著水平。成熟期，不同耕作处理土壤过氧化氢酶活性下降，降幅为4.75%~7.99%。与对照RT相比，FTS处理土壤过氧化氢酶活性显著提高。

表 2-13　耕作方式对土壤过氧化氢酶活性的影响

单位：0.1N $KMnO_4$ mL/（g·30 min·37 ℃）

处理	苗期	拔节期	吐丝期	灌浆期	成熟期
RT（CK）	0.858 a	0.990 bc	0.957 b	1.051 c	1.001 b
RTS	0.861 a	1.031 bc	0.980 ab	1.114 a	1.030 ab
NT	0.874 a	1.13 a	1.05 a	1.041 c	0.990 b
NTS	0.857 a	1.024 bc	0.980 ab	1.100 ab	1.020 ab
FT	0.864 a	0.976 c	0.952 b	1.058 bc	1.007 ab
FTS	0.871 a	1.035 bc	0.994 ab	1.126 a	1.036 a

（四）耕作方式对土壤脲酶活性变化的影响

脲酶是土壤中主要的水解酶类之一，对尿素在土壤中的水解及作物对尿素氮的利用有重大的影响，其活性高低在一定程度上反应了土壤供氮水平的高低。从表 2-14 可以看出，6 种耕作处理耕层（0~20 cm）土壤脲酶活性变化表现为先升后降的趋势。苗期，不同耕作处理土壤脲酶活性接近，无显著差异。拔节期，未深松下，土壤脲酶活性为 NT>FT>RT，处理间差异不显著。结合深松后，RTS、FTS、NTS 处理土壤脲酶活性较 RT、FT、NT 处理分别增加 16.82%、8.96%、19.49%。其中，FTS、NTS 处理显著高于对照 RT 处理。吐丝期至灌浆期，不同耕作处理土壤脲酶活性逐渐升高至灌浆期达到峰值。结合深松后，RTS、FTS、NTS 处理土壤脲酶活性高于未深松各处理，增幅为 14.93%~23.46%。其中吐丝期，RTS、FTS 处理显著高于对照 RT 处理。成熟期，各处理土壤脲酶活性下降，未深松下，表现为 FT>RT>NT，且处理间无显著差异。结合深松后，RTS、FTS、NTS 处理脲酶活性较 RT、FT、NT 处理分别增加 27.85%、25.78%、27.98%，处理间差异显著。

表 2-14　耕作方式对土壤脲酶活性的影响

单位：NH_2-N mg/（g·24h·37 ℃）

处理	苗期	拔节期	吐丝期	灌浆期	成熟期
RT（CK）	0.289 a	0.178 c	0.225 bc	0.263 ab	0.202 b
RTS	0.294 a	0.214 abc	0.294 a	0.324 a	0.280 a
NT	0.313 a	0.203 abc	0.210 c	0.233 b	0.193 b
NTS	0.303 a	0.223 ab	0.269 ab	0.302 ab	0.268 a
FT	0.303 a	0.190 bc	0.238 bc	0.279 ab	0.213 b
FTS	0.314 a	0.236 a	0.302 a	0.328 a	0.287 a

（五）耕作方式对土壤 pH 值的影响

如表 2-15 所示，不同耕作处理对 0~30 cm 土层土壤 pH 值的影响随着土层增加而逐渐增大。0~10 cm 土层，未深松下，平均土壤 pH 值表现为 RT＞FT＞NT。结合深松后，RTS、FTS、NTS 处理平均土壤 pH 值较未深松处理降低，其中 RTS 和 FTS 处理降幅明显，分别下降 2.04%、1.56%。拔节期至吐丝期，与对照 RT 处理相比，RTS、FTS、NTS 处理土壤 pH 值显著下降。在 10~20 cm 土层，平均土壤 pH 值为 FT＞NT＞RT，在拔节期，RT 处理显著低于 FT 和 NT 处理。结合深松后，RTS、FTS、NTS 处理土壤 pH 值较 RT、FT、NT 处理分别降低 1.67%、1.42%、1.89%。在吐丝期和成熟期，RTS、FTS、NTS 处理土壤 pH 值较未深松各处理显著降低。20~30 cm 土层，未深松下，平均土壤 pH 值为 NT＞RT＞FT，RTS、FTS、NTS 处理土壤 pH 值较未深松处理下降，分别下降 1.51%、2.30%、1.40%。其中吐丝期，与对照 RT 处理相比，结合深松后，RTS、FTS、NTS 处理土壤 pH 值显著降低。

表 2-15　耕作方式对不同生育时期土壤 pH 值的影响

处理	苗期	拔节期	吐丝期	灌浆期	成熟期
0~10 cm					
RT（CK）	8.23 a	8.20 a	8.27 a	8.60 a	8.28 b
RTS	8.22 a	7.83 c	7.97 c	8.52 ab	8.22 ab
NT	8.17 a	8.16 ab	8.18 b	8.57 ab	8.24 ab
NTS	8.19 a	8.12 b	8.16 b	8.55 ab	8.23 ab
FT	8.25 a	8.19 ab	8.21 b	8.58 ab	8.22 ab
FTS	8.20 a	7.93 c	7.98 c	8.50 b	8.21 a
10~20 cm					
RT（CK）	8.37 a	8.13 b	8.37 a	8.56 bc	8.30 b
RTS	8.35 a	7.79 c	8.13 c	8.54 c	8.21 c
NT	8.41 a	8.30 a	8.42 a	8.72 a	8.30 b
NTS	8.42 a	8.12 b	8.26 b	8.57 bc	8.20 c
FT	8.47 a	8.33 a	8.39 a	8.64 ab	8.39 a
FTS	8.45 a	7.89 c	8.27 b	8.58 bc	8.20 c
20~30 cm					
RT（CK）	8.45 a	8.60 ab	8.63 a	8.80 ab	8.45 a
RTS	8.41 a	8.42 c	8.39 b	8.68 c	8.32 a
NT	8.43 a	8.70 a	8.76 a	8.95 a	8.46 a
NTS	8.37 a	8.46 c	8.40 b	8.75 bc	8.34 a
FT	8.42 a	8.64 a	8.64 a	8.70 bc	8.41 a
FTS	8.35 a	8.48 bc	8.41 b	8.65 c	8.32 a

（六）土壤酶活性与理化性质的相关分析

如表 2-16 所示，土壤碱性磷酸酶活性与理化性质的相关关系结果表明土壤碱性磷酸酶与土壤容重和 pH 值呈显著负相关关系，土壤碱性磷酸酶与土壤有机质、碱解氮、速效磷、速效钾、含水量具有极显著正相关关系。土壤碱性磷酸酶与土壤全氮、孔隙度不具有显著相关关系。

土壤蔗糖酶活性与理化性质的相关关系结果表明土壤蔗糖酶与土壤容重和 pH 值呈显著负相关关系，土壤蔗糖酶与土壤速效磷、含水量呈极显著正相关关系，土壤蔗糖酶与土壤有机质、碱解氮、速效钾、孔隙度呈显著正相关关系，但与土壤全氮不具有显著相关关系。

土壤脲酶活性与理化性质的相关关系结果表明土壤脲酶与土壤 pH 值呈显著负相关关系，土壤脲酶与土壤有机质、土壤速效磷、速效钾、含水量具有极显著相关关系，土壤脲酶与土壤全氮、碱解氮呈显著正相关关系，土壤脲酶与土壤容重具有不显著负相关关系。

土壤过氧化氢酶活性与理化性质的相关关系结果表明土壤过氧化氢酶与土壤容重、pH 值具有显著负相关关系，土壤过氧化氢酶与土壤有机质、全氮、碱解氮、速效磷、速效钾、含水量具有极显著正相关关系，土壤过氧化氢酶与土壤孔隙度不具有显著相关关系。

表 2-16 土壤酶活性与理化性质的相关关系

土壤理化性质	碱性磷酸酶	蔗糖酶	脲酶	过氧化氢酶
有机质	0.956**	0.877*	0.986**	0.986**
全氮	0.787	0.645	0.862*	0.940**
碱解氮	0.920**	0.824*	0.906*	0.941**
速效磷	0.989**	0.930**	0.981**	0.966**
速效钾	0.965**	0.877*	0.974**	0.996**
含水量	0.981**	0.925**	0.954**	0.938**
容重	-0.838*	-0.909*	-0.751	-0.662
孔隙度	0.769	0.876*	0.672	0.552
pH 值	-0.863*	-0.891*	-0.825*	-0.715

注：* 表示显著相关；** 表示极显著相关。

四、耕作方式对玉米生长发育及产量的影响

（一）耕作方式对玉米叶面积指数的影响

叶面积指数（LAI）是评价植物群体生长状况的一个重要指标，其大小直接影响作物的总生物量。从表 2-17 中可以看出，玉米随着生育进程的推进玉米叶面积指数呈现

单峰曲线的趋势。苗期，6 种耕作处理中，均以 NT 处理最低。拔节期，未深松下，玉米叶面积指数表现为 RT＞FT＞NT 处理。结合深松后，RTS、FTS、NTS 处理玉米叶面积指数较 RT、FT、NT 处理分别增加 7.79%、15.82%、33.76%。吐丝期，不同耕作处理玉米叶面积指数明显升高表现为 RT＞FT＞NT。RTS、FTS、NTS 处理叶面积指数较未深松处理增高，分别提高 10.14%、19.21%、21.51%。灌浆期，各处理玉米叶面积指数均到达峰值。表现为 FTS＞RTS＞NTS＞FT＞RT＞NT。其中 FTS 处理较对照 RT 处理显著增高。成熟期，各处理玉米叶面积指数均达到最低，未深松下，表现为 FT＞RT＞NT。深松后，RTS、FTS、NTS 处理玉米叶面积指数较 RT、FT、NT 处理分别增加 8.76%、7.03%、15.03%，且差异不显著。说明随着生育进程的推进，深松耕作能够提高玉米叶面积指数，特别在后期表现的差异更为显著，说明深松耕作有延缓叶片衰老作用，增加玉米生育后期的叶面积指数。

表 2-17　耕作方式对玉米叶面积指数的影响

处理	苗期	拔节期	吐丝期	灌浆期	成熟期
RT（CK）	0.13 ab	1.42 ab	5.22 b	5.05 ab	4.06 a
RTS	0.17 a	1.54 ab	5.92 ab	5.62 ab	4.45 a
NT	0.08 b	1.02 c	5.05 b	4.34 b	3.73 a
NTS	0.10 ab	1.54 ab	5.74 ab	5.53 ab	4.39 a
FT	0.11 ab	1.33 b	5.31 ab	4.92 ab	4.36 a
FTS	0.13 ab	1.58 a	6.27 a	6.09 a	4.69 a

（二）耕作方式对玉米光合势变化的影响

从表 2-18 可以看出，不同耕作方式下玉米群体光合势（LAD）与玉米叶面积指数整体变化趋势相一致，拔节前期群体光合势表现为 RT＞FT＞NT，其中 NT 处理玉米光合势显著低于 RT 和 FT 处理。RTS、FTS、NTS 处理玉米光合势较未深松处理增加，增幅为 11.24%~35.63%。随着生育进程的推进，不同耕作处理拔节期后各生育阶段的 LAD 均明显增加，表现为 RT＞FT＞NT，结合深松后，RTS、FTS、NTS 处理玉米光合势较对照 RT 处理明显增加，增幅为 6.85%~11.55%。吐丝后积累的 LAD 以及整个生育时期的总 LAD 也均以 NT 处理最低。结合深松后，RTS、FTS、NTS 处理吐丝后累积的 LAD 和总 LAD 较 NT 处理分别提高 8.85%、11.46%、7.21%和 12.48%、15.15%、10.56%。较对照 RT 处理分别提高 5.29%、8.00%、3.58%和 6.30%、9.16%、4.24%。由此说明施加深松耕作有利于光合势的提高，在一定范围内光合势越大，光合作用时间越长，植株体内积累的光合产物就越多，而吐丝后的 LAD 较高更有利于产量提高。

表 2-18　耕作方式对玉米群体光合势的影响　　单位：(m^2·d) m^2

处理	出苗至拔节	拔节至吐丝	吐丝至灌浆	灌浆至成熟	吐丝后 LAD	总 LAD
RT（CK）	23.30 ab	68.57 bc	108.85 bc	94.78 ab	203.63 bc	295.50 b

（续表）

处理	出苗至拔节	拔节至吐丝	吐丝至灌浆	灌浆至成熟	吐丝后 LAD	总 LAD
RTS	26.25 a	74.11 ab	114.05 ab	100.98 a	215.02 ab	315.38 ab
NT	15.46 c	64.56 c	104.50 c	91.47 b	195.97 b	276.00 c
NTS	24.02 ab	73.38 ab	112.06 abc	99.14 ab	211.20 ab	308.60 ab
FT	20.93 b	69.36 bc	109.85 bc	96.88 ab	206.73 bc	297.02 b
FTS	26.43 a	77.53 a	119.58 a	101.75 a	221.34 a	325.30 a

（三）耕作方式对玉米穗位叶叶绿素含量（SPAD）的影响

如图 2-2 可以看出，不同耕作处理下玉米穗位叶叶绿素含量，吐丝以后随着生育进程推进而逐渐下降。吐丝期，未深松下，玉米穗位叶叶绿素含量为 FT＞RT＞NT，结合深松后，RTS、FTS、NTS 处理玉米穗位叶叶绿素含量较未深松处理增加，分别增加 4.65%、8.90%、8.32%。与对照 RT 处理相比，FTS 处理玉米穗位叶叶绿素含量显著提高，增幅为 9.21%。吐丝 20 d、吐丝 40 d，未深松下，玉米穗位叶叶绿素含量均表现为 FT＞RT＞NT，且处理间差异不显著。结合深松后，RTS、FTS、NTS 处理玉米穗位叶叶绿素含量均较对照 RT 处理增加，增幅分别为 6.38%~10.66%和 7.87%~13.34%。吐丝 20 d 至吐丝 40 d 结合深松后，RTS、FTS、NTS 处理玉米穗位叶叶绿素含量较 RT、FT、NT 处理分别下降 17.54%、17.77%、18.94%。

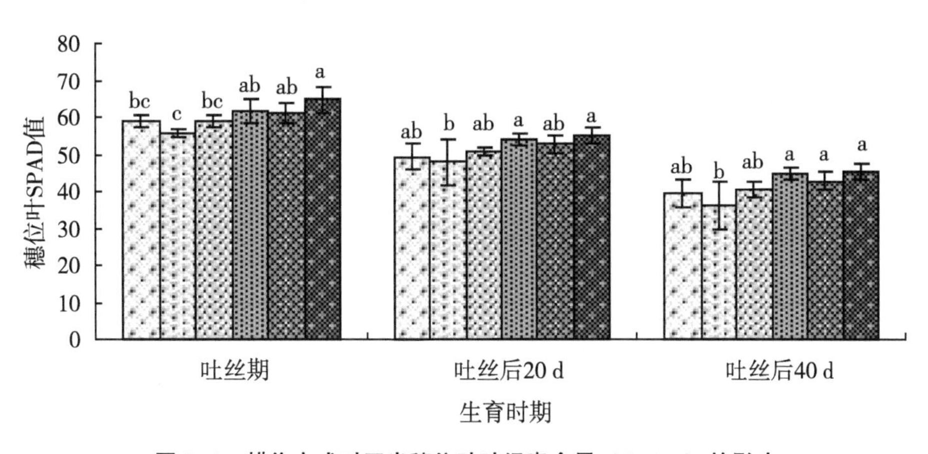

图 2-2　耕作方式对玉米穗位叶叶绿素含量（SPAD）的影响

（四）耕作方式对玉米株高的影响

株高是反映玉米生长状况的一个有效指标。如图 2-3 所示，苗期，未深松下，玉米株高均表现为 RT＞FT＞NT，RT 处理显著高于 NT 处理，结合深松下，RTS、FTS 和 NTS 处理玉米株高均较对照 RT 处理降低。拔节期，玉米株高表现为 RT＞FT＞NT，结合深松下，RTS、FTS 和 NTS 处理株高较 RT、FT、NT 处理分别增加

2. 88%、4. 65%、8. 41%。吐丝期—灌浆期，玉米株高均表现为RT>FT>NT，结合深松下，RTS、FTS和NTS处理较对照RT处理增加，增幅分别为1. 83%~2. 74%和0. 43%~1. 81%。6种耕作处理中，NT处理株高最低，RTS和FTS处理株高较NT处理显著增加。成熟期，玉米株高表现为FT>RT>NT，结合深松下，RTS、FTS和NTS处理株高较RT、FT、NT处理分别增加1. 25%、1. 55%、0. 69%。与对照RT处理相比，RTS、FTS和NTS处理分别增加2. 08%、1. 55%、1. 52%，但深松各处理间株高差异不显著。由此可见，深松对玉米株高有一定促进作用，株高直接反映了作物生长状况，深松有利于根系对养分的吸收。

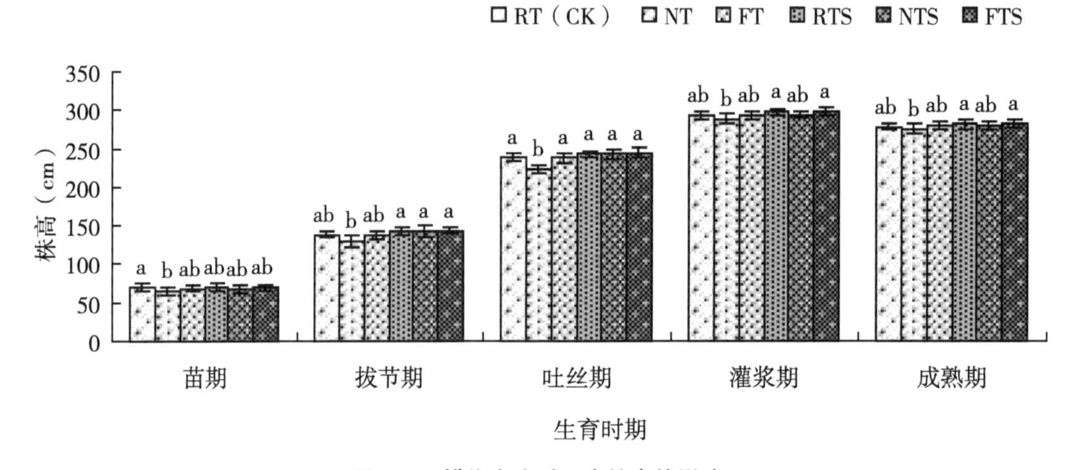

图2-3 耕作方式对玉米株高的影响

（五）耕作方式对玉米水分利用效率的影响

从表2-19中可以看出，6种耕作处理下，玉米水分利用效率的变化。表现为FT>RT>NT，处理间差异不显著。结合深松下，RTS、FTS和NTS处理玉米水分利用效率均较RT、FT、NT处理提高，分别增加3. 41%、4. 69%、3. 05%。FTS处理玉米水分利用效率最高，NT处理最低。FTS处理较NT处理玉米水分利用率显著提高7. 01%。与对照RT相比，RTS、FTS和NTS处理玉米水分利用效率分别提高3. 41%、5. 75%、1. 73%，FTS处理较对照RT处理差异显著。深松后3种耕作处理均有利于提高玉米水分利用效率，其中以FTS处理表现最佳。

表2-19 耕作方式对玉米水分利用效率的影响

处理	播前储水量（mm）	收获期储水量（mm）	生育期降水量（mm）	生育期耗水量（mm）	玉米产量（kg/hm²）	水分利用效率［kg/（hm²·mm）］
RT（CK）	96. 52	84. 29	509. 2	521. 43	9 671. 07 c	18. 67 b
RTS	100. 11	87. 08	509. 2	522. 23	10 569. 00 b	19. 33 ab
NT	99. 31	84. 52	509. 2	522. 01	9 354. 61 d	18. 42 b
NTS	101. 46	85. 29	509. 2	525. 37	9 942. 18 b	19. 00 ab

（续表）

处理	播前储水量（mm）	收获期储水量（mm）	生育期降水量（mm）	生育期耗水量（mm）	玉米产量（kg/hm^2）	水分利用效率［kg/（hm^2·mm）］
FT	94.25	90.44	509.2	522.05	9 730.52 c	18.88 ab
FTS	98.57	84.99	509.2	522.78	10 725.66 a	19.81 a

（六）耕作方式对单株玉米干物质积累量的影响

干物质是产量形成的基础，作物要获得较高的产量，必须要实现源库流的协调发展，形成较多干物质，才能保证获得高产。从表 2-20 可以看出，不同耕作处理对不同生育时期玉米单株干物质积累量变化的影响。苗期，各耕作处理间玉米干物质积累量无显著差异。拔节期未深松条件下，玉米干物质积累量为 RT＞FT＞NT，其中 RT 处理较 NT 处理差异显著。结合深松下，RTS、FTS 和 NTS 处理干物质积累量较 RT、FT、NT 处理分别升高 5.83%、10.18%、14.68%。吐丝期至成熟期，各处理干物质积累量增加明显，未深松下，均表现为 FT＞RT＞NT，在吐丝期，RTS、FTS 和 NTS 处理干物质积累量较 RT、FT、NT 处理，分别增加 9.14%、8.62%、6.76%。灌浆期至成熟期，结合深松下，RTS、FTS 和 NTS 处理干物质积累量较未深松处理增加，增幅分别为 3.70%、3.65%、5.21%。与对照相比，RTS 和 FTS 处理干物质积累量显著提高，分别增加 8.98%、11.66%和 3.71%、5.02%

表 2-20　耕作方式对玉米单株干物质积累量的影响

处理	单株干物质积累量（g/株）				
	苗期	拔节期	吐丝期	灌浆期	成熟期
RT（ck）	0.57 a	35.98 a	186.20 ab	223.67 c	350.75 c
RTS	0.56 a	38.21 a	204.94 a	245.73 a	364.26 ab
NT	0.49 a	31.55 b	178.25 b	213.86 c	342.84 c
NTS	0.48 a	36.98 a	191.18 ab	238.89 ab	361.72 a
FT	0.54 a	34.82 ab	188.06 ab	228.07 bc	355.76 bc
FTS	0.51 a	38.77 a	205.80 a	253.18 a	369.27 a

（七）耕作方式对玉米干物质转运能力的影响

如表 2-21 所示，未深松下，花前干物质转运量为 RT＞FT＞NT，结合深松下，RTS、FTS 和 NTS 处理干物质转运量较 RT、FT、NT 处理分别增加 27.28%、43.98%、10.33%。其中，FTS 处理较对照 RT 处理显著增加，增幅达 43.11%。花前干物质转运率为 RT＞FT＞NT。RTS、FTS 和 NTS 处理花前干物质转运率较未深松处理提高，分别增加 19.84%、37.88%、5.69%。与对照 RT 处理相比，FTS 处理花前干物质转运率显著增加，增幅为 37.08%。花后同化物输入籽粒量为 FT＞RT＞NT，结合深松下，RTS、FTS和NTS处理较RT、FT、NT处理分别增加7.24%、5.67%、6.48%。其中，RTS和FTS处理较对照RT处理差异显著。花后同化物对籽粒的贡献率为FT>RT>NT。结合深松下，RTS、FTS和NTS处理籽粒贡献率较未深松处理增加，分别增加17.28%、22.96%、13.88%。FTR处理较对照RT处理增加显著。RT、FT和NT玉米收获指数接近，无显著差异。结合深松下，RTS、FTS处理收获指数较RT、FT增加量较大，分别增加2.63%、2.56%。RT处理深松后收获指数无显著变化。说明深松处理有利于打破犁底层，利于玉米根系的生长发育，从而促进玉米地上部分干物质转运的能力的提升。

表2-21　耕作方式对玉米干物质转运能力的影响

处理	花前干物质转运量（kg/hm²）	花前干物质转运率（%）	花后同化物输入籽粒量（kg/hm²）	花后同化物对籽粒贡献率（%）	收获指数（HI）
RT（CK）	1 243.00 b	10.02 ab	11 610.75 bc	7.99 b	0.37 b
RTS	1 709.50 ab	12.50 ab	12 517.13 a	9.66 ab	0.38 ab
NT	1 056.50 b	8.78 b	11 541.38 c	7.28 b	0.37 b
NTS	1 178.25 b	9.31 b	12 341.63 ab	9.45 ab	0.37 b
FT	1 224.00 b	10.01 ab	11 891.25 abc	12.16 ab	0.37 b
FTS	2 185.00 a	15.91 a	12 607.13 a	14.12 a	0.39 a

（八）耕作方式对成熟期玉米氮磷钾吸收量的影响

如图2-4所示，6种耕作处理下成熟期玉米植株N、P、K吸收量差异明显。未深松下，玉米单株吸N量为FT>RT>NT，结合深松下，RTS、FTS和NTS处理玉米吸N量较。RT、FT和NT各处理分别增加2.71%、13.79%、11.18%，其中FTS处理玉米吸N量较对照RT处理差异达显著水平。玉米单株吸P量为FT>RT>NT，处理间差异不显著。深松后，RTS、FTS和NTS处理玉米吸P量较RT、FT和NT处理分别增加

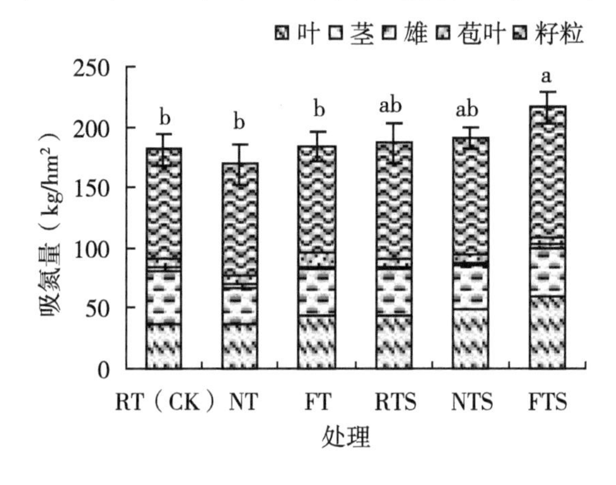

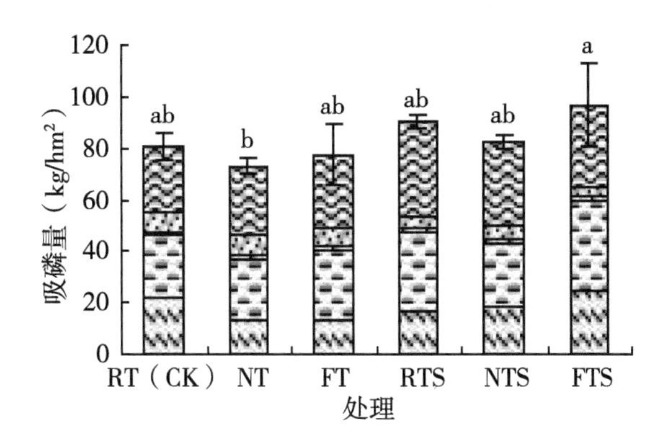

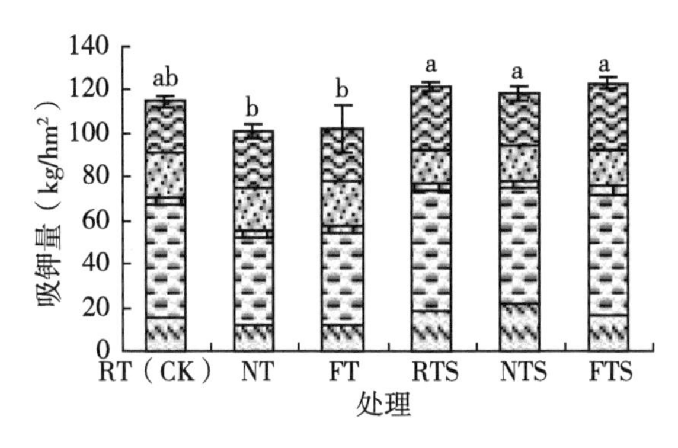

图 2-4　耕作方式对成熟期玉米 N、P、K 吸收量的影响

10.72%、19.93%、10.29%。6 种耕作处理中 NT 处理吸 P 量最低，且与 FT 处理差异显著。玉米单株吸 K 量为 RT>FT>NT，RTS、FTS 和 NTS 处理玉米吸 P 量较 RT、FT 和 NT 处理分别增加 6.03%、16.99%、14.83%。6 种耕作处理中 NT 处理玉米吸 K 量最低，与 NT 处理相比，RTS、FTS 和 NTS 处理玉米吸 K 量显著增加。

（九）耕作方式对玉米产量及其构成因素的影响

由表 2-22 可知，未深松条件下，玉米平均产量为 FT>RT>NT，处理间差异不显著。结合深松后，RTS、FTS 和 NTS 处理玉米平均产量较未深松明显增加，其中以 FTS 处理产量最高（10 725.66 kg/hm²），其次 RTS 处理（10 569.00 kg/hm²），NT 处理产量最低（9 354.61 kg/hm²）。与 NT 处理相比，FTS、RTS 处理产量显著增加，分别增产 12.78%、11.49%。FTS 处理玉米产量比对照 RT 处理增产 9.80%。从产量构成因素分析，未深松下，玉米有效穗数为 RT>FT>NT。其中，6 种耕作方式中，NT 处理有效穗数最低。结合深松后，RTS、FTS、NTS 处理玉米有效穗数较未深松处理有所增加。与 NT 处理相比，RTS、FTS、NTS 处理分别增加 16.96%、12.90%、3.57%。未深松下，玉米穗粒数为 FT>RT>NT。结合深松后，RTS、FTS、NTS 处理穗粒数较未深松处理明显增加，其中 RTS 处理增量最大，增幅为 9.07%。玉米百粒重为 FT>RT>NT，处理间差异不显著。深松后，RTS、FTS、NTS 处理百粒重略有增加，与对照 RT 处理相比，RTS、FTS、NTS、FT 分别增加 4.51%、4.05%、3.15%、1.74%。

表 2-22 耕作方式对玉米产量及其构成因素的影响

处理	穗数（穗/hm²）	穗粒数（粒/穗）	百粒重（g/100 粒）	产量（kg/hm²）
RT（CK）	74 615.31 a	514.17 c	34.74 a	9 671.07 b
RTS	75 040.95 a	553.74 ab	36.38 a	10 569.00 a
NT	62 307.63 c	509.47 c	33.43 a	9 354.61 c
NTS	64 615.32 c	530.61 bc	35.87 a	9 942.18 b
FT	68 974.29 abc	514.67 c	35.36 a	9 730.52 b
FTS	71 538.39 ab	566.05 a	36.21 a	10 725.66 a

第三节　讨论

一、耕作方式对土壤养分的影响

土壤有机质是土壤营养元素的重要提供者，也是土壤微生物活动的碳源和能源，同时也是衡量农田土壤肥力高低的重要指标之一。前人研究表明，不同耕作方式对土壤有机碳的垂直分布和稳定性影响显著。但对 0~40 cm 土层土壤有机碳总储量无显著影响（Valboa，2015）。研究表明随着保护性耕作年限增加，免耕、深松处理均能有效提高土壤有机质含量，且深松各处理土壤有机质含量最高（王晶等，2008）。本研究表明，免耕处理表层（0~10 cm）土壤有机质含量最高，较对照垄作未深松增加 6.03%。分析可能由于免耕地表作物残茬较多，而且对土壤的扰动程度较低，减少了土壤结构的破坏，土壤有机质矿化率较低。与未深松相比，深松后，垄作、平作处理表层（0~10 cm）平均有机质含量分别增加 1.46%、0.74%。土壤有机质含量具有随着土层深度增加而递减的趋势。10~20 cm、20~30 cm 土层，深松后垄作、平作和免耕处理土壤平均有机质含量较未深松增加，增幅为 5.31%~7.73%，差异不显著，这与前人（Chen，et al，2009）研究相同。分析可能因为深松耕作能够打破了犁底层，显著改善土壤结构，减少了土壤水分蒸发，使水分和热量交换降低，较垄作耕作更有利于养分的矿化和吸收。侯贤清等（2012）研究表明，与传统耕作相比，深松、免耕处理能够减少对土壤表层的扰动，增加土壤表层全氮含量。有研究指出：美式覆盖免耕对 0~7.5 cm土层的土壤性状影响更明显，免耕 0~5 cm 土层中全氮含量高于对照（Chen et al，2009）。本文研究表明，未深松下，免耕处理表层（0~10 cm）土壤全氮含量最高，较对照垄作未深松土壤全氮含量增加 3.80%。深松后，垄作和平作处理土壤全氮含量较未深松有所增加，分别增加 1.46%、1.67%。10~20 cm、20~30 cm 土层，土壤全氮随土层增加而降低。深松后，垄作、平作和免耕处理两个土层土壤全氮均较对照垄作未深松分别增加 0.73%~1.97%和 3.15%~5.35%，这与前人研究不同。分析可能由于深松处理打破犁底层，改善了土壤结构，增加土壤通透性，促进上下土层间物质的交换，利于提高深层土壤全氮含量（王靖等，2009）。

土壤速效养分是指植物可以直接吸收并利用的养分。孙海国等（1996）研究表明，不同耕作方式下，以免耕下表层土壤碱解氮含量最高，翻耕次之，深松最低。本试验结果表明：未深松下，免耕处理0~10 cm土层土壤碱解氮含量显著高于其他处理。深松后，各耕作处理土壤碱解氮含量略有下降，降幅为0.68%~6.71%，这与孙海国（1996）研究相同。分析认为免耕耕作对土壤不扰动或扰动较少，可以把肥料与残茬在土壤表层混拌，使养分在表层富集。深松后，3种耕作处理10~30 cm土层土壤碱解氮含量均较未深松增加，表现为平作＞垄作＞免耕。这与张玉玲等（2009）研究一致，适宜深松耕作能够降低土壤容重，改善土壤结构，提高土壤的通透性，并促进土壤有机氮矿化分解，同时利于增加土壤速效氮数量。

保护性耕作能够提高0~20 cm土层的土壤速效磷和速效钾含量（方日尧等，2003）。免耕能够提高表层土壤速效磷含量，进而导致磷元素在土壤中分层分布（秦红灵等，2007）。白大鹏等（1997）研究指出，0~5 cm土层，免耕处理土壤速效磷含量较翻耕下降，且主要集中在5~15 cm土层。目前关于免耕与深松对土壤速效含量变化的影响结论不一。本研究表明：不同耕作处理中，免耕处理0~10 cm土层土壤速效磷含量最高。分析可能由于免耕处理利于土壤中的磷向土壤表层聚集。深松后，各处理0~10 cm土层土壤速效磷含量均下降，其中免耕处理下降明显，降幅为8.49%~18.59%。深松后，各处理10~30 cm土层土壤速效磷含量明显增加，表现为平作＞垄作＞免耕，这与白大鹏等（1997）研究结果相似。分析可能由于深松处理可以打破犁底层，利于作物对下层土壤养分的吸收并能够提高深层土壤速效磷有效性。有研究表明，免耕处理下，土壤速效钾能明显提高，同时由于有机质对土壤钾元素具有吸附作用（王育红等，2009）。本研究表明，免耕处理0~10 cm土层土壤速效钾含量最高，显著高于对照垄作未深松处理。深松后，免耕、平作和垄作处理0~10 cm土层土壤速效钾含量较未深松相比下降，以免耕处理下降明显，降幅为6.21%，这与张玉玲（2009）研究不同。分析可能由于深松能够打破犁底层，利于地上部水分快速下渗，进而导致土壤表层养分被带动下渗，使养分在耕层中分布均匀。免耕、平作和垄作处理深松后10~20 cm土层土壤平均速效钾含量明显增加，垄作深松和平作深松处理增量最大，增幅分别为6.65%、7.07%。深松后垄作、平作和免耕处理较未深松各处理20~30 cm土层平均土壤速效钾含量分别增加6.53%、7.71%、6.86%。分析认为深松可以增加土壤的通透性，创造了良好的水分条件，促进了土壤缓效态钾的释放，并利于有机物的矿化并释放钾素营养。

二、耕作方式对土壤物理性状的影响

土壤水分是作物生长发育重要的限制因素，不同耕作方式对土壤水分含量具有较大影响。余海英等（2011）等研究表明，免耕具有显著的水土保持能力，但对土壤含水量影响的程度会因地区、年份及季节降水量的不同而有所差异。Droan et al.（1998）研究结果显示，免耕地表层（0~7.6 cm）土壤含水量比传统耕作高9.7%，而7.6~15.2 cm土层的增幅为6.9%。孟庆秋等（2000）研究指出，深松处理较传统耕作能使0~20 cm土层含水率提高11.2%，0~50 cm土层含水率提高10.9%。本研究表明，未深松下，土壤表层（0~10 cm）含水量表现为免耕＞平作＞垄作处理，其中拔节期，免耕处理较垄作和平作处理土壤含水量增高，分别增加 23.02%、22.91%，且差异显著。分析可能由于进入拔节期以后，气温升高，降水减少，垄作和平作处理土壤扰动大，土壤蒸发能力强，土壤含水量下降明显。丁昆仑等（1997）研究指出，深松耕作能够显著增强土壤接纳降水的能力，并使土壤水库扩大。深松将会导致 0~20 cm 土层土壤含水量降低，但能显著提高 21~60 cm 土层土壤含水量。本文研究结果表明，深松后，垄作、平作处理表层（0~10 cm）含水量较未深松处理增高，分别提高 2.65%、2.21%。这与丁昆仑（1997）的研究不同，分析可能由于深松耕作对土壤表层的扰动较常规耕作较小，土壤水分蒸发相对较少。10~20 cm、20~30 cm 土层，不同耕作处理土壤含水量均随土层增加而增加。未深松下，土壤平均含水量均表现为免耕＞垄作＞平作处理。不同处理间平均土壤含水量表现为深松后各处理较未深松处理有所增加。两个土层增幅分别为 4.98%~9.32%和 0.98%~3.67%。分析可能由于深松能够打破犁底层，增加土壤通透性，利于深层土壤容纳更多的水分。王育红等（2008）研究表明，免耕、深松较传统耕作能够使土壤含水量和接纳降水能力均明显提高，免耕和深松处理较传统耕作降水储蓄率高 13.33%和 5.4%。韩仕峰等（1990）研究表明，深松处理 0~200 cm 土壤贮水量分别较免耕、传统翻耕高 8.23 mm、1.61 mm。本研究表明，未深松下，免耕处理 0~10 cm 土层土壤蓄水量最高，与对照垄作相比增加 18.47%。深松后，垄作、平作处理土壤蓄水量较未深松分别增加 1.48%、2.02%。分析可能由于免耕和深松处理对土壤扰动小，降低土壤水分蒸发量。张志国等（1998）研究表明，不同耕作方式对 0~40 cm 耕层剖面土层贮水量的影响明显。本研究表明，10~20 cm、20~30 cm 土层，土壤蓄水量随土壤深度增加而增加。深松后，垄作、平作和免耕处理土壤蓄水量均较对照垄作未深松分别增加 5.61%~9.71%和 2.80%~8.61%。杜兵等（2000）研究表明，冬小麦免耕、深松的水分利用效率较传统耕作提高，其中深松的平均水分利用效率 14.25 kg/（hm^2 · mm），深松较免耕处理水分利用效率略高。本研究表明，深松后 3 种耕作方式，作物水分利用效率较对照垄作处理分别增加 3.41%、5.75%、1.73%，分析可能由于深松能够使土壤疏松，增加耕层深度，降低土壤容重，打破犁底层，增强土壤蓄水保水能力，利于作物对深层土壤水分吸收，并提高水分利用效率。

土壤容重与土壤孔隙度是反映土壤紧实度的一项重要土壤物理指标。梁金凤等（2010）研究表明，深松耕作能够降低表层土壤（0~25 cm）容重，且较 25~45 cm 土层土壤容重降低明显。秦红灵等（2008）研究表明，深松可以提高土壤含水量，增加土壤通气性、透水性、土壤蓄水保水能力，减少降雨径流，利于扩大土壤水库容。深松条件下，蓄水保墒的能力与土壤容重的减少关系密切。本研究结果表明，未深松下，免耕处理较垄作和平作处理 0~10 cm 土层土壤容重分别增加 5.18%、4.44%。孔晓明研究指出，深松耕作 0~35 cm 土壤容重和紧实度，较常规旋耕和免耕均有所下降，其中以 16~25 cm 土层降幅最为明显。本研究结果与之相似，深松后，垄作、平作和免耕处理 0~30 cm 土层土壤容重较对照垄作处理均下降，降幅分别为 0.77%~3.70%、2.02%~2.70%、2.75%~3.44%。分析认为由于深松可以打破犁底层，改善土壤结构，增加土壤通透性，有利于土壤容重的下降。吕巨智等（2014）研究表明，土壤容重与土壤孔隙度呈线性负相关关系，土壤进行深松，在一定程度上减小了容重，增加了土壤孔隙度，改善了土壤结构。本文研究表明，未深松下，0~10 cm 土层平均土壤孔隙度表现为垄作>平作>免耕处理。深松后，垄作、平作和免耕土壤孔隙度较未深松分别增加0.71%、3.84%、0.96%。10~20 cm、20~30 cm 土层土壤孔隙度随土层增加而降低。深松后，垄作、平作和免耕处理土壤孔隙度较对照分别增加 2.78%、3.56%、3.08%和2.91%、3.67%、2.21%。分析可能由于深松能够打破犁底层，降低土壤容重，利于根系下扎，进而提高深层土壤孔隙度。

三、耕作方式对土壤酶活性及 pH 值的影响

土壤碳、氮、磷循环中，蔗糖酶、脲酶和磷酸酶发挥重要作用。土壤过氧化氢酶是指能够直接参与土壤中物质和能量转化，并由土壤中的细菌、真菌和植物的根部分泌的一种酶。研究表明，合理的耕作方式有利于土壤生物化学反应进行，能够增强土壤酶活性。董立国等（2010）研究指出，深松（耕）和秸秆还田后，土壤中蔗糖酶、脲酶和碱性磷酸酶活性明显提高，合理的土壤结构和丰富的有机质满足了微生物生长繁殖所需的环境和营养条件，从而促进了微生物数量的增加，甚至形成新的微生物区系，土壤酶活性也相应增加。李洪文等（1997）研究表明，少耕与免耕条件下，利于土壤表层磷酸酶活性的增加。免耕土壤耕层变浅，使植物根系在 0~10 cm 耕作层分布较多，进而促进耕作层有机质的积累。孙建等（2009）研究也表明，保护性耕作下土壤碱性磷酸酶、蔗糖酶、过氧化氢酶活性和脲酶活性均高于传统耕翻。刘秀梅等（2006）研究表明，潮棕壤农田土壤蔗糖酶和脲酶活性随玉米生育期的进行呈先升高后降低的趋势。但不同耕作方式下不同土层深度最高峰出现时间不同（徐凌飞等，2010）。土壤有机质也是土壤酶促底物的主要供源，可以增加土壤蔗糖酶、脲酶活性。本文研究结果表明，未深松下，4 种土壤酶 0~20 cm 土层平均酶活性均表现为免耕>平作>垄作。分析可能由于免耕处理较垄作和平作处理能够显著提高土壤水分，增加土壤有机质含量所致。与对照相比，深松条件下，垄作、平作和免耕处理平均土壤过氧化氢酶活性分别增加3.19%、4.05%、2.51%。土壤碱性磷酸酶活性分别增加 10.58%、8.24%、7.37%。这与前人研究不同，分析可能由于半干旱区土壤酶活性受土壤水分条件影响，而深松下农田的水分条件要优于其他处理，进而导致酶活性升高。深松后，垄作、平作和免耕土壤蔗糖酶活性较对照分别增加 12.97%、14.36%、13.27%。其中发现不同耕作处理中，土壤蔗糖酶在拔节期和灌浆期活性较高。分析可能由于这两个时期植株根系分泌物和脱落物增加，引起酶活性略微提高。深松后，垄作、平作和免耕处理土壤脲酶活性较对照垄作未深松增加，分别增加 17.79%、21.42%、15.38%。其中拔节期，不同耕作处理下土壤脲酶活性有所下降。这与刘秀梅（2006）研究结果不同，分析可能由于拔节期降水量减少，土壤含水量相对较低，导致土壤中酶反应底物缺乏，活性下降，具体原因有待进一步研究。

张俊丽等（2012）研究表明，深松较传统旋耕有利于降低 0~20 cm 土层土壤 pH 值。本研究结果表明，0~10 cm 土层，深松后，垄作、平作和免耕处理土壤 pH 值较对照降低，降幅为 0.79%~2.01%。10~20 cm、20~30 cm 土层，深松后垄作、平作和免

耕处理土壤 pH 值均较对照降低。分别下降 1.67%、0.71%、0.35%和 1.51%、1.63%、1.39%。其中灌浆期，0~30 cm 土层土壤 pH 值较苗期明显增加，且各处理均达最大值。分析可能由于在吐丝期降雨明显增加，但随着降水量的逐渐降低，温度不断升高，导致生育后期土壤蒸发量大，可能会带出一部分的盐离子从而增大耕层土壤的 pH 值，具体机理还需进一步研究。

四、耕作方式对玉米生长发育及产量的影响

叶片是玉米的主要器官，其叶面积大小及光合作用强弱对玉米的生长发育和产量有着重要影响。大量研究表明，玉米整个生育期叶面积指数表现单峰曲线变化。深松能够促进根系向下生长，导致深层根系增加，并提高叶面积和干重。付占国等（2005a）研究表明深松处理下干物质积累量显著高于免耕。刘艳昆等（2014）研究表明，深松处理有利于促进玉米根系生长，进而促进植株生长，增加株高。本研究结果表明，不同耕作处理下玉米叶面积指数均呈单峰曲线变化，深松后，垄作、平作和免耕处理叶面积指数、光合势和穗位叶叶绿素含量较对照增加，增幅分别为 8.09%~15.2%、4.61%~9.16%和 5.85%~10.83%。分析可能由于深松打破犁底层，利于根系下扎吸收养分，延缓叶片早衰，提高光合能力。深松后，垄作、平作和免耕处理玉米平均株高和干物质积累量较对照增高，分别增加 1.54%、1.95%、0.72%和 6.61%、8.10%、3.86%。有研究表明，花后干物质积累与分配将会对作物产量有重要影响（田立双等，2014）。本研究结果表明，深松后，垄作、平作和免耕处理较对照处理更有利于提高花后同化物对玉米籽粒的贡献率和收获指数。养分在作物体内的累积、运输及分配是农作物养分利用的重要过程，也是决定作物产量的关键因子。有研究表明，随着土壤容重增大，导致土壤含水量和气体含量降低，作物根系发育受限，进而影响作物对养分的吸收和积累。本文研究与之相同，深松后，垄作、平作和免耕处理成熟期植株中 N、P、K 吸收量较对照垄作未深松均有所增加。

耕作方式是影响土壤特性的最主要的人为因素，适宜的耕作方式为作物的高产稳产提供了良好的养分条件。黄玉鸾等（1991）研究表明，灭茬免耕能够增加单位面积穗数和提高穗粒重，深松处理能够提高作物千粒重，进而提高作物产量。在旱区，免耕处理能够增加作物水分利用率，利于千粒重增加，进而促进作物增产效果明显。深松处理下，冬小麦增产能力较免耕处理明显（王建政等，2003）。庄恒扬等（1999）研究表明，免耕处理下冬小麦产量较传统翻耕减产明显。本试验表明，未深松下，玉米平均产量为：平作＞垄作＞免耕，且处理间差异不显著。分析可能由于平作能够减少前期土壤水分散失，后期中耕起垄利于截留雨水，增加土壤蓄水量。深松后，各处理玉米平均产量明显增加，其中以平作深松产量最高，较垄作深松、免耕深松分别增加 3.34%、4.45%。但处理间无显著差异。与对照垄作相比，平作深松玉米产量增加 6.55%。分析可能由于采用平作播种，利于前期维持地温，减少春季土壤水分蒸发，再结合深松能够打破犁底层，加深耕层，利于玉米根系下扎，提高水分与养分的利用率，从而增加作物产量。深松后，各处理穗粒数明显增加，其中平作处理增量最大，增幅为 9.07%。深松处理下 3 种耕作处理玉米百粒重明显高于未深松下 3 种种植处理，各处理间差异不显

著。可能由于深松打破犁底层，利于根系的生长，提高作物对水肥的利用效率，导致产量有所增加。我们发现深松后玉米产量构成因素增加明显，而产量反而增加不明显。分析由于在生育期间降雨较多、供水相对充足时，导致深松增产作用不明显，鉴于不同的土壤性质、气候特点以及耕作方式对作物产量影响不同。耕作方式对土壤养分和作物产量的影响规律与实施年限有关，还需要进一步增加耕作方式试验的实施年限。

第四节　结论

一、耕作方式能够明显影响土壤理化性状

免耕处理能够保持 0~10 cm 土层土壤含水量及土壤蓄水量，但同时会增加土壤容重。垄作深松、平作深松和免耕深松处理有利于降低 0~20 cm 土层土壤的容重，并能够增加土壤孔隙度，土壤含水量和土壤蓄水量。免耕处理有利于促进 0~10 cm 土层土壤有机质和全氮含量。垄作深松、平作深松处理更利于改善 10~20 cm 土层土壤有机质和全氮含量。

免耕处理能够显著提高 0~10 cm 土壤速效 N、P、K 含量，而平作深松和垄作深松处理对于 10~30 cm 土层土壤养分含量促进效果较明显。并且有利于提高耕层土壤相关酶活性及能够降低 0~30 cm 土层土壤 pH 值。

二、耕作方式影响玉米的生长发育及产量

垄作深松、平作深松和免耕深松处理能够明显增加玉米叶面积指数、光合势的同时，穗位叶叶绿素含量以平作深松处理增量最大，进而提高光合性能，此外，玉米的植株干物质转运量、玉米水分利用率、株高、成熟期植株养分吸收量也明显得到提高。

垄作深松、平作深松和免耕深松处理玉米产量明显提高，其中平作深松处理玉米产量最大（10 725.66 kg/hm^2），比对照垄作增产 9.80%。在 6 种耕作处理中，免耕处理产量最低 9 354.61 kg/hm^2），较垄作深松和平作深松处理分别减产 7.33%、12.78%。平作深松产量优势得益于穗数和穗粒数，平作深松处理穗粒数增量最大，较对照处理增加 9.07%。研究结果表明，在本试验条件下，平作深松处理能够促进 0~30 cm 土层的土壤有机质，全氮，速效养分增加，并增加土壤含水量，孔隙度及耕层土壤相关酶活性。此外有利于叶面积指数，干物质积累量，干物质转运能力均表现突出且增产效应最佳，为目前松嫩平原半干旱区玉米生产上较适宜的耕作方式。

第三章　不同施肥量及施肥次数对玉米生长和产量的影响

第一节　材料与方法

一、试验地概况

试验在黑龙江八一农垦大学试验实习基地（大庆，46°37′15″N，125°11′56″E）进行，该试验区域地处北温带大陆性季风气候区，年平均气温 4.2 ℃，最冷月平均气温 -18.5 ℃，极端最低气温 -39.2 ℃，最热月平均气温 23.3 ℃，极端最高气温 39.8 ℃，年均无霜期 143 d；年均风速 3.8 m/s，年大于 6 级风日数为 30 d；多年平均降水量为 440 mm，年平均蒸发量 1 600 mm，年干燥度为 1.2，大陆度为 78.9。试验地土壤为碱化草甸土，0~20 cm 耕层土壤基础肥力为：有机质 25.96 g/kg，全氮 1.73 g/kg，碱解氮 157.38 mg/kg，速效磷 19.31 mg/kg，速效钾 143.81 mg/kg，pH 值 8.20。

二、试验设计

供试玉米品种为‘郑单 958’，基于 110 cm 大垄垄上双行膜下滴灌栽培模式，垄间行距 70 cm，垄上行距 40 cm。采用两因素裂区试验设计，主区为氮肥追施次数处理，副区为氮肥追施数量处理。氮肥追施次数分别设置 2 次（T2，30%+60%叶龄指数时期）、3 次（T3，30%+60%+100%叶龄指数时期）、5 次（T5，30%+45%+60%+100%叶龄指数时期+吐丝后 15 d）等比例施肥；氮肥追施数量包括 30 kg/hm^2（N30）、60 kg/hm^2（N60）、90 kg/hm^2（N90）、120 kg/hm^2（N120）和 150 kg/hm^2（N150），共 5 个追氮水平，以传统 1 次追施氮肥（CK1）和完全不施肥（CK2）为对照处理，总计 17 个处理，具体如表 3-1 所示，共 51 个小区，处理均设 3 次重复。所有施肥处理均施底肥 N 60 kg/hm^2、P_2O_5 90 kg/hm^2 和 K_2O 120 kg/hm^2。每个小区设置 4 垄，垄长 10 m，小区面积 44 m^2。供试肥料包括尿素（N≥46%）、磷酸二铵（N≥18%；P_2O_5≥46%）和硫酸钾（K_2O≥50%）。5 月 10 日人工精量点播，种植密度 7.5 万株/hm^2，播种后及时镇压，并铺设滴灌带和地膜，地膜宽度 80 cm，滴灌带口径 16 mm，分别于叶龄指数 30%、45%、60%、100%和吐丝后 15 d 时期共计进行 5 次灌水，且保证各小区灌水一致，合计灌水量 265 m^3/hm^2，滴灌水量由水表和球阀控制，于 10 月 10 日收获测产。

表 3-1　试验处理组合

编号	处理	追施氮肥次数和数量	氮肥追施量（kg/hm^2）
1	T2N30	2 次：30%+60%叶龄指数	30
2	T2N60	2 次：30%+60%叶龄指数	60
3	T2N90	2 次：30%+60%叶龄指数	90
4	T2N120	2 次：30%+60%叶龄指数	120
5	T2N150	2 次：30%+60%叶龄指数	150
6	T3N30	3 次：30%+60%+100%叶龄指数	30
7	T3N60	3 次：30%+60%+100%叶龄指数	60
8	T3N90	3 次：30%+60%+100%叶龄指数	90
9	T3N120	3 次：30%+60%+100%叶龄指数	120
10	T3N150	3 次：30%+60%+100%叶龄指数	150
11	T5N30	5 次：30%+45%+60%+100%+吐丝后 15 d	30
12	T5N60	5 次：30%+45%+60%+100%+吐丝后 15 d	60
13	T5N90	5 次：30%+45%+60%+100%+吐丝后 15 d	90
14	T5N120	5 次：30%+45%+60%+100%+吐丝后 15 d0	120
15	T5N150	5 次：30%+45%+60%+100%+吐丝后 15 d0	150
16	CK1	传统 1 次追施氮肥	210
17	CK2	完全不施肥	—

三、测定项目及方法

（一）样品的采集与处理

1. 植株样品的采集

在各小区沿滴灌带方向随机选取 3 个样点，选择长势良好并且具代表性的 9 株玉米植株挂牌标记，从拔节期开始，每隔 15 d 进行分次测定植株叶面积，并计算叶面积指数。其中 3 株按叶、茎、鞘、雄穗、雌穗等器官将植株分解，于 105 ℃杀青 30 min，80 ℃烘干至称重。

2. 土壤样品的采集

在玉米播种前采用“S”形取土方式采集试验地 0~20 cm 土壤样品，带回实验室采用四分法收集待测土样，自然风干，分别过 20 目和 60 目筛测定土壤基本养分情况。

（二）测定方法

1. 土壤项目肥力测定

参照《土壤农业化学分析方法》（鲁如坤，1999）进行土壤基础肥力的测定。

有机质：重铬酸钾容量法——外加热法。

土壤全氮：H_2SO_4 消煮后，使用 SKD-2000 全自动凯氏定氮仪测定。

碱解氮：1 mol/L NaOH 扩散皿法。

速效磷：0.5 mol/L $NaHCO_3$ 浸提，钼锑抗比色法。

速效钾：1 mol/L NH_4OAC 浸提，火焰分光光度计法。

2. 株高和茎粗的测定

各处理分别在各采样测量时期选择 9 个长势相近的植株取样测量植株的株高和茎粗，茎粗采用游标卡尺测量，以第三节中部最大测量值为准。

3. 叶面积指数的测定

各小区沿垄随机选择 3 个预定观测点，要求所观测的玉米植株观测期长势相同、良好且具有代表性，在所观测植株上进行挂牌标记，生育期内在拔节期以及拔节后每隔 15 d 进行一次采样测定。

$$叶面积=叶长 \times 叶宽 \times 0.75$$

$$叶面积指数（LAI）=单株叶面积 \times 单位土地面积内株数/单位土地面积$$

$$光合势（LAD）=（LA_2-LA_1）/（t_2-t_1）$$

式中，LA_1、LA_2 分别表示 t_1、t_2 时单位土地面积上的叶面积叶片光合参数的测定。

分别在拔节期、大喇叭口期、吐丝后 5 d、吐丝后 20 d、吐丝后 40 d 和完熟期，利用 Li-6400 便携式光合作用测定系统（Li-Cor，USA），设定人工光源光强为 800 μmol/(m^2 · s)，晴天于 9:30—12:00 统一在各小区的中间条带，选取 3 株生育进程一致、光照均匀的健康植株穗位叶，循环测定光合速率（*Pn*）。

（三）氮素含量测定

采用 $H_2O_2-H_2SO_4$ 湿灰化法消煮后，使用凯氏定氮仪（KjelFlex K-360，BÜCHI）测定植株不同器官的全氮含量。

（四）籽粒品质测定

1. 籽粒可溶性糖含量测定

采用 80%乙醇离心法，将籽粒在 105 ℃烘箱中烘干 30 min，然后将温度调整至 80 ℃后过夜。将称取的 50 mg 样品倒入离心管中（离心管要求均为 10 mL）后加入 4 mL 80%乙醇，放入 80 ℃水浴中不断搅拌 40 min 离心后收集上清液，反复提取 2 次，并且合并所有提取的上清液，在所得到的上清液中加入 10 mg 活性炭，80 ℃脱色 30 min 后，定容至 10 mL，过滤后取其滤液测定。吸取提取液 1 mL 加入蒽酮试剂 5 mL，在沸水浴中水浴 10 min，取出后放置一段时间，然后在 625 nm 处测定 OD 值。

2. 淀粉含量测定

采用硫酸—蒽酮法测定成熟期玉米籽粒的淀粉含量。

3. 蛋白质含量测定

采用半微量凯氏定氮仪测定成熟期玉米籽粒的粗蛋白含量，换算系数为 6.25。

（五）产量测定

于成熟期收获，在各个小区的中间两行收获全部果穗，得到该测点玉米穗数后称重，以含水量14%进行折算产量，并随机选取10穗用于进行考种。

四、数据处理

花前营养器官干物质转运量（DMT）= 开花期营养器官干重-成熟期营养器官干重

花前营养体干物质转运率（DMTE）（%）=（花前营养器官干物质转运量/开花期营养器官干重）×100

花后同化物输入籽粒量（CAA）= 成熟期籽粒干重-开花前营养器官干物质转运量

花后同化物对籽粒的贡献率（CPAG）（%）= 干物质的转运量/成熟期籽粒的干重×100

氮肥利用效率（NUE）（%）=（施氮肥区植株地上部氮素积累量-不施氮肥区植株地上部氮素积累量）/施氮肥量×100

氮肥农学利用率（ANUE）=（施氮肥区产量-不施氮肥区产量）/施氮肥量

氮肥偏生产力（PEPN）=（籽粒产量/施氮量）

氮素吸收量（ANA）= 氮素总积累量/产量×1 000

采用 Microsoft Excel 2003 和 SPSS 19.0 进行试验数据整理与统计分析。

第二节　结果与分析

一、不同追氮次数及追氮量对玉米产量及其构成因素的影响

（一）不同追氮次数及追氮量对玉米产量的影响

从图3-1可以看出，各追施氮肥次数条件下，随着追施氮肥数量的增加（N30～N120），玉米籽粒产量逐渐增加，而过多增加追氮量（N150），玉米籽粒产量变化不明显或有所下降，如T5条件下氮肥追施量达到150 kg/hm^2 时增产效果相对于

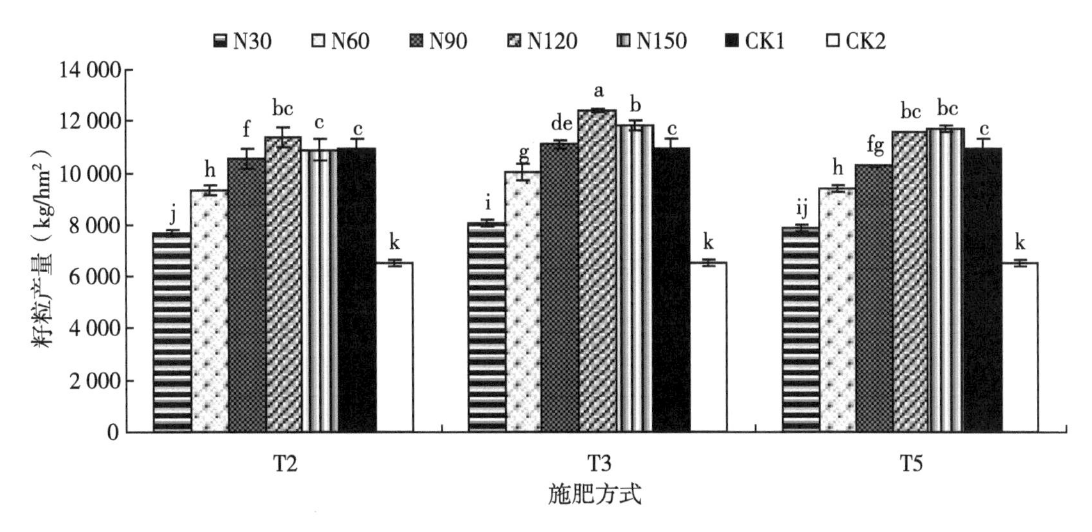

图3-1　不同追氮次数及追氮量对玉米籽粒产量的影响

120 kg/hm^{2}施氮量处理并不显著，T2 和 T5 处理氮肥追肥量达到 150 kg/hm^2 时产量分别下降 4.33% 和 5.10%。整体看，以 T3N120 处理籽粒产量最高，达到 12 405.29 kg/hm^2，其次为 T3N150 处理，达到 11 825.07 kg/hm^2，分别显著（$P<0.05$）高于 CK1 处理 1 459.32 kg/hm^{2}和 748.66 kg/hm^2。T2N120 处理相对于同一施肥次数下的其他施氮量处理高 7.89%~48.96%。T3N120 处理相对于同一施肥次数下的其他施氮量处理高 11.63%~53.49%。T5N120 和 T2N30150 之间差异不显著，高于 T5N30、T5N60 和 T5N90 处理 12.39%~46.89%，各追肥次数以及追氮量处理均显著高于 CK2。因此，氮肥追施次数及施用量对玉米产量影响显著。

（二）不同追氮次数及追氮量对玉米产量构成因素的影响

从表 3-2 可以看出，随着施氮量的增加，各追施氮肥次数处理玉米籽粒百粒重均随着施氮量的增加而显著增加，T2N120、T3N120 和 T3N150 处理籽粒百粒重达到 41.02 g、42.87 g 和 40.56 g，分别显著（$P<0.05$）高于 CK1 处理 1.71 g、3.47 g 和 1.25 g，各处理均显著高于 CK2 处理；各处理穗长也呈现出随着施氮量的增加而增加的趋势，除 T5N30 外，各追氮次数和数量处理穗长高于 CK1 处理 0.49%~11.47%，且均达显著水平（$P<0.05$），T3N120 处理玉米穗长达到 18.17 cm，显著高于 T3 条件下其他施氮量处理 1.40%~6.07%，分别显著高于 T2 和 T5 条件下的各施氮量处理 3.65%~5.58%和 2.89%~10.93%；穗行数和行粒数方面，T2 和 T3 条件下 N90、N120 和 N150 处理，以及 T5 条件下 N120 和 N150 处理的穗行数也明显多于 CK1 处理；而相比于 CK1，T3 条件下 N90、N120 和 N150 处理的行粒数分别增加了 5.89%、7.62% 和 6.69%。

表 3-2　不同追氮次数及追氮量下的玉米产量及其构成因素

处理		百粒重（g）	穗长（cm）	穗行数	行粒数
T2	N30	36.84 f	17.21 efg	15.33 def	30.47 e
	N60	38.66 de	17.20 efg	15.20 f	32.27 d
	N90	39.22 cd	17.30 defg	15.60 bcde	32.33 d
	N120	41.02 b	17.39 cdef	15.80 ab	33.27 bcd
	N150	40.35 bc	17.53 cde	15.60 bcde	32.77 cd
T3	N30	38.45 de	17.13 fg	15.27 ef	30.40 e
	N60	40.56 bc	17.62 bcd	15.40 cdef	33.60 abcd
	N90	40.40 bc	17.74 bc	15.67 bcd	34.17 abc
	N120	42.78 a	18.17 a	16.10 a	34.73 a
	N150	41.86 ab	17.92 ab	15.93 ab	34.43 ab

（续表）

处理		百粒重（g）	穗长（cm）	穗行数	行粒数
T5	N30	37.30 ef	16.38 h	15.27 ef	32.93 cd
	N60	37.52 ef	16.92 g	15.40 cdef	32.93 cd
	N90	38.20 def	17.23 efg	15.40 cdef	33.40 abcd
	N120	38.71 de	17.47 cdef	15.73 abc	33.53 abcd
	N150	40.56 bc	17.66 bcd	15.67 bcd	33.97 abc
CK	CK1	39.31 cd	16.30 h	15.07 f	32.27 d
	CK2	33.24 g	14.59 i	14.40 g	26.00 f

注：表中同列不同字母表示差异在5%显著水平。

二、不同追氮次数及追氮量对玉米干物质积累与分配的影响

（一）不同追氮次数及追氮量对玉米干物质积累的影响

由图3-2可以看出，不同处理条件下0~45DAJS时期玉米植株干物质快速积累，至60DAJS时期干物质积累趋于稳定，T3N120处理的干物质产量达到最大值407.12 g/株，显著高于CK1处理24.62%，同一时期T3N30、T3N60、T3N90、T3N120、T3N150显著高于CK1处理5%~25%。0~30DAJS时期，T2的各施氮量处理干物质积累量在时期内积累速度较快，平均积累量为128.52 g/株，以N150处理最高（132.95 g/株），T3和T5的干物质积累量平均值分别为69.21 g/株和63.86 g/株。随着生育期的推进，在45~60DAJS时期T2处理下干物质积累速度相对较慢，各施肥量处理平均积累量为

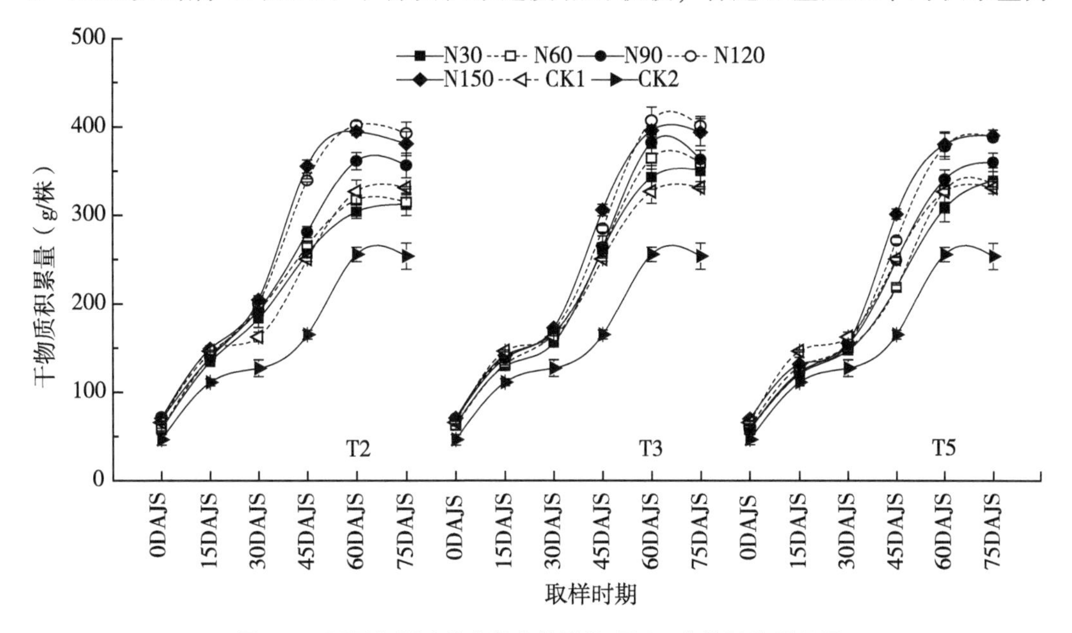

图3-2　不同氮肥追施次数和数量处理下玉米的干物质积累

56.20 g/株，T3 和 T5 各施肥量处理积累速度加快，达到 103.6 g/株和 95.19 g/株，以 N120 处理最高，显著高于其他处理。

（二）不同追氮次数及追氮量下玉米花前及花后期干物质分配

通过表 3-3 可以看出，花前 T2 处理下的干物质积累明显高于 T3 和 T5 处理；而花后 T3 和 T5 处理群体生物量迅速增加，且表现出 T5N150 最多，T5N120、T3N120 和 T3N150 其次，T2N30 最少，同一施肥量下 T3N120 和 T5N120 分别比 T2N120 高 20%和 21%，且差异达到显著水平；整个生育期之间干物质积累量也存在显著差异，T2、T3 和 T5 各施肥量处理全生育期干物质积累量平均数总体表现为 T3＞T5＞T2（28.02 t/hm^2＞27.20 t/hm^2＞26.35 t/hm^2）。花后干物质与花前干物质比例方面，T5N120 和 T5N150 处理花后干物质与花前干物质比例分别为 1.50 和 1.51，其次是 T3N120 处理花后干物质与花前干物质比例达到 1.36。T5N120 和 T5N150 之间差异不显著，T5N120 分别显著高于 T2N120 和 T3N120 处理 56.12%和 10.06%。CK1 处理的 DMT 和 DMTE 均显著高于其他处理，同一追氮量下不同追肥次数处理 DMT 和 DMTE 总体表现为 T2＞T3＞T5，而 CAA 和 CPAG 方面，T2N150、T3N120 和 T5N120 的 CAA 分别达到 11 641.42 kg/hm^2、12 569.13 kg/hm^{2}和 12 434.75 kg/hm^2，均显著高于传统施肥 CK1 处理；T2、T3 和 T5 在同一追氮量水平上的 CPAG 均表现为 T3＞T5＞T2＞CK1。

表 3-3　不同追肥次数及追氮量下玉米花前及花后期干物质分配

处理		花前（t/hm^2）	花后（t/hm^2）	花后干物质与花前干物质比例	花前营养体干物质转运量	花前营养体干物质转运率（%）	花后同化物输入籽粒量（kg/hm^2）	花后同化物对籽粒的贡献率 CPAG（%）
T2	N30	13.73 c	9.70 g	0.71 fg	2 091.72 i	17.41 fg	9 924.03 fg	81.67 c
	N60	14.40 b	9.19 g	0.64 g	2 249.35 gh	18.15 f	10 145.15 fg	79.92 d
	N90	14.49 b	12.25 f	0.85 ef	3 205.92 d	23.36 d	9 808.58 g	75.37 ef
	N120	15.01 ab	14.44 cdef	0.96 de	3 594.36 ab	22.70 d	10 011.14 fg	73.58 f
	N150	15.33 a	13.23 def	0.87 def	3 628.58 ab	27.29 c	11 641.42 d	76.24 e
T3	N30	11.67 fg	14.63 cde	1.25 b	2 037.3 ij	15.16 i	10 817.19 de	84.15 a
	N60	12.39 de	14.54 cde	1.17 cde	2 204.33 gh	16.73 gh	11 552.92 bc	83.98 a
	N90	12.49 de	14.75 cde	1.18 bc	2 219.25 gh	16.01 hi	11 164.75 d	83.42 b
	N120	12.72 de	17.35 ab	1.36 ab	2 733.37 f	17.61 fg	12 569.13 a	82.14 bc
	N150	12.93 de	16.62 abc	1.29 b	3 125.25 de	22.09 de	11 898.75 b	81.70 c
T5	N30	11.05 g	14.38 cdef	1.30 b	1 974.75 ij	14.54 j	9 878.25 g	83.34 b
	N60	11.26 g	13.89 def	1.23 b	2 083.19 j	15.45 i	10 705.81 de	83.71 a
	N90	11.58 g	15.42 bcd	1.33 ab	2 325.75 g	17.38 fgh	11 287.25 d	82.92 b
	N120	11.65 fg	17.49 ab	1.50 a	2 805.75 f	20.20 e	12 434.75 a	81.59 c
	N150	11.65 fg	17.61 a	1.51 a	2 825.25 f	19.48 ef	11 940.01 b	80.87 cd
CK	CK1	12.17 ef	12.65 ef	1.04 cd	3 776.33 a	35.83 a	8 782.17 h	69.93 g
	CK2	9.53 h	9.50 g	1.00 cde	3 394.53 c	30.80 b	4 519.72 i	57.11 h

注：表中同列不同字母表示差异在 5%显著水平。

三、不同追氮次数及追氮量对玉米生育期叶面积指数的影响

由图 3-3 可知，不同处理下玉米群体 LAI 均呈单峰曲线动态变化，均在灌浆初期（45DAJS）出现峰值。在不同追氮次数条件下，随着追氮数量的增加，LAI 呈现先增加

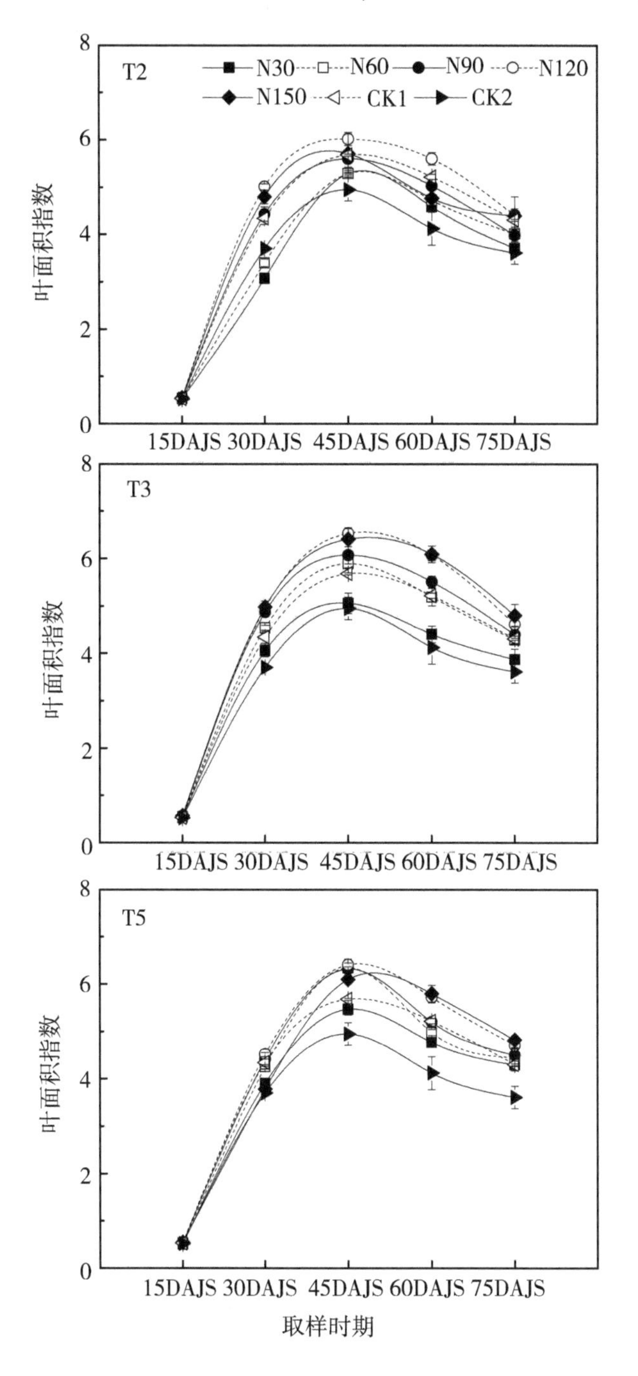

图 3-3　不同追氮次数及追氮量处理下的玉米叶面积指数动态

后稳定或略微下降的趋势。15DAJS 时期，T2N120、T2N150、T3N120 和 T3N150 的 LAI 分别显著高于 CK1 处理（$P<0.05$）0. 03、0. 04、0. 02 和 0. 02，而其他处理与 CK1 差异不明显。

随着生育进程的推进，T2 条件下只有 N120 处理的 LAI 持续（15～60DAJS）高于 CK1。T3 条件下，30DAJS 时期 N60～N150 显著（$P<0.05$）高于 CK1 处理 3. 77%～7. 55%，45DAJS 和 60DAJS 时期 T3N60～T3N150 显著高于 CK1 处理 3. 70%～14. 96%和 0. 13%～16. 67%，其中 T3N120 和 T3N150 处理的全生育期 LAI 均明显（$P<0.05$）高于 CK1。而 T5 条件下，N120～N150 仅在 30～75DAJS 时期 LAI 占优势，在 15DAJS 时期与传统追肥方式差异不显著。

四、不同追氮次数及追氮量下的玉米生育期光合势

（一）不同追氮次数及追氮量下的玉米生育期光合势动态分析

如图 3-4 可以看出，不同处理间的玉米各生育时期光合势随着生育期的推进而不断增加，直到拔节后 45 d（即灌浆初期）后，45～60DAJS 这 15 d 内的光合势发生不同程度下降。在 15～30DAJS 这一时期内 CK1 处理的光合势显著高于 T2、T3 和 T5 的各个施氮量处理 1. 14%～24. 18%、1. 60%～24. 52%和 10. 92%～27. 72%，高于 CK2 处理 56. 86%。30～45DAJS 时期内，各个处理均达到生育期各阶段 LAD 最大值，T2N120 光合势达到 140. 84×10^4（m^2·d）/hm^2，显著高于其他施氮量处理 2. 25%～19. 70%，高于 T3 和 T5 各施氮量处理 6. 15%～17. 47%和 11. 49%～29. 14%，高于 CK1 和 CK2 处理

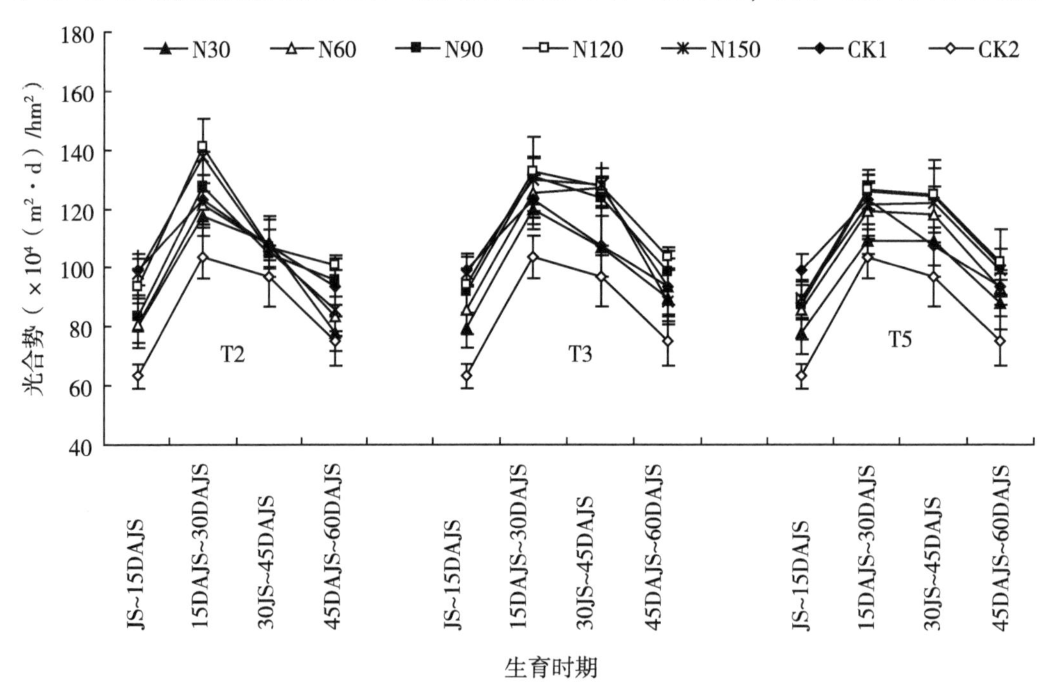

图 3-4　不同追氮次数及追氮量对玉米生育期 LAD 的影响

14. 30%和 35. 83%。45JS~60DAJS 时期内，T2 条件下各施氮量处理均发生不同程度下降，T3 处理和 T5 处理则仍保持较好的群体光合势。CK1 的群体光合势在生育前期优势较明显，而到生育后期，传统的施肥方式无法保证肥料供给充分，进而造成了后期光合势相对于分期施肥显著降低。

（二）不同追氮次数及追氮量下的玉米吐丝后 LAD 占全生育期 LAD 的百分比（%）

玉米吐丝后 LAD 占全生育期 LAD 的百分比是衡量作物光合能力的重要指标，由表 3-4 可以看出，不同追氮次数及追氮量对吐丝前、吐丝后和总的 LAD 均表现出显著的影响，T2N150 处理吐丝前期的 LAD 较高，达到 175. 66×10^4（m^2·d）/hm^2，除了与 T3N120、T3N150、和 CK1 处理差异不显著外，显著高于其他处理 3. 47%~13. 37%，高于 CK2 不施肥处理 38. 75%。但两次追肥处理的吐丝后期 LAD 以及总的 LAD 相对较低，在吐丝后期，T2、T3 和 T5 处理 LAD 在同一施氮量下均表现出 T2<T5<T3，T2 处理下玉米吐丝后 LAD 占全生育期 LAD 的百分比除与 CK1 差异不显著外，显著低于其他处理。吐丝后期，T3N120 处理 LAD 明显升高，达到 363. 77×10^4（m^2·d）/hm^2，显著高于同一施肥量 T2 和 T5 处理 4. 27%和 3. 44%，显著高于 CK1 和 CK2 处理 12. 31%和 42. 05%。

表 3-4　不同追氮次数及追氮量对玉米总 LAD 的影响

处理		吐丝前 LAD [×10^4（m^2·d）/hm^2]	吐丝后 LAD [×10^4（m^2·d）/hm^2]	总光合势 [×10^4（m^2·d）/hm^2]	吐丝后 LAD 占全生育期 LAD 的百分比（%）
T2	N30	157. 36 c	304. 17 f	461. 53 h	65. 90 d
	N60	157. 42 c	312. 48 e	469. 90 gh	66. 49 c
	N90	161. 96 bc	327. 80 c	489. 76 f	66. 93 b
	N120	169. 77 ab	348. 88 ab	518. 65 bc	67. 27 b
	N150	175. 66 a	328. 97 c	504. 63 de	65. 19 de
T3	N30	158. 91 c	316. 70 e	475. 61 g	66. 59 c
	N60	164. 27 b	350. 64 ab	514. 91 c	67. 78 a
	N90	169. 12 ab	352. 97 ab	522. 09 b	67. 61 ab
	N120	173. 25 a	363. 77 a	537. 02 a	67. 74 a
	N150	174. 66 a	346. 54 ab	521. 20 b	66. 49 c
T5	N30	154. 95 d	311. 32 e	466. 27 h	66. 77 bc
	N60	163. 81 b	330. 37 c	494. 18 ef	66. 86 bc
	N90	164. 30 b	351. 68 ab	515. 98 c	67. 97 a
	N120	166. 24 ab	351. 42 ab	517. 66 bc	67. 89 a
	N150	167. 67 ab	340. 40 b	508. 07 d	66. 99 b

（续表）

处理		吐丝前 LAD [×10⁴ (m² · d) / hm²]	吐丝后 LAD [×10⁴ (m² · d) / hm²]	总光合势 [×10⁴ (m² · d) / hm²]	吐丝后 LAD 占全生育期 LAD 的百分比（%）
CK	CK1	174.45 a	323.88 d	498.33 e	64.99 e
	CK2	126.60 e	256.09 g	382.69 i	66.92 b

注：表中同列不同字母表示差异在5%显著水平。

全生育期总 LAD 方面，T3N120 处理 LAD 达到 537.02×10^4 m^2 · d/hm^2，显著高于同一施肥量 T2 和 T5 处理 5.26%和 5.50%，显著高于 CK1 和 CK2 处理 11.09%和 43.88%。吐丝后 LAD 占全生育期 LAD 的百分比方面，T3N60、T3N120、T5N90 和 T5N120 处理之间差异不显著，但显著高于其他处理。T2N150 处理吐丝前 LAD 相对较高，但吐丝后及总的 LAD 和吐丝后的 LAD 占全生育期 LAD 的百分比却很低，T5N90 处理在吐丝后的 LAD 占全生育期 LAD 的百分比显著高于其他处理（$P<0.05$），但其吐丝前、吐丝后及总的 LAD 并不突出；T3N120 处理吐丝前、吐丝后及总的 LAD 都表现出较明显的优势，并且显著高于其他处理。

（三）不同追氮次数及追氮量下玉米净光合速率（*Pn*）的变化

由图 3-5 可见，各处理的光合速率（*Pn*）在整个生育期内均呈单峰曲线的变化，均在 30DAJS 达到最高值，各个施肥次数条件下的各个施氮量处理均随着施氮量的增加而显著增加，且均显著高于不施肥的 CK2 处理。在 15DAJS 时期时，CK1 的传统施肥处理显著高于其他施肥处理，且这一时期内同一施氮量下的光合速率总体表现为 T2＞T3＞T5。随着生育期的推进，在 30DAJS 时期，各处理光合速率均显著提高，与

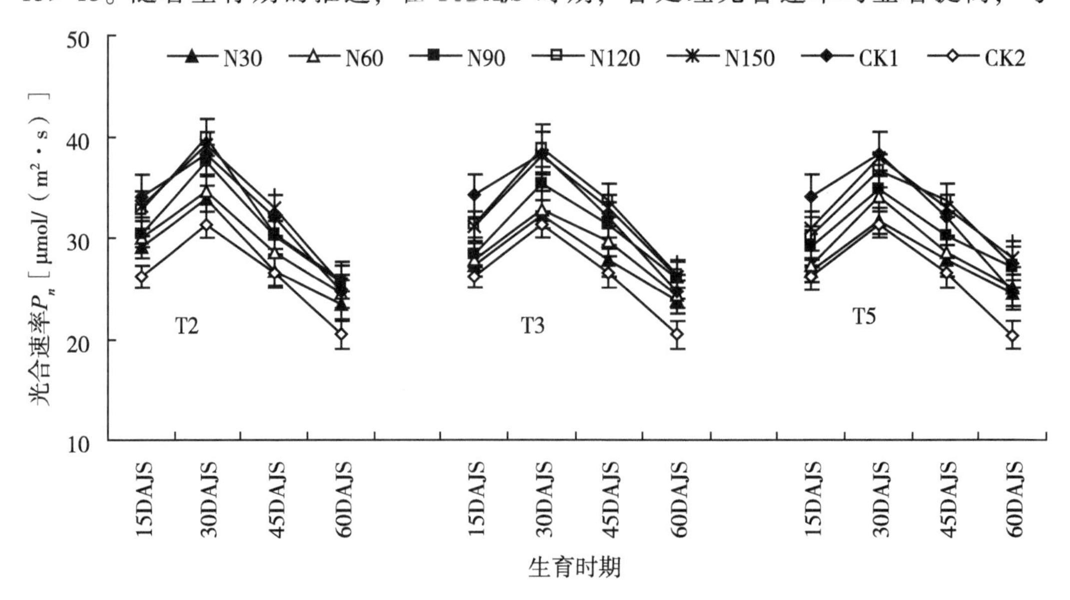

图 3-5　不同追氮次数及追氮量对玉米生育期光合速率（*Pn*）的影响

15DAJS 时期相比，T2 条件下的各施氮量处理光合速率下平均提高 19.04%；T3 条件下的各施氮量处理平均提高 21.43%；T5 条件下的各施氮量处理平均提高 21.34%；CK1 处理的光合速率高于 15DAJS 时期 12.34%。60DAJS 时期时各处理光合速率均发生不同程度下降，相对于 30DAJS 时期，各施肥次数处理下的光合速率平均下降幅度表现为 CK1＞T2＞T3＞T5，CK1 的光合速率在生育前期优势较为明显，而到生育后期，传统的施肥方式相对于分期施肥无法保证作物后期对肥料的需求，进而造成了后期光合速率相对于分期施肥显著降低。

五、不同追氮次数及追氮量对玉米 SPAD 值的影响

如表 3-5 所示，在不同施肥次数处理下，玉米叶片 SPAD 值在 15~45DAJS 时期内持续增加，而在 45~60DAJS 时期内，T2 和 T3 条件下的 N30~N90 处理的 SPAD 值发生不同程度下降，而在 N120~N150 施肥量下，45~60DAJS 时期内玉米叶片 SPAD 值继续上升，在 45DAJS 时期，T3N120 处理下玉米叶片 SPAD 值达到各时期和各施肥量最大，达到 63.33，分别比同一时期同一施肥次数下的 T3N30、T3N60、T3N90、T3N150、CK1、CK2 施肥量处理高 15.29%、7.94%、4.45%、4.73%、26.08%、26.84%。相对于同一时期同一施氮量处理的 T2 和 T5 施肥处理高 6.62%、11.44%。总体看来，3 次施肥条件下的 120 kg/hm^2 处理（T3N120）能显著的增加玉米功能叶片的 SPAD 值，而 T5 施肥处理相对 T2 和 T3 施肥处理前期 SPAD 值增长速度相对较慢。通过方差分析得出的结果可知，追肥次数和追氮量对于 SPAD 值均具有显著影响（$P<0.05$）。因此，膜下滴灌条件下基于叶龄指数管理，在 3 次施肥条件下，施肥量达到 120 kg/hm^2 处理时更有利于玉米叶片 SPAD 值的增加以及生育过程的中后期叶片持绿性的提升，进而促进玉米的群体光合作用能力，为提高干物质积累以及高产形成提供有力的保障。

表 3-5　不同追肥次数及施氮量对玉米生育期 SPAD 值的影响

处理		取样时期				
		15DAJS	30DAJS	45DAJS	60DAJS	75DAJS
T2	N30	49.50 c	50.47 cd	53.90 b	52.87 bc	52.33 c
	N60	51.90 b	53.03 bc	55.57 b	54.83 b	53.27 bc
	N90	52.23 b	54.60 ab	58.57 a	55.47 b	54.23 abc
	N120	54.07 a	57.10 a	59.40 a	61.80 a	56.57 a
	N150	52.73 ab	57.43 a	59.63 a	60.57 a	55.57 ab
T3	N30	48.10 c	48.90 d	54.93 c	53.73 d	52.80 c
	N60	50.83 b	52.77 c	58.67 b	56.13 c	53.43 c
	N90	52.40 ab	53.43 bc	60.63 b	57.53 b	55.43 b
	N120	53.77 a	56.07 a	63.33 a	61.47 a	58.80 a
	N150	52.93 a	55.57 ab	60.47 b	60.87 a	57.27 ab

（续表）

处理		取样时期				
		15DAJS	30DAJS	45DAJS	60DAJS	75DAJS
T5	N30	48.57 bc	49.10 cd	50.40 c	53.53 c	50.10 b
	N60	49.57 bc	51.33 bc	53.50 b	54.67 bc	52.10 ab
	N90	50.23 b	52.50 b	50.80 c	55.70 b	52.50 ab
	N120	53.50 a	56.27 a	56.83 a	59.50 a	54.47 a
	N150	52.93 a	55.30 a	55.17 ab	58.30 a	54.10 a
CK	CK1	48.10 c	48.60 d	50.23 c	50.43 d	47.40 c
	CK2	44.31 d	46.96 e	49.93 d	47.31 d	44.50 d

注：同列不同字母表示差异达到 0.05 显著水平。

六、不同追氮次数及追氮量对玉米株高的影响

如图 3-6 所示，不同施氮次数及施氮量下玉米株高随施氮量的增加而显著增加，生育前期株高增长速率较快，而至 45DAJS 时期（拔节后 45 d），即进入灌浆期后株高趋于稳定。在 15DAJS 时期，CK1 处理株高达到 201.3 cm，显著高于 T2、T3 和 T5 条件下各施氮量处理 5.36%~19.82%、8.63%~26.71%和 18.70%~31.03%。随着生育期的推进，CK1 处理株高增长速率逐渐降低，15~30DAJS 时期内，CK1 处理下玉米株高增长 57.06 cm，而 T2、T3 和 T5 处理的株高增长量显著高于 CK1 处理，分别达到 78.36 cm、98.43 cm 和 71.14 cm，45DAJS 时期后，各处理株高趋于稳定，T2N120 处

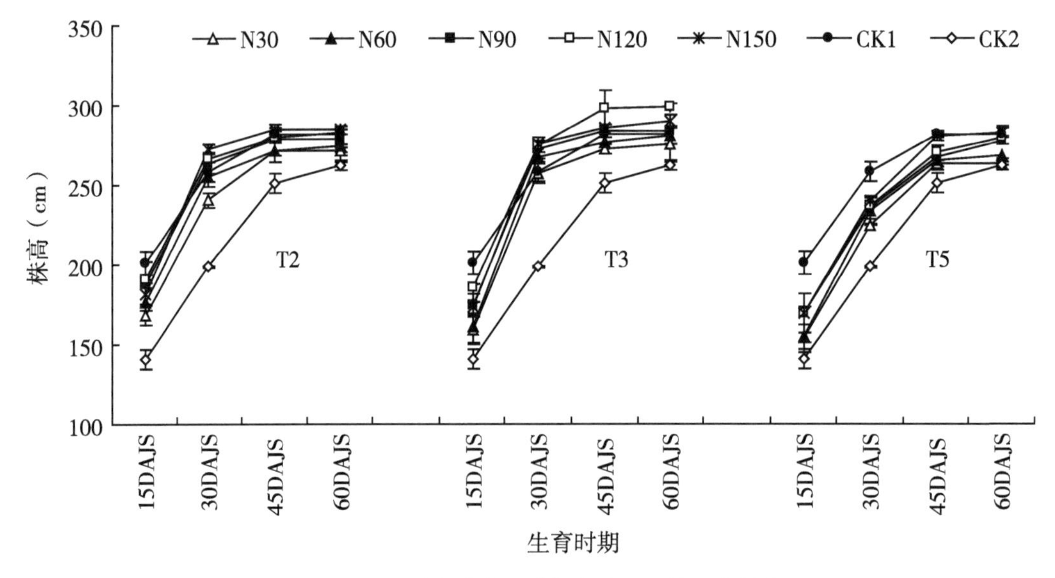

图 3-6　不同追氮次数及追氮量处理下的玉米株高

理玉米株高达到 298. 77 cm，显著高于 T2 其他施氮量处理 2. 92%～8. 01%，分别显著高于 CK1 和 CK2 处理 6. 06%和 12. 77%。

七、不同追氮次数及追氮量对玉米茎粗的影响

如图 3-7 所示，不同施氮次数及施氮量下玉米之间茎粗差异与株高相似，均随施氮量的增加而显著增加，在生育前期快速生长，直到拔节后 45 d，进入灌浆期后各处理茎粗均趋于稳定。在 15DAJS 时期 CK1 茎粗达到 30. 01 mm，显著高于 T2、T3 和 T5 各个施氮量处理 9. 03%～22. 72%、13. 97%～23. 81%和 13. 34%～25. 68%。随着生育期的推进，45DAJS 时期，CK1 处理的玉米茎粗相对于 15DAJS 时期增长 14. 84%，而 T2、T3 和 T5 处理相对于 15DAJS 时期增长 20. 26%～25. 86%、20. 46%～46. 60%和 21. 72%～38. 72%。

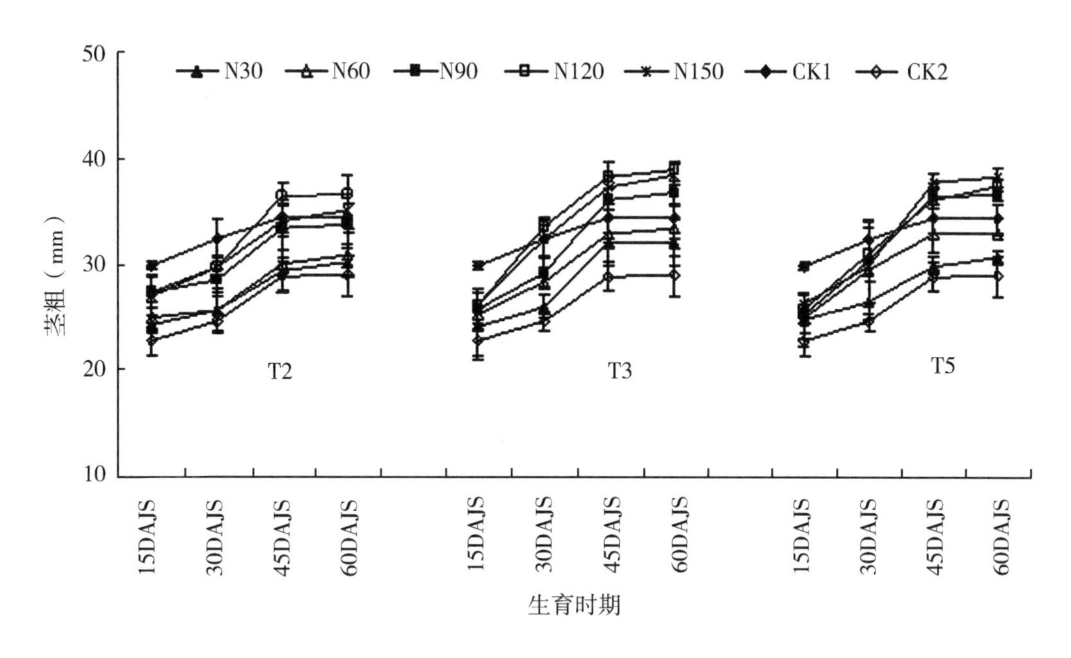

图 3-7　不同追氮次数及追氮量处理下的玉米茎粗

八、不同追氮次数及追氮量对玉米氮素积累及氮素利用率的影响

（一）不同追氮次数及追氮量对玉米氮素积累的影响

从整个生育期对氮素养分的阶段吸收积累量变化看（表 3-6），在 15DAJS 时期，T2N150 处理与 CK1 差异不明显；其他施氮量处理则明显低于 CK1 处理 8%～47%。随着生育期的推进，玉米群体氮素吸收量随玉米生育期发展而持续增加，在 75DAJS 时期，各追氮次数条件下，N120 和 N150 处理的氮素吸收量显著（$P<0.05$）高于 CK1 处理 9. 84%～12. 05%、13. 54%～14. 12%、9. 43%～12. 28%，各处理总体表现为 T3N150＞T3N120＞T5N150＞T2N120＞T2N150＞T5N120，其中 T3N120 和 T3N150 处理

与 T2N150 和 T5N120 处理间差异达显著水平（$P<0.05$）。比较不同生育时期玉米氮素积累量比例可以发现，T2 和 T3 条件下在吐丝期氮素积累比例分别占总积累量的 55.37%~69.67%和 55.53%~60.68%，传统追肥方式达到 67.30%，而 T5 处理氮素积累比例则仅为 49.82%~52.48%；而至成熟期时，T2、T3 和 T5 处理氮素积累量显著高于 CK1，说明合理增加氮肥追施次数，实现氮肥后移促进了玉米的氮素吸收积累，而过多氮肥追施次数，大量氮肥后移不利于玉米生育中前期群体光合系统的建成和干物质积累。

表 3-6 不同追氮次数及追氮量下玉米氮素的阶段积累量 单位：kg/hm^2

处理		取样时期				
		15DAJS	30DAJS	45DAJS	60DAJS	75DAJS
T2	N30	25.62 h	99.42 hi	122.75 fg	142.00 fg	170.29 i
	N60	27.07 h	111.26 efg	137.93 de	153.57 ef	192.40 fg
	N90	36.35 de	121.01 cde	147.68 d	178.46 d	218.56 cd
	N120	39.64 cd	140.87 b	177.20 b	204.12 bc	237.42 ab
	N150	49.46 a	162.15 a	198.81 a	209.92 bc	232.75 b
T3	N30	26.28 h	103.36 fgh	136.69 de	163.63 e	176.53 hi
	N60	32.12 efg	110.43 efgh	136.43 de	164.05 e	198.83 ef
	N90	35.63 def	127.05 c	163.05 c	183.00 d	220.32 c
	N120	41.64 bc	140.94 b	190.98 a	216.77 ab	240.60 a
	N150	44.30 b	146.73 b	190.33 a	224.18 a	241.82 a
T5	N30	26.28 h	89.66 i	119.66 g	137.09 g	179.98 h
	N60	28.93 gh	99.81 ghi	133.15 ef	147.40 fg	190.18 g
	N90	31.66 fg	102.09 fgh	145.42 d	162.51 e	204.57 e
	N120	34.99 ef	121.21 cde	171.21 bc	200.85 c	231.88 b
	N150	41.08 bc	123.71 cd	167.95 bc	203.15 bc	237.91 ab
CK	CK1	48.36 a	142.60 b	171.34 bc	200.92 c	211.89 d
	CK2	20.85 i	63.50 j	93.50h	101.53 h	154.97 j

注：表中同列不同字母表示差异在 5%显著水平。

（二）不同追氮次数及追氮量对玉米氮素积累与分配的影响

不同的追肥次数以及施肥量处理在成熟期时叶片的氮素吸收量不同。由图 3-8 可以看出，玉米成熟期叶片氮素吸收量随着施氮量的增高而呈现先增高而后下降的趋势，T3N120 处理叶片氮素吸收量达到 56.82 kg/hm^2，显著（$P<0.05$）高于 T2N120、T5N120 和 CK1 处理 11.01%、16.25%和 26.60%，显著（$P<0.05$）高于 T3 条件其他

施氮量处理 12.36%～49.16%。各追肥次数和施氮量处理和传统施肥处理 CK1 处理下的叶片氮素吸收量均显著高于不施肥处理 CK2。

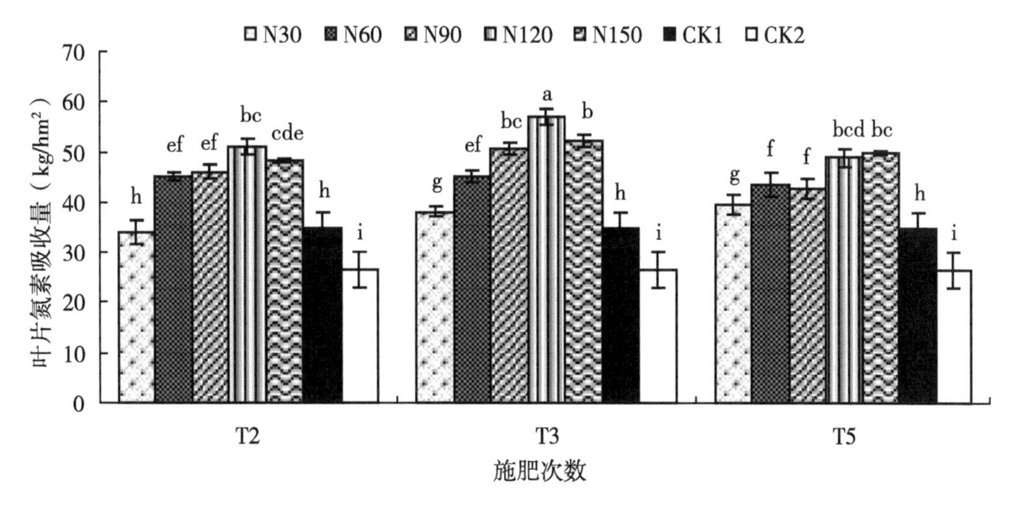

图 3-8　不同追氮次数及追氮量对玉米成熟期叶片氮素吸收量的影响

茎秆和叶鞘的氮素吸收量与叶片氮素吸收量趋势相同，由图 3-9 可以看出，茎秆和叶鞘中的氮素吸收量均随着施氮量的增加而先增高而后下降的趋势，T3N120 处理茎秆和叶鞘的氮素吸收量达到 36.63 kg/hm^2，显著高于 CK1 处理 19.82%，高于 T3 条件下其他施氮量处理 3.48%～17.86%，而 T5 条件下的茎秆+叶鞘氮素吸收量在 N90～N150 之间差异不显著。T2 条件下，当施氮量超过 N120 时茎秆和茎鞘中的氮素吸收量增加不显著，T3 条件下甚至略有下降。

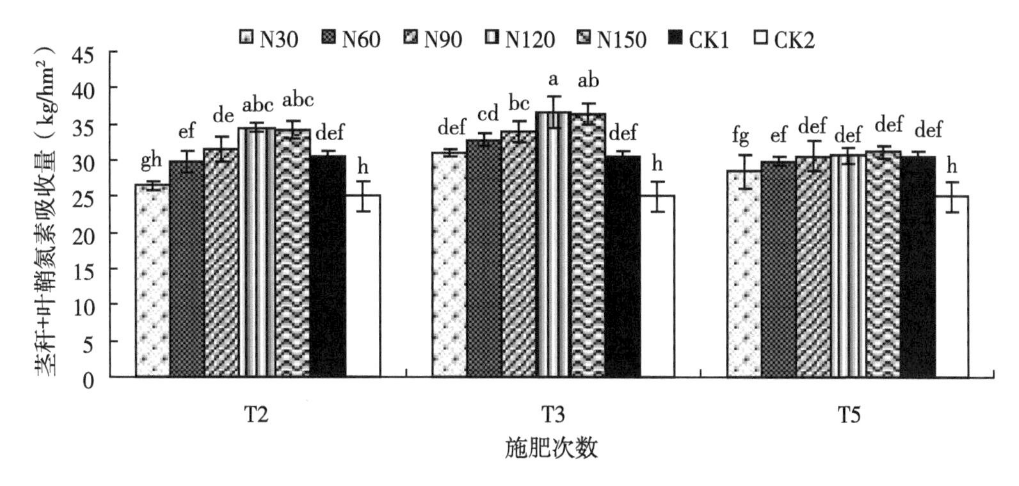

图 3-9　不同追氮次数及追氮量对玉米成熟期茎秆+叶鞘氮素吸收量的影响

籽粒中的的氮素吸收量与其他器官的氮素吸收量趋势也大致相同，如图 3-10 所示，均随着施氮量的增高而显著增高，且均在 N120 时达到最大值，T2N120、T3N120、

T5N120 分别为 126.35 kg/hm²、154.58 kg/hm²、132.11 kg/hm²，分别显著高于 T2、T3 和 T5 其他施氮量处理 8.06%~68.29%、5.28%~48.29%和 5.93%~65.66%；分别显著高于传统施肥 CK1 处理 21.49 kg/hm²、48.62 kg/hm²、27.03 kg/hm²，而施肥量增加到 N150 时，均发生不同程度下降，虽然各施肥次数条件下 N120 和 N150 施肥量处理之间差异不显著，但也可以认为过量施肥并不利于籽粒对氮素的吸收。

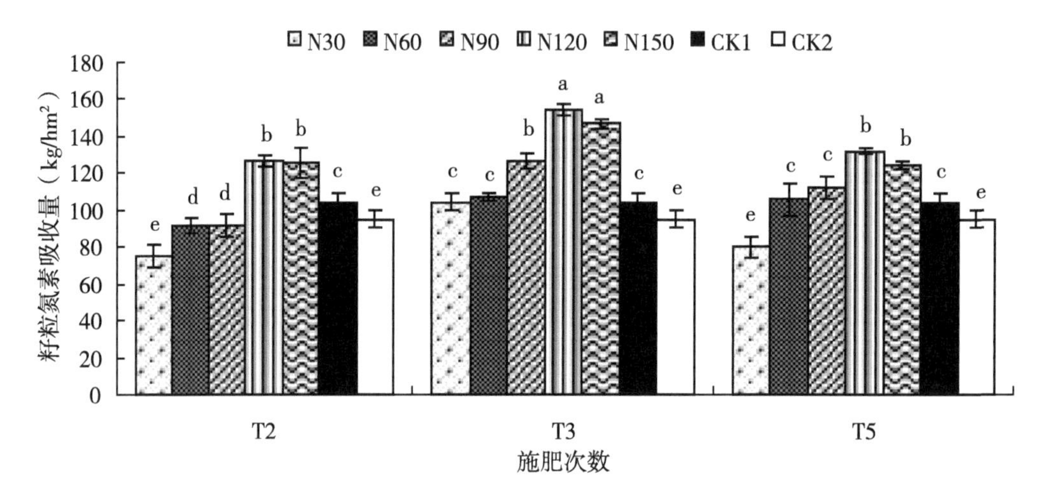

图 3-10　不同追氮次数及追氮量对玉米成熟期籽粒中氮素吸收量的影响

（三）不同追氮次数及追氮量对玉米氮肥利用效率的影响

由表 3-7 可知，各氮肥追施次数条件下，随着追氮数量的增加，氮肥利用率和氮肥农学效率均呈先增加后下降趋势，均在 N120 处理时达到最大值，T3N120 氮肥利用率为各处理中最高，达到 58.68%，高于同一施氮量下的 T2N120 和 T5N120 处理 3.09% 和 8.99%。T3N120 氮肥农学效率达到 32.60 kg/kg，显著高于 T2N120 和 T5N120 处理 21.10%和 16.89%。除 N30 外，各施肥次数和施氮量处理下，氮肥利用率和氮肥农学效率显著（$P<0.05$）高于 CK1 处理 14.75%~30.19%和 4.4~14.27 kg/kg。氮肥偏生产力在各施肥次数处理下均随着施氮量的增加而下降，而每吨籽粒氮素吸收量则呈相反趋势，均在 N150 追氮量时达到最大，显著（$P<0.05$）高于 CK1 及同一追肥次数的其他追氮量处理。每吨籽粒氮素吸收量各处理之间差异并不显著。

表 3-7　不同追氮次数及追氮量对玉米氮肥利用效率的影响

处理		NUE (%)	ANUE (kg/kg)	PFPN (kg/kg)	ANA (kg/t)
T2	N30	17.03 g	12.27 i	84.90 bc	19.69 cd
	N60	47.86 cde	23.27 fg	77.74 d	20.62 abcd
	N90	55.73 ab	26.75 cde	70.33 f	20.72 abcd
	N120	56.92 ab	26.92 cde	63.24 g	20.87 abc
	N150	46.56 de	20.73 g	51.86 i	21.38 a

（续表）

处理		NUE （%）	ANUE （kg/kg）	PFPN （kg/kg）	ANA （kg/t）
T3	N30	23. 96 f	17. 17 h	89. 80 a	19. 37 d
	N60	53. 22 abc	29. 22 bc	83. 70 c	19. 80 bcd
	N90	56. 91 ab	30. 51 ab	74. 09 e	19. 83 bcd
	N120	58. 68 a	32. 60 a	68. 92 f	19. 40 d
	N150	50. 88 bcd	25. 18 def	56. 31 h	20. 45 abcd
T5	N30	24. 09 f	14. 79 hi	87. 42 ab	19. 93 bcd
	N60	43. 24 e	23. 83 ef	78. 30 d	19. 89 bcd
	N90	46. 40 de	24. 97 def	68. 55 f	19. 90 bcd
	N120	53. 84 abc	27. 89 bcd	64. 20 g	20. 06 abcd
	N150	49. 02 cde	24. 56 ef	55. 69 h	20. 35 abcd
CK	CK1	28. 49 f	16. 33 h	40. 54 j	19. 36 d
	CK2	—	—	—	21. 20 ab

注：表中同列不同字母表示差异在5%显著水平。

九、不同追氮次数及追氮量对玉米成熟期籽粒品质的影响

（一）不同追氮次数及追氮量对玉米成熟期籽粒可溶性糖含量的影响

由图3-11可知，各施肥次数条件下，在N30~N120施氮量范围内，成熟期玉米籽粒的可溶性糖含量均随氮肥施用量的增加而显著增加。而当氮肥施用量达到N150时，T2、T3发生不同程度下降，T2N150相对于T2N120处理玉米可溶性糖含量下降4. 15%，

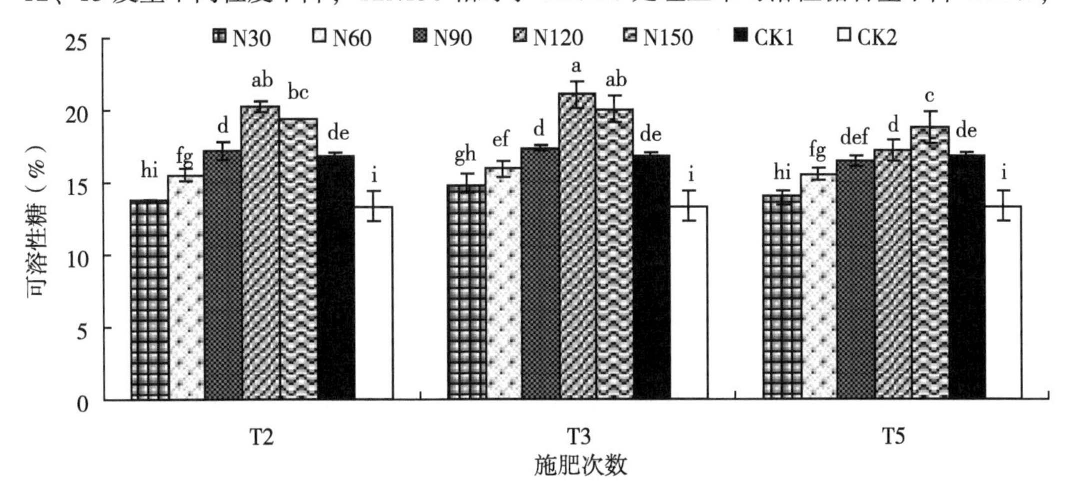

图3-11　不同追氮次数及追氮量对玉米成熟期籽粒可溶性糖含量的影响

T3N150 相对于 T3N120 处理下降 4.80%。整体来看，在 T3N120 处理条件下的可溶性糖含量达到各处理最大值 21.05%，高于 CK1 处理 7.71%，相对于同一施肥次数下其他施氮处理高 1.01%~6.34%。高于 T2N120 和 T5N120 处理 0.81%和 2.29%。可见，在膜下滴灌栽培模式下 T3N120 处理可以促进籽粒的可溶性糖含量增加，有利于提高玉米籽粒品质。

（二）不同追氮次数及追氮量对玉米成熟期籽粒淀粉含量的影响

由图 3-12 可见，随着追施氮量的增加，成熟期玉米籽粒中的淀粉含量随之下降，各个施肥方式下玉米籽粒中的淀粉含量均在 N30 时达到最大，T2N30、T3N30、T5N30 分别达到 84.23%、83.06%、82.28%，显著高于 CK1 处理 4.30%、3.14%、2.36%。随着施氮量的增加，各施肥方式下籽粒中淀粉含量均发生不同程度下降，T2 条件下 N30 相对于 N60、N90、N120、N150 高 0.46%~4.2%。T3 条件下 N30 相对于 N60、N90、N120、N150 高 0.71%~3.95%。T5 条件下 N30 相对于 N60、N90、N120、N150 高 0.85%~5.01%。各个施肥次数均表现为 N30＞N60＞N90＞N120＞N150。

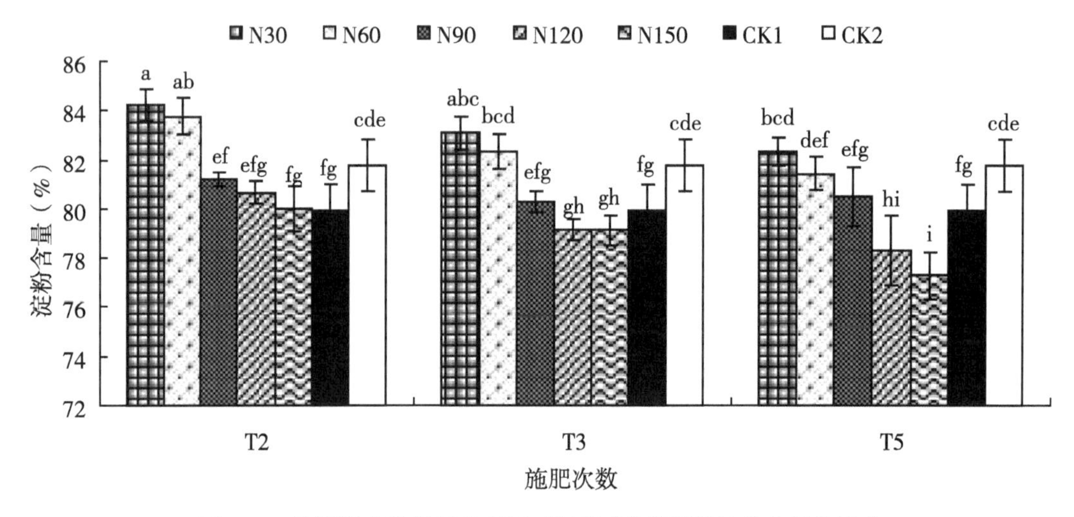

图 3-12　不同追氮次数及追氮量对玉米成熟期籽粒淀粉含量的影响

（三）不同追氮次数及追氮量对玉米成熟期籽粒蛋白质含量的影响

如图 3-13 所示，通过方差分析可以看出，各个施肥方式下的氮肥管理均对玉米籽粒的蛋白质含量有显著影响，在一定的追氮量肥范围内（0~120 kg/hm^2），各个施肥次数处理施用氮肥均有利于玉米成熟期籽粒的蛋白质含量的提升，而当氮肥施用量达到 N150 时，T2、T3 处理蛋白质含量发生显著下降。整体来看，其中在 T2N120、T3N120、T5N150 处理的籽粒蛋白质含量分别达到各个施氮量处理的最大值 10.64%、11.87%和 10.30%。分别显著高于 CK1 处理 2.34%、3.57%和 2.00%。当追肥量达到 150 kg/hm^2，T2 和 T5 处理的蛋白质含量发生不同程度下降，T2N150 和 T3N150 分别显著低于 T2N120 和 T3N120 处理 0.88%和 0.63%。

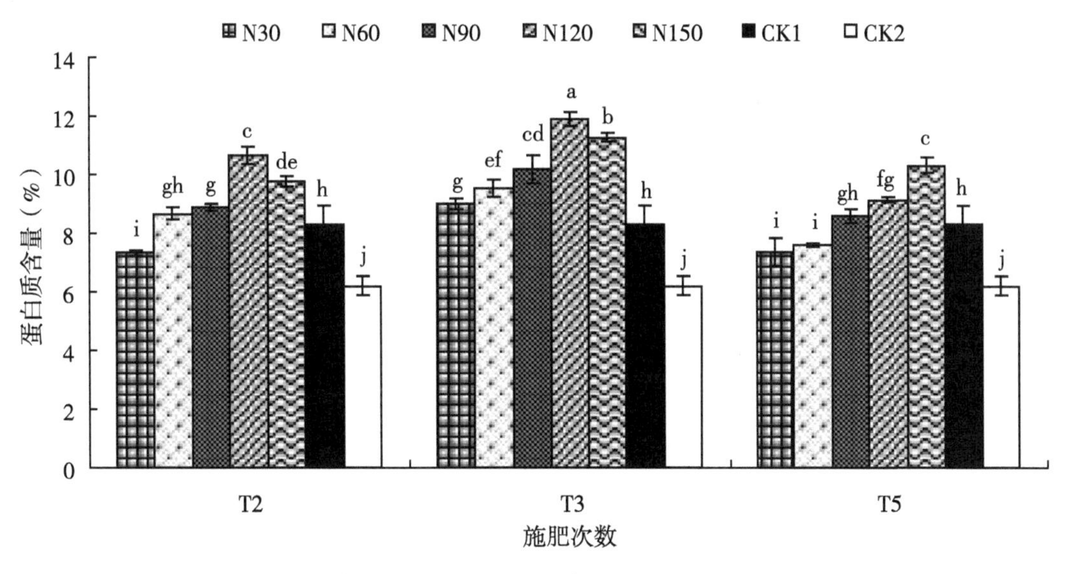

图 3-13　不同追氮次数及追氮量对玉米成熟期籽粒蛋白质含量的影响

第三节　讨论与结论

一、讨论

（一）不同追氮次数及追氮量对玉米产量及品质的影响

通过合理的栽培管理是玉米提高产量的一条有效途径。已有研究表明，施用氮肥能显著提高作物产量同时改善作物品质（罗文扬等，2006），同时多次滴灌分期施氮也被认为是实现氮肥后移、提高氮素利用率、促进干物质积累、提高产量的有效途径。姜涛等（2013）研究表明，适当氮肥后移有利于增加玉米粒重，进而增加籽粒产量。王忠孝等（1999）研究表明，3 次追肥增产效果优于两次，两次追肥的产量则明显高于一次追肥，吕鹏等（2012）研究结果表明分次施氮可以促进氮素吸收利用，进而提高籽粒产量。本试验中，叶龄指数 30%、叶龄指数 60%、叶龄指数 100% 3 次等比例追肥，追氮量为 120 kg/hm^2 处理下，玉米籽粒产量最高，在相同追氮量条件下，3 次追肥处理显著高于 2 次和 5 次追肥处理，这可能是因为 2 次追肥和传统施肥方式相比，虽然将氮肥进行一次后移，但是依然不能保证玉米全生育期持续供肥；而 5 次追肥相对于传统施肥相比，虽然均衡了全生育期的氮肥，但是在拔节期和大喇叭口等关键时期，由于氮肥分散并不能保证这些关键时期，即植物养分临界期内供肥充足，导致了产量表现并不理想，若在本试验基础之上，提供生育期内分次施肥的施肥量合理的比例，应该可以得到理想的产量表现。

玉米品质方面，氮肥用量会影响到成熟期玉米籽粒中的可溶性糖含量。过量施用氮肥，会造成玉米含糖量下降，导致玉米品质下降。本研究结果表明，在一定的施氮量范围内，玉米籽粒可溶性糖含量随施氮量的增加而显著增加，而随着追施氮量的增加，成熟期玉米籽粒中的淀粉含量却随之下降，玉米成熟期蛋白质含量方面，各个施肥方式下的氮肥管理均对玉米籽粒的蛋白质含量有显著影响，在一定的施氮肥范围内（0~120 kg/hm^2），各个追肥次数处理施用氮肥均有利于玉米成熟期籽粒的蛋白质含量的提升，但是当氮肥施用过量则不利于玉米籽粒蛋白质形成。

（二）不同追氮次数及追氮量对玉米叶面积、叶绿素及干物质积累的影响

玉米拔节至抽雄这段时期是营养生长与生殖生长的并进阶段，是玉米对水肥需求的关键时期，有研究表明在叶龄指数达到 60% 时，叶面积已经基本形成（郭庆法，2004）。本试验研究发现，T3N120 处理的追肥方式能够尽量满足玉米营养生长与生殖生长的需要，随着玉米生育进程的推进不同处理间 LAI 的差异达到显著水平（$P<0.05$）。T2 施肥处理下，拔节后 15 天显著高于 T3、T5 处理，随着生育期的后移，T2 施肥处理 LAI 增长速率降低，T2 处理在抽雄吐丝期（30DAJS）达到该时期各处理中 LAI 值最大，在抽雄吐丝期后（30~45DAJS），T3 处理 LAI 增长速率相对更快，这说明了在本试验中 5 次施肥相对于 2 次和 3 次施肥在需水需肥关键时期不能充分满足的劣势。郑伟等（2011）研究表明，施入氮量过多或者不足，均会导致生长后期叶绿素含量及叶面积指数的下降。分次施用氮肥处理的叶绿素含量较一次施用氮肥处理提高 16.4%（吕鹏等，2013）。本研究发现，T3N120 能显著的增加玉米功能叶片的 SPAD 值，而 T5 施肥处理相对 T2 和 T3 施肥处理前期 SPAD 值增长速度相对较慢。干物质积累方面，在本研究中，15~30DAJ 时期，T2 处理相对于 T3、T5 处理干物质积累更迅速。45~60DAJS 时期 T3 和 T5 处理各施氮条件下的干物质积累量显著高于 T2 处理，这说明在 45~60DAJS 这一生育期内，玉米生长对氮素需求量较大，在这一时期进行一次追肥有助于玉米干物质积累。玉米花后干物质积累是籽粒产量的主要来源。研究表明，玉米产量主要来源于吐丝后叶片的光合同化物，吐丝后期的同化物积累也决定着玉米产量的高低，而吐丝前同化物生产和积累对籽粒产量的影响并不大，仅小于 10%（钱春荣等，2012）。抽穗至成熟期玉米干物质积累量的多少决定成熟期玉米群体的干物重，提高抽穗后干物质积累量及提高其在总生物量中的比例是高产根本原因。后期的干物质生产和积累能力决定着玉米产量的高低，国内大量超高产试验的数据分析发现花后物质生产与分配对作物高产高效具有重要调节作用。本研究中，T2、T3 和 T5 在同一追氮量水平上的 CPAG 均表现为 T3＞T5＞T2＞CK1，这说明分次施肥能后有效提高玉米花后同化物对籽粒的贡献率，但在 5 次施肥条件下 30~60DAJS 这段时期内，5 次施肥由于分次施肥，在这一阶段大需肥量时期供应并不充足，若能在 5 次施肥的基础之上进行肥量的合理配比即加大包括这一时期在内的几个关键时期的比例，可有效加强这一需肥较大的时期干物质的积累。

（三）不同追氮次数及追氮量对玉米氮素积累的影响

若想提高氮肥利用率，就要掌握氮肥在作物生育期的需求动态，氮肥供需同步是提高氮养分利率、从而提高产量的方法之一。吕双庆（2012）研究结果表明，氮肥的合

理的适量分期施用，可以很大程度上提高氮肥利用率。在氮素吸收量方面，T2 处理施肥量达到 150 kg/hm^2 时发生下降，这可能是因为在 T2 处理下，由于施肥次数的限制和 N150 的高施肥量，使得施入的氮肥不能被充分利用。在玉米生育前期（15～30DAJS）T2 处理各施肥量下玉米氮素积累相对更迅速，T3 处理在生育中期（45～60DAJS）相对其他处理更为迅速，说明这两个时期为玉米生长发育所需氮素的关键时期，T5 处理在全生育期相对其他两种施肥方式氮素积累速率较慢。这些都可能是因为在玉米生育前期，T2 处理能够提供较多的氮肥，但在生育中期会发生氮肥无法持续供应的情况，而 T5 处理虽然能够保证在玉米生育期内的持续供肥，但是在拔节期等关键时期会发生氮肥供应不充。籽粒的吸氮量均随着施氮量的增加而增加，在各施肥次数处理施肥量达到 N150 时，T2 处理下的玉米成熟期氮素吸收量发生下降；T3 处理氮素吸收量增加不显著；T5 处理氮素吸收量略有升高，这说明了施肥次数对玉米成熟期的氮素吸收量影响显著。

本研究结果也表明玉米追肥次数和施肥量对玉米生长与产量有显著影响，这与高肖贤等（2014）的研究结果一致。本研究中 5 次等比例追肥虽然较好地满足了玉米生长发育后期对氮肥的需求，但存在前期施肥量不足可能限制其光合系统的建成问题，影响其群体光合性能表现，即氮肥配比不合理，以后的研究中我们将继续开展在多次施肥方式下不同追肥量配比试验。例如，能在本试验的 5 次施肥方式基础上，提供合理的追肥量的配比，应该可以将黑龙江地区春玉米产量进一步提升。

二、结论

本试验研究了膜下滴灌方式下不同的氮肥追肥次数和氮肥施用量对大垄双行栽培模式下的玉米全生育期长势、叶绿素含量、叶面积指数、氮素吸收量和产量构成因素等影响，主要结论如下：①氮肥施用次数和氮肥施用量均对玉米生长和产量影响显著。2 次追肥处理显著提高了玉米生育期前期 LAI、干物质质量，但不利于玉米在生育期后期的干物质累积以及产量的形成；而 3 次追氮则可以显著提升玉米产量；5 次追氮处理虽然能保证玉米整个生育期持续供肥，但是在拔节期等需肥量较大的关键时期并不能保证供肥充足。②施氮量和施氮次数均显著影响玉米各生育阶段干物质质量和 LAI，干物质质量和 LAI 随施氮量的增加而增加，在玉米生育后期更为明显。施氮量和施氮次数对玉米产量的影响均达到显著水平，在 T3 条件，施氮量为 120 kg/hm^2 处理下，玉米籽粒产量最高。因此，黑龙江地区膜下滴灌玉米采用 3 次施氮、施氮量 120 kg/hm^2 的施氮管理模式较为适宜。

第四章　种植模式对玉米产量及茎秆糖分生产力的影响

第一节　材料与方法

一、试验地概况

试验于 2013 年在黑龙江省大庆市黑龙江八一农垦大学农学院试验田（43°295′5″N，124°48′43″E）进行，平均海拔 146 m，该地区属于典型北温带亚干旱季风气候区。全年降水较少，平均气温在 5 ℃左右。年平均无霜期在 143 d 左右。试验田土壤类型为黑钙土，0~20 cm 耕作层基础肥力如表 4-1 所示。

表 4-1　试验地养分状况

碱解氮（mg/kg）	速效磷（mg/kg）	速效钾（mg/kg）	有机质（g/kg）	pH 值
153.06	7.32	30	16.14	8.38

二、试验设计

本研究选用由河南省农业科学院粮食作物研究所选育的玉米品种，并在我国大面积推广的高淀粉玉米杂交种‘郑单 958’（紧凑型，粗淀粉含量 73.02%）为材料。

试验采用裂区设计（见表 4-2），种植方式为主区，密度为副区。种植方式分别为大垄双行覆膜（C1）、大垄双行（C2）、传统小垄（C3）。C1：垄距为 110 cm，垄上植株行距为 50 cm，两垄间相邻植株行距 60 cm，边起垄边覆膜，膜与膜之间不留空隙，相接处用土压住地膜；C2：垄距、垄上行距及垄间行距同 C1；C3：垄距 65 cm；设计 4 个种植密度分别为 6.0 万株/hm^2（D1）、7.5 万株/hm^2（D2）、9.0 万株/hm^2（D3）、10.5 万株/hm^2（D4）。总计 12 个处理，3 次重复，共 36 个小区，每个小区 6 行，长为 10 m。各处理均为人工播种、覆膜、定苗和追肥。在三叶期定苗，达到设计密度。底肥施纯 N 225.0 kg/hm^2、P_2O_5 172.5 kg/hm^2、K_2O 150.0 kg /hm^2，在拔节期追施纯 N 138.0 kg/hm^2，其他栽培管理措施同一般高产玉米田。试验于 2013 年 5 月 15 日播种，10 月 5 日收获。

表 4-2　试验设计及处理名称

行距配置（cm）	处理	种植方式	种植密度（万株/hm^2）
110	C1D1	C1	6.0（D1）
	C1D2		7.5（D2）
	C1D3		9.0（D3）
	C1D4		10.5（D4）
110	C2D1	C2	6.0（D1）
	C2D2		7.5（D2）
	C2D3		9.0（D3）
	C2D4		10.5（D4）
65	C3D4	C3	6.0（D1）
	C3D1		7.5（D2）
	C3D2		9.0（D3）
	C3D3		10.5（D4）

三、测定项目与方法

记载播种期（实际播种日期）、出苗期（播种后第一真叶展开的日期）、拔节期（植株茎基部开始伸长，节间长 1～2 cm）、大喇叭口期（植株上部叶片呈现大喇叭口形，叶龄指数 60%左右）、抽雄期（植株雄穗尖露出顶叶 3～5 cm）、开花期（植株雄穗开始散粉）、吐丝期（雌穗花丝从苞叶中伸出 2～3 cm）、和完熟期（植株籽粒干硬，乳线消失，黑色层形成），收获期（记载具体的收获期）。试验在玉米出苗后 20 d、40 d、60 d、80 d、100 d、120 d 进行田间取样。

（一）土壤养分含量

播种前，在试验田间呈“S”形取 5 点耕层土壤（0～20 cm 耕层），带回实验室测定其养分状况（碱解氮、速效磷、速效钾、有机质和 pH 值）。

（二）叶面积指数（LAI）

在玉米出苗后 20 d、40 d、60 d、80 d、100 d、120 d，在每个处理小区前、中、后随机取 3 点，各点取 5 株长势一致植株测定叶面积。叶面积＝长×宽×系数（系数为 0.75-0.50），即未展开叶片数量为 m，则展开叶（n）系数为 a＝0.75，未展开叶（n+1）系数为 b＝a-（0.75-0.5）/m，未展开叶（n+2）系数为 C＝b-（0.75-0.5）/m，依次类推。LAI＝单株叶面积×单位土地面积内株数/单位土地面积。

（三）叶片光合性能

在晴天上午 9:00—12:00 使用便携式光合仪（Li-6400，USA）进行光合速率［Pn，μmol CO_2/（$m^2 \cdot s$）］的测定，避开主脉，大喇叭口期前取植株最后一片全展叶片，大喇叭口期后取穗位叶片测定，重复 3 次。

同时，取样带回实验室测定叶绿素含量，采用丙酮和乙醇等体积混合后浸泡，在暗处充分提取 10 h，分别在 645 nm 和 663 nm 波长下测定光吸收值，计算叶片叶绿素含量。

（四）干物质积累

从各处理小区选取生育进程相同、叶片无病斑和破损的健康植株地上部分，带回实验室后，105 ℃杀青 30 min，80 ℃烘至恒重称干重，重复 3 次。

（五）茎秆汁液产量、糖分生产力

收获茎秆，每个处理取 5 株，称量茎秆的鲜重，然后用榨汁机榨取茎秆汁液，称重计算出汁率。用手持测糖仪计（PAL-1 型，日本）测定榨出液锤度。

糖分生产力（即折每公顷可发酵的糖，kg/hm^2）= 茎秆鲜重产量（kg/hm^2）×汁液的锤度（%）×出汁率（%）。

（六）测产考种

成熟时收获各处理中间两垄全部果穗，进行测产，田间直接测定鲜穗重量，带回实验室脱水（14%折算）实际产量，并随机抽取有代表性果穗 10 穗，待风干后测定穗长、穗粗、秃尖、穗行数、行粒数、千粒重。

（七）数据分析

采用 Microsoft Excel 2003 进行试验数据整理分析并作图，使用 SPSS19.0 软件进行相关的统计分析。

第二节　结果与分析

一、不同种植模式对叶面积指数（LAI）的影响

由图 4-1 可知，LAI 随种植密度提高而升高，不同密度下最大 LAI 出现的时间基本一致，均出现在出苗后 60 d 左右。同一种植方式下，植株的最大 LAI 均值分别为 6.119（C1）、5.952（C2）和 5.852（C3），到出苗后 120 d 均值分别下降 28.08%（C1）、30.86%（C2）和 52.71%（C3）。说明，随密度增加，叶片间相互遮挡严重，后期群体间竞争剧烈，加速叶片衰老。不同密度下各种植方式的 LAI 表现不同，但不同密度下 C1 的 LAI 均显著高于 C2 和 C3；在 D1、D2、D3 和 D4 密度下，C1 处理下的 LAI 始终最高，其平均值分别高出同密度其他各处理 7.16%（C2）和 13.84%（C3）、9.17%（C2）和 10.64%（C3）、2.05%（C2）和 2.56%（C3）、1.01%（C2）和 3.70%（C3）。由此可见，C1 更有利于在高密植环境下增加 LAI，进而促进光合库源的扩大。

二、不同种植模式对光合速率（*Pn*）的影响

由图 4-2 可知，光合速率随生长发育呈先升高后降低，均在出苗后 80 d 左右达到

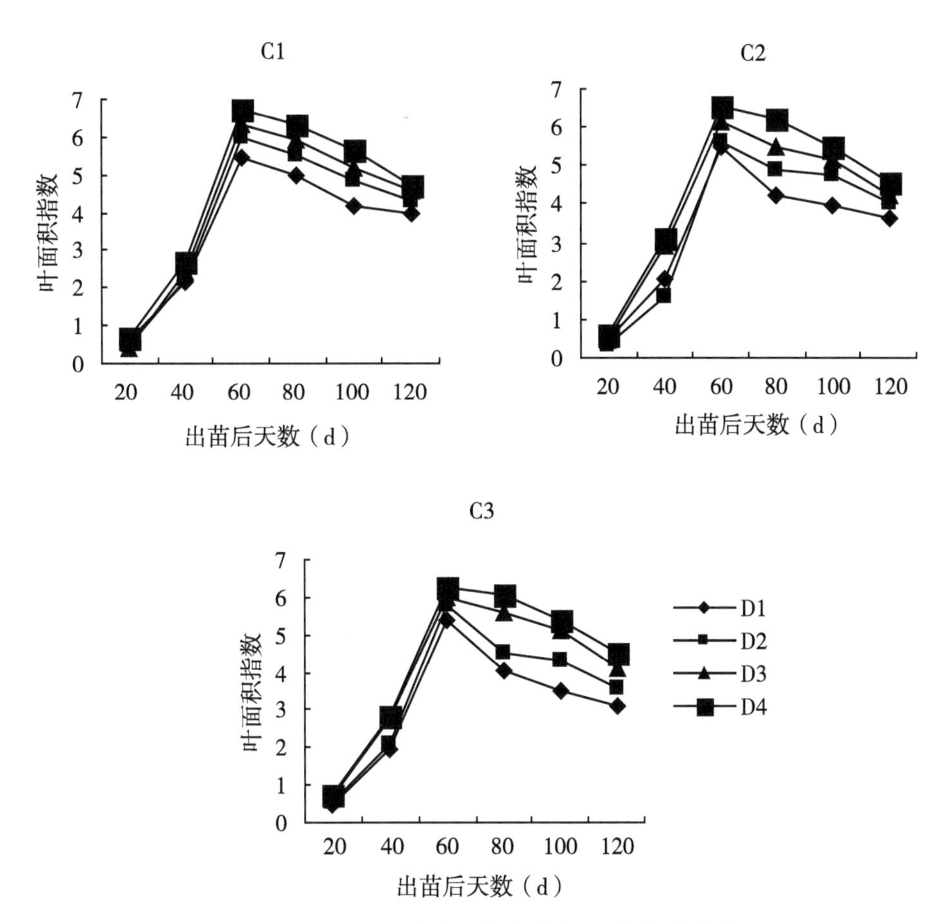

图 4-1 不同种植方式和密度对叶面积指数的影响

最大值，且随密度升高叶片的 *Pn* 相应降低。在生长后期高密度条件下光合速率迅速下降，表明高密度下叶片衰老较快。同种种植方式下，植株的最大光合速率均值分别为 29.218（C1）、27.937（C2）和 26.798（C3），到出苗后 120 d 均值分别下降 67.95%（C1）、70.41%（C2）和 73.64%（C3）。不同密度下各种植方式的光合速率表现不同，但不同密度下 C1 的光合速率均显著高于 C2 和 C3；在 C1 处理下的光合速率始终最高，其在 D1、D2、D3 和 D4 密度下，其光合速率平均值分别高出同密度其他各处理 7.92%（C2）和 13.40%（C3）、7.11%（C2）和 13.79%（C3）、20.24%（C2）和 13.61%（C3）、4.47%（C2）和 31.74%（C3）。由此可见，随着密度增加 C1 更有利于光合速率的提高。

三、不同种植模式对叶绿素含量的影响

叶绿素是一类与光合作用密切相关的最重要的基础色素物质，其含量的多少影响光合强度的高低。图 4-3 表明，随种植密度增加植株主要功能叶片的叶绿素含量下降，表现出随生育进程呈单峰曲线变化，均在出苗后 80 d 左右达到最高值，在生长后期高密度条件下叶绿素值迅速下降，表明高密度下叶片加速衰老。这一点与光合速率的变化

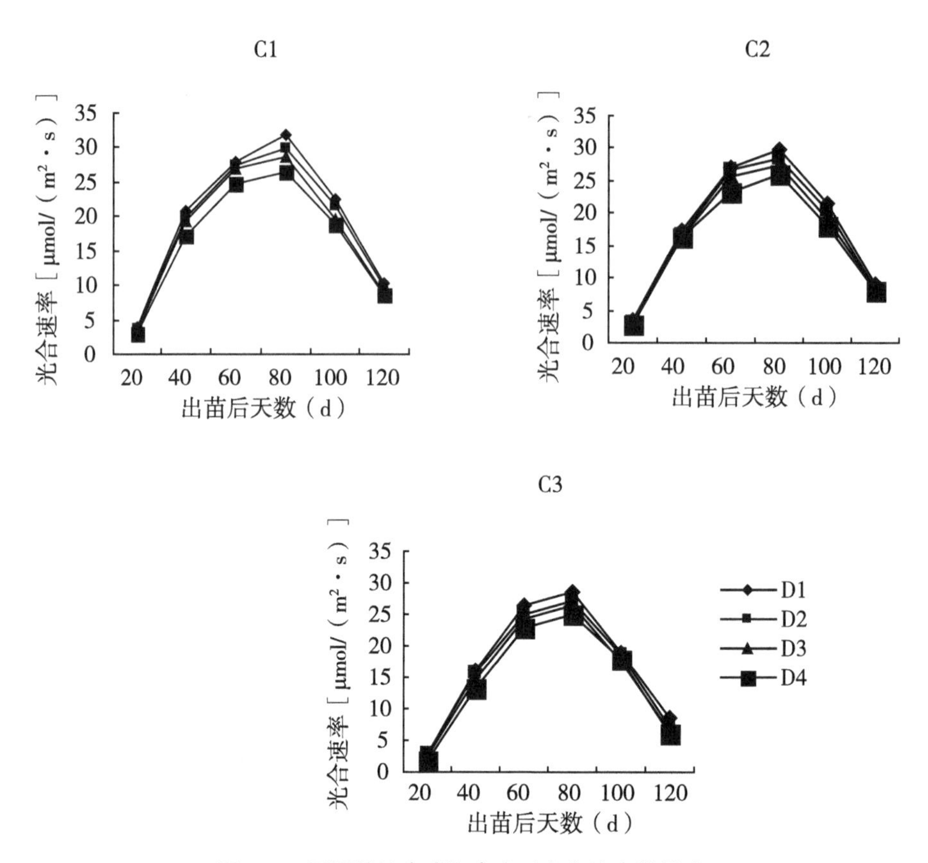

图 4-2　不同种植方式和密度对光合速率的影响

相吻合。同种种植方式下，植株的最大叶绿素均值分别为 4.073（C1）、3.968（C2）和3.492（C3），到出苗后120 d 均值分别下降46.13%（C1）、53.08%（C2）和52.35%（C3）。不同密度下各种植方式的叶绿素表现不同，但不同密度下 C1 的叶绿素值均显著高于 C2 和 C3；在 C1 处理下的叶绿素始终最高，其在 D1、D2、D3 和 D4 密度下，其叶绿素平均值分别高出同密度其他各处理 8.63%（C2）和 21.20%（C3）、8.25%（C2）和 26.21%（C3）、9.97%（C2）和 29.25%（C3）、12.09%（C2）和 35.36%（C3）。由此可见，随着密度增加 C1 的优势更加突出。

四、不同种植模式对干物质积累的影响

干物质积累是产量形成的基础，不同种植模式对地上部植株个体和群体的干物质积累总量差异达到极显著水平（$P<0.01$，表 4-3）。不同种植方式下，单株和群体的花前、花后和总干物质重均表现为 C1 显著高于 C2 和 C3，其中 C3 最低。同时，花后单株和群体干物质重 C1 和 C2 之间差异不显著，但显著高于 C3，说明大垄种植模式有效地调节了植株个体与群体间的竞争，更加有利于花后干物质积累。不同密度下，整个生育进程中，单株干物质积累量随密度的增加而逐渐减少，且差异显著；群体的干物质积累量随密度升高而增加，并且差异显著。其中，群体和单株的花后干物质积累量 D3

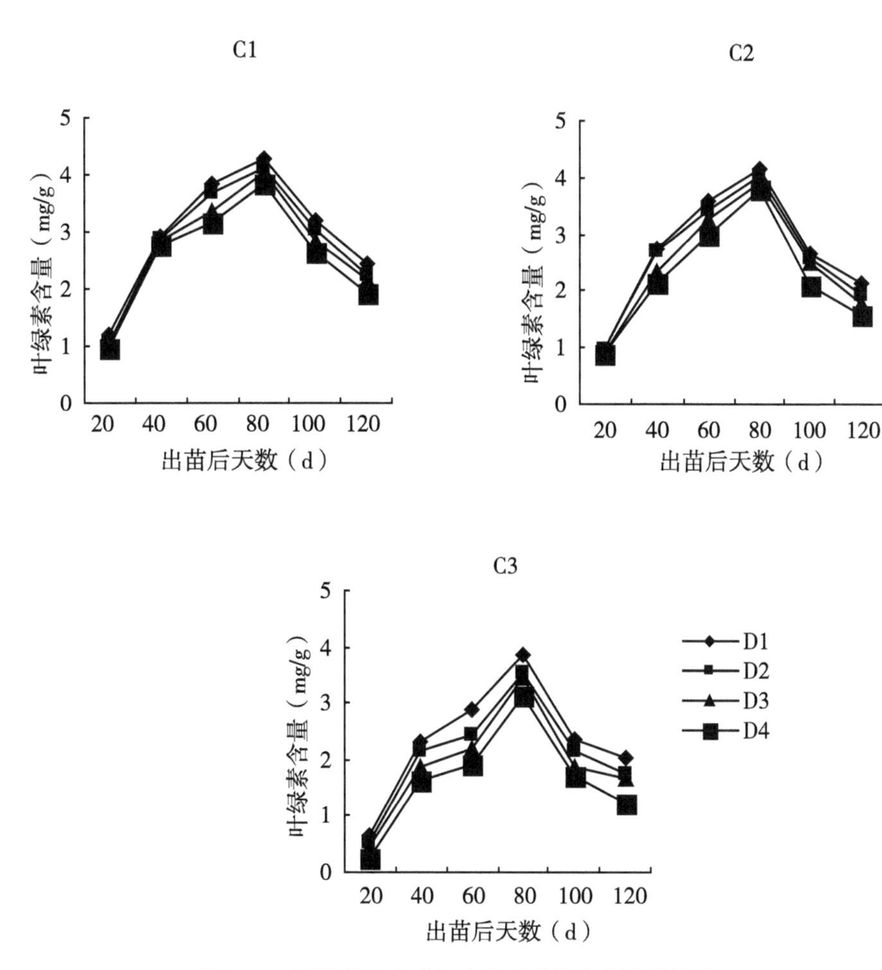

图 4-3　不同种植方式和密度对叶绿素含量的影响

与 D4 之间没有显著差异，种植方式和密度之间存在着极显著的互作效应，对群体和单株的干物质总量，花前、花后和总干物质积累均表现极显著差异。

表 4-3　不同种植模式和密度对干物质积累的影响

处理	开花前干物质重		开花后干物质重		总干物质重	
	群体（kg/hm^2）	单株（g/株）	群体（kg/hm^2）	单株（g/株）	群体（kg/hm^2）	单株（g/株）
C1	18 266. 59±78. 35 a	223. 04±0. 98 a	1 330 413±209. 50 a	163. 41±1. 50 a	31 570. 73±148. 06 a	386. 46±1. 47 a
C2	17 252. 79±185. 68 b	211. 35±2. 08 b	12 354. 46±322. 62 ab	152. 68±3. 62 b	29 607. 25±159. 36 b	364. 03±1. 92 b
C3	16 872. 54±171. 69 b	206. 13±2. 02 b	11 739. 10±281. 26 b	146. 21±3. 57 b	28 611. 64±115. 34 c	352. 34±1. 60 c

（续表）

处理		开花前干物质重		开花后干物质重		总干物质重	
		群体（kg/hm²）	单株（g/株）	群体（kg/hm²）	单株（g/株）	群体（kg/hm²）	单株（g/株）
D1		13 615. 74±32. 92 d	226. 93±0. 55 a	10 518. 39±299. 24 c	175. 31±4. 99 a	24 134. 13±268. 88 d	402. 24±4. 48 a
D2		16 196. 93±189. 60 c	215. 96±2. 53 b	11 892. 82±459. 80 b	158. 57±6. 13 ab	28 089. 75±296. 63 c	374. 53±3. 96 b
D3		18 759. 39±116. 37 b	208. 44±1. 29 c	13 277. 91±593. 11 a	147. 53±6. 59 bc	32 037. 30±532. 64 b	355. 97±5. 92 c
D4		21 283. 84±64. 93 a	202. 70±0. 62 d	14 174. 46±230. 65 a	135. 00±2. 20 c	35 458. 30±291. 75 a	337. 70±2. 78 d
F 值	种植模式（*df*=2）	22. 226**	24. 128**	8. 213*	8. 077*	112. 192**	107. 382**
	密度（*df*=3）	795. 382**	50. 093**	14. 543**	10. 572**	181. 387**	38. 690**
	种植模式×密度（*df*=11）	122. 076**	12. 944**	6. 799**	5. 221**	88. 395**	23. 466**

注：C1、C2、C3 分别表示 3 种种植模式；D1、D2、D3、D4 分别表示种植密度为 6 万株/hm²、7. 5 万株/hm²、9 万株/hm²、10. 5 万株/hm²；表中同列不同小字母表示不同处理在 0. 05 水平上差异显著。“＊”和“＊＊”分别表示 0. 05 和 0. 01 显著水平；未标注“＊”表示差异不显著。下同。

五、不同种植模式对玉米产量及其构成因素的影响

如表 4-4 所示，不同种植方式对高淀粉玉米‘郑单 958’的产量都具有极显著的影响（$P<0.01$）。种植方式 C1 的产量最高，平均达到12 646. 18 kg/hm²，其次是 C2，其中 C1 比其他种植方式分别高出 11. 33%（C2）、27. 20%（C3）；C1、C2 和 C3 三者之间产量差异极显著。不同密度间，产量达到极显著水平（$P<0.01$，表 4-4）。其中玉米植株在 D4 密度下的产量显著高于其他密度处理，D1 下产量最低。不同种植方式下，玉米产量构成因素在不同密度下变化规律不同，C1 的穗长、穗粒数和千粒重都显著高于 C2 和 C3；C2 与 C3 之间，玉米的穗长、穗粒数和千粒重差异都不显著；不同密度下，D1 的穗长和千粒重显著高于 D2、D3 和 D4，D1 的穗粒数与 D2 差异不显著，但显著高于其他密度处理；D2 的穗长和穗粒数与 D3 差异不显著，但显著高于 D4；D3 与 D4 的穗粒数差异不显著；各处理千粒重之间差异显著。由此可以看出，提高密度后，产量显著增加，穗长、穗粒数和千粒重均显著下降。种植方式和密度间存在极显著的互作效应（$P<0.01$）。穗长、穗粒数和千粒重是限制产量提高的关键因素，所以在一定密度下，合理的种植模式可以有效调节产量构成三因素之间的矛盾，建立良好的冠层结构，进而实现高产。

表 4-4　不同种植模式和密度对产量及产量构成因素的影响

处理		产量（kg/hm²）	穗长（cm）	穗粒数	千粒重（g）
C1		12 646.18±113.61 a	20.56±0.37 a	596.04±6.37 a	393.38±12.03 a
C2		11 359.35±362.66 b	18.15±0.41 b	571.89±1.67 b	354.00±4.04 b
C3		9 942.04±102.36 c	17.63±0.24 b	563.96±2.80 b	323.03±3.07 b
D1		10 462.34±108.57 c	20.82±0.15 a	596.67±8.48 a	379.29±9.47 a
D2		11 660.14±55.26 b	19.19±0.40 b	578.89±2.77 ab	349.49±4.81 b
D3		11 827.62±38.38 b	18.62±0.32 b	560.46±1.64 bc	329.33±3.43 c
D4		12 310.78±107.09 a	17.14±0.33 c	544.78±6.76 c	300.46±1.99 d
F 值	种植模式（*df*=2）	81.646**	20.2148**	16.333**	17.006**
	密度（*df*=3）	88.793**	31.347**	15.807**	35.861**
	种植模式×密度（*df*=11）	29.536**	6.903**	48.935**	93.446**

六、不同种植模式对成熟期出汁率的影响

图 4-4 表明，不同种植模式下茎秆出汁率呈现出随着密度的升高而逐渐降低的动态变化，C1 与 C3 种植模式除在 D2 密度下的出汁率差异不显著外，其他密度下都显著高于 C2 和 C3 处理。同时，C1 和 C2 下的出汁率，在各个密度下都与 C3 差异显著。说明覆膜和大垄能有效地调节植株生长中的竞争，更有利于碳水化合物积累，从而提高出汁率。

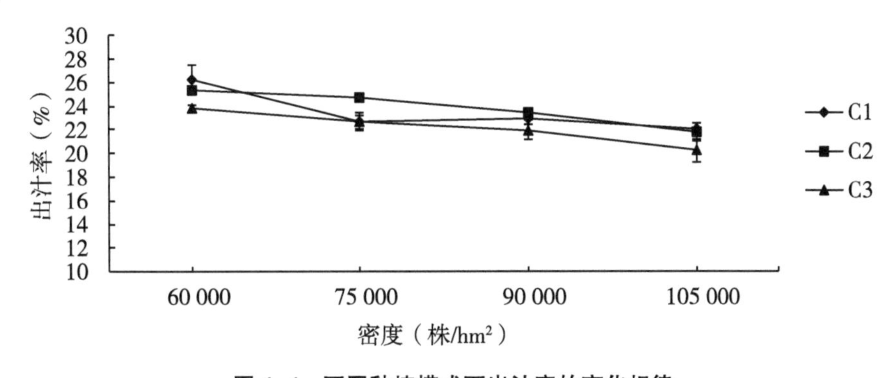

图 4-4　不同种植模式下出汁率的变化规律

七、不同种植模式对成熟期茎秆鲜重的影响

由图 4-5 可以看出，随着密度的增加，不同种植模式下茎秆鲜重呈逐渐增加的趋势，不同密度条件下，C1 和 C2 种植模式下的茎秆鲜重均与 C3 种植模式下的茎秆鲜重存在显著差异，但 D3 密度下，不同种植模式下的茎秆鲜重差异不显著。从 D1 到 D4 密度，C1 种植模式下茎秆鲜重增加了 20 841.26 kg/hm^2，显著高于种植模式 C2（增加 15 623.41 kg/hm^2）和 C3（增加 16 282.68 kg/hm^2）处理。可见，不同种植模式下单位面积茎秆鲜重产量结果表明，覆膜和大垄更有利于单位面积生物量的积累。

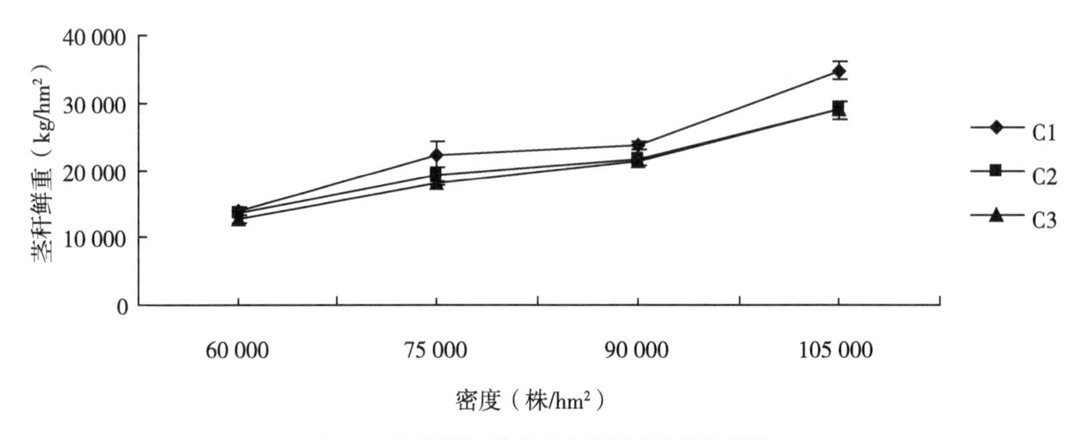

图 4-5　不同种植模式下茎秆鲜重的变化规律

八、不同种植模式对成熟期茎秆汁液锤度的影响

由图 4-6 可见，随密度的增加不同种植模式下的茎秆汁液锤度呈降低的趋势。除在 D4 密度下，C1 与 C3 处理下的茎秆汁液锤度差异不显著外，C1 都显著高于 C2 和 C3 处理，但 C2 和 C3 之间存在的差异不显著。从低密度 D1 到高密度 D4，C1 种植模式下茎秆汁液锤度下降了 23.38%，与种植模式 C2（下降 19.68%）和 C3（下降 16.94%）处理差异不显著。由此可知，低密度下不同种植模式对茎秆汁液锤度有影响，但高密度下其差异不显著。

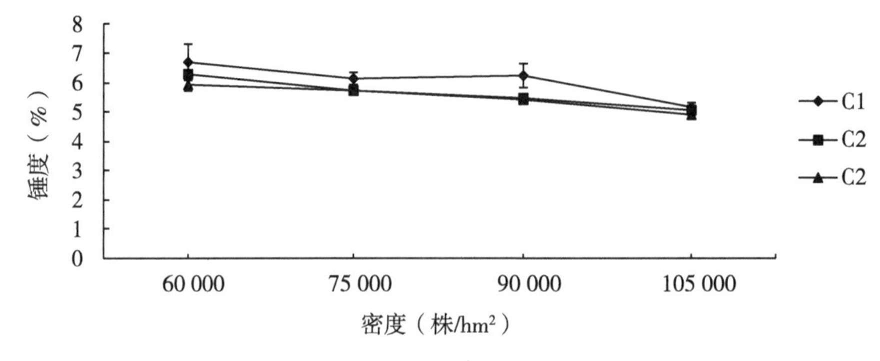

图 4-6　不同种植模式下茎秆汁液锤度的变化规律

九、不同种植模式对成熟期茎秆糖分生产力的影响

由图 4-7 可以看出，随着密度的增加，不同种植模式下的茎秆糖分生产力整体表现出逐渐升高的变化趋势；从低密度 D1 到高密度 D4，茎秆糖分生产力始终表现为 C1＞ C2＞ C3，并且 C1 处理增加了 148.80 kg/hm^2，显著高于种植模式 C2（增加 104.10 kg/hm^2）和 C3（增加 108.79 kg/hm^2）处理。所以，适宜的种植模式更有助于糖分生产力的提升。

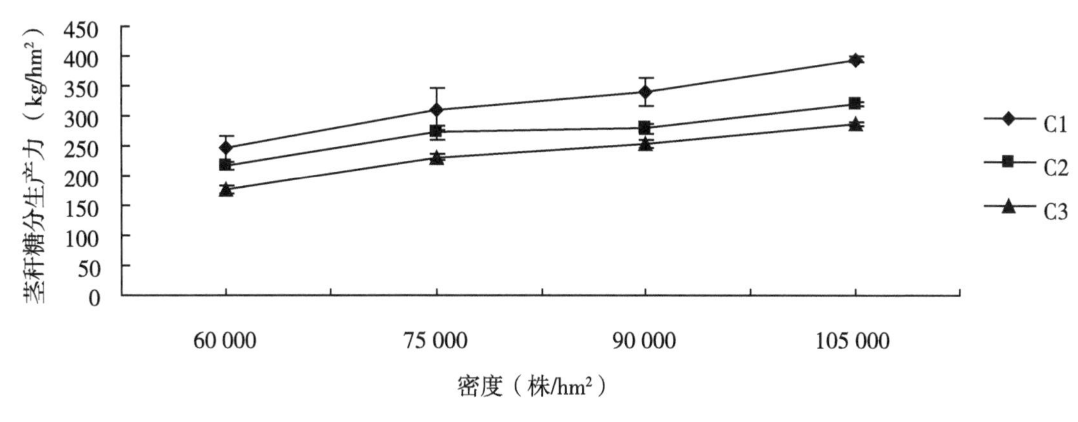

图 4-7　不同种植模式下糖分生产力的变化规律

十、不同种植模式下成熟期茎秆糖分生产力的相关性分析

对不同种植模式下影响茎秆糖分生产力进行相关性分析，由表 4-5 可知，不同种植模式下，4 个变量中茎秆鲜重和密度都与茎秆糖分生产力呈高度极显著正相关，表明二者的提高对茎秆糖分生产力具有明显的积极效应；出汁率和锤度与茎秆糖分生产力呈负相关，其中 C1 下的茎秆锤度呈中度显著负相关，出汁率呈中度负相关；C2 和 C3 下的茎秆出汁率和锤度与茎秆糖分生产力呈高度极显著负相关。不同种植模式对茎秆糖分生产力的直接影响中，C1 和 C2 下的茎秆鲜重的直接作用最大，而 C3 下的密度的直接作用最大。通过分析各个间接通径系数发现，不同种植模式下，茎秆鲜重与密度通过互相作用对茎秆糖分生产力都产生较大正值的间接作用，出汁率和锤度通过茎秆鲜重和密度对茎秆糖分生产力产生负值的间接作用，同时二者之间通过互相作用对茎秆糖分生产力的间接作用较小，导致产生较大的负间接效应掩盖了直接效应使它们的相关系数也表现为负值；剩余因子的通径系数分别为 0.161、0.158 和 0.134，该值较大，说明在影响茎秆糖分生产力的因素中有较大未知因素没考虑，有待于进一步研究。

表 4-5　不同种植模式影响茎秆糖分生产力的相关性分析

种植模式	变量	均值	相关系数	通径系数					
				直接作用	间接作用				
					总和	出汁率	茎秆鲜重	锤度	密度
C1	出汁率	23.493	-0.717**	0.077	-0.794		-1.069	0.400	-0.125
	茎秆鲜重	23 726.505	0.937**	1.350	-0.413	-0.061		-0.504	0.153
	锤度	6.050	-0.663**	0.581	-1.244	0.053	-1.172		-0.126
	密度	82 500.000	0.932**	0.160	0.772	-0.060	1.291	-0.458	
C2	出汁率	23.838	-0.899**	0.948	-1.847		-1.763	0.608	-0.692
	茎秆鲜重	20 911.830	0.969**	1.827	-0.858	-0.915		-0.651	0.708
	锤度	5.625	-0.914**	0.682	-1.596	0.845	-1.745		-0.696
	密度	82 500.000	0.948**	0.723	0.225	-0.90724	1.789	-0.657	
C3	出汁率	22.160	-0.858**	0.207	-1.065		-0.782	0.489	-0.772
	茎秆鲜重	20 225.260	0.961**	0.827	0.134	-0.196		-0.520	0.849
	锤度	5.475	-0.870**	0.545	-1.415	0.186	-0.782		-0.819
	密度	82 500.000	0.976**	0.865	0.111	-0.18485	0.812	-0.516	

十一、茎秆糖分生产力与产量及产量构成因素的相关性分析

相关分析表明（表 4-6），不同种植模式下，茎秆糖分生产力与产量、穗长、穗粒数和千粒重呈极显著正相关，由此可以说明，提高茎秆糖分生产力的同时，不会制约产量的增加。

表 4-6　茎秆糖分生产力与产量及产量构成因素的相关性分析

变量	均值	标准差	糖分生产力	产量（kg/hm^2）	穗长（cm）	穗粒数	千粒重（g）
糖分生产力	277.107	38.027	1				
产量	11 315.857	1 192.708	0.975**	1			
穗长	18.780	1.451	0.883**	0.890**	1		
穗粒数	577.297	15.742	0.939**	0.895**	0.876**	1	
千粒重	359.800	29.199	0.950**	0.935**	0.920**	0.960**	1

十二、茎秆糖分生产力与产量及产量构成因素的偏相关分析

对产量、穗长、穗粒数和千粒重与茎秆糖分生产力作偏相关分析（表 4-7），不同

种植模式下对茎秆糖分生产力提高发挥决定性作用的是产量和千粒重两性状，其中产量与茎秆糖分生产力相关性显著，千粒重与茎秆糖分生产力呈不显著负相关关系。

表 4-7　茎秆糖分生产力与产量及产量构成因素的偏相关分析

变量	糖分生产力（kg/hm²）	产量（kg/hm²）	穗长（cm）	穗粒数	千粒重（g）
糖分生产力	—				
产量	0.834*	—			
穗长	0.267	0.279	—		
穗粒数	0.557	-0.269	0.289	—	
千粒重	-0.532	0.131	0.550	0.632	—

综合相关分析中千粒重与茎秆糖分生产力呈显著正相关关系，由此能够推断，增加玉米茎秆糖分生产力对其产量及产量构成因素无显著影响。所以，适宜的种植模式有助于茎秆糖分生产力和籽粒产量都达到双高。

十三、不同种植模式下玉米增收效益及茎秆产能分析

由表 4-8 可以看出，不同种植模式下，C1 种植模式的增产效果最为明显且其茎秆糖分生产力最高，比 C3 增产2 704.14 kg/hm²，收益增加3 276.62 元/hm²，茎秆产能增加 85.48 kg/hm²；C2 种植模式比 C3 增产1 417.31 kg/hm²，收益增加2 267.70 元/hm²，茎秆产能增加 34.25 kg/hm²。

表 4-8　不同种植模式下玉米增收效益及茎秆产能分析

处理	产量（kg/hm²）	增产（kg/hm²）	增加效益（元/hm²）	茎秆糖分生产力（kg/hm²）	增加茎秆产能（kg/hm²）
C1	12 646.18	2 704.14	3 276.62	322.68	85.48
C2	11 359.35	1 417.31	2 267.70	271.45	34.25
C3	9 942.04	—	—	237.20	—

注：玉米市场价为 1.6 元/kg，覆膜成本 70 元/亩。

第三节　讨论与结论

一、讨论

（一）不同种植模式对玉米产量及其构成因素的影响

玉米的产量高低是植株的群体和个体二者共同影响的。密度是决定玉米生理性状的关键因素（刘武仁等，2004），合理密植是玉米获得高产的有效途径之一，而种植模式

可以协调高密度条件下群体内的光照、温度、湿度、养分供给等状况，提高作物群体光合作用并最终作用于产量（梁熠等，2009），玉米产量随密度增加而增加，达到临界水平后，若继续提高密度产量反之降低（佟屏亚等，1995），适宜的种植形式能够保证玉米产量增加的同时适当提高种植密度。在本试验中，不同密度条件下，C1 下的玉米产量均极显著高于 C2 和 C3；不同种植方式下，D4 下的玉米产量也极显著均高于其他处理。由此表明，合理的种植模式可以缓解高密度条件下植株之间相互竞争，有效地激发玉米单株发育潜力，确保玉米群体与个体能够共同趋向于良性发育，从而增加作物群体产量。前人研究认为，采用宽窄行处理的方法可以提高穗长，穗粗，穗行数，每行粒数，减少秃尖长度，最终获得高产。在本试验中，不同种植方式和密度对玉米产量构成因素有显著影响。随密度增加，各产量构成因素显著下降，高密植环境中，C1 下的穗长、穗粒数和千粒重都显著高于 C2 和 C3，说明高密植环境中其产量的增加，关键是由穗长、行粒数和千粒重的提高来完成的。

（二）不同种植模式对玉米叶片光合性能的影响

沈秀瑛等（1993）认为，玉米群体能否获得高产取决于其光合性能和光合产物的积累与分配特性。还有学者研究指出，随栽培密度的提高，叶绿素含量、光合速率均趋向于逐渐降低（杨晴等，2009）。在本试验中，随密度压力的升高，C1 的群体茎叶保绿性高，维持并建立了巨大的光合源，LAI 显著高于 C2 和 C3。光合作用是作物群体产量形成的基础，在本研究 4 种密度下，C1 种植方式下植株的光和性能均高于其他处理，且随密度的增加优势越显著，主要功能叶片的光合速率和叶绿素含量均随密度增加而减少，随着作物生长发育表现为单峰曲线变化，都在出苗后 80 d 左右达到极值。

（三）不同种植模式对玉米植株干物质积累量的影响

杨克军等（2005）研究表明，当群体结构发生变化时，干物质的积累量也随之改变，宽窄行种植形式有效地缓解了植物个体与群体间的矛盾，提高干物质积累量，进而为获得高产奠定了物质基础。本研究表明，单株和群体的花前、花后和总干物质重均表现为 C1 显著高于 C2 和 C3，其中 C3 最低，且 C1 随密度提高优势更加突出；D3 密度下，更有助于协调群体结构，提高个体和群体花后干物质积累总量。

（四）不同种植模式对玉米植株茎秆糖分生产力的影响

从本试验影响茎秆糖分生产力的主要因素的变化规律可以看出，不同种植模式下，茎秆的出汁率、糖锤度随着密度的升高而逐渐下降，而群体茎秆鲜重随着密度的提高而增重。同时，覆膜和大垄能有效的协调植株生长，更有利于光合产物积累，从而提高单位面积生物量的积累和出汁率；低密度下不同种植模式对茎秆汁液锤度有影响，但高密度下其差异不显著，因此，不同种植模式下影响玉米茎秆糖分生产力主要是单位面积生物量，所以调节好植株个体和群体的矛盾，保证群体产量的增加是提高玉米产量和茎秆糖分生产力的有效途径之一。

相关研究表明，一个品种能否获得高产糖量决定于生物产量、茎秆含糖量及汁液含量（张华文等，2008；邹剑秋等，2011）。本研究表明，不同种植模式下影响玉米茎秆糖分生产力的因素主要是取决于茎秆鲜重产量和种植密度，并呈显著正相关；茎秆糖锤度与出汁率的较大的负间接效应掩盖了直接效应，关系为负相关，所以仅考虑相关系数不全面的。由此可知，不同种植模式并不是通过显著提高玉米茎秆糖锤度和出汁率来提高茎秆糖分生产力，而是通过提高群体和单株茎秆鲜重来增加茎秆糖生产力的。C1 种植模式更能有效地缓解植株间的竞争，协调群体结构，增加茎秆鲜重。同时，三种种植模式下的剩余因子通径系数值较大，说明在影响茎秆糖分生产力的因素中有较大未知因素没考虑，有待于进一步研究。

在提高玉米茎秆糖分生产力的同时，玉米籽粒产量的高低仍然是首先要考虑的因素。适当种植模式可以协调高密度条件下群体内的光照、温度、湿度、养分供给等状况，提高作物群体光合作用并最终作用于产量。田间栽培方式的变化能够显著影响玉米群体产量及其构成因素，相关和偏相关分析显示，不同种植模式下产量与茎秆糖分生产力相关性显著，千粒重与茎秆糖分生产力呈不显著负相关关系。

二、结论

C1 更有利于在密植环境下改善群体冠层垂直结构，延长叶片功能期，提高玉米群体 LAI，使玉米群体光合速率和叶绿素含量升高，构建了高光效生产体系，促进库源协调发展，增加光合产物的干物质积累，提高玉米穗粒数和千粒重，最终提高玉米产量。不同种植模式下影响玉米茎秆糖分生产力主要是单位面积生物量，所以调节好植株个体和群体的矛盾，保证群体产量的增加是提高玉米产量和茎秆糖分生产力的有效途径之一。在提高玉米茎秆糖分生产力的同时，玉米籽粒产量的高低仍然是首先要考虑的因素。相关和偏相关分析显示，不同种植模式下产量与茎秆糖分生产力相关性显著，千粒重与茎秆糖分生产力呈不显著负相关关系。本研究认为，适宜的种植模式可以实现茎秆糖分生产力和籽粒产量达到双高。不同种植模式下，C1 的增产效果较 C3 增产 2 704. 14 kg/hm^2，收益增加 3 276. 62 元/hm^2，茎秆产能增加 85. 48 kg/hm^2；C2 比 C3 增产 1 417. 31 kg/hm^2，收益增加 2 267. 70 元/hm^2，茎秆产能增加 34. 25 kg/hm^2。结合籽粒高产和茎秆高能两方面因素，在本试验条件下，以郑单 958 为材料，采用大垄双行覆膜种植方式和密度为 90 000 株/hm^2 的种植模式是高产、稳产的最优配置。该结论是在特定地区的试验中取得，品种单一，适用范围还需要进一步考证。

第五章　肥密组合对寒地半干旱区膜下滴灌玉米产量的影响

第一节　材料与方法

一、试验地概况

试验于2014年在黑龙江省大庆市黑龙江八一农垦大学农学院试验田（46°62′N，125°19′E）进行，平均海拔146 m，该区属于典型的北温带亚干旱季风气候区。全年降水较少，平均气温在5 ℃左右。年平均无霜期在143 d左右。试验田地力均匀，地势平坦，土壤类型为黑钙土，0～20 cm耕作层有机质含量26.62 g/kg、碱解氮130.42 mg/kg、速效磷7.99 mg/kg、速效钾31.37 mg/kg，pH值8.13，田间持水量为28.5%。

二、试验设计

本研究选用由河南省农业科学院粮食作物研究所选育的玉米品种，并在我国大面积推广的高淀粉玉米杂交种郑单958（紧凑型，粗淀粉含量73.02%）为材料。

试验采用4因子5水平（1/2实施）2次通用旋转组合设计，选取氮肥、磷肥、钾肥和密度4种处理作为试验因素，各因素设计了5个不同水平。田间处理采用裂区设计，密度为主区，施肥量为副区。种植方式为大垄双行膜下滴灌，垄距为110 cm，垄上植株行距为50 cm，两垄间相邻植株行距为60 cm，边起垄边覆膜，膜与膜之间不留空隙，相接处用土压住地膜。每小区配备一块水表，以保证小区单独灌水及施肥的要求，灌水量由水表计量。小区15 m行长，6行区，共20个试验小区，试验因素和水平编码见表5-1，施肥量和种植密度详见表5-2。

磷肥及钾肥以种肥形式一次施入，-1.682、-1、0水平氮肥以1/3量施种肥，1、1.682水平以1/4量施种肥，其余在拔节期追施。N肥用尿素做种肥，并用尿素做追肥；磷肥用$(NH_4)_2HPO_4$（磷酸二铵）；钾肥用K_2SO_4（硫酸钾），按纯量折算，其中纯氮含量为尿素（N大于等于46.4%）和磷酸二铵（N大于等于18%）中纯氮总和。追肥尿素在第2次灌水（拔节期）时随滴灌带流入田间。根据玉米不同生长期土壤相对水分含量需求来判断是否补充灌溉。补灌水量通过如下公式计算。

$$M=C\times H\times A\times (W_2-W_1) \tag{5-1}$$

式中，M 为灌水量（t）；C 为土壤容重（t/m^3）；H 为计划湿润层（m），A 为小区面积（hm^2）；W_1 是灌水前该土层的土壤含水量（%）；W_2 为灌溉后的土壤含水量（%），详见表 5-3；湿润层厚度取 0.5 m。试验于 2014 年 5 月 7 日播种，10 月 8 日收获。

表 5-1　二次通用旋转组合设计田间试验编码

编码	X1 N（kg/hm^2）	X2 P_2O_5（kg/hm^2）	X3 K_2O（kg/hm^2）	X4 密度（株/hm^2）
+r（1.682）	380	260	180	105 000
1	285	195	135	93 750
0	190	130	90	82 500
-1	95	65	45	71 250
-r（-1.682）	0	0	0	60 000
△j	95	65	45	11 250

表 5-2　2014 年试验方案及组合设计

处理	X1	X2	X3	X4	N （kg/hm^2）	P_2O_5 （kg/hm^2）	K_2O （kg/hm^2）	密度 （株/hm^2）
1	1	1	1	1	285	195	135	93 750
2	1	1	-1	-1	285	195	45	71 250
3	1	-1	1	1	285	65	135	93 750
4	1	-1	-1	-1	285	65	45	71 250
5	-1	1	1	1	95	195	135	93 750
6	-1	1	-1	-1	95	195	45	71 250
7	-1	-1	1	1	95	65	135	93 750
8	-1	-1	-1	-1	95	65	45	71 250
9	-1.682	0	0	0	0	130	90	82 500
10	1.682	0	0	0	380	130	90	82 500
11	0	-1.682	0	0	190	0	90	82 500
12	0	1.682	0	0	190	260	90	82 500
13	0	0	-1.682	0	190	130	0	82 500
14	0	0	1.682	0	190	130	180	82 500
15	0	0	0	-1.682	190	130	90	60 000
16	0	0	0	1.682	190	130	90	105 000
17	0	0	0	0	190	130	90	82 500
18	0	0	0	0	190	130	90	82 500
19	0	0	0	0	190	130	90	82 500
20	0	0	0	0	190	130	90	82 500

表 5-3　各时期土壤持水量指标

生育时期	播种至出苗期	出苗至拔节期	拔节至抽雄期	抽雄至吐丝期	吐丝至乳熟期	完熟期
土壤相对含水量	70%~75%	60%左右	70%~75%	80%~85%	75%~80%	60%

三、试验生育期调查及测定项目与方法

生育期调查及田间采样时间同第四章。

试验均在玉米出苗后 20 d、40 d、60 d、80 d、100 d、120 d 进行田间取样。

（一）试验田土壤养分含量状况及土壤持水量测定

试验田土壤养分含量状况测定同第四章。

采用重量法测定土层土壤含水量。

（二）叶面积指数（LAI）的测定

叶面积指数（LAI）的测定同第四章。

（三）叶片光合性能的测定

叶片光合速率的测定同第四章。

使用 SPAD-502 叶绿素计（美能达，日本）测定叶片叶绿素含量（SPAD 值），选择无病虫害、无生理病斑、无机械损伤的叶片，去除叶片表面的泥沙及灰尘，大喇叭口期前取植株最后一片全展叶片，大喇叭口期后取穗位叶测定，每片叶测定 3 次（叶基、叶中、叶尖），每个小区把测定 5 株的平均值作为该处理的 SPAD 值。

（四）干物质积累的测定

干物质积累的测定同第四章。

（五）测产考种

测产考种方法同第四章。

（六）数据分析

采用 Microsoft Excel 2003 和 Sigmaplot 10.0 进行数据整理和作图，使用 DPS v7.05 软件进行相关的统计分析。

第二节　结果与分析

一、肥密组合条件下玉米产量模型的建立

二次回归模型的一般式如下

$$\hat{y} = b_0 + \sum_{j=1}^{p} bjxj + \sum_{i<j}^{p} bijxixj + \sum_{i=1}^{p} bij\, x_j^2 \qquad (5-2)$$

失拟性检验可知，$F_{Lf}=3.68$，查 F 表得 $F_{0.05}=9.01$（5，3），所以 $F_{Lf} < F_{0.05}$，可

知回归方程的失拟性不显著，表明试验选择的 4 个因子研究玉米产量的变化是可行的。显著性检验可知，$F=13.91$，查 F 表得 $F_{0.05}=3.31$（11，8），所以 $F>F_{0.05}$，可知方程达到显著性水平，说明该模型能够反映玉米产量的变化与不同因素之间的关系。对回归模型的系数进行显著性分析，4 个因素中，施 N 对玉米籽粒产量的影响最为明显，达到了 0.01 显著性水平，其他 3 个因素对产量的影响不显著。

20 种处理下玉米的产量如表 5-4 所示，得到产量（Y）与 N（X1）、P（X2）、K（X3）、密度（X4）4 因子的回归模型如下。

$$Y=15\ 634.15+996.03X1+74.22X2-177.11X3+126.47X4-984.80X_1^2-1927.96X_2^2-1476.57X_3^2-593.04X_4^2+801.06X1X2-25.03X1X3-82.22X1X4 \quad (5-3)$$

表 5-4　氮、磷、钾和密度处理下的玉米产量

处理	产量（kg/hm^2）	处理	产量（kg/hm^2）
1	11 661.45	11	9 320.25
2	12 854.70	12	10 899.15
3	10 477.95	13	10 755.75
4	11 654.85	14	12 017.10
5	8 033.10	15	13 557.75
6	9 438.75	16	14 213.10
7	10 366.35	17	16 401.90
8	11 130.60	18	15 607.50
9	11 016.60	19	15 340.80
10	14 538.15	20	15 353.55

二、模型分析

（一）试验因子的产量效应分析

主因子效应分析：由于试验设计各因子均经无量纲线性编码处理，且各项回归系数间都是不相关的，所得偏回归系数已标准化。所以可以通过回归系数绝对值的大小判断变量 X 对产量 Y 的影响程度。分析模型可知：

第一，一次项 X1、X2、X4 的系数均为正值，X3 的一次项系数是负值，说明在试验设计范围内，氮、钾和密度单因子都有增产效应，且对产量影响顺序为施氮量＞密度＞施钾量；钾肥单因子对提高籽粒产量有负作用，即随着 K 肥增加，玉米籽粒产量有降低趋势。

第二，交互项 X1X2 系数为正值，其余交互项系数为负值，表明施氮和施磷之间配合对产量增加有相互协同作用。

第三，二次项系数均为负值，说明产量随各因素提高均呈开口向下的抛物线趋势变化，即在最佳水平以下时，产量随该因素的增加而提高，当超过临界水平时，产量开始下降。

（二）单因子效应分析

在玉米籽粒产量的回归模型中，通过降维分析，分析各因素对产量的影响。将其他3个因素规定在“0水平”编码时，得到各因素的回归效应模型如下。

施氮：$Y=15\ 634.15+996.03X1-984.80X_1^2$ （5-4）

施磷：$Y=15\ 634.15+74.22X2-1\ 927.96X_2^2$ （5-5）

施钾：$Y=15\ 634.15-177.11X3-1\ 476.57X_3^2$ （5-6）

种植密度：$Y=15\ 634.15+126.47X4-593.04X_4^2$ （5-7）

将不同水平施氮、施磷、施钾以及密度代入式（5-4）、式（5-5）、式（5-6）、式（5-7）得出对应的单因子效应值（表5-5）。在试验设计的因素水平值范围内，根据这些回归子模型分别作出各因子对玉米籽粒产量影响的效应图，如图5-1所示。

表5-5 各处理单因子效应值

X	-1.682	-1	0	1	1.682
Y氮	11 172.71	13 653.32	15 634.15	15 645.38	14 523.35
Y磷	10 054.87	13 631.97	15 634.15	13 780.41	10 304.55
Y钾	11 754.65	14 334.69	15 634.15	13 980.47	11 158.85
Y密度	13 743.64	14 914.64	15 634.15	15 167.58	14 169.09

从图5-1可以看出，施氮、施磷、施钾及密度4个因素均对产量产生一定影响，且产量随各因素水平的提高均呈单峰曲线变化，存在极大值。符合报酬递减定律。四因素增产效果显著，各抛物线的顶点就是各单因子的最高产量，对应的便是各因子的最优投入量。本研究中，最佳的投氮量为1（码值），实际用量则为285 kg/hm^2，这时产量达15 645.38 kg/hm^2，磷肥和钾肥的最佳投入量为0（码值），实际用量则为130 kg/hm^{2}和90 kg/hm^2，此时产量可达15 634.15 kg/hm^2；最佳种植密度为0（码

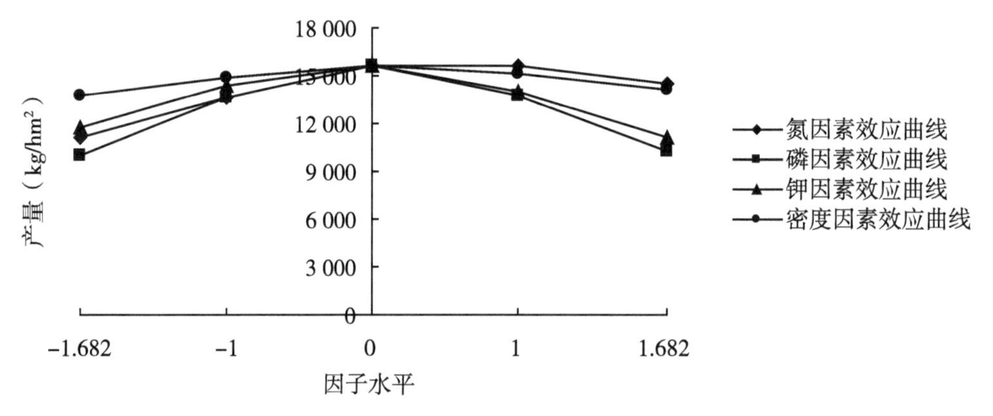

图5-1 试验因子的产量效应

值）即种植密度为82 500株/hm^2，此时产量可达15 634.15 kg/hm^2。达到最佳施用量时，产量最高；施用量继续加大，产量反而降低。图3-1中表明，在较低施用量时，密度的增产效应略高于其他措施。

（三）单因素边际效应分析

边际产量可反映各因素的最佳施用量和单位水平施用量变化对产量增减速率的影响，将回归方程（5-4）、（5-5）、（5-6）、（5-7）求一阶偏导，得到氮、磷、钾和密度的各因素的边际效应模型。

施氮：$Y=996.03-1\ 969.6X1$　　(5-8)

施磷：$Y=74.22-3\ 855.92X2$　　(5-9)

施钾：$Y=-177.11-2\ 953.14X3$　　(5-10)

种植密度：$Y=126.47-1\ 186.08X4$　　(5-11)

氮肥、磷肥、钾肥和密度单因子边际效应值如表5-6所示。

表5-6　氮、磷、钾和密度单因子边际效应值

X	-1.682	-1	0	1	1.682
dy/dx_1	4 308.90	2 965.63	996.03	-973.57	-2 316.84
dy/dx_2	6 559.88	3 930.14	74.22	-3 781.70	-6 411.44
dy/dx_3	4 790.07	2 776.03	-177.11	-3 130.25	-5 144.29
dy/dx_4	2 121.46	1 312.55	126.47	-1 059.61	-1 868.52

水肥单因子效应由图5-2可知：当另外一因子为0水平时，随着氮、磷、钾和密度投入量的增加，单位氮、磷、钾和密度投入量的增产作用减弱，说明四因子边际效益均表现为下滑状态；且边际效益下滑程度为施磷＞施钾＞施氮＞种植密度。各因子单位水平施入量引起边际产量的减少量为施磷＞种植密度＞施钾＞施氮。

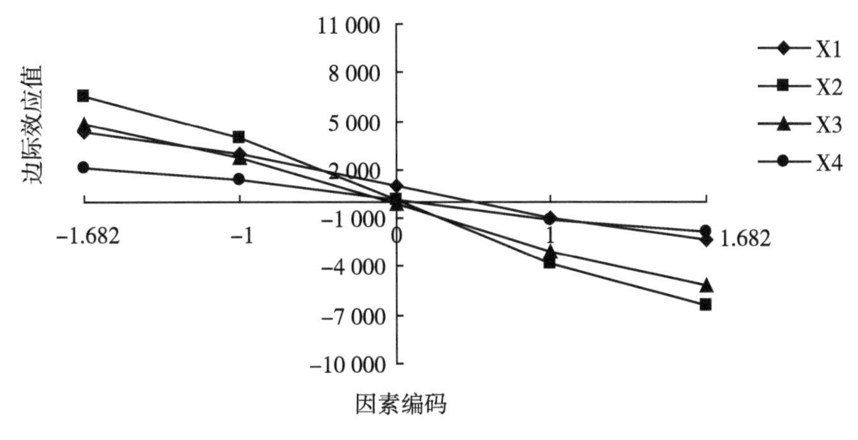

图5-2　单因子边际效应

(四) 因素间交互作用分析

各因子对产量的影响不是孤立的，同时它们之间存在相互制约或协同影响。由图5-3可知，将其中一个因素限制在某一范围时，可得到产量随另一因素水平的动态效应规律。

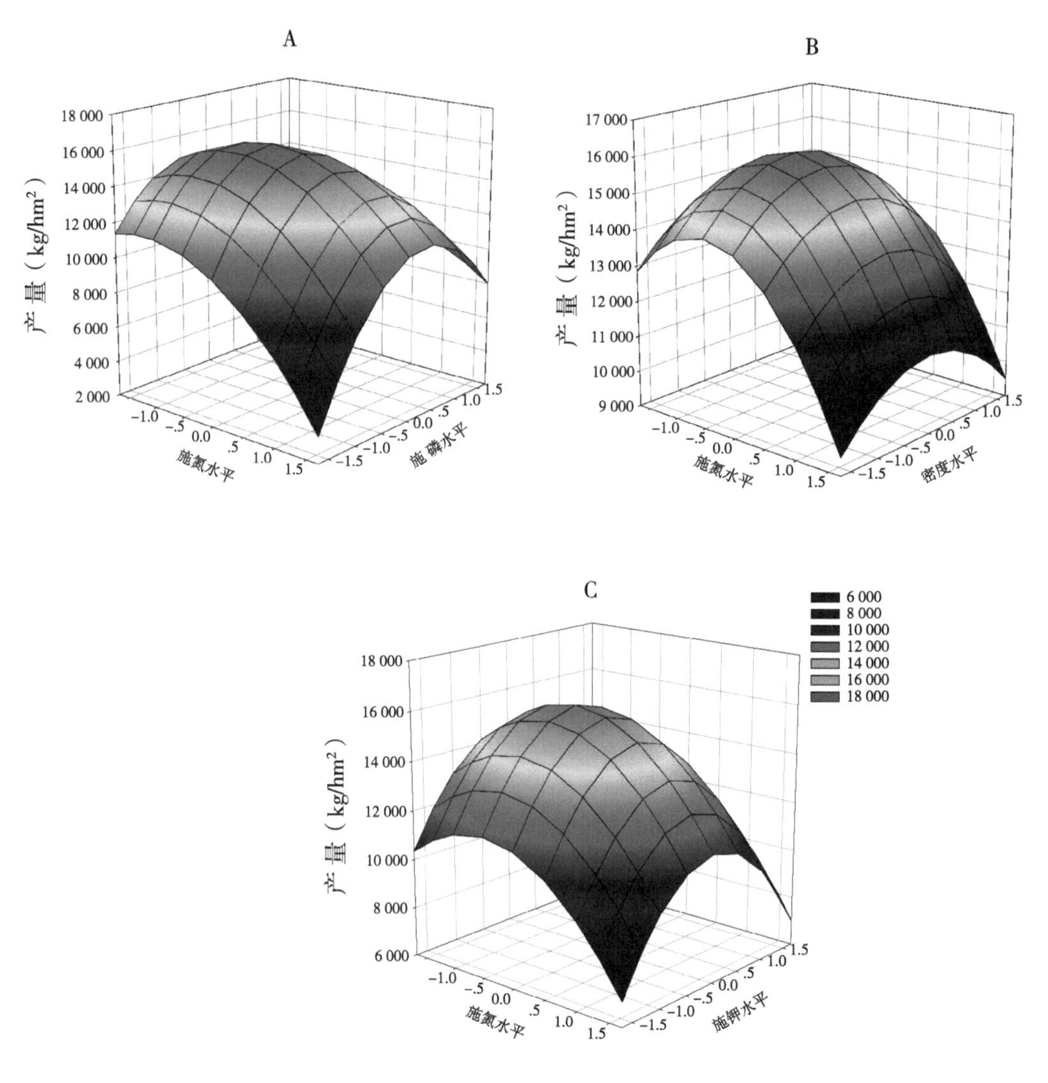

图5-3　氮和磷的交互作用（A）、氮和密度的交互作用（B）及氮和钾的交互作用（C）对玉米籽粒产量的影响

图5-3（A）表明，当投氮量固定时，施磷量在-1.682~0区间水平的范围内，产量随着施磷量的增加而增加；当施磷量在0~1.682区间水平的高投磷量范围内，玉米产量随磷投入量的提高而下降，表明投氮量一定时，施磷量过多或太少，都不能发挥氮肥的最佳增产效果，无法获得高产。与此同时，在较低的施氮条件下，施磷的增产效应不明显；在较高施氮水平下磷肥的增产效果显著提升。而当磷肥投入量为低水平时，当

大量投入氮肥可能会导致产量降低，该效应符合报酬递减函数。此时，如果加大施用氮肥，则肥料利用率降低。从图 3-3（A）也可以得出玉米产量的最高值时并不产生在施氮量和施磷量最大时，施氮量的高产临界值在 0.5 水平左右，施磷量在 0 水平左右。

图 5-3（B）表明，在对玉米籽粒产量的影响方面，施氮量和种植密度具有明显的交互作用，当固定施氮量在一个水平时，产量随着密度的提高表现为先升高后下降的动态变化。而当种植密度一定时，施氮编码水平＜0 时，玉米籽粒产量随着投氮量的增加，产量显著提高，并且种植密度中等水平（即 0 编码水平时），增产效果更显著。所以，玉米籽粒产量与投氮量和密度间的协调配合有密切关系。

图 5-3（C）表明，施氮量和施钾量表现出了显著的协同增产效应。施氮量处在 0 编码水平，施钾量在 0.5 水平时，此时玉米籽粒的产量最高，为 15 885.96 kg/hm^2；施氮量和施钾量均在-1.682 低水平时，此时玉米产量最低，为 3 454.77 kg/hm^2。当固定施氮量在一个水平时，玉米产量随着施钾水平的提高呈先升高后降低的动态变化趋势，而当施钾水平固定时，且施氮量＜0 编码水平时，玉米籽粒产量随着施氮量的增加，增产效果显著且增幅较大，但当施氮量＞0 编码水平时，随着施氮量的增加可能会出现籽粒减产。

三、肥密组合优化方案

本研究得到的最高产量与实际的最佳水平可能有所差异，为了明确 4 因子在生产实践中的可靠性，通过频数法进一步剖析，在-1.682～1.682 约束区间，所得方案中，有 72 套方案玉米产量大于等于 12 231.97 kg/hm^2，其优化组合的置信区间见表 5-7。

表 5-7　优化提取方案中 Xi 取值频率分布

因素水平	X1		X2		X3		X4	
	次数	频率	次数	频率	次数	频率	次数	频率
-1.682	0	0	0	0	0	0	9	0.125 0
-1	4	0.055 6	7	0.097 2	17	0.236 1	17	0.236 1
0	21	0.291 7	44	0.611 1	38	0.527 8	20	0.277 8
1	29	0.402 8	21	0.291 7	17	0.236 1	17	0.236 1
1.682	18	0.250 0	0	0	0	0	9	0.125 0
$S_{\bar{x}}$	0.768		0.194		0		0	
$S_{\bar{x}}$	0.089		0.07		0.081		0.128	
95%的置信区间	(0.592，0.943)		(-0.058，0.331)		(-0.159，0.159)		(-0.251，0.251)	
措施范围	(246.240，279.585)		(133.770，151.515)		(82.845，97.155)		(79 676，85 324)	

通过模拟寻优分析，大庆地区玉米要获得大于等于12 231.97 kg/hm^{2}的产量，在膜下滴灌条件下，氮肥与磷肥、钾肥、密度最优组合取值范围为：氮肥 246.24～279.59 kg/hm^2，磷肥 133.77～151.52kg/hm^2，钾肥 82.85～97.16kg/hm^2，种植密度 79 676～

85 324 株/hm^2，玉米的经济效益和生态效益达到最佳。

四、肥密组合对膜下滴灌玉米叶面积指数（LAI）的影响

表 5-8 结果表明，玉米 LAI 在出苗后有显著差异（$P<0.01$）。当出苗后 20 d，处理 11 玉米 LAI 最高（0.466）并显著高于其他处理，处理 15（0.222）最低。到出苗后 40 d，处理 15 的玉米 LAI（2.118）值较小，说明在生育前期作物缺乏营养能够显著制约植株绿叶面积的增多。处理 16 玉米 LAI 最大，表明处于适宜养分浓度和合理密植范围内能够加快 LAI 的快速增长。从出苗后 80 d 的 LAI 中可看出，低种植密度的处理 15（5.503）的 LAI 最小，其次是连续缺肥的处理 8（5.709），由此可见，从出苗后 40 d 到出苗后 80 d 施肥量的缺失和低密度处理对植株叶面积提高存在显著影响。在低密度处理下以 4 处理的 LAI 生育后期下降最为缓慢，说明膜下滴灌玉米在低密度处理下增施氮肥可以起到延长叶片功能期的作用。

表 5-8　各处理水平玉米的叶面积指数（LAI）

处理	出苗后天数					
	20 d	40 d	60 d	80 d	100 d	120 d
1	0.366	3.254	6.147	8.165	6.295	4.012
2	0.273	2.415	5.049	6.223	5.443	3.635
3	0.305	2.681	5.699	7.985	6.060	3.116
4	0.262	2.615	4.857	5.825	4.595	3.452
5	0.447	2.823	5.769	7.288	3.788	2.880
6	0.279	2.694	5.048	6.392	4.099	3.302
7	0.387	3.131	6.195	8.279	4.860	4.093
8	0.316	2.784	4.788	5.709	3.723	3.135
9	0.394	2.982	5.776	7.144	5.313	3.858
10	0.438	3.739	6.586	7.794	6.073	4.268
11	0.466	3.062	5.800	7.231	4.763	2.966
12	0.339	2.463	5.463	6.826	4.417	2.679
13	0.371	2.759	5.808	7.008	4.473	3.178
14	0.343	3.413	5.246	7.011	5.232	3.215
15	0.222	2.118	4.831	5.503	4.950	3.606
16	0.457	3.781	6.891	9.308	5.966	3.605
17	0.312	2.302	5.270	6.663	4.944	2.430
18	0.295	3.124	5.912	7.304	5.762	3.897
19	0.402	2.904	5.696	6.841	5.836	4.066
20	0.421	2.968	5.583	6.847	5.393	3.860

图 5-4 所示，各处理植株 LAI 随着生育进程的推进都表现为先升高后降低的动态变化趋势，玉米 LAI 发生改变的时间可分为 3 个时期：一是直线快速增长期：出苗后 20～60 d，这一阶段 LAI 增长速率最快。二是缓慢增长期：出苗后 60～80 d，LAI 升高到整个生长发育阶段的最高点，此时玉米对营分的需求最为紧迫，肥料利用率达到最高，土壤中营养成分，水分的运移、吸收、转化和利用能力增强。三是衰退期：出苗后 80～120 d，LAI 下降。关键原因是由于此时植株果穗籽粒的干物质积累需求量大，地下器官对肥料的转化利用率开始逐渐降低，植株叶片因缺乏养分和高密植的双重影响而导致叶片衰老死亡，LAI 下降。

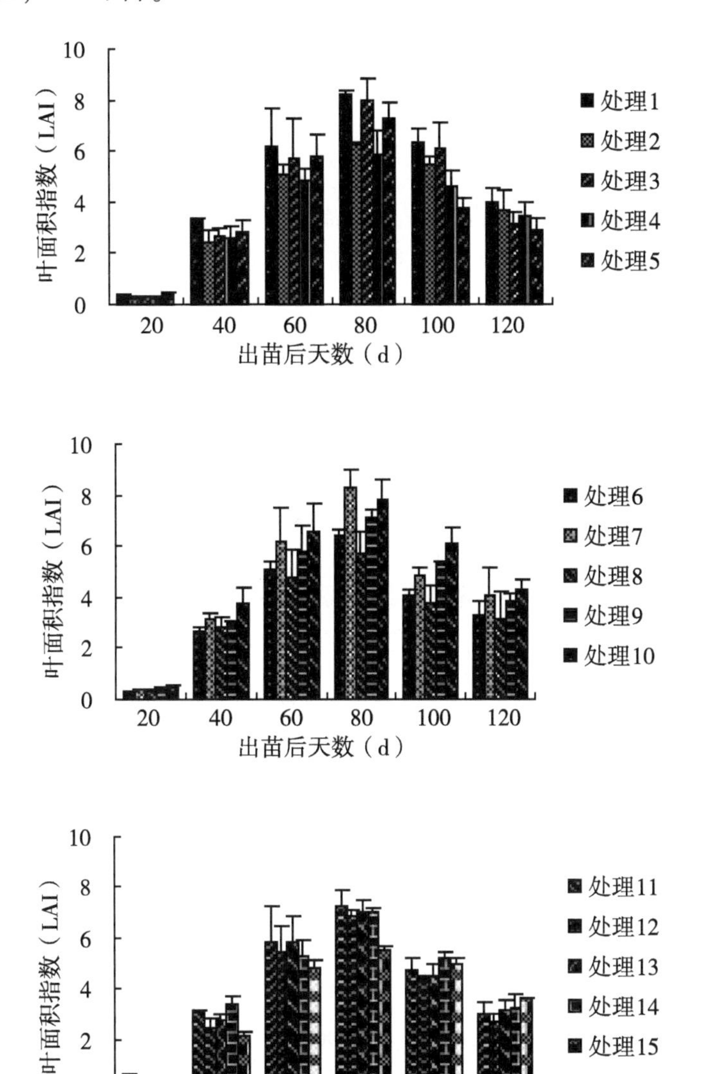

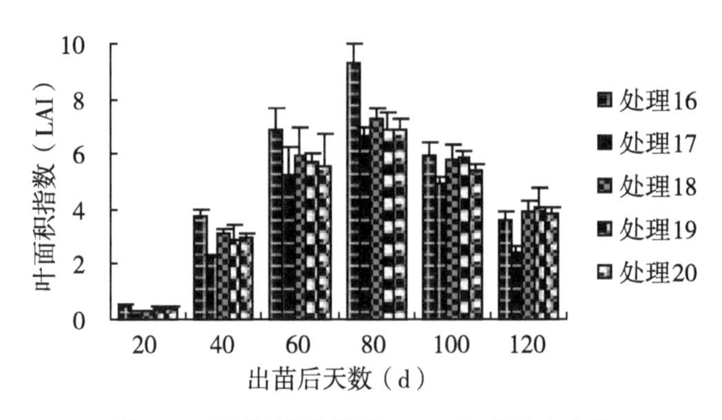

图 5-4　玉米叶面积指数（LAI）的动态变化

五、肥密组合对膜下滴灌玉米叶片光合速率（*Pn*）的影响

由表 5-9 中可以看出，植株叶片光合速率在出苗后存在显著差异（$P<0.01$）。当出苗后 20 d，处理 17 玉米叶片光合速率最高（11.072）并显著高于其他处理，处理 5（8.447）最低。到出苗后 40 d，处理 5 和处理 16 的光合速率（分别为 12.426 和 12.792）较低，说明在生育前期作物营养短缺和高密度的压迫会显著降低叶片的光合速率；处理 20 玉米叶片光合速率显著高于其他处理，表明在中肥和适宜密度的情况下能够增大叶片净光合速率。从出苗后 80 d 的叶片光合速率中可看出，高种植密度的处理 16（23.045）光合速率最小，其次是连续缺肥的处理 5（24.679）和处理 6（24.978），由此可见，从出苗后 40 d 到出苗后 80 d 施肥量的缺失和高密度处理对玉米叶片光合速率有显著影响。当处于密植环境中时，处理 16 的净光合速率后期迅速下降，表明膜下滴灌玉米在密植环境下增加施肥，可以提高叶片的保绿性，同时保持较高的光合速率。

表 5-9　各处理水平玉米叶片光合速率（*Pn*） 单位：μmol CO_2/（m^2·s）

处理	出苗后天数					
	20 d	40 d	60 d	80 d	100 d	120 d
1	9.805	13.384	19.148	25.637	20.950	9.165
2	10.405	13.984	19.748	26.237	21.550	9.765
3	9.600	13.179	18.943	25.432	20.745	8.959
4	9.575	13.154	18.918	25.407	20.720	8.935
5	8.447	12.426	18.190	24.679	19.992	7.207
6	9.146	12.725	18.489	24.978	20.291	7.506
7	9.414	12.993	18.757	25.246	20.559	8.774
8	9.597	13.175	18.939	25.428	20.741	8.956
9	9.177	12.756	18.520	25.009	20.322	8.537

（续表）

处理	出苗后天数					
	20 d	40 d	60 d	80 d	100 d	120 d
10	10. 507	14. 086	19. 850	26. 339	21. 652	9. 867
11	8. 912	12. 691	18. 455	24. 944	20. 257	8. 472
12	9. 424	13. 003	18. 767	25. 256	20. 569	8. 783
13	9. 632	13. 211	18. 975	25. 464	20. 777	8. 992
14	10. 050	13. 629	19. 393	25. 882	21. 195	9. 409
15	9. 877	13. 456	19. 220	25. 709	21. 022	9. 237
16	9. 113	12. 792	17. 556	23. 045	19. 358	7. 573
17	11. 072	14. 451	21. 215	27. 704	22. 017	10. 232
18	10. 952	14. 531	20. 295	26. 784	22. 097	10. 311
19	10. 941	14. 920	20. 684	26. 173	22. 486	10. 701
20	10. 975	15. 054	20. 818	27. 307	21. 620	10. 834

根据表 5-9 的结果，可以得到玉米叶片光合速率（Y）与施 N（X1）、施 P（X2）、施 K（X3）和密度（X4）之间的回归效应模型如下。

$$Y=10.39869+0.48458X1-0.10676X2-0.02604X3-0.24204X4-0.35018X_1^2-0.55330X_2^2-0.35071X_3^2-0.63196X_4^2+0.50662X1X2-0.01187X1X3-0.09262X1X4 \quad (5-12)$$

经检验，$P=0.0332<0.05$，可知回归方程的失拟性不显著，回归方程的显著性检验 $P=0.0047<0.01$，模型的回归关系显著，能反映 4 因素与玉米叶片净光合速率的关系。由回归效应模型知：叶片光合速率随着施氮量的增加而升高，这说明光合速率与施氮量之间存在正相关关系。4 因子对玉米的光合速率的影响顺序是：施氮量（X1）>种植密度（X2）>施磷量（X3）>施钾量（X4）。

图 5-5 所示，各处理玉米叶片净光合速率随着生育进程的推进都呈现一种先升高

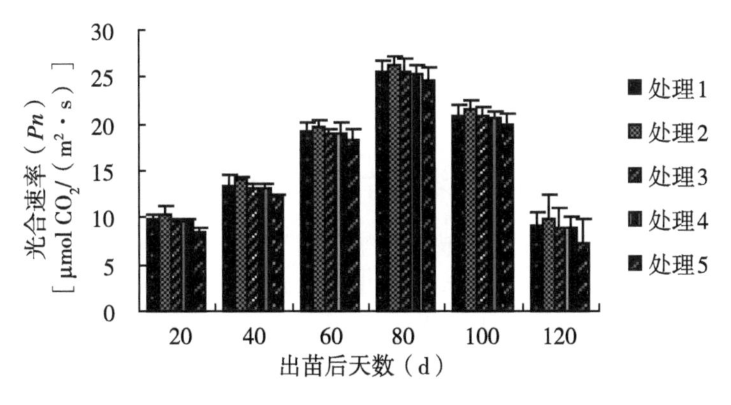

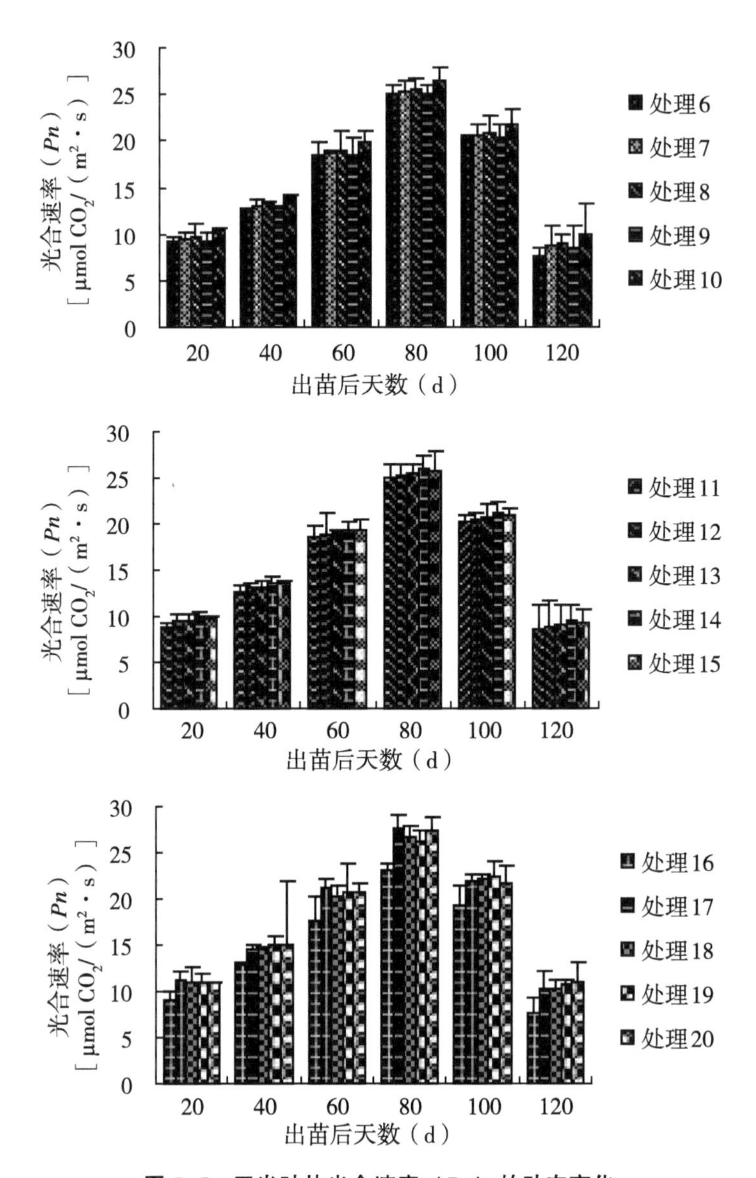

图 5-5　玉米叶片光合速率（*Pn*）的动态变化

后降低的动态变化趋势，均在出苗后 80 d 左右达到最高值，且随密度增加植株主要功能叶片的光合速率相应降低。在生育后期高密度下光合速率下降较快，由此可以说明高密度下叶片衰老较快，以中肥和中种植密度处理更能提高叶片的光合速率。

六、肥密组合对膜下滴灌玉米叶片叶绿素含量（SPAD 值）的影响

叶片叶绿素含量（SPAD）是反映叶片生理活性变化的重要指标之一，与植株光合机能的大小密切相关。从表 5-10 中可以看出，玉米叶片 SPAD 值除在出苗后 20 d 不显著外，其他生育时期均存在显著性差异（$P<0.01$）。当出苗后 40 d，处理 10 的玉米叶片 SPAD 值（58.433）最高并显著高于其他处理，表明在一定密度下，玉米植株增施氮

肥会明显提高叶片的SPAD值；从出苗后80 d的叶片SPAD值中可看出，高种植密度的处理16（49.183）SPAD值最小，其次是连续缺肥的处理5（49.267）、处理7（50.651）和处理9（50.212），由此可见，从出苗后40 d到出苗后80 d施肥量的缺失和高密度处理对玉米叶片SPAD值有显著影响。在高密度处理下以处理16的SPAD值后期降低较快。总体而言，叶片SPAD值随密度增加而减小，特别在成熟期高密度条件下叶片SPAD值下降更快，说明高密度下叶片加速衰老。

表5-10　各处理水平下玉米叶片的SPAD值

处理	出苗后天数					
	20 d	40 d	60 d	80 d	100 d	120 d
1	48.133	50.467	51.267	53.700	40.133	36.267
2	48.200	53.481	54.767	58.100	53.433	44.533
3	44.067	48.133	51.033	54.867	47.900	33.167
4	45.900	49.400	50.768	52.467	45.767	35.133
5	46.967	50.933	47.133	49.267	39.254	30.433
6	46.567	50.133	52.233	52.933	46.567	35.367
7	47.300	48.200	48.667	50.651	46.467	29.767
8	44.467	48.512	51.833	51.603	41.700	34.133
9	44.300	48.436	49.435	50.212	43.600	35.767
10	47.400	58.423	58.930	53.961	55.000	48.600
11	46.733	49.463	51.667	52.454	42.167	27.400
12	48.033	58.600	59.767	52.700	43.400	34.533
13	44.133	51.833	48.133	50.300	41.400	31.633
14	47.267	52.467	53.167	54.833	50.067	47.333
15	45.200	53.267	55.733	57.000	53.233	50.933
16	47.533	49.767	53.133	49.183	39.333	28.867
17	48.647	51.100	56.567	61.267	54.867	52.900
18	46.167	53.833	54.567	58.067	57.102	51.867
19	45.867	53.400	55.421	60.033	58.833	50.633
20	47.033	56.900	56.400	57.267	56.433	51.667

根据表5-10的结果，可以得到玉米叶片SPAD值（Y）与施N（X1）、施P（X2）、施K（X3）和密度（X4）之间的回归效应模型，如下所示。

$$Y=51.18097+3.00087X1+1.93282X2+0.50320X3-3.13707X4-2.82754X_1^2-6.79335X_2^2-3.78231X_3^2-3.63488X_4^2+1.32500X1X2-0.11650X1X3-0.85850X1X4 \quad (5-13)$$

经检验，$P=0.000\ 1<0.01$，可知回归方程的失拟性不显著，回归方程的显著性检验 $P=0.047\ 1<0.05$，模型的回归关系显著，能反映4因素与玉米SPAD值的关系。由回归效应模型知：叶片SPAD值随着施氮量（X1）、施磷量（X2）和施钾量（X3）的增加而升高，这说明SPAD值与施N（X1）、施P（X2）和施K（X3）之间存在正相关关系，与种植密度（X4）呈负相关关系。4因子对玉米的SPAD值的影响顺序是：种植密度（X2）>施氮量（X1）>施磷量（X3）>施钾量（X4）。

图5-6所示各处理玉米叶片SPAD值与叶片光合速率变化趋势一样，随着植株生长发育都表现为一种先上升后下降的动态变化趋势，均在出苗后80 d左右达到最高值，且随密度增加植株主要功能叶片的SPAD值相应降低。在生育后期缺肥和高密度处理下SPAD值迅速减小，生育后期叶片容易早衰。由此可以说明高密度下叶片衰老较快，以中肥和中种植密度处理更能提高叶片的SPAD值。叶片的SPAD值反映其光合能力，玉米产量主要来源于吐丝后叶片的光合同化物。因此，合理施肥同时，只有协调好个体与群体的关系，维持生育中后期植株叶片仍保持较高的绿叶面积，SPAD值仍然较大，依旧可保持较佳的光合机能，才能获得高产。

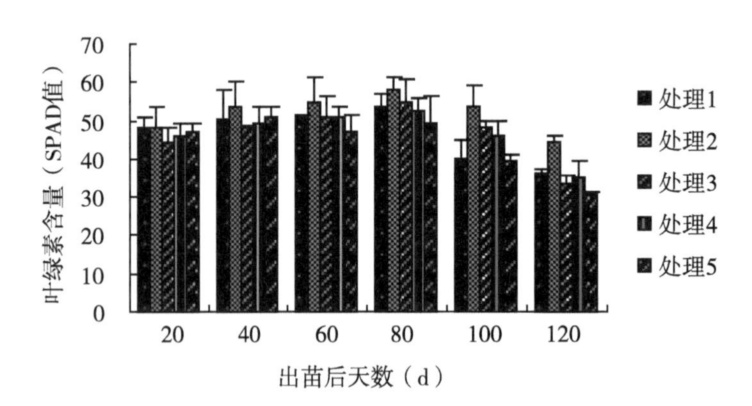

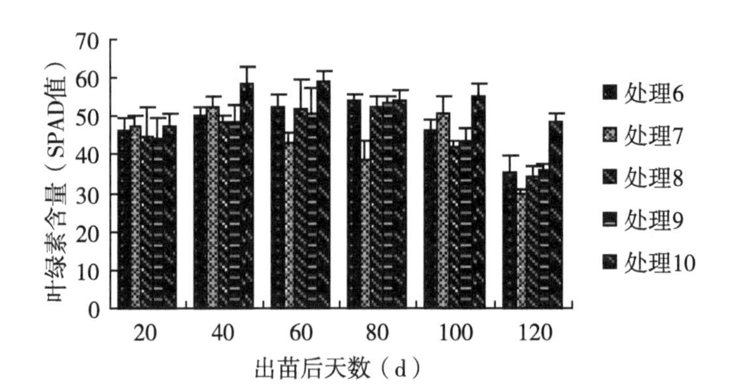

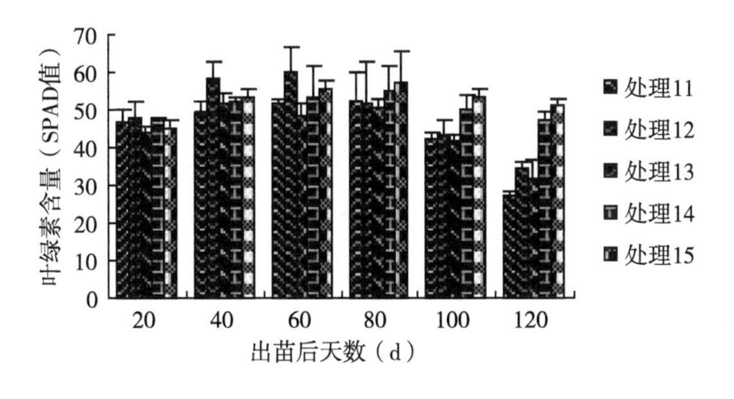

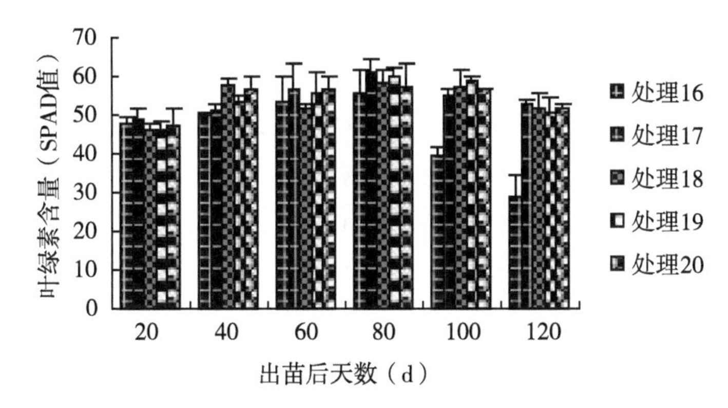

图 5-6　玉米叶片叶绿素含量（SPAD 值）的动态变化

七、肥密组合对膜下滴灌玉米干物质积累的影响

玉米干物质积累量与出苗后天数的结果见表 5-11。

表 5-11　各处理干物质积累量结果　　单位：g/株

处理	出苗后天数					
	20 d	40 d	60 d	80 d	100 d	120 d
1	7. 260	43. 633	154. 487	251. 683	278. 880	284. 643
2	7. 000	45. 557	173. 073	263. 402	353. 730	448. 773
3	7. 020	50. 373	143. 060	228. 637	254. 213	285. 800
4	7. 220	65. 703	176. 723	310. 630	374. 537	482. 693
5	7. 643	42. 873	141. 656	221. 003	271. 407	299. 453
6	7. 597	47. 320	153. 367	242. 662	331. 957	397. 790
7	7. 257	58. 137	173. 957	218. 325	262. 693	279. 733
8	7. 670	46. 787	158. 320	244. 962	331. 603	392. 197

（续表）

处理	出苗后天数					
	20 d	40 d	60 d	80 d	100 d	120 d
9	6.980	54.077	156.390	241.893	327.397	337.917
10	7.640	48.157	184.397	313.725	363.053	389.850
11	6.467	45.887	187.955	215.531	243.107	275.923
12	5.890	57.280	150.257	263.787	287.317	318.887
13	7.353	52.107	169.937	233.468	247.000	252.923
14	6.447	52.483	158.987	212.230	265.473	309.650
15	7.223	54.223	153.943	313.072	425.200	531.103
16	7.443	41.233	170.157	222.063	273.970	329.093
17	7.280	53.803	163.347	256.188	349.030	397.650
18	6.490	50.363	169.393	259.600	359.807	431.120
19	6.233	37.187	176.233	257.343	358.453	443.553
20	7.357	49.767	188.523	264.647	330.770	447.173

干物质累积与时间关系的曲线可以用指数方程 5-14 拟合，公式如下。

$$Y = ae - b/X \tag{5-14}$$

式中，Y 为干物质累积量，X 为苗后的时间（d），a，b 为待定参数，a，b 用 DPS 统计软件求得。所得的回归方程经 F 检验达极显著水平（$P<0.01$）。所得方程结果如下表 5-12 所示。

表 5-12　作物生育期间干物质累积与时间关系的回归方程

干物质积累	回归方程	决定系数（R^2）
1	Y=635.422 5×EXP（-85.829 3/X）	0.960 9
2	Y=1 238.229 6×EXP（-123.037 8/X）	0.997 1
3	Y=619.329 9×EXP（-88.316 1/X）	0.985 0
4	Y=1 254.840 1×EXP（-116.216 4/X）	0.995 9
5	Y=702.973 4×EXP（-97.570 8/X）	0.990 0
6	Y=1 080.358 6×EXP（-119.050 3/X）	0.998 9
7	Y=556.255 6×EXP（-77.051 3/X）	0.981 0
8	Y=1 035.923 6×EXP（-115.244 3/X）	0.998 1
9	Y=818.855 7×EXP（-99.184 8/X）	0.987 4
10	Y=932.667 2×EXP（-97.057 5/X）	0.975 7

（续表）

干物质积累	回归方程	决定系数（R^2）
11	$Y=533.720\,8\times EXP\ (-75.560\,6/X)$	0.954 5
12	$Y=707.646\,7\times EXP\ (-89.981\,4/X)$	0.979 1
13	$Y=500.990\,8\times EXP\ (-71.558\,6/X)$	0.951 9
14	$Y=671.293\,5\times EXP\ (-92.102\,0/X)$	0.994 0
15	$Y=1\,707.750\,1\times EXP\ (-139.238\,4/X)$	0.998 1
16	$Y=738.761\,5\times EXP\ (-96.765\,4/X)$	0.985 6
17	$Y=1\,027.466\,1\times EXP\ (-111.232\,4/X)$	0.997 4
18	$Y=1\,168.775\,6\times EXP\ (-118.976\,6/X)$	0.998 5
19	$Y=1\,247.881\,5\times EXP\ (-124.310\,5/X)$	0.994 9
20	$Y=1\,125.262\,5\times EXP\ (-115.027\,1/X)$	0.988 4

由方程表 5-12 可以看出，参数 b 对 Y 影响有限，而参数 a 却有明显差别，说明不同肥密组合对玉米干物质累积动态变化有显著影响。不同处理的干物质累积曲线变化趋势如图 5-7 所示。

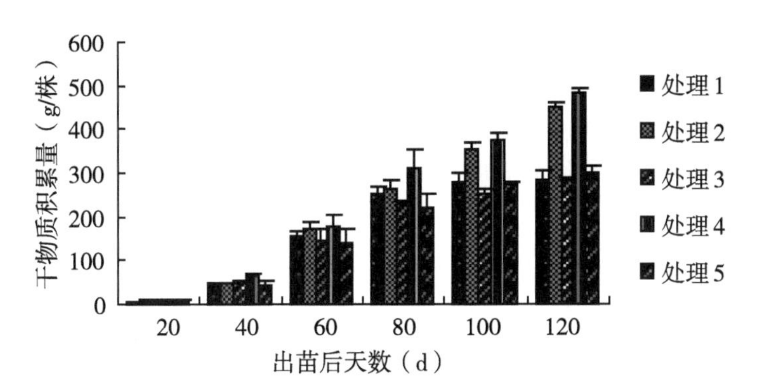

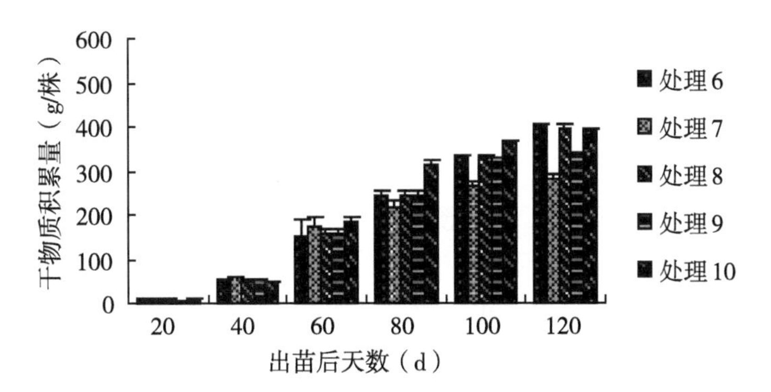

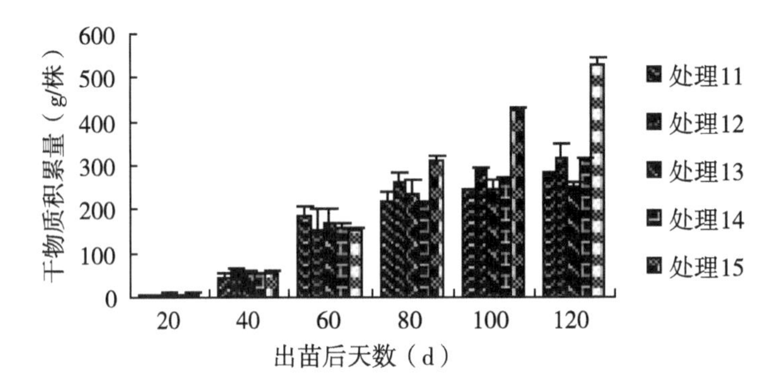

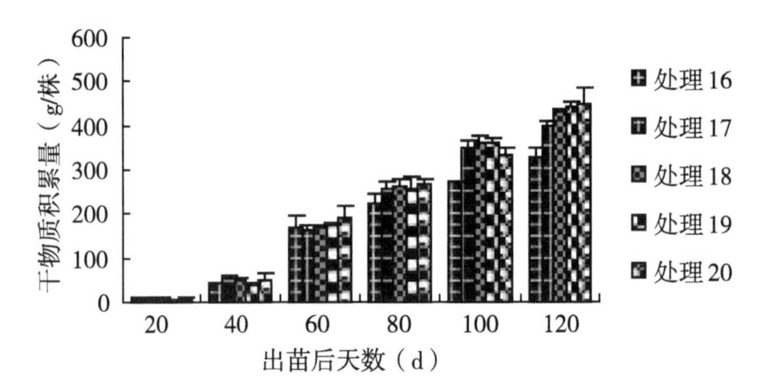

图 5-7　各处理干物质累积量与时间的关系

从图 5-7 可以看出玉米在苗期的干物质积累量差异不显著，表明本试验中玉米的出苗整齐度大体一致，这是因为底肥在起作用，这一时期对肥料的需求尚小，密度的影响较小。从出苗后 40~80 d 可以看到处理 2、处理 4、处理 15、处理 17、处理 18、处理 19、处理 20 干物质积累速度大大超过其他处理（氮磷钾配比不均匀），这说明在这时期适宜施肥量的增加可以显著增加玉米干物质积累量，过多的施肥或少量都会降低干物质积累量。在生育后期，低密度处理 2、处理 4、处理 15 因其良好的冠层结构和通风透光条件，仍然保持较高单株的干物质积累，高密度缺肥处理 7 和缺肥处理 9、处理 11、处理 13 干物质积累速度逐渐平缓，干物质积累速度几乎为零，表明施肥和密度都是影响玉米干物质积累的主要原因。

八、肥密组合的玉米干物质累积最大速率和出现最大速率时间的动态分析

将表 5-12 中的回归模型对 t 求一阶导数，可求出干物质累积速率方程，计算公式如下。

$$dy/dt = ab\exp(-b/t)/t^2 \tag{5-15}$$

式中，dy/dt 是干物质累积速率，t 为出苗后天数。

对上公式求二阶导数。

$$dy^2/dt^2 = ab\ (-2+b/t)\ \exp\ (-b/t)\ /t^3 \tag{5-16}$$

由式（5-16）、式（5-17）可得出干物质累积的最大速率和出现最大速率的时间，如表 5-13 所示。当 t=b/2 时，为玉米出现最大累积速率的时间，此时干物质累积的最大速率为 4aexp（-2）/b。

表 5-13　各处理干物质累积最大速率和出现最大速率的时间

处理	出现最大速率时间（d）	最大速率［g/（d·株）］
1	43	4.01
2	62	5.45
3	44	3.86
4	58	5.85
5	49	3.90
6	60	4.91
7	39	3.91
8	58	4.87
9	50	4.47
10	49	5.20
11	38	3.82
12	45	4.26
13	36	3.79
14	46	3.95
15	70	6.64
16	48	4.13
17	56	5.00
18	59	5.32
19	62	5.43
20	58	5.30

图 5-8 结果表明：随施肥量和密度的变化玉米干物质积累量最大生长速率出现的时间略有不同，但总体趋势基本一致，均呈左偏钟形结构，前期迅速升高，达到最大值后逐渐降低。玉米干物质积累量最大生长速率出现在玉米出苗后的 36~70 d，平均为 51 d。玉米干物质生长速率的差异主要表现在出苗后 50 d 后，达最大生长速率后生长速率显著下降。最早出现干物质累积最大速率日期的为处理 13（36 d），且降幅最明显；出现最晚的为处理 15（70 d），这说明施肥量的供应不足和密度过大严重限制了玉米的生长。随施肥量的增加，在出现最大速率后，氮磷钾合理配比处理的干物质积累速

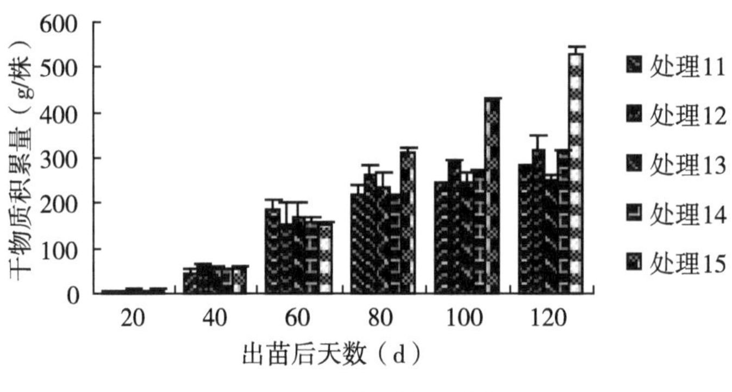

图 5-8　干物质积累速率

率仍高于低施肥量或高施肥量处理的干物质积累速率。这表明适量的肥料投入可以延缓玉米后期衰老，提高后期光合产物的积累。

九、肥密组合条件下玉米膜下滴灌效益分析

由表 5-14 可知，不同肥密组合处理条件下，膜下滴灌玉米籽粒的其最高产量为 16 401.97 kg/hm^2，较常规种植方式增产 6 425.65 kg/hm^2，产量提高 64.41%，效益增加 4 189.86 元/hm^2。所以，大面积推广肥密组合膜下滴灌技术是实现粮食增产、农民增收、农业集成栽培技术高效性和农业可持续发展的重要保障，是提高玉米经济效益最有效的技术栽培措施。

表 5-14　肥密组合条件下玉米膜下滴灌效益分析

处理	灌水时间（h/hm^2）	膜下滴灌费用（元/hm^2）	产量（kg/hm^2）	增产（kg/hm^2）	增加效益（元/hm^2）
膜下滴灌	42.5	6 091.15	16 401.97	6 425.65	4 189.86
常规种植	—	—	9 976.32	—	—

注：玉米市场价 1.6 元/kg，灌水费用 20 元/h，膜下滴灌成本 577.41 元/亩，常规种植成本 228 元/亩。

第三节　讨论与结论

一、讨论

（一）肥密组合对膜下滴灌玉米叶面积指数（LAI）的影响

王忠孝等（2014）等研究表明，不同肥密组合能够有效地调控玉米的光合特性，叶面积指数不仅反映了光热资源的利用情况，而且也在一定程度上反映了玉米群体遮蔽程度及植株间通风透光条件等情况。相同种植密度时，LAI 随施肥水平的增大而增加。肥料投入量相同时，LAI 随种植密度提高而升高，呈“S”形动态变化趋势。生育前期，

不同肥密处理间的 LAI 差异不显著；生育后期，LAI 随着生育进程的推进处理间差异逐渐明显。本试验研究表明，玉米拔节期植株缺肥会明显阻碍叶面积的增长。处理 16 玉米叶面积指数最高，说明在中肥和高密的情况下可以促进 LAI 的增长，保持较高的叶源性能。从出苗后 40 d 到出苗后 80 d 施肥量的缺失和低密度处理对显著制约玉米叶面积的增长。在低密度处理下以 4 处理的 LAI 后期下降最为缓慢，说明膜下滴灌玉米在低密度处理下增施氮肥可以起到延长叶片功能期的作用。各处理玉米 LAI 随着生育进程的推进均趋于先升高后降低的变化趋势，玉米 LAI 变化阶段可分为直线快速增长期、缓慢增长期、衰退期。

（二）肥密组合对膜下滴灌玉米叶片光合速率（*Pn*）的影响

姜琳琳等（2010）研究认为，随着时间的推移，光合速率（*Pn*）呈先升高后降低的变化趋势，施氮能延缓叶片衰老，提高光合速率，施钾能明显提高 CO_2 传输能力。施氮、磷、钾肥能提高 CO_2 传输能力和 CO_2 同化能力，最终通过综合作用促进 *Pn* 提高。本试验也得出相同结果，玉米叶片净光合速率随着生育进程的推进都呈现一种先升高后降低的动态变化趋势，均在出苗后 80 d 左右达到最高值，且随密度增加植株主要功能叶片的光合速率相应降低。随着施肥量的增加，叶片光合速率趋向于先升高到一定程度后再下降的变化，表明氮、磷、钾营养缺乏或过多均可使光合能力降低。拔节期玉米植株缺肥和高密度的压迫会明显降低叶片的光合速率；从出苗后 40 d 到出苗后 80 d，高种植密度的处理 16（23.045）光合速率最小，其次是连续缺肥的处理 5（24.679）和处理 6（24.978），由此可知，施肥量的缺失和高密度处理对玉米叶片光合速率有显著影响。生育后期高密度处理下，光合速率下降较快，可见，高密度下叶片更易衰老，以中肥和中种植密度水平的处理 20 玉米叶片光合速率显著高于其他处理，说明在中肥和适宜密度的情况下更能提高叶片的光合速率，高密度处理下通过增加施肥，可以提高叶片的保绿性，同时保持较高的净光合速率。所以，适宜的种植密度和合理的施肥量，有利于保持较高的叶源性能，维持灌浆期光合速率高值的持续时间，延缓叶片衰老，最终获得高产。

（三）肥密组合对膜下滴灌玉米叶片叶绿素含量（SPAD 值）的影响

叶绿素是作物生长发育的关键因素。叶绿素含量一方面显示了作物生长的状况，另一方面反映了作物的生产能力。玉米叶片的叶绿素含量与 SPAD 值存在极显著的相关性，应用 SPAD-502 叶绿素计和相关函数可迅速、准确测得玉米叶片的叶绿素含量。叶片 SPAD 值对指导作物的施肥，预测后期的产量水平、反应植株营养供应状况提供了可靠的测量手段。适宜的氮、磷、钾配比既能够在生育前期提高春玉米的光合特性，又能在生育后期延缓植株衰老和提高光合色素的含量，使得植株具有较高的光合效率。本试验研究结果表明，玉米叶片 SPAD 值与叶片光合速率变化规律一样，随着植株生长发育都趋于先上升后下降的动态变化，均在出苗后 80 d 左右达到最高值，且随密度增加植株主要功能叶片的 SPAD 值相应降低。在一定密度下，玉米植株增施氮肥会明显提高叶片的 SPAD 值；从出苗后 80 d 的叶片 SPAD 值中可看出，高种植密度的处理 16（49.183）SPAD 值最小，其次是连续缺肥的处理 5（49.267）、处理 7（50.651）和处理9（50.212），由此可见，从出苗后40 d到出苗后80 d施肥量的缺失和高密度处理对玉米叶片SPAD值有显著影响。总体而言，叶片SPAD值随密度增加而下降，特别是在成熟期高密度下叶片SPAD值下降更为迅速，生育后期植株更易早衰。叶片的SPAD值反映植株的光合能力，吐丝后叶片的光合同化物很大一部分转运到果穗中贮存起来。所以，只有通过合理施肥，协调好个体与群体之间的矛盾，维持生育中后期植株叶片较多的绿叶面积，SPAD值仍然较高，仍能够保持较佳的光合机能。

（四）肥密组合对膜下滴灌玉米干物质积累的影响

干物质的累积是作物产量的基础，植物的营养状况是干物质的形成的关键因素。明了干物质与营养吸收的变化规律，有利于选择及时有效的措施调节作物生长发育、提高产量。合理的水分和肥料配比可增加农作物生育前期生物积累总量，实现生长后期干物质从“库”向“源”的转运，从而获得高产。膜下滴灌有利于玉米各生育期地上部干物质的积累。覆膜滴灌、覆膜限量补灌玉米地上部干物质重分别与对照增加22.8%~52.8%和20.3%~48.0%；产量提高1 261 kg/hm^2和1 300 kg/hm^2，增产12.7%和13.1%；李兆君等（2010）研究认为，覆膜处理可以显著提高植株地上部的干物质积累，增幅高达27.8%~126.3%。本研究结果表明，植株在苗期的干物质积累量差异不显著，表明试验中植株的出苗整齐度大体一致，可能是因为底肥在起作用，这一时期对肥料的需求尚小，密度效应较小。生育中期，适当提高肥料投入量能够显著增加玉米干物质积累量，过量的肥料投入或少量都会降低干物质积累量。在生育后期，低密度处理2、处理4、处理15因其良好的冠层结构和通风透光条件，仍然保持较高单株的干物质积累，高密度缺肥处理7和缺肥处理9、处理11、处理13干物质积累速度逐渐平缓，干物质积累速度几乎为零，表明施肥和密度都是影响玉米干物质积累的主要原因。

合理的肥料施用时期及分配比例有利于提高群体干物质积累量和果穗产量、最大增长速率、平均增长速率。本试验研究结果表明，随着施肥量和密度的变化，玉米干物质积累量最大生长速率的出现时间略有差异，但总体规律基本相同，均呈左偏钟形结构，前期迅速升高，达到高峰后缓慢下降。玉米干物质积累量最大生长速率出现在玉米出苗后的36~70 d，平均为51 d。玉米干物质生长速率的差异主要表现在出苗后50 d后，达最大生长速率后生长速率显著下降。处理13（36 d）的干物质累积最大速率出现日期最早，且降幅最为显著；出现最晚的为处理15（70 d），这说明施肥量的供应不足和密度过大严重限制了玉米的生长。随施肥量的增加，在出现最大速率后，氮磷钾合理配比处理的干物质积累速率仍高于养分供应不足或过量处理的干物质积累速率。可见，合理施肥能够延缓玉米后期衰老，增加后期光合产物的积累。

（五）肥密组合对膜下滴灌玉米产量的影响

覆膜可起到保温、增墒、提高土壤肥力和改良土壤理化性状的效果，改善玉米生长的微生态环境，同时有利于根系对肥料的吸收和利用，促进植株生长发育，提高LAI，增强光合性能，进而促进产量升高。朱应远等（1994）研究提出，密度水平和肥料投入量对玉米产量效应与报酬递减函数相符，即密度一定时，随着肥料的不断投入，产量继续升高，但达到某一量时则随肥料投入的提高而下降，呈先升高后下降的变化趋势；

施入肥料一定时，随着密度的提高，产量的变化规律与前者一致。在一定范围内，种植密度和施肥量之间存在相互协同和相互补偿效应，即降低施肥量可提高种植密度来补偿，以实现稳产或高产效果。本试验也得到相同结果，施氮、施磷、施钾以及种植密度4个因素均能影响玉米籽粒产量，并且产量随各因素水平的提高均呈开口向下的抛物线趋势变化，存在产量最高点，符合报酬递减定律。四因素均有显著的增产效应，每条抛物线的顶点便是各单因子的最高产量，与之相对应的就是各因子的最佳施用量。玉米产量高低受品种、栽培密度、施肥水平、施肥时期及配比的影响，差异明显，在一定的密度范围内，密植与稀植相比其优势在于拥有更大的增产潜力。氮、磷、钾不同配比施用明显的影响着玉米产量和肥料利用率，并指出氮肥是确定玉米产量的关键，而钾肥、磷肥也必不可少。边际产量能够反映各因子的最佳施用量和单位水平投入量变化对产量增减速率的影响。本试验研究结果表明，随着氮、磷、钾和密度投入量的增加，单位氮、磷、钾和密度投入量的增产作用下降，说明四因素边际效益均呈递减趋势；且边际效益递减率为施磷＞施钾＞施氮＞种植密度。各因子单位水平施入量引起边际产量的减少量为施磷＞种植密度＞施钾＞施氮。因此，科学合理的搭配氮、磷、钾既可以提高肥料利用率，又为玉米增产增收提供了强有力的保证。

二、结论

玉米叶片叶面积指数（LAI）、光合速率（*Pn*）、叶绿素含量（SPAD 值）随植株生长发育均呈现出先升高后降低的动态变化趋势，玉米 LAI 变化阶段可分为 3 个时期：直线快速增长期、缓慢增长期、衰退期。生育前期，玉米植株缺肥和高密度的压迫会明显抑制叶面积的增长、减弱叶片的光合速率、降低叶绿素含量；生育后期植株果穗为优势器官，且根系对肥料的吸收开始逐渐减弱，此时如玉米叶片受缺肥和密度影响时，容易引起叶片过早衰老脱落，使得 LAI、*Pn* 及 SPAD 值迅速下降。中肥和中种植密度水平处理能更好地协调个体与群体之间的矛盾，延缓叶片衰老并维持生育中后期各层叶片较高的绿叶面积，保持叶片较高的 SPAD 值，延长灌浆期高效光合的持续时间，保持较高的叶源性能。由回归效应模型可知：叶片 SPAD 值与施氮（X1）、施磷（X2）和施钾（X3）之间存在正相关关系，与种植密度（X4）呈负相关关系；光合速率与施氮量之间存在正相关关系。4 因子对玉米的 SPAD 值的影响顺序是：种植密度（X2）＞施氮（X1）＞施磷（X3）＞施钾（X4），玉米的光合速率的影响顺序是：施氮（X1）＞种植密度（X2）＞施磷（X3）＞施钾（X4）。

干物质累积最大速率出现在第 36~70 d，说明在这时期一定范围内适宜施肥量的增加可以显著提高玉米干物质积累量，过量的施肥或少量都会降低干物质积累量。出现干物质累积的速率时间段内，作物生长发育旺盛，高密度缺肥处理和缺肥处理都会使干物质积累速度逐渐平缓，干物质积累速度降低。所以，在生育后期良好的冠层结构和通风透光及合理施肥条件，能够提高单株的干物质积累量，并最终影响玉米产量的高低。随施肥量的增加，在出现最大速率后，氮磷钾合理配比处理的干物质积累速率仍高于低施肥量或高施肥量处理的干物质积累速率。这表明合理施肥可以延缓玉米后期衰老，提高后期光合产物积累量。施肥量的供应不足和密度过大都会限制玉米的生长。

不同处理单因子对玉米籽粒产量有较明显的影响，影响顺序为施氮>种植密度>施钾>施磷，且施氮的影响达到了显著水平。施氮与施磷之间的交互项系数为正值，其余交互项系数为负值，说明施氮与施磷之间的配合，对于提高玉米籽粒产量是重要的，对玉米增产具有相互促进作用。二次项系数均为负值，说明产量随施氮量、施磷量、施钾量和种植密度增加均为开口向下的抛物线趋势变化，即在最适水平以下时，产量随该因素的升高而提高，当产量水平超过最佳水平时，产量出现下降趋势，符合报酬递减定律。

不同肥密组合条件下，膜下滴灌玉米产量较常规种植方式增产6 425.65 kg/hm^2，产量提高64.41%，效益增加4 189.86 元/hm^2。

大庆地区玉米要获得大于等于12 231.97kg/hm^{2}的产量，氮肥与磷肥、钾肥、种植密度配合最优组合取值范围为：氮肥 246.24 ~ 279.59 kg/hm^2，磷肥 133.77 ~ 151.52 kg/hm^2，钾肥82.85~97.16 kg/hm^2，种植密度79 676~85 324 株/hm^2，玉米的经济效益和生态效益达到最佳。本试验主要分析了2014年秋季玉米籽粒产量的数据，具有一定的局限性。尚存在一些不确定性，需要结合一些单因子试验，进行深入研究。

第六章　寒地春玉米锌效率基因型筛选

锌是植物生长过程中不可缺少的微量元素，是植物体内许多合成酶的组成成分，能有效地促进光合作用，参与生长素与蛋白质的合成。目前，作物因缺锌而造成减产面积最为广泛，世界各地很多土壤存在缺锌现象，我国有40%的土壤缺锌（王人民等，1998）。对缺锌严重的土壤，施用锌肥效果显著。黑龙江省土壤全锌的储量不够丰富，潜在供应水平也不高，土壤全锌量平均值为73.3 mg/kg，比全国土壤全锌平均值低26.7 mg/kg。有效锌含量低的土壤主要在绥化地区的安达、兰西、青冈、肇州、肇东、明水等市、县的碳酸盐黑钙土、草甸黑钙土、碳酸盐草甸土；望奎、海伦等县西部碳酸盐草甸土和部分黑土以及嫩江地区的林甸、富裕、齐齐哈尔、杜蒙、泰来、依安、讷河等市、县碳酸盐黑钙土、碳酸盐草甸土、风沙土；松花江地区双城等县部分乡镇的黑钙土，均属于不同程度的缺锌土壤。黑龙江省玉米缺锌非常广泛。1983年春绥化地区绝大部分县（如肇州县玉米苗期95%以上）玉米表现缺锌“白苗花叶症”比较严重。黑龙江省西部和西北部地区的钙质土壤严重缺锌，中部绥化、望奎、阿城、呼兰、双城等市、县的黑土上，玉米苗期也有80%的面积表现出缺锌“白苗花叶病”症状（杨荣厚等，1989）。

玉米是对缺锌最为敏感的作物之一，玉米缺锌时不仅生长发育受阻，而且还会导致产量低下，品质降低。研究发现，不同植物或同一植物的不同基因型，对同一微量元素缺乏或毒害的敏感程度和适应能力有较大差异，玉米的不同基因型对缺锌的敏感性也是如此。我国玉米基因型数量众多，针对黑龙江省土壤普遍缺锌的现状，研究不同玉米基因型的缺低锌敏感性差异，对于进一步筛选低锌不敏感基因型以及寻找耐低锌基因资源，提高玉米的产量、营养品质以及土壤锌资源的利用效率均具有十分重要的意义。

第一节　材料与方法

一、供试品种

选用寒地春玉米区大面积推广的18个玉米杂交种，分别为：‘牡丹9’‘克单9’‘龙单13’‘硕秋8’‘垦粘1’‘垦迎1’‘巴单5’‘龙青1’‘垦玉7’‘垦玉6’‘兴垦3’‘金玉1’‘庆单2号’‘四单19’‘丰禾10’‘郑单958’‘先玉335’‘龙辐单208’；16个骨干自交系分别为‘绥8941’‘长3’‘杂C546’‘K10’‘W557’‘克73’‘南无名-5’‘杂1’‘东46’‘大甸11’‘502’‘南5’‘oh43’‘东156’‘海014’

‘合 344’。

二、试验设计

（一）池栽试验

池栽试验于 2005 年在黑龙江八一农垦大学试验基地进行。该试验地基本状况见表 6-1，池子为不封底的水泥池，每个池子面积为 8 m^2（3 行区，行长 4 m，行距 67 cm），株距 33 cm，密度 45 000 株/hm^2，处理区于三叶一心时喷施 EDTA-Zn 20 kg/hm^2，尿素 247.5 kg/hm^2，磷酸二铵 247.5 kg/hm^2，硫酸钾 74.25 kg/hm^2，拔节期追施尿素 75 kg/hm^2，对照区不施锌。处理和对照均设 3 次重复，随机区组排列，成熟期收获计产。

锌敏感指数=对照产量/处理产量

表 6-1　供试土壤肥力基础

碱解氮（mg/kg）	有效磷（mg/kg）	速效钾（mg/kg）	有机质（%）	有效锌（mg/kg）	全锌（mg/kg）	pH 值
160.5	9.74	140.6	2.16	0.15	41.19	7.74

（二）水培试验

营养液为 1/2 的 Hoagland 营养液，锌以 EDTA-Zn 的形式供给，设有 6 个锌浓度（μmol/L），分别为 0、0.01、0.1、1、10、100，以 0 μmol/L 的锌浓度为对照，每个处理 3 次重复。种子经 10%NaClO 消毒液浸泡 5 min，迅速用流动的自来水冲洗数次，浸泡 10 min 再用去离子水冲洗 5~6 次，经 30 ℃左右温水浸种 12 h，催芽 5 d（将种子等距排开，胚朝上，置于下面铺有双层滤纸，上面盖有双层纱布和一层滤纸的发芽盒内催芽），催芽温度 25 ℃，其间及时补充水分。待芽长至 5 cm 左右时，选择饱满均一的种子去胚乳后，用去离子水冲洗干净，选取高度一致的幼苗分别进行不同浓度锌处理，每 5 d 换一次营养液，温室培养。用 0.1 mol/L 的 NaOH 和 0.1 mol/L 的 HCl 将 pH 值调至 6.8，电动泵连续供氧，培养 28 d 后进行测定。

三、测定项目与方法

收获后每盆取 10 株测量株高、茎粗、根长、根数。植株分地上和地下部分，去离子水冲洗干净，吸水纸吸干水分，分别测量地上和地下部分的长度和鲜重，在 105 ℃杀青 30 min 后于 80 ℃烘至恒重，称干重。样品粉碎备用。

Zn 含量测定：将前面已烘干的材料粉碎，60 ℃干燥 6 h，精确称取约 0.100 0 g粉末，用 HNO_3-$HClO_4$（4∶1）混合液法消煮，日立 Z5000 型原子吸收分光光度计测定。

四、数据分析

所得数据结果使用 Microsoft Excel 软件整理，采用 DPS 数据处理软件进行方差分析和 Duncan 多重比较。

第二节　结果与分析

一、锌浓度对不同基因型玉米产量的影响

对 18 个杂交种及 16 个自交系的抗缺锌性能进行鉴定试验。结果见表 6-2，无论是杂交种还是自交系其锌素营养特性在玉米不同品种之间存在着较明显的基因型差异，表现为在对照区产量、处理区产量、敏感指数都出现了较大的差异。通过对试验结果的分析，可将玉米自交系和杂交种的耐低锌能力进行分级，暂以对照区产量、处理区产量、敏感指数作为分类的依据。

根据低锌胁迫下不同基因型的产量表现，用欧氏距离的最短距离法进行聚类分析，可将 18 个杂交种分成 5 组（图 6-1）。第一组：包括 7 个基因型，‘庆单 2’‘垦迎 1’‘垦玉 7’‘克单 9’‘巴单 5’‘垦玉 6’‘四单 19’，属于低产类型，产量为 7 000~7 300 kg/hm^2。第二组：包括 1 个基因型，‘龙单 13’，属于中产类型，产量为 7 400~7 500 kg/hm^2。第三组：包括 7 个基因型，‘硕秋 8’‘牡丹 9’‘丰禾 10’‘先玉 335’‘龙辐单 208’‘兴垦 3’‘金玉 1’，属于高产类型，产量为 7 600~7 900 kg/hm^2。第四组：包括 2 个基因型，‘郑单 958’‘龙青 1’，属于超高产类型，产量为 8 000~8 100 kg/hm^2。第五组：包括 1 个基因型，‘垦粘 1’，属于超低产类型，产量低于 7 000 kg/hm^2。

根据不同基因型的敏感指数，用欧氏距离的最短距离法进行聚类分析，可将供试的 34 个基因型分成 4 组（见图 6-2）。第一组：包括 18 个基因型，‘庆单 2’‘龙单 13’‘巴单 5’‘丰禾 10’‘龙辐单 208’‘垦迎 1’‘金玉 1’‘垦粘 1’‘兴垦 3’‘龙青 1’‘南无名-5’‘东 46’‘合 344’‘杂 C546’‘杂 1’‘垦玉 7’‘长 3’‘牡丹 9’，属于低锌不敏感类型，耐低锌指数为大于 0. 900。第二组：包括 5 个基因型，‘克单 9’‘硕秋 8’‘先玉 335’‘郑单 958’‘502’，属于中等敏感类型，锌敏感指数为 0. 870~0. 890。第三组：包括 9 个基因型，‘垦玉 6’‘K10’‘克 73’‘四单 19’‘大甸 11’‘绥 8941’‘东 156’‘W557’‘海 014’，属于低锌敏感类型，锌敏感指数为 0. 810~0. 860。第四组：包括 2 个基因型，‘南 5’‘Oh43’，属于最敏感类型，锌敏感指数低于 0. 810。

表 6-2　低锌胁迫对不同基因玉米型产量的影响

基因型	对照产量（kg/hm^2）	处理产量（kg/hm^2）	敏感指数
庆单 2	7 259. 81	7 989. 28	0. 909
克单 9	7 017. 39	7 892. 53	0. 889
龙单 13	7 409. 53	8 074. 89	0. 918
硕秋 8	7 872. 56	8 911. 73	0. 883
垦粘 1	6 699. 54	7 259. 24	0. 923
垦迎 1	7 199. 54	7 859. 24	0. 916

（续表）

基因型	对照产量（kg/hm^2）	处理产量（kg/hm^2）	敏感指数
龙青 1	8 012.45	8 459.24	0.947
巴单 5	7 089.13	7 718.45	0.918
垦玉 7	7 221.08	7 722.39	0.935
垦玉 6	7 047.01	8 202.85	0.859
兴垦 3	7 698.18	8 297.12	0.928
金玉 1	7 704.56	8 413.61	0.916
牡丹 9	7 872.75	8 370.07	0.941
四单 19	7 067.08	8 357.23	0.846
丰禾 10	7 856.42	8 556.94	0.918
郑单 958	8 066.25	9 013.29	0.895
先玉 335	7 805.58	8 829.57	0.884
龙辐单 208	7 785.01	8 474.68	0.919
绥 8941	2 925.77	3 531.82	0.828
长 3	3 412.45	3 648.63	0.935
杂 C546	3 294.77	3 435.51	0.959
K10	2 635.41	3 070.42	0.858
W557	2 904.98	3 543.69	0.820
克 73	3 277.26	3 838.36	0.854
南无名-5	3 189.37	3 363.43	0.948
杂 1	3 147.45	3 293.98	0.956
东 46	3 244.21	3 416.30	0.950
大甸 11	3 525.61	4 181.10	0.843
502	3 370.48	3 864.87	0.872
南 5	3 233.54	4 028.06	0.803
oh43	3 276.89	4 085.12	0.802
东 156	3 344.35	4 003.09	0.835
海 014	3 079.18	3 757.54	0.819
合 344	3 307.46	3 478.27	0.951

根据低锌胁迫产量，对照产量和敏感指数，用欧氏距离的最短距离法进行综合聚类分析，可将 18 个杂交种分成 5 组（图 6-3）。第一组：包括 6 个基因型，‘庆单 2’‘垦

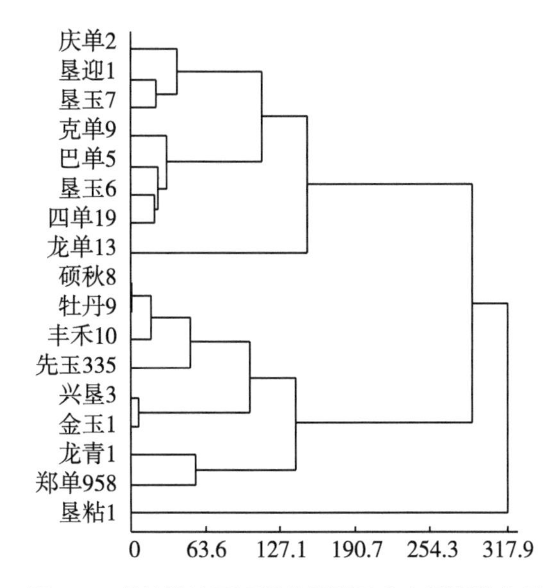

图 6-1　低锌胁迫下不同基因型玉米产量聚类分析

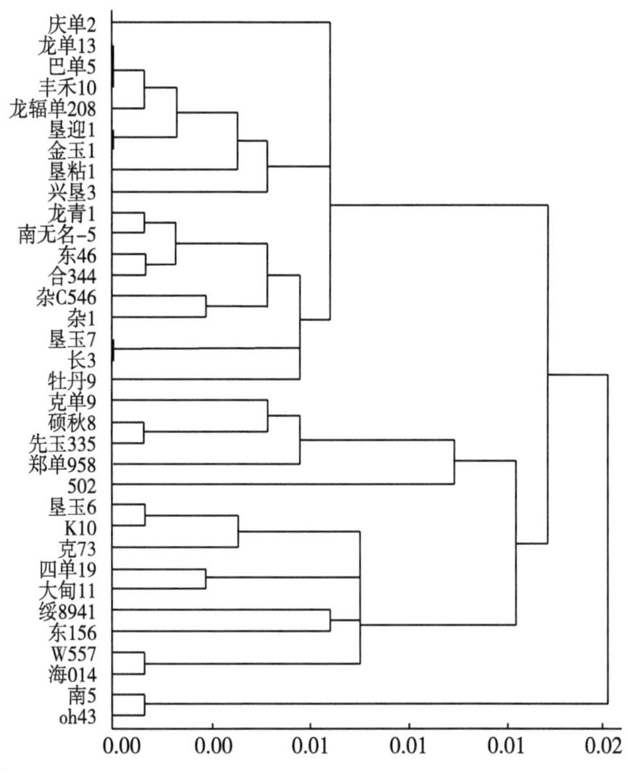

图 6-2　不同基因型玉米锌敏感指数聚类分析

迎 1’‘巴单 5’‘垦玉 7’‘龙单 13’‘克单 9’属于低产低锌不敏感型玉米，即适宜在高锌地栽培也适宜在低锌地栽培。

第二组：包括2个基因型，‘垦玉6’‘四单19’属于低产低锌敏感型玉米，即适宜在高锌地栽培。

第三组：包括3个基因型，‘硕秋8’‘先玉335’‘郑单958’属于高产中等敏感类型玉米，适宜在高锌地栽培和有效锌含量中等偏高的地区或高锌地区栽培，是比较优良的基因型。

第四组：包括6个基因型，‘龙青1’‘兴垦3’‘金玉1’‘龙辐单208’‘丰禾10’‘牡丹9’属于高产类型低锌不敏感型，即适宜在高锌地栽培也适宜在低锌地栽培，是优良的基因型。

第五组：包括1个基因型，‘垦粘1’属于低产，低锌不敏感型，即适宜在高锌地栽培也适宜在低锌地栽培。

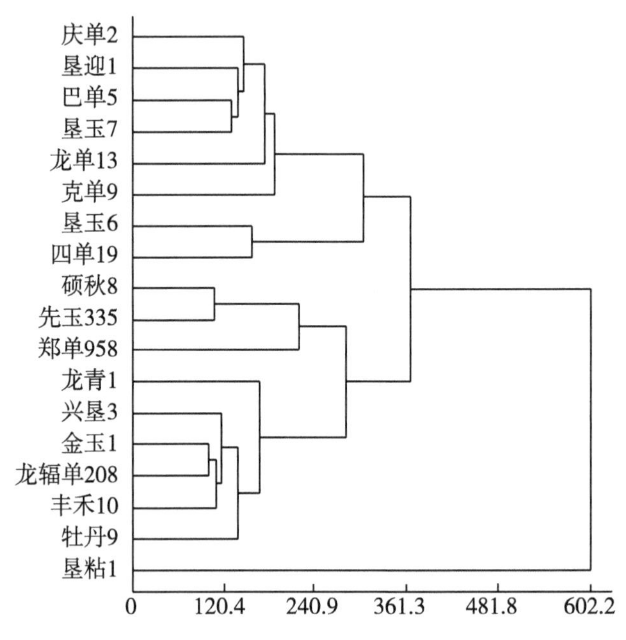

图6-3　不同基因型玉米综合聚类分析

二、锌浓度对不同基因型玉米株高的影响

从表6-3可以看出锌浓度对不同基因型玉米株高有不同的影响，‘牡丹9’‘克单9’‘龙单13’‘硕秋8’‘垦粘1’‘垦迎1’‘垦玉7’‘郑单958’‘龙辐单208’‘绥8941’‘长3’‘杂C546’‘K10’‘W557’‘克73’‘杂1’‘南无名-5’‘大甸11’‘海014’‘合344’20个基因型以0.1 μmol/L锌浓度下株高最高，其中‘郑单958’‘龙辐单208’以0.01 μmol/L锌浓度处理下株高最低，‘W557’‘大甸11’‘合344’‘克73’以0 μmol/L锌浓度下株高最低，其余处理均以高锌（100 μmol/L）处理下植株高度最低。而‘巴单5’‘龙青1’‘垦玉6’‘兴垦3’‘金玉1’‘庆单2号’‘四单19’‘丰禾10’‘东46’‘502’‘南5’‘oh43’‘东156’14个基因型以1 μmol/L锌浓度下株高最高，其中东46和东156以高锌（100 μmol/L）处理下植株高度最低。

‘502’‘南 5’以 0 μmol/L 锌浓度处理下株高最低，其余均以 0.01 μmol/L 锌浓度处理下株高最低。只有先玉 335 以 10 μmol/L 锌浓度下株高最高，但与 1 μmol/L、0.1 μmol/L 锌浓度处理下株高差异未达显著水平，以 0.01 μmol/L 锌浓度处理下株高最低。除‘垦粘 1’‘四单 19’‘海 014’外，其余基因型在 0.1 μmol/L 和 1 μmol/L 锌浓度处理下株高差异均未达到显著水平。可以看出各个品种均表现为缺锌（0 μmol/L）和高锌（100 μmol/L）处理下株高降低，但是不同基因型对锌的适应范围有所不同，玉米适宜的供锌浓度应为 0.1～1 μmol/L，以高锌（100 μmol/L）和低锌（0.01 μmol/L）处理下植株危害严重。

表 6-3　锌浓度对不同基因型玉米株高的影响　　单位：cm

基因型	锌浓度					
	0 μmol/L	0.01 μmol/L	0.1 μmol/L	1 μmol/L	10 μmol/L	100 μmol/L
牡丹 9	41.3 bc*	34.5 c	52.3 a	45.4 ab	44.4 ab	33.9 c
克单 9	52.9 c	55.7 bc	63.1 a	58.8 ab	57.9 b	38.8 d
龙单 13	39.7 a	39.2 a	49.0 a	46.7 a	40.8 a	38.9 a
硕秋 8	44.9 ab	34.4 c	50.1 a	45.0 ab	40.3 bc	27.2 d
垦粘 1	38.5 b	39.2 b	54.3 a	42.4 b	40.0 b	37.1 b
垦迎 1	41.0 abc	39.6 bc	47.4 a	44.9 ab	43.6 abc	36.8 c
龙青 1	32.9 ab	25.8 b	38.8 a	41.3 a	41.2 a	36.3 a
巴单 5	47.6 bc	43.0 c	54.1 a	55.8 a	55.0 a	52.6 ab
垦玉 7	40.3 cd	48.0 ab	51.5 a	48.9 ab	44.0 bc	37.2 d
垦玉 6	40.2 a	37.6 a	42.5 a	45.1 a	43.7 a	38.0 a
兴垦 3	36.8 ab	35.2 b	37.7 ab	41.7 a	40.0 ab	37.5 ab
金玉 1	42.4 a	42.4 a	45.3 a	48.2 a	46.0 a	41.7 a
庆单 2 号	40.1 bc	34.5 c	47.5 ab	50.6 a	43.4 abc	42.9 abc
四单 19	36.6 bc	32.2 c	41.4 b	46.8 a	38.8 b	38.3 b
丰禾 10	33.2 bc	29.3 c	37.3 b	48.1 a	38.8 b	38.7 b
郑单 958	33.1 a	31.0 a	39.1 a	38.7 a	38.3 a	35.5 a
先玉 335	36.2 cd	32.6 d	46.1 abc	49.7 ab	56.2 a	43.1 bcd
龙辐单 208	37.8 abc	29.7 bd	44.5 a	37.8 ab	32.2 bcd	33.0 bcd
绥 8941	17.2 c	27.1 b	30.7 a	19.3 c	16.8 c	13.7 d
长 3	18.3 ab	25.2 a	26.4 a	19.0 ab	15.8 b	11.5 c
杂 C546	17.5 ab	16.5 ab	26.8 a	20.8 a	18.9 a	15.5 b
K10	22.7 b	21.8 b	27.8 a	27.0 a	24.6 ab	18.7 c

（续表）

基因型	锌浓度					
	0 μmol/L	0.01 μmol/L	0.1 μmol/L	1 μmol/L	10 μmol/L	100 μmol/L
W557	12.5 b	13.2 b	19.0 a	14.5 ab	16.3 a	13.7 b
克 73	16.7 c	17.5 c	30.2 a	25.5 ab	21.0 abc	19.3 bc
南无名-5	25.9 a	16.4 b	26.5 a	26.4 a	23.5 a	24.2 a
杂 1	21.8 a	21.2 a	27.7 a	20.7 a	17.8 b	16.8 b
东 46	26.8 a	25.5 ab	25.1 ab	30.7 a	22.3 b	25.5 ab
大甸 11	11.7 b	12.9 b	18.8 a	17.5 a	14.2 ab	13.8 ab
502	13.1 b	20.5 a	25.6 a	26.7 a	23.7 a	22.2 a
南 5	15.5 ab	19.3 a	16.4 a	20.7 ab	16.1 ab	11.8 b
oh43	26.7 a	25.6 a	30.5 a	26.9 a	30.0 a	27.7 a
东 156	22.5 a	25.6 a	25.0 a	27.8 a	25.2 a	20.3 a
海 014	23.6 bc	21.3 c	34.5 a	27.8 b	26.1 b	20.7 c
合 344	16.4 b	20.0 a	21.5 a	20.3 a	19.3 a	20.7 a

注：* 为邓肯氏新复极差测验，相同字母表示差异未达显著水平（P=0.05）。下同。

三、锌浓度对不同基因型玉米茎粗的影响

表 6-4 中列出锌浓度对不同基因型玉米茎粗的影响，可以看出不同锌浓度下茎粗的变化与株高的变化相似，‘牡丹 9’‘克单 9’‘龙单 13’‘硕秋 8’‘垦粘 1’‘垦迎 1’‘垦玉 7’‘垦玉 6’‘郑单 958’‘龙辐单 208’‘绥 8941’‘长 3’‘杂 C546’‘K10’‘W557’‘克 73’‘杂 1’‘东 46’‘大甸 11’‘南 5’‘东 156’21 个品种以 0.1 μmol/L 锌浓度处理下茎粗最高。‘巴单 5’‘龙青 1’‘兴垦 3’‘金玉 1’‘庆单 2 号’‘四单 19’‘丰禾 10’‘先玉 335’‘南无名-5’‘502’‘oh43’‘海 014’‘合 344’13 个品种以 1 μmol/L 锌浓度下茎粗最高。但是与株高相比，茎粗受不同锌浓度的影响要小，如‘巴单 5’‘龙青 1’‘垦玉 6’‘兴垦 3’‘金玉 1’‘庆单 2 号’‘四单 19’‘郑单 958’‘南无名-5’‘杂 1’‘502’‘oh43’‘东 156’‘海 014’‘合 344’各处理间差异均未达到显著水平。说明不同锌浓度处理主要影响玉米的株高，而对茎粗的影响较小，如缺锌或高锌使植株高度变矮，而对植株的茎粗影响较小。

表 6-4　锌浓度对不同基因型玉米茎粗的影响　　单位：cm

基因型	锌浓度					
	0 μmol/L	0.01 μmol/L	0.1 μmol/L	1 μmol/L	10 μmol/L	100 μmol/L
牡丹 9	0.181 ab	0.209 ab	0.260 a	0.239 ab	0.217 ab	0.160 b

（续表）

基因型	锌浓度					
	0 μmol/L	0. 01 μmol/L	0. 1 μmol/L	1 μmol/L	10 μmol/L	100 μmol/L
克单 9	0. 255 ab	0. 254 ab	0. 324 a	0. 275 ab	0. 265 ab	0. 205 b
龙单 13	0. 259 a	0. 219 a	0. 297 a	0. 255 a	0. 227 a	0. 229 a
硕秋 8	0. 261 b	0. 243 b	0. 373 a	0. 309 ab	0. 243 b	0. 235 b
垦粘 1	0. 282 ab	0. 273 ab	0. 323 a	0. 318 a	0. 297 ab	0. 225 b
垦迎 1	0. 207 a	0. 215 a	0. 242 a	0. 198 a	0. 202 a	0. 191 a
龙青 1	0. 193 a	0. 185 a	0. 228 a	0. 229 a	0. 227 a	0. 261 a
巴单 5	0. 319 ab	0. 238 b	0. 316 ab	0. 335 a	0. 324 a	0. 260 ab
垦玉 7	0. 261 ab	0. 226 b	0. 275 a	0. 271 a	0. 243 ab	0. 260 ab
垦玉 6	0. 294 a	0. 289 a	0. 319 a	0. 300 a	0. 281 a	0. 246 a
兴垦 3	0. 270 a	0. 267 a	0. 272 a	0. 283 a	0. 281 a	0. 235 a
金玉 1	0. 244 a	0. 272 a	0. 286 a	0. 307 a	0. 264 a	0. 253 a
庆单 2 号	0. 361 a	0. 279 a	0. 283 a	0. 305 a	0. 301 a	0. 287 a
四单 19	0. 302 a	0. 285 a	0. 324 a	0. 335 a	0. 307 a	0. 253 a
丰禾 10	0. 278 ab	0. 261 ab	0. 216 bc	0. 289 a	0. 273 ab	0. 197 c
郑单 958	0. 244 a	0. 243 a	0. 281 a	0. 227 a	0. 212 a	0. 187 a
先玉 335	0. 308 b	0. 219 c	0. 313 b	0. 416 a	0. 291 b	0. 196 c
龙辐单 208	0. 209 b	0. 211 b	0. 328 a	0. 305 ab	0. 229 ab	0. 211 b
绥 8941	0. 208 a	0. 167 b	0. 239 a	0. 179 b	0. 169 b	0. 169 b
长 3	0. 183 a	0. 168 b	0. 217 a	0. 201 a	0. 197 a	0. 134 c
杂 C546	0. 171 bc	0. 239 a	0. 240 a	0. 195 b	0. 164 c	0. 157 c
K10	0. 195 b	0. 182 b	0. 255 a	0. 197 b	0. 185	0. 191 b
W557	0. 213 a	0. 231 a	0. 257 a	0. 231 a	0. 207 a	0. 207 a
克 73	0. 208 a	0. 193 a	0. 234 a	0. 217 a	0. 233 a	0. 175 b
南无名-5	0. 189 a	0. 199 a	0. 212 a	0. 213 a	0. 205 a	0. 203 a
杂 1	0. 223 a	0. 204 a	0. 259 a	0. 225 a	0. 209 a	0. 191 a
东 46	0. 191 a	0. 197 a	0. 219 a	0. 218 a	0. 193 a	0. 211 a
大甸 11	0. 159 bc	0. 137 c	0. 195 a	0. 185 d	0. 163 ab	0. 145 c
502	0. 181 a	0. 159 a	0. 187 a	0. 194 a	0. 177 a	0. 145 a
南 5	0. 227 b	0. 188 b	0. 271 a	0. 261 a	0. 194 b	0. 194 b

（续表）

基因型	锌浓度					
	0 μmol/L	0.01 μmol/L	0.1 μmol/L	1 μmol/L	10 μmol/L	100 μmol/L
oh43	0.233 a	0.234 a	0.246 a	0.261 a	0.216 a	0.219 a
东156	0.237 a	0.190 a	0.269 a	0.249 a	0.209 a	0.190 a
海014	0.223 a	0.231 a	0.242 a	0.259 a	0.227 a	0.193 b
合344	0.207 a	0.178 a	0.207 a	0.211 a	0.182 a	0.185 a

四、锌浓度对不同基因型玉米地上部干重的影响

表6-5表明不同锌浓度对不同基因型玉米地上部干重的影响，可以看出，对于‘牡丹9’‘克单9’‘龙单13’‘硕秋8’‘垦粘1’‘垦迎1’‘垦玉7’‘垦玉6’‘郑单958’‘龙辐单208’‘绥8941’‘长3’‘杂C546’‘K10’‘W557’‘杂1’‘大甸11’‘oh43’‘海014’19个基因型以0.1 μmol/L锌浓度处理下地上部干重最大，而‘巴单5’‘龙青1’‘兴垦3’‘金玉1’‘庆单2号’‘四单19’‘丰禾10’‘先玉335’‘克73’‘南无名-5’‘东46’‘502’‘南5’‘东156’‘合344’15个品种以1 μmol/L锌浓度下地上部干重最大。在培养过程中我们也可以看到，在最适宜的锌浓度下玉米幼苗生长比较健壮，而锌浓度过高或过低都会显著的影响玉米的生长，表现为生长瘦弱。部分品种表现为低锌危害更严重。

表6-5　锌浓度对不同基因型玉米地上部干重的影响　　单位：g

基因型	锌浓度					
	0 μmol/L	0.01 μmol/L	0.1 μmol/L	1 μmol/L	10 μmol/L	100 μmol/L
牡丹9	0.121 8 bc	0.090 3 c	0.175 8 a	0.144 8 ab	0.128 9 bc	0.084 6 c
克单9	0.156 9 de	0.177 8 cd	0.296 8 a	0.225 4 b	0.215 1 bc	0.116 6 e
龙单13	0.105 5 b	0.123 7 b	0.211 9 a	0.135 8 b	0.128 9 b	0.094 5 b
硕秋8	0.095 9 c	0.129 6 bc	0.204 8 a	0.174 8 ab	0.156 7 ab	0.082 1 c
垦粘1	0.137 4 b	0.109 2 b	0.237 7 a	0.140 5 b	0.137 6 b	0.104 2 b
垦迎1	0.101 9 ab	0.087 0 b	0.152 6 a	0.144 4 ab	0.115 2 ab	0.106 5 ab
龙青1	0.126 0 a	0.103 7 a	0.104 7 a	0.132 3 a	0.114 2 a	0.056 9 b
巴单5	0.148 5 bc	0.114 2 c	0.182 3 ab	0.212 3 a	0.184 7 ab	0.178 1 ab
垦玉7	0.146 0 b	0.112 3 b	0.245 8 a	0.194 6 a	0.170 5 a	0.125 7 b
垦玉6	0.124 0 bc	0.111 2 c	0.191 1 a	0.173 8 ab	0.145 5 abc	0.137 2 abc
兴垦3	0.122 7 a	0.113 6 b	0.120 9 b	0.165 6 a	0.140 2 a	0.122 2 b
金玉1	0.136 1 b	0.147 5 a	0.121 0 b	0.178 9 a	0.166 3 a	0.156 3 a

（续表）

基因型	锌浓度					
	0 μmol/L	0.01 μmol/L	0.1 μmol/L	1 μmol/L	10 μmol/L	100 μmol/L
庆单2号	0.212 4 ab	0.132 2 cd	0.171 0 bc	0.248 0 a	0.175 8 bc	0.105 8 d
四单19	0.164 6 ab	0.090 4 c	0.128 2 abc	0.184 0 a	0.097 8 c	0.120 3 bc
丰禾10	0.134 9 b	0.087 8 c	0.146 6 b	0.228 0 a	0.143 7 b	0.141 3 b
郑单958	0.114 9 b	0.101 4 b	0.163 3 a	0.161 4 a	0.140 3 a	0.107 5 b
先玉335	0.122 4 cd	0.092 4 d	0.173 0 bc	0.267 8 a	0.197 1 b	0.123 8 cd
龙辐单208	0.128 9 ab	0.118 8 ab	0.158 6 a	0.155 7 a	0.127 7 ab	0.092 6 b
绥8941	0.043 3 b	0.032 2 b	0.086 1 a	0.074 5 a	0.045 0 b	0.036 7 b
长3	0.049 9 bc	0.053 3 b	0.067 1 a	0.058 1 b	0.042 7 c	0.034 6 d
杂C546	0.035 5 b	0.037 8 b	0.071 7 a	0.042 0 b	0.044 2 b	0.026 4 c
K10	0.052 7 c	0.041 4 d	0.085 6 a	0.071 5 b	0.060 9 c	0.055 5 c
W557	0.039 8 c	0.056 0 b	0.068 7 a	0.050 3 b	0.060 2 ab	0.044 7 bc
克73	0.040 0 b	0.059 2 ab	0.066 3 a	0.078 0 a	0.049 7 b	0.046 6 b
南无名-5	0.047 2 b	0.032 5 c	0.060 2 ab	0.067 0 a	0.055 8 b	0.046 0 b
杂1	0.054 4 a	0.030 4 c	0.063 3 a	0.043 6 b	0.044 3 b	0.032 6 c
东46	0.061 2 a	0.080 0 a	0.086 0 a	0.089 0 a	0.081 2 a	0.065 1 a
大甸11	0.025 6 a	0.030 1 a	0.040 7 a	0.035 7 a	0.032 1 a	0.026 1 a
502	0.058 9 a	0.039 0 b	0.057 6 a	0.061 2 a	0.052 9 a	0.045 9 a
南5	0.040 4 b	0.039 6 b	0.064 9 a	0.067 8 a	0.054 9 ab	0.048 5 b
oh43	0.075 1 a	0.073 9	0.097 9 a	0.084 6 a	0.082 6 a	0.080 8 a
东156	0.061 2 a	0.065 7 a	0.066 2 a	0.078 1 a	0.064 5 a	0.050 5 a
海014	0.089 2 ab	0.089 4 ab	0.100 0 a	0.079 0 b	0.060 5 c	0.066 0 c
合344	0.049 5 a	0.039 9 b	0.052 3 a	0.060 7 a	0.059 6 a	0.054 8 a

五、锌浓度对不同基因型玉米根干重的影响

表6-6表明，不同基因型玉米的根系对锌浓度反应不同，‘牡丹9’‘克单9’‘龙单13’‘硕秋8’‘垦玉7’‘绥8941’6个基因型以0 μmol/L锌浓度处理下根系干重最大，而‘垦粘1’‘垦迎1’‘垦玉6’‘巴单5’‘龙青1’‘兴垦3’‘金玉1’‘庆单2号’‘四单19’‘丰禾10’‘先玉335’‘长3’‘东46’‘502’‘东156’‘合344’16中基因型玉米以1 μmol/L锌浓度下根系干重最大；而‘杂C546’‘K10’‘W557’3个基因型以0.01 μmol/L锌浓度处理下根系干重最大，‘郑单958’‘龙辐单208’‘克73’

‘南无名-5’‘杂 1’‘大甸 11’‘南 5’‘oh43’‘海 014’ 9 个基因型以 0. 1 μmol/L 锌浓度处理下根系干重最大，其中‘牡丹 9’‘兴垦 3’‘金玉 1’‘四单 19’‘龙辐单 208’‘K10’‘W557’‘杂 1’ 9 个基因型的不同锌浓度处理下根系干重差异均未达显著水平。相对于根系来说，玉米幼苗的地上部对不同锌浓度的反应更敏感些，说明不同锌浓度主要影响玉米的地上部生长。

表 6-6 锌浓度对不同基因型玉米根系干重的影响 单位：g

基因型	锌浓度					
	0 μmol/L	0. 01 μmol/L	0. 1 μmol/L	1 μmol/L	10 μmol/L	100 μmol/L
牡丹 9	0. 066 6 a	0. 047 0 a	0. 060 6 a	0. 062 8 a	0. 047 4 a	0. 041 3 a
克单 9	0. 083 0 a	0. 050 9 c	0. 061 7 abc	0. 080 2 ab	0. 071 9 abc	0. 058 6 bc
龙单 13	0. 079 5 a	0. 048 0 b	0. 052 5 b	0. 066 7 a	0. 059 7 b	0. 059 3 b
硕秋 8	0. 082 8 a	0. 050 3 b	0. 062 0 ab	0. 077 1 ab	0. 071 6 ab	0. 063 3 ab
垦粘 1	0. 051 4 ab	0. 048 7 b	0. 060 0 a	0. 060 7 a	0. 049 9 b	0. 042 4 b
垦迎 1	0. 051 1 a	0. 045 6 ab	0. 050 9 a	0. 058 5 a	0. 043 4 b	0. 041 2 b
龙青 1	0. 039 9 ab	0. 028 9 b	0. 046 6 ab	0. 069 2 a	0. 062 6 a	0. 052 0 ab
巴单 5	0. 068 0 b	0. 056 3 b	0. 065 3 b	0. 092 5 a	0. 066 9 b	0. 063 7 b
垦玉 7	0. 065 2 a	0. 053 4 b	0. 047 5 b	0. 055 8 ab	0. 055 0 ab	0. 051 3 b
垦玉 6	0. 058 5 b	0. 050 1 b	0. 064 1 ab	0. 068 0 a	0. 066 8 a	0. 067 7 a
兴垦 3	0. 062 4 ab	0. 054 5 b	0. 063 3 ab	0. 073 9 a	0. 071 6 ab	0. 060 9 ab
金玉 1	0. 060 3 a	0. 051 3 a	0. 054 3 a	0. 066 3 a	0. 050 9 a	0. 047 6 a
庆单 2 号	0. 052 8 ab	0. 033 6 b	0. 050 9 ab	0. 087 6 a	0. 073 8 a	0. 061 6 ab
四单 19	0. 070 9 a	0. 054 7 a	0. 058 7 a	0. 076 2 a	0. 060 8 a	0. 049 6 a
丰禾 10	0. 077 7 abc	0. 058 4 c	0. 068 7 bc	0. 097 2 a	0. 086 8 ab	0. 059 5 c
郑单 958	0. 053 4 ab	0. 047 0 ab	0. 074 5 a	0. 072 2 a	0. 065 4 a	0. 038 4 b
先玉 335	0. 069 7 b	0. 046 2 c	0. 096 2 a	0. 097 5 a	0. 089 3 ab	0. 076 8 ab
龙辐单 208	0. 064 9 a	0. 054 0 a	0. 073 2 a	0. 065 6 a	0. 052 9 a	0. 050 7 a
绥 8941	0. 047 2 a	0. 035 9 b	0. 040 1 ab	0. 043 6 a	0. 037 2 bc	0. 044 1 a
长 3	0. 044 0 a	0. 039 7 b	0. 040 7 b	0. 044 4 a	0. 039 6 b	0. 042 7 a
杂 C546	0. 032 6 b	0. 048 3 a	0. 034 9 b	0. 032 8 b	0. 025 7 c	0. 028 8 c
K10	0. 036 7 a	0. 039 9 a	0. 036 2 a	0. 032 9 a	0. 036 3 a	0. 037 0 a
W557	0. 034 2 a	0. 039 9 a	0. 036 2 a	0. 032 6 a	0. 036 8 a	0. 031 1 a
克 73	0. 036 2 c	0. 045 6 b	0. 049 6 a	0. 038 4 c	0. 030 4 d	0. 034 9 c
南无名-5	0. 039 4 ab	0. 041 5 a	0. 044 8 a	0. 023 2 d	0. 030 4 c	0. 034 3 b

（续表）

基因型	锌浓度					
	0 μmol/L	0.01 μmol/L	0.1 μmol/L	1 μmol/L	10 μmol/L	100 μmol/L
杂 1	0.038 7 a	0.041 3 a	0.042 4 a	0.039 6 a	0.037 4 a	0.038 3 a
东 46	0.051 4 bc	0.056 1 b	0.051 8 b	0.060 9 a	0.057 4 b	0.049 0 c
大甸 11	0.026 4 a	0.023 4 a	0.027 5 a	0.024 2 a	0.025 0 a	0.016 6 b
502	0.025 4 d	0.031 6 bc	0.035 1 b	0.039 9 a	0.033 2 bc	0.030 1 c
南 5	0.055 6 a	0.054 4 a	0.056 6 a	0.049 6 b	0.048 5 b	0.035 9 c
oh43	0.047 2 b	0.047 6 b	0.052 5 a	0.049 1 b	0.044 7 c	0.049 0 b
东 156	0.043 7 b	0.046 2 b	0.044 5 b	0.052 0 a	0.044 4 b	0.033 7 c
海 014	0.053 3 b	0.056 2 b	0.061 2 a	0.049 0 c	0.041 2 d	0.044 0 d
合 344	0.038 6 b	0.040 3 ab	0.039 4 ab	0.046 5 a	0.037 1 b	0.043 8 a

六、锌浓度对不同基因型玉米根长的影响

由表 6-7 可以看出，不同基因型玉米的根长对锌浓度反应不同。‘牡丹 9’‘克单 9’‘龙单 13’‘硕秋 8’‘郑单 958’‘先玉 335’‘龙辐单 208’‘长 3’‘K10’‘克 73’‘杂 1’‘oh43’‘海 014’‘合 344’等基因型以 0.1 μmol/L 锌浓度处理下根系长度最大；‘巴单 5’‘垦玉 6’‘兴垦 3’‘金玉 1’‘四单 19’‘丰禾 10’‘东 156’等基因型以 1 μmol/L 锌浓度处理下根系长度最大；‘垦玉 7’‘垦粘 1’‘垦迎 1’‘龙青 1’‘绥 8941’‘杂 C546’‘东 46’‘南 5’等基因型以 0.01 μmol/L 锌浓度处理下根系长度最大，但是 0.01 μmol/L、0.1 μmol/L 与 1 μmol/L 锌浓度下根系长度间差异均未达到显著水平；而‘庆单 2 号’‘W557’‘南无名-5’‘大甸 11’‘502’以 10 μmol/L 锌浓度处理下根系长度最大。但高锌处理下各基因型的根长显著降低，说明高锌处理显著抑制了根长的伸长。

表 6-7　锌浓度对不同基因型玉米根长的影响　　单位：cm

基因型	锌浓度					
	0 μmol/L	0.01 μmol/L	0.1 μmol/L	1 μmol/L	10 μmol/L	100 μmol/L
牡丹 9	40.5 a	39.3 a	43.1 a	36.9 a	35.2 a	28.7 b
克单 9	49.7 a	47.8 a	59.0 a	57.0 a	47.8 a	35.9 b
龙单 13	29.5 a	29.3 a	33.3 a	26.8 a	26.3 a	15.9 b
硕秋 8	30.8 b	25.8 c	37.1 a	35.5 ab	31.7 ab	24.4 c
垦粘 1	38.1 a	41.2 a	31.6 a	39.4 a	38.8 a	33.2 a
垦迎 1	33.9 a	36.9 a	36.3 a	36.3 a	27.9 ab	25.4 b

（续表）

基因型	锌浓度					
	0 μmol/L	0.01 μmol/L	0.1 μmol/L	1 μmol/L	10 μmol/L	100 μmol/L
龙青 1	25.5 b	40.1 a	34.2 ab	32.7 ab	34.7 ab	29.3 b
巴单 5	26.6 b	33.5 ab	33.8 ab	35.6 a	32.2 ab	30.9 ab
垦玉 7	36.1 a	41.9 a	38.4 a	35.9 a	40.5 a	31.7 b
垦玉 6	39.4 a	33.7 a	35.6 a	35.9 a	35.5 a	29.9 b
兴垦 3	27.8 a	26.5 a	28.5 a	29.6 a	29.3 a	16.1 b
金玉 1	28.1 ab	29.1 ab	26.3 b	34.1 a	29.9 ab	23.3 b
庆单 2 号	28.0 b	27.1 b	34.0 ab	32.5 ab	37.1 a	31.1 ab
四单 19	27.9 abc	22.0 c	29.1 ab	31.9 a	28.4 ab	25.6 bc
丰禾 10	30.9 a	29.7 a	31.0 a	34.1 a	32.5 a	22.5 b
郑单 958	24.5 a	23.3 ab	32.0 a	29.3 a	26.7 a	20.9 b
先玉 335	21.0 c	28.9 bc	43.7 a	40.1 ab	34.2 ab	30.8 bc
龙辐单 208	28.2 a	26.9 a	32.6 a	31.8 a	25.7 a	20.0 b
绥 8941	14.7 b	27.8 a	21.0 a	16.2 ab	14.8 b	13.2 b
长 3	19.3 ab	22.4 a	22.7 a	21.0 a	18.4 bc	15.3 c
杂 C546	17.8 ab	20.2 a	18.8 a	17.2 ab	19.2 a	11.3 b
K10	22.3 a	19.1 a	27.5 a	19.5 a	19.2 b	16.5 b
W557	15.7 b	19.3 a	16.2 ab	18.3 a	20.5 a	14.2 b
克 73	20.3 bc	27.8 a	31.7 a	24.0 ab	18.3 c	19.0 bc
南无名-5	17.2 b	15.8 b	23.7 a	23.8 a	19.3 ab	14.7 b
杂 1	24.0 a	19.0 a	25.5 a	25.1 a	21.0 a	14.5 b
东 46	25.3 a	35.7 a	21.5 b	28.2 a	20.7 b	20.3 b
大甸 11	12.7 b	15.3 ab	16.7 a	12.0 bc	17.0 a	7.3 c
502	23.7 bc	28.7 a	24.5 b	21.8 c	29.7 a	17.8 c
南 5	22.7 bc	37.2 a	29.5 ab	32.0 a	27.0 b	16.2 c
oh43	27.7 ab	26.8 b	31.5 a	28.8 a	20.2 c	17.2 c
东 156	21.1 a	23.3 a	21.3 a	24.0 a	23.7 a	18.0 b
海 014	30.7 b	22.1 c	34.2 a	29.3 b	29.7 b	20.2 c
合 344	18.3 a	15.0 ab	18.8 a	15.8 ab	13.3 c	14.0 abc

七、锌浓度对不同基因型玉米幼苗含锌量的影响

表6-8表明，除‘垦迎1’‘巴单5’‘垦玉7’‘丰禾10’‘龙辐单208’‘大甸11’‘海014’和‘东156’的根系的最低锌含量出现在供锌水平为0 μmol/L时，其余基因型玉米的地上部和根系的最低锌含量出现在供锌水平为0.01 μmol/L时，进一步证明，低锌对玉米的伤害更严重。当锌浓度大于1 μmol/L时，随着供锌水平的增加，地上部和根系的锌含量迅速增加，增加幅度因品种而异，供试的34种基因型表现为杂交种锌含量的增加幅度大于自交系，除‘龙辐单208’根系锌含量增加幅度小于地上部外，其余基因型均表现为根系的增加幅度大于地上部，杂交种根系锌含量增加幅度最大的是‘四单19’，当供锌水平从1 μmol/L增加到100 μmol/L时，根系锌含量增加了46.78倍，增加幅度最小的是‘龙辐单208’，增加了17.06倍；自交系根系锌含量增加幅度最大的是‘海014’，当供锌水平从1 μmol/L增加到100 μmol/L时，根系锌含量增加了23.04倍，增幅最小的是‘南无名-5’，增幅为7.69倍。当供锌水平从1 μmol/L增加到100 μmol/L时杂交种地上部增加幅度最大的是‘垦玉7’，增幅为22.13倍；增加幅度最低的是‘克单9’，增加了11.57倍；自交系地上部增加幅度最大的海014，增幅为14.64倍，增幅最小的是‘南5’，增幅为5.16倍。除‘先玉335’‘龙辐单208’‘南无名-5’‘东156’‘合344’外，大多数基因型表现为供锌水平小于1 μmol/L时根系锌含量小于地上部锌含量；当供锌水平达到100 μmol/L时，表现为根系锌含量大于地上部锌含量。说明玉米具有选择运输的能力，当锌浓度过大对幼苗造成伤害时，根系吸收的锌向地上部运输的比例减少，以减少过量的锌对玉米造成的伤害。相同供锌水平下不同基因型玉米的地上部和根系的锌含量相差很大，如当锌浓度为0.1 μmol/L‘硕秋8’的地上部锌含量是48.05 mg/kg，而‘巴单5’为13.01 mg/kg，从几个品种对锌的敏感性来看，这种锌浓度的差异与对锌的敏感性无相关性。

表6-8　锌浓度处理对不同基因型玉米幼苗Zn含量的影响　　单位：mg/kg

基因型	取样部位	锌浓度					
		0 μmol/L	0.01 μmol/L	0.1 μmol/L	1 μmol/L	10 μmol/L	100 μmol/L
牡丹9	地上部	28.02	18.44	23.94	44.35	174.19	796.69
	根　系	28.11	16.68	17.41	19.24	102.43	781.19
克单9	地上部	35.26	20.75	22.64	53.94	193.43	624.09
	根　系	30.27	15.29	19.33	45.11	140.16	837.63
龙单13	地上部	31.93	23.33	23.50	43.20	194.72	641.94
	根　系	21.84	15.72	16.78	33.06	177.03	712.11
硕秋8	地上部	30.04	20.22	48.05	48.67	186.58	814.71
	根　系	21.75	16.43	23.15	28.00	125.52	666.72

（续表）

基因型	取样部位	锌浓度					
		0 μmol/L	0.01 μmol/L	0.1 μmol/L	1 μmol/L	10 μmol/L	100 μmol/L
垦粘 1	地上部	29.52	21.81	22.77	48.35	204.31	774.15
	根　系	22.17	16.06	22.43	28.70	113.79	528.52
垦迎 1	地上部	19.88	21.56	23.31	42.19	158.22	674.06
	根　系	16.43	17.88	23.39	23.68	133.36	771.63
巴单 5	地上部	17.89	21.18	18.82	45.85	150.97	730.34
	根　系	15.61	15.67	19.66	30.84	122.04	724.92
龙青 1	地上部	24.32	20.36	23.74	44.28	162.53	739.76
	根　系	19.41	18.62	26.16	27.19	93.93	564.92
垦玉七	地上部	19.60	19.77	27.34	45.11	214.50	998.39
	根　系	25.20	27.73	27.91	21.75	137.66	910.29
垦玉六	地上部	21.95	20.36	23.31	48.22	188.75	728.49
	根　系	20.35	17.11	29.74	30.94	165.26	875.89
兴垦 3	地上部	21.35	21.10	31.89	44.18	146.29	606.38
	根　系	17.87	12.32	18.84	21.51	129.38	733.57
金玉 1	地上部	24.05	21.22	22.93	44.46	169.17	683.80
	根　系	14.47	14.12	16.61	25.75	163.10	742.23
庆单 2 号	地上部	26.64	18.72	24.11	44.98	183.08	620.00
	根　系	21.24	13.67	15.28	20.68	143.43	760.27
四单 19	地上部	22.00	20.02	24.22	39.67	194.80	670.04
	根　系	20.55	11.00	11.83	16.28	70.55	761.65
丰禾 10	地上部	23.04	25.82	28.14	45.46	209.84	1006.28
	根　系	11.82	19.29	18.47	32.73	160.94	863.48
郑单 958	地上部	27.33	24.11	33.37	42.37	160.54	761.50
	根　系	19.07	17.56	21.69	32.54	98.58	686.40
先玉 335	地上部	37.83	20.90	39.06	63.87	182.02	1234.76
	根　系	35.69	13.28	25.83	34.87	230.97	1117.93
龙辐单 208	地上部	18.08	31.12	41.65	46.96	185.26	1038.19
	根　系	14.06	22.25	17.41	27.37	93.97	466.91

（续表）

基因型	取样部位	锌浓度					
		0 μmol/L	0.01 μmol/L	0.1 μmol/L	1 μmol/L	10 μmol/L	100 μmol/L
绥 8941	地上部	29.38	17.44	31.39	62.20	148.80	512.23
	根　系	26.86	16.00	25.50	45.82	103.21	681.15
长 3	地上部	32.31	26.40	26.40	42.03	185.91	314.45
	根　系	25.75	17.92	19.96	38.26	100.60	548.54
杂 C546	地上部	28.58	19.94	29.16	31.12	163.15	195.04
	根　系	27.26	18.39	19.79	24.79	81.63	359.52
K10	地上部	28.40	20.29	21.60	38.02	138.40	248.76
	根　系	30.95	19.65	20.36	26.45	99.79	481.39
W557	地上部	28.10	24.83	37.84	48.55	95.79	292.79
	根　系	25.25	21.85	24.42	30.76	64.51	308.03
克 73	地上部	26.32	23.67	29.77	43.76	151.60	583.53
	根　系	20.02	15.36	15.97	27.56	93.00	442.11
南无名-5	地上部	34.16	19.66	23.81	55.91	123.26	366.33
	根　系	16.90	13.82	17.75	61.66	228.31	474.45
杂 1	地上部	25.07	22.47	28.25	40.21	125.08	279.31
	根　系	14.82	14.16	19.83	20.49	79.55	268.15
东 46	地上部	24.70	15.15	19.41	29.89	86.52	205.56
	根　系	22.27	16.32	18.28	17.56	59.70	343.02
大甸 11	地上部	24.15	48.32	52.61	63.31	141.58	371.45
	根　系	19.96	26.73	29.42	48.76	86.41	451.65
502	地上部	47.35	21.98	28.11	39.28	131.39	413.68
	根　系	23.35	17.91	32.45	36.52	150.41	392.20
南 5	地上部	34.40	19.02	21.69	41.83	77.23	215.89
	根　系	18.66	14.85	17.26	16.80	86.90	325.05
oh43	地上部	23.05	22.81	27.83	36.21	103.13	288.39
	根　系	16.81	16.56	22.59	25.45	146.99	534.55
东 156	地上部	17.44	14.26	15.51	24.54	68.90	275.13
	根　系	13.36	17.55	20.95	29.23	86.38	367.71

（续表）

基因型	取样部位	锌浓度					
		0 μmol/L	0.01 μmol/L	0.1 μmol/L	1 μmol/L	10 μmol/L	100 μmol/L
海 014	地上部	15.63	15.76	19.84	24.47	63.15	358.20
	根　系	13.65	20.99	15.70	19.15	108.26	441.15
合 344	地上部	26.53	18.35	18.70	33.32	190.36	383.89
	根　系	26.37	14.78	20.60	45.88	119.20	582.63

第三节　讨论与结论

本研究选用寒地大面积推广的 18 个玉米杂交种和 16 个自交系，通过苗期水培研究发现，不同基因型间锌营养存在明显差异，不同基因型的最适宜的锌浓度不同，不同浓度的锌对玉米生长的影响效应不同。玉米幼苗最适宜的锌浓度应为 0.1～1 μmol/L。同时由培养试验的观察结果可知，不同基因型玉米表现出的缺锌症状与时间亦不同，部分基因型玉米低锌培养时缺锌症状比缺锌培养出现更早，症状更明显，最早的培养至 11～13 d 时，即表现出缺锌症状，表现为植株明显矮小，叶尖有黄褐色分泌物，随后，从叶尖开始枯萎，整个叶片枯死，新叶呈淡黄色或白色，叶脉间失绿，如‘四单 19’。部分基因型到收获时仅表现出轻微的缺锌症状，生长受抑制程度均较小，没有明显的白苗现象，如‘牡丹 9’‘垦玉 7’；有的基因型生长受抑制程度较大，植株明显矮小，但无白苗，叶片枯萎较少，如‘垦玉 6’，有的基因型株高并未受到明显的影响，但叶片失绿现象，如‘兴垦 3’‘金玉 1 号’。

不同锌离子浓度处理对玉米幼苗的生长有明显的影响。玉米幼苗最适宜的供锌水平为 0.1～1 μmol/L。缺锌（0 μmol/L）和高锌（100 μmol/L）胁迫对玉米的生长均产生抑制作用，王景安等（2003）研究认为对于一定的低锌比缺锌对玉米的危害更大，而本研究中认为对于部分基因型来说一定的低锌比缺锌对玉米的危害更大，而对于有些基因型来说低锌危害并不明显，相反高锌危害大于低锌危害。

施锌对玉米的茎和叶片生长促进作用更为明显，根系生长受到的促进作用相对较小。对根生长影响的“原初反应”是由于营养液的影响还是由茎叶传导的机理尚未得出结论，有待进一步研究。

本研究结果表明，不同基因型玉米体内的锌含量差别很大，从几个品种对锌的敏感性来看，这种锌浓度的差异与对锌的敏感性无相关性，锌浓度高的表现出缺锌症状时，锌浓度低的并不一定表现出缺锌症状。即单纯从植株的含锌量无法判断出植株是否缺锌，这与前人报道的现象相类似（王景安等，2003），说明植物体内的锌含量是由品种特性决定的。当供锌浓度大于 1 μmol/L 时，随着供锌水平的增加，地上部和根系的锌含量迅速增加，且杂交种锌含量的增加幅度大于自交系，对于大多数基因型而言，根系的锌含量的增加幅度大于地上部，表明玉米具有选择运输的能力，当锌浓度过大对幼苗造成伤害时，根系吸收的锌向地上部运输的比例减少，以减少过量的锌对地上部造成伤害。

低锌胁迫对玉米生理特性的影响，最终导致的直接结果是对产量的影响，聚类分析结果表明，在供试品种中，‘龙青 1’‘兴垦 3’‘金玉 1’‘龙辐单 208’‘丰禾 10’‘牡丹 9’，属于高产类型低锌不敏感型，即适宜在高锌地栽培也适宜在低锌地栽培，是优良的基因型。‘庆单 2’等 6 个品种属于低产但低锌不敏感型玉米，即适宜在高锌地栽培也适宜在低锌地栽培。‘垦玉 6’‘四单 19’属于低产低锌敏感型玉米，适宜在有效锌含量较高的地区栽培，另外‘四单 19’在大田栽培的条件下，白苗比较明显。‘硕秋 8’‘先玉 335’‘郑单 958’属于高产中等敏感类型玉米，适宜在高锌地栽培和有效锌含量中等偏高的地区或高锌地区栽培，是比较优良的基因型。

许多研究结果表明，玉米单交种对缺锌的敏感性与其亲本自交系有着密切的遗传关系（张福锁，1993a）。玉米单交种的耐锌能力往往受某一亲本自交系的主导作用所控制，从本试验的结果也可以初步看出同样的趋势。本研究中‘垦玉 7’与‘垦玉 6’母本同是‘合 344’，属于低锌不敏感类型，‘垦玉 7’父本为‘南无名-5’，亦属低锌不敏感类型，垦玉 7 属低锌不敏感类型。而‘垦玉 6’父本为‘南 5’，属低锌敏感类型，‘垦玉 6’对低锌表现敏感。说明玉米单交种对缺锌的敏感性与其亲本自交系有着密切的遗传关系。

结合水培试验和池栽试验中各基因型的综合表现，我们确定低锌不敏感品种‘牡丹 9’和低锌敏感型品种‘四单 19’，作为进一步机理研究的材料。

第七章　锌对不同基因型玉米苗期生理特性的影响

锌具有重要的生理功能和营养作用。锌对生物体内200多种酶起调节、稳定和催化作用。在高等植物体内的酶促反应中，锌既可作为酶的金属组分，也可作为许多酶在功能、结构及调节方面的辅助因子，是植物体内蛋白质、核酸、激素代谢、光合作用和呼吸作用所必需的（刘铮，1991；张福锁，1993b）。

玉米是对缺锌最为敏感的作物之一（高质等，2001），缺锌时玉米的生长发育受阻，导致产量低下、品质降低（刘国荣等，1996）。研究发现，不同植物种类和同一物种的不同基因型对缺锌的敏感程度不同（赵同科等，1997），不同基因型的玉米对缺锌反应差异很大（孙刚等，2007），为此我们选择两个对锌敏感性差异较大的玉米杂交种为试验材料，采用水培方法，研究不同锌浓度对玉米苗期生理特性的影响，探讨玉米不同基因型对锌敏感性差异的内在机理。

第一节　材料与方法

一、试验材料

本试验以‘牡丹9’和‘四单19’两个不同基因型玉米品种为试材，两个品种经前期试验证明分别为低锌不敏感品种和低锌敏感型品种。

二、试验方法

水培方法同第一章。

三、测定项目与方法

（一）SOD活性

采用NBT光化还原法测定SOD活性，以抑制光还原NBT50%为一个酶活单位（张宪政，1992）。

（二）POD活性

采用愈创木酚法测定POD活性（张宪政，1992）。

（三）CAT活性

采用高锰酸钾滴定法测定CAT活性（张宪政，1992）。

（四）丙二醛（MDA）

参照邹琦方法（1995）测定。

（五）可溶性糖

采用蒽酮—硫酸法测定（张宪政，1992）。

（六）可溶性蛋白

采用考马斯亮蓝 G-250 染色法测定（李合生，2003）。

（七）游离氨基酸

用茚三酮显色法测定（李合生，2003）。

（八）脯氨酸

采用璜基水杨酸法测定脯氨酸含量（邹琦，1995）。

（九）硝酸还原酶（NR）活性

用 α-萘胺法（李合生，2000）。

（十）细胞质膜透性

利用电导率法测定，细胞质膜透性以煮前和煮后两次电导的比值，即：相对电导率来表示（邹琦，2000）。

（十一）根系活力

采用 TTC 染色法测定根系活力（李合生，2000）。

（十二）碳酸酐酶活性（CA）

碳酸酐酶活性采用郭敏亮（1988）和 Rengel（1995）相结合的方法。

（十三）光合特性

幼苗水培 28 d 时，选取自下向上数第 3 片完全展开叶，用美国 LI-COR 公司的 LI-6400 便携式光合测定系统，设定光量子通量密度为 800 μmol/（m^2 · s），温度 25 ℃，于上午 9:00 测定净光合速率（*Pn*）、气孔导度（*Gs*）、胞间 CO_2 浓度（*Ci*）、蒸腾速率（*Tr*），每个处理各测定 10 株，3 次重复，每株重复测定 3 次。

第二节　结果与分析

一、供锌水平对不同基因型玉米幼苗保护酶活性的影响

（一）供锌水平对不同基因型玉米幼苗 SOD 活性的影响

图 7-1 可知，随着营养液中锌浓度增加，不同基因型玉米 SOD 活性均增加，但不同基因型玉米 SOD 活性的变化趋势有所不同，低锌敏感品种 SOD 活性增加幅度大于低锌不敏感品种。低锌不敏感品种‘牡丹 9’在锌浓度为 0~0.01 μmol/L SOD 活性变化不大，分别为 84.68 U/g 和 84.76 U/g；0.01~0.1 μmol/L 阶段，SOD 活性迅速增加，

增幅为 49.3%；锌浓度在 0.1～100 μmol/L 范围内，SOD 活性增长幅度较小。而对低锌敏感品种‘四单 19’则是在锌浓度 0～10 μmol/L 时，随着锌浓度的升高而逐渐增加，在锌浓度为 10～100 μmol/L 时出现急剧增长的趋势。表明，随着锌浓度的增加，SOD 活性升高以清除活性氧自由基，从而使幼苗免遭伤害。

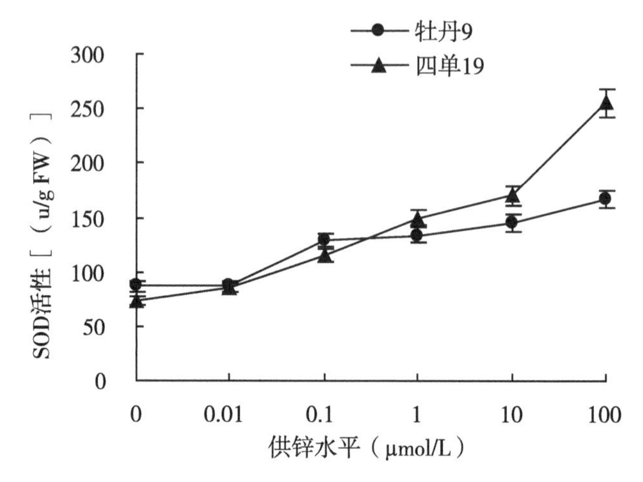

图 7-1　供锌水平对玉米 SOD 活性的影响

（二）供锌水平对不同基因型玉米幼苗 POD 活性的影响

如图 7-2 所示，低锌不敏感品种及低锌敏感品种 POD 的活性都是随着锌浓度的增加而增加，但低锌不敏感品种‘牡丹 9’增加的幅度较低锌敏感品种‘四单 19’要大，二者在锌浓度为 0～0.01 μmol/L 时均迅速增长，锌浓度为 0 μmol/L 时‘牡丹 9’和‘四单 19’的 POD 的活性分别为 1.65 OD470/（g·min）和 2.49 OD470/（g·min），当锌浓度达到 0.01 μmol/L 时‘牡丹 9’和‘四单 19’的 POD 的活性分别为 9.12 OD470/（g·min）和 5.35 OD470/（g·min），分别增加了 4.53 倍和 2.15 倍。锌浓度在 0.01～10 μmol/L 范围内时 POD 的活性随锌浓度增加而增加，但在锌浓度由 10 μmol/

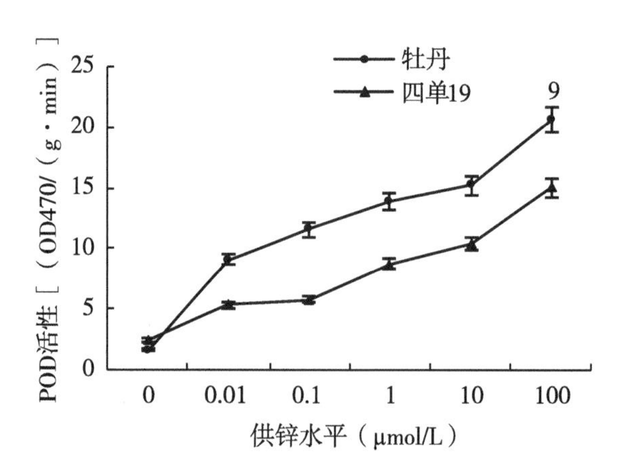

图 7-2　供锌水平对玉米 POD 活性的影响

L 升高到 100 μmol/L 时又呈快速增长的态势，'牡丹 9' 的 POD 活性由 15.20 OD470/（g · min）升高至 20.68 OD470/（g · min），而 '四单 19' 的 POD 活性由 10.46 OD470/（g · min）升高至 15.03 OD470/（g · min），虽然低锌敏感品种 '四单 19' 的 POD 活性比低锌不敏感品种 '牡丹 9' 的活性低，在锌浓度由 0 μmol/L 升高到 10 μmol/L 时，POD 活性的增加量也没有 '牡丹 9' 大，但其在高锌阶段的涨幅高于 '牡丹 9'，究其原因可能是两种基因型玉米对缺低锌敏感性不同的重要机制。

（三）供锌水平对不同基因型玉米幼苗 CAT 活性的影响

如图 7-3 所示，不同锌浓度对不同基因型玉米的 CAT 活性有显著的影响，低锌不敏感品种 '牡丹 9'，随着锌浓度增加呈先下降后上升的趋势，锌浓度为 0.01 μmol/L 和 0.1 μmol/L 时，CAT 活性分别为对照的 0.64 倍和 0.56 倍，随着锌浓度增加，CAT 活性增加，锌浓度为 1 μmol/L、10 μmol/L 和 100 μmol/L 时，CAT 活性分别为对照的 0.77 倍、2.12 倍和 4.43 倍。低锌敏感品种 '四单 19' 在低锌（0.01 μmol/L）条件下 CAT 活性为对照的 1.49 倍，继续增大锌浓度，CAT 活性下降，锌浓度为 0.1 μmol/L 和 1 μmol/L 时，CAT 活性分别为对照的 0.75 倍和 0.63 倍，随着锌浓度的进一步增加，CAT 活性迅速增加，10 μmol/L 和 100 μmol/L 时，CAT 活性分别为对照的 2.33 倍和 2.82 倍。

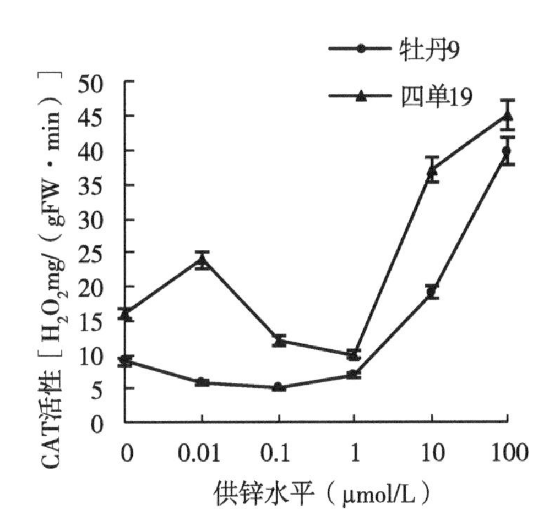

图 7-3　供锌水平对玉米 CAT 活性的影响

二、供锌水平对不同基因型玉米幼苗碳酸酐酶（CA）活性的影响

CA 活性与植物体内的锌含量密切相关，它主要存在于叶绿体内，可催化 CO_2 水合作用生成重碳酸盐进而影响光合作用（吴沿友，2006）。由图 7-4 可见，锌浓度对不同基因型玉米幼苗的 CA 活性有显著影响，对于低锌不敏感品种 '牡丹 9'，随着锌浓度增加碳酸酐酶活性增加，锌浓度从 0 μmol/L 增加到 0.01 μmol/L 时，CA 活性变化并不明显［分别为 0.83 U/（g · min）和 0.89 U/（g · min）］，当锌浓度增加到 0.1 μmol/L、1 μmol/L、10 μmol/L、100 μmol/L 时，CA 活性迅速增加，分别为对照的 1.52 倍、1.69 倍、1.91 倍、1，73 倍。当锌浓度从 0 μmol/L 增加到 0.01 μmol/L 时，

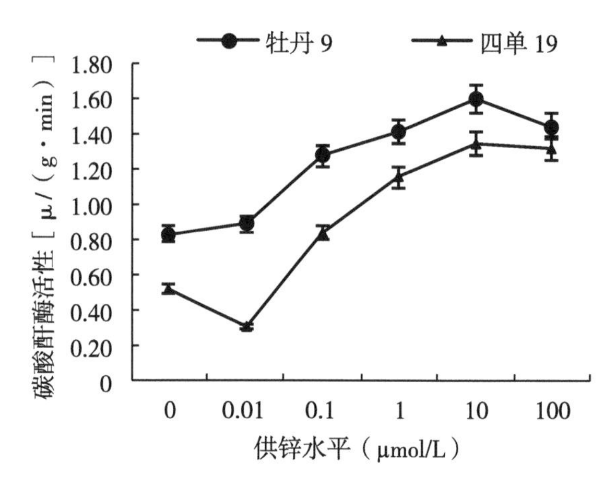

图 7-4　供锌水平对玉米 CA 活性的影响

低锌敏感品种‘四单 19’的 CA 活性迅速下降，为对照的 0.60 倍，继续增加锌浓度，CA 活性增加，锌浓度为 0.1 μmol/L、1 μmol/L、10 μmol/L、100 μmol/L 时，CA 活性迅速增加，分别为对照的 1.62 倍、2.22 倍、2.57 倍、2.53 倍。对于低锌敏感品种‘四单 19’CA 活性始终低于低锌不敏感品种‘牡丹 9’，这是由品种特性决定的。‘牡丹 9’在低锌处理下（0.01 μmol/L）CA 活性与对照相比变化不大，而‘四单 19’的 CA 活性却显著降低，‘牡丹 9’在低锌处理下仍能保持较高的 CA 活性，可能是其较‘四单 19’低锌不敏感的原因之一。

三、供锌水平对不同基因型玉米幼苗硝酸还原酶（NR）活性的影响

硝酸还原酶活性高低与植物的抗性有关。硝酸还原酶是植物体内硝酸盐同化过程中的限速酶，在氮代谢中起重要作用。由于硝酸还原酶的激活需要 NO_3^- 诱导，因而硝酸还原酶活性与植物硝态氮含量有一定的联系。由图 7-5 可以看出，硝酸还原酶的活性在锌浓度为 0~0.01 μmol/L 时逐渐升高，而在锌浓度超过 0.01 μmol/L 时随着锌浓度的

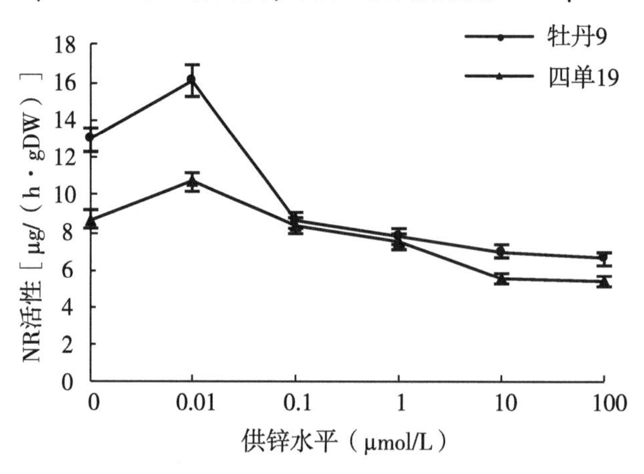

图 7-5　供锌水平对玉米硝酸还原酶活性的影响

升高而下降，表明随 Zn^{2+}浓度的增大，玉米叶片对 NO_3^--N 的还原能力均减弱。

四、供锌水平对不同基因型玉米幼苗根系活力（TTC）的影响

根系活力的大小影响根系对营养物质的吸收及有效物质的形成，是一种较客观地反应根系生命活动的生理指标。由图 7-6 可知，无论是低锌敏感品种‘四单 19’还是低锌不敏感品种‘牡丹 9’，当锌浓度为 0.1 μmol/L 根系活力最高，当锌浓度为大于 1 μmol/L 时，根系活力明显下降，表明在锌浓度为 0.1 μmol/L 时根系的吸收能力最强。

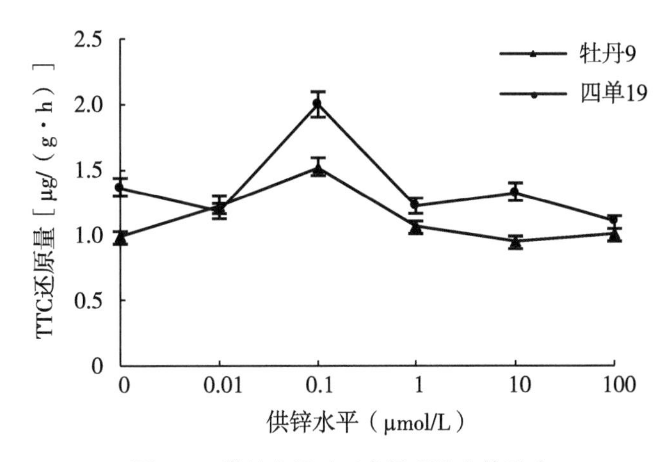

图 7-6　供锌水平对玉米根系活力的影响

五、供锌水平对不同基因型玉米幼苗 MDA 含量的影响

MDA 是膜脂过氧化的分解产物，它从膜上位置产生释放出来，与蛋白质、核酸起反应修饰其特性或抑制蛋白质的合成；它还可以与酶反应使酶丧失活性甚至成为一种催化错误代谢的分子，MDA 的积累能对膜和细胞造成进一步的伤害，它本身对植物细胞具有明显的毒害作用，通常用它作为膜脂过氧化的指标，表示细胞膜脂过氧化程度和植物对逆境条件反应的强弱。如图 7-7 所示，不同供锌水平对不同基因型玉米的 MDA 含

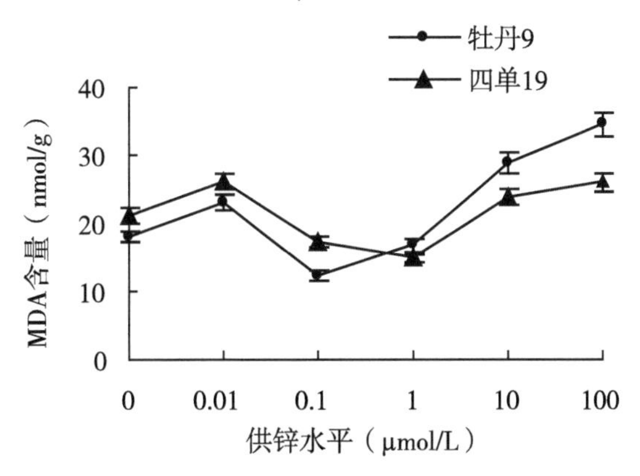

图 7-7　供锌水平对玉米叶片 MDA 含量的影响

量有显著影响，低锌不敏感品种‘牡丹 9’和低锌敏感品种‘四单 19’的 MDA 含量随锌浓度增加，均呈先降低后升高的趋势，所不同的是，‘牡丹 9’在锌浓度为 0.1 μmol/L 时 MDA 含量最低，而‘四单 19’在锌浓度为 1 μmol/L 时 MDA 含量最低，这表明‘牡丹 9’和‘四单 19’的最适宜的锌浓度分别为 0.1 μmol/L 和 1 μmol/L。

六、供锌水平对不同基因型玉米幼苗电解质外渗率的影响

植物组织受到逆境伤害时，由于膜的功能受损或结构破坏而使其透性增大，可以反映出质膜的伤害程度和植物抗逆性的大小。如图 7-8 所示，低锌不敏感品种‘牡丹 9’及低锌敏感型品种‘四单 19’叶片的相对电导度均表现为在锌浓度为 1 μmol/L 时，细胞膜透性最小，低锌和高锌胁迫下细胞膜透性都有不同程度的增加，细胞膜受损加剧。

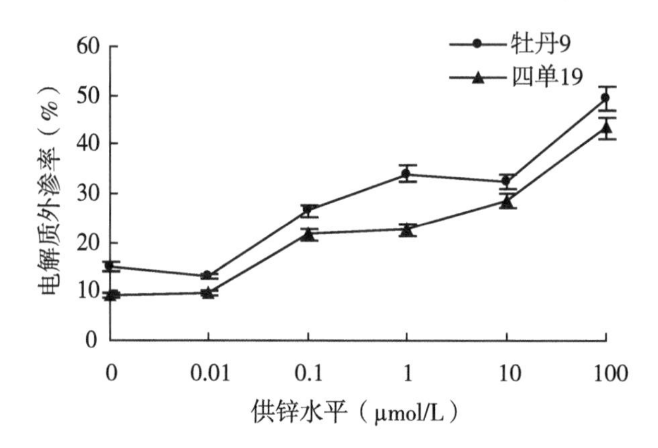

图 7-8　供锌水平对玉米细胞膜透性的影响

七、供锌水平对不同基因型玉米碳氮代谢的影响

（一）供锌水平对不同基因型玉米幼苗光合特性的影响

净光合速率的大小能直接反映植物的生长情况，如图 7-9 所示，不同供锌水平对不同基因型玉米幼苗的净光合速率影响不同，对于低锌不敏感玉米‘牡丹 9’，在锌浓度为 0~0.1 μmol/L 时，随着锌浓度增加净光合速率迅速增加，锌浓度为 0.01 μmol/L 和 0.1 μmol/L 时净光合速率分别为对照的 1.92 倍和 2.46 倍，继续增大锌浓度，光合速率迅速下降，锌浓度为 1 μmol/L、10 μmol/L、100 μmol/L 时净光合速率分别为对照的 0.87 倍、0.91 倍、0.25 倍。而低锌敏感品种‘四单 19’的净光合速率变化与‘牡丹 9’不同，随锌浓度增加，‘四单 19’的净光合速率呈降—升—降的趋势变化，锌浓度为 0.01 μmol/L 净光合速率为对照的 0.71 倍，锌浓度为 0.1 μmol/L 和 1 μmol/L 时净光合速率分别为对照的 1.00 倍和 1.94 倍，继续增加锌浓度净光合速率降低，10 μmol/L、100 μmol/L 时净光合速率分别为对照的 0.55 倍、0.53 倍。不同供锌水平下‘牡丹 9’和‘四单 19’的气孔导度（GS）和胞间 CO_2 浓度（Ci）变化趋势与净光合速率变化趋势相似，‘牡丹 9’和‘四单 19’的气孔导度和胞间 CO_2 浓度（Ci）分别在锌浓度为 0.1 μmol/L 和 1 μmol/L 达到最大值，锌浓度过高或过低气孔导度和胞间 CO_2 浓度

(Ci) 值均有所降低。适宜的锌浓度同样可以提高玉米幼苗的蒸腾速率。可以看出在锌胁迫或过量的条件下气孔导度降低，一方面可以减少叶片对外界 CO_2 的吸收，致使细胞间隙 CO_2 浓度下降，从而导致幼苗的光合能力降低，光合产物输出减少，最终幼苗生长发育迟缓，产量降低；另一方面也使水分通过气孔的扩散受阻，从而降低叶片的蒸腾速率，减少水分的散失。

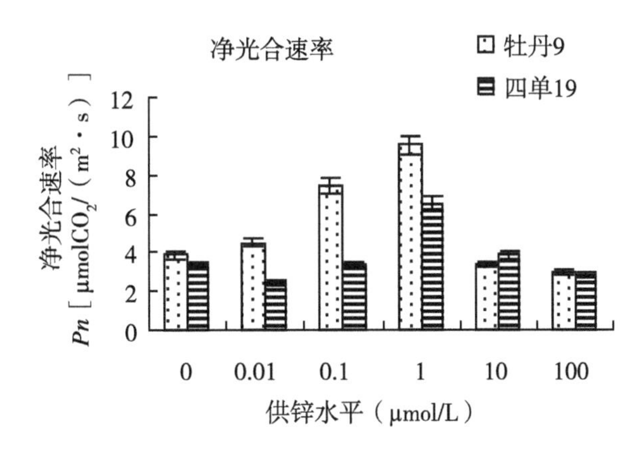

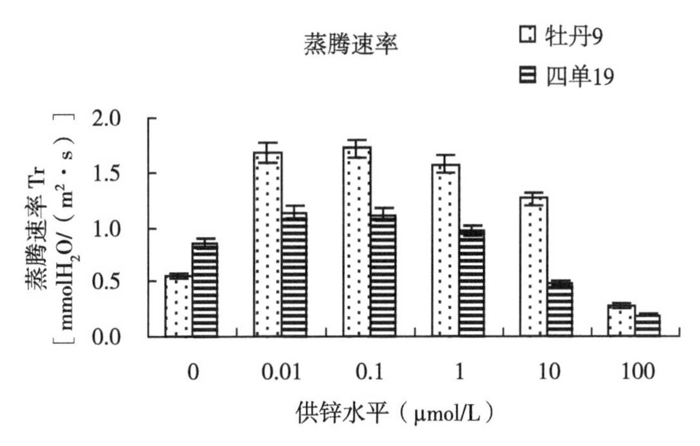

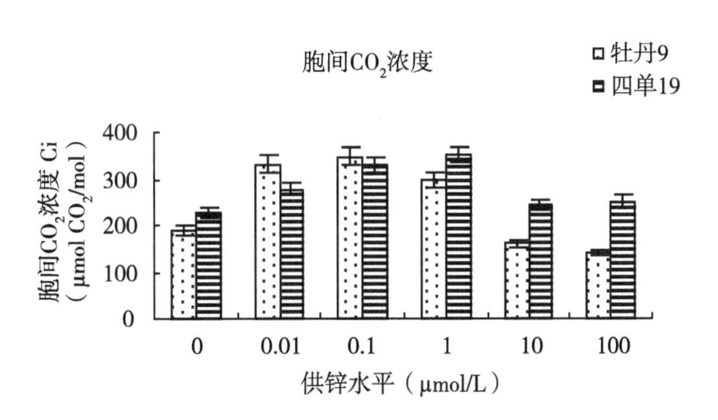

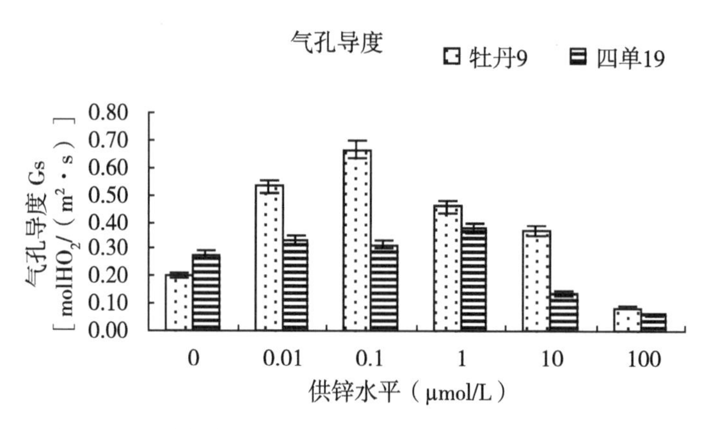

图 7-9　供锌水平对玉米净光合速率、蒸腾速率、胞间 CO_2 浓度、气孔导度的影响

（二）供锌水平对不同基因型玉米可溶性糖含量的影响

图 7-10 显示，在低锌和高锌处理的两个品种的叶片可溶性糖含量均有所增加。低锌敏感品种‘四单 19’在锌浓度为 1 μmol/L 时可溶性糖含量最低，为 33.3 μg/g，缺锌处理的可溶性糖增加幅度为大于高锌处理，缺锌处理下可溶性糖含量为锌浓度为 1 μmol/L时的 1.65 倍，高锌处理下（100 μmol/L）可溶性糖含量为 1 μmol/L 时的 1.41 倍。低锌不敏感品种‘牡丹 9’的可溶性糖含量在缺锌与低锌处理下增加幅度并不明显，缺锌处理下可溶性糖含量为锌浓度为 0.1 μmol/L 处理的 1.15 倍，而高锌处理下可溶性糖含量迅速增加，为 0.1 μmol/L 处理的 1.79 倍。

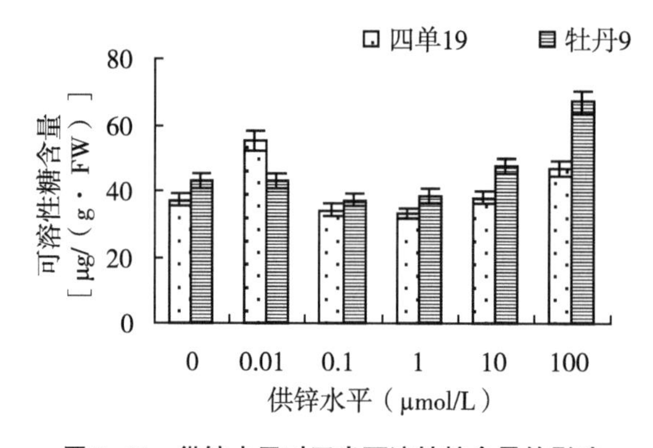

图 7-10　供锌水平对玉米可溶性糖含量的影响

（三）供锌水平对不同基因型玉米可溶性蛋白含量的影响

从图 7-11 可以看出，低锌和高锌处理都显著降低了‘四单 19’叶片的蛋白质含量，低锌处理的降低幅度大于高锌处理，适宜供锌可增加叶片中的可溶性蛋白含量，锌浓度为 1 μmol/L 叶片可溶性蛋白含量最高，分别为 0.01 μmol/L 和 100 μmol/L 处理的 1.87 倍和 1.39 倍。对于低锌不敏感品种‘牡丹 9’，低锌处理下可溶性蛋白含量下降并不明显，锌浓度为 1 μmol/L 叶片可溶性蛋白含量为 ZnO 处理的 1.14 倍，而高锌处理下可溶性蛋白含量大幅度下降，锌浓度为 1 μmol/L 处理叶片可溶性蛋白含量为锌浓度为

100 μmol/L 处理的 1.62 倍。说明两个品种对低锌敏感性与不同供锌水平下蛋白质的合成能力有关，对于低锌敏感品种低锌比高锌蛋白质合成量更少，对于低锌不敏感品种‘牡丹 9’，低锌处理下对蛋白质的合成并无太大的影响，而高锌处理明显抑制了蛋白质的合成。

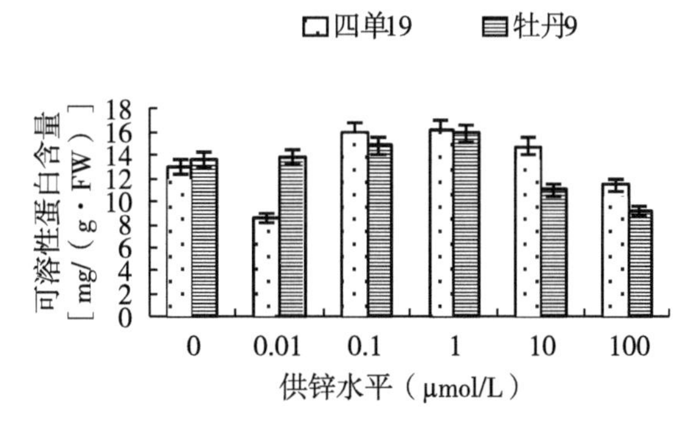

图 7-11　供锌水平对玉米可溶性蛋白含量的影响

（四）供锌水平对不同基因型玉米游离氨基酸含量的影响

图 7-12 显示不同供锌水平对两品种的游离氨基酸含量的影响，低锌与高锌处理下低锌敏感品种‘四单 19’的游离氨基酸增加幅度均高于低锌不敏感品种‘牡丹 9’。氨基酸在细胞内的代谢有多种途径。一种是经过生物合成蛋白质，一种是进行分解代谢。目前，尽管人们对植物在逆境条件下植物体内游离氨基酸来源的机制不太清楚，但游离氨基酸与氮代谢密切相关，逆境胁迫可以导致游离氨基酸含量增加（曹让等，2004）。目前认为，胁迫条件下产生的游离氨基酸可能起着维持细胞水势、消除物质毒害和储存氮素的功能（Shen，1990）。

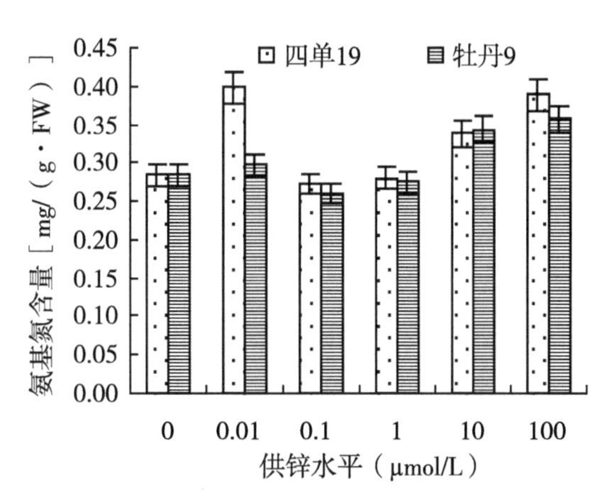

图 7-12　供锌水平对玉米游离氨基酸含量的影响

（五）供锌水平对不同基因型玉米脯氨酸含量的影响

图 7-13 表明，低锌处理下，‘四单 19’的脯氨酸含量明显增加，锌浓度为 0.01 μmol/L 处理的脯氨酸含量为锌浓度为 0.01 μmol/L 处理的 1.45 倍。随着锌浓度增加，

脯氨酸含量下降，锌浓度为 0 μmol/L、0.1 μmol/L、1 μmol/L 的处理间并无明显差异，当供锌水平继续增加时，脯氨酸含量迅速增加，但是脯氨酸含量仍低于低锌处理。对于低锌不敏感品种‘牡丹 9’在低锌处理下脯氨酸变化并不明显，但高锌处理下脯氨酸含量大幅度增加，锌浓度为 100 μmol/L 时脯氨酸含量为 1 μmol/L 处理的 1.61 倍。在低锌和正常供锌条件下，‘四单 19’的脯氨酸含量高于‘牡丹 9’，在高锌处理下（10 μmol/L 和 100 μmol/L）‘牡丹 9’的脯氨酸含量高于‘四单 19’。

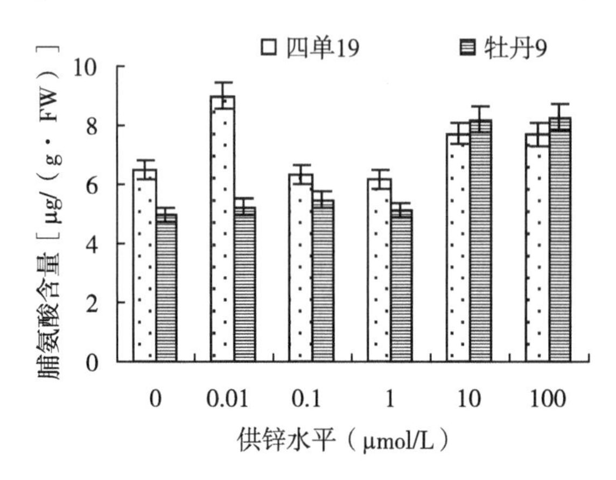

图 7-13　供锌水平对玉米脯氨酸含量的影响

（六）供锌水平对不同基因型玉米硝态氮含量的影响

硝态氮是植物最重要的氮源，测定植物体内的硝态氮含量可以反映植物的氮营养状况。图 7-14 显示，低锌与高锌处理均明显降低了两品种的硝态氮含量。低锌处理显著降低了‘四单 19’的硝态氮含量，1 μmol/L 锌处理的硝态氮含量为低锌处理的 1.68 倍，而高锌处理虽然也使硝态氮含量降低，但是降低的幅度不大，10 μmol/L 和 100 μmol/L 锌处理的硝态氮含量分别为正常供锌处理（1 μmol/L）的 0.93 倍和 0.88 倍。供锌水平对‘牡丹 9’的硝态氮含量影响较大，‘牡丹 9’低锌处理（0.01 μmol/L）的 NO_3^- 含量为 0.1 μmol/L 锌处理的 0.72 倍，高锌处理下‘牡丹 9’的硝态氮含量下降较明显，10 μmol/L 和 100 μmol/L 锌处理的硝态氮含量分别为理 0.1 μmol/L 锌处理的

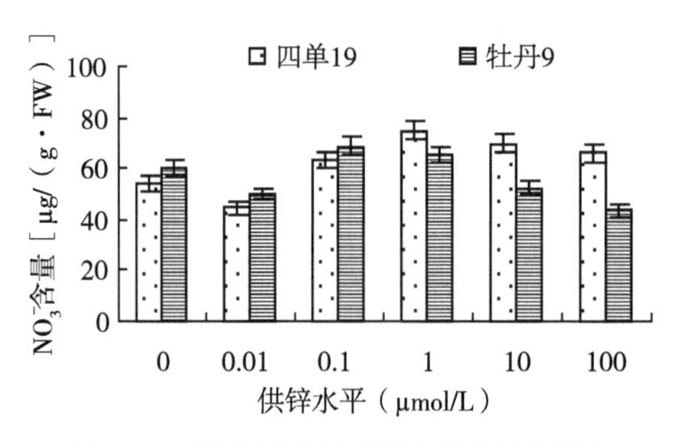

图 7-14　供锌水平对玉米硝态氮含量的影响

0.81 倍和 0.67 倍。

第三节　讨论与结论

锌即可作为酶的金属组分，也可作为许多酶在功能、结构及调节方面的辅助因子。因此在缺锌的条件下，代谢变化十分复杂（马斯纳，1991）。

锌是植物所必需的营养元素，在植物中锌没有化合价的变化，锌在植物叶片中大多数以低分子化合物、金属蛋白和自由离子存在，也有少数锌与细胞壁结合成不溶的形态（赵同科，1999）。植物中 58%到 91%的锌是可溶的（Welch et al.，1976），这些锌形态在植物的生理作用中起重要的作用，而且它也是反映植物是否缺锌的最好指标（Cakmak et al.，1987）。

近来研究表明，植物生长发育受阻与缺锌条件下植物体内活性氧代谢失调有十分密切关系（Cakmak，2000）。植物组织清除活性氧自由基的酶系统由超氧物歧化酶（SOD），过氧化氢酶（CAT）和过氧化物酶（POD）等组成。SOD 能清除 O_2^- 而形成 H_2O_2，H_2O_2 可以和 O_2 相互作用产生更多毒性更强的自由基，而 CAT、POD 具有分解 H_2O_2 的能力。因此，保护酶活性的强弱能够反映细胞抗氧化能力。在逆境胁迫下，植物细胞内自由基代谢平衡被破坏，造成超氧阴离子自由基积累，进而引发或加剧膜质过氧化作用，使得细胞膜系统的结构和功能劣变，新陈代谢紊乱。本研究表明，缺锌导致植物体内 SOD 酶、POD 酶活性下降，随着锌浓度增加，SOD 酶、POD 酶活性均增加，锌对 SOD 活性有直接的调控作用，因为锌是植物体内 CuZn-SOD 酶组分之一，供锌可提高植物体内 SOD 酶活性，减少和消除体内活性氧（Cakmak et al.，1988）。研究结果表明缺锌严重抑制了 POD 活性，供锌显著提高了玉米叶片的 POD 活性。而锌对不同基因型玉米的 SOD 酶、POD 酶活性调控有所不同，低锌敏感品种 SOD 活性增加幅度大于低锌不敏感品种，POD 活性则是低锌不敏感品种的增加的幅度大于低锌敏感品种。‘牡丹 9’和‘四单 19’在适宜的锌浓度下，CAT 活性低于对照。对于低锌敏感品种‘四单 19’锌浓度过低（0.01 μmol/L）或过高（10 μmol/L 和 100 μmol/L）均导致 CAT 活性上升，而低锌不敏感品种‘牡丹 9’的 CAT 活性在锌浓度小于 1 μmol/L 时，均低于对照，高锌处理（10 μmol/L 和 100 μmol/L）CAT 活性迅速增加。说明高锌处理可以诱导细胞中的 CAT 活性上升，可能是因为植物此时受到严重的伤害。

本研究表明当锌浓度超过 0.01 μmol/L 时，随着 Zn^{2+} 浓度的提高，不同基因型玉米的硝酸还原酶活性降低，Martinoia et al.（1981）认为，细胞质内 NO_3^- 含量是体内硝酸还原酶活性的主要限制因子。维持叶片内高水平硝酸还原酶则依赖于根部 NO_3^- 不断的供应（Udayakumar et al.，1981）。可以推测，玉米幼苗在高锌胁迫下根部 NO_3^- 吸收受阻，叶片 NR 活性下降，对玉米氮素同化抑制作用进一步加剧。每种作物都有其正常生长相对稳定的养分平衡，当生长环境中的养分平衡不适合作物的营养特征时，作物就会自身调节，以维持体内有一个相对稳定的养分含量和比例（张富仓等，2005）。在 0.1 μmol/L 锌浓度时，低锌不敏感品种‘牡丹 9’和低锌敏感型品种‘四单 19’的根系活力最高，随着 Zn^{2+} 浓度的增加根系活力下降明显，当锌浓度大于 1 μmol/L 时，根系活力降低明显，即低浓度锌处理时玉米幼苗根系活力有所增强，表明玉米在此浓度范围内具有抗锌胁迫的能力，但随着锌浓度的增加，其不足以抵抗锌毒害，所以根系活力降低。低锌不敏感品种‘牡丹 9’及低锌敏感型品种‘四单 19’叶片的相对电导度均表现为在锌浓度为 1 μmol/L 时，细胞膜透性最小，表明锌在维持细胞膜的完整性中起重要作用。

光合物质生产是作物生长发育的物质基础，碳酸酐酶（CA）是光合作用过程中 CO_2 水合反应的催化剂。CA 活性的提高，有利于光合物质生产能力的改善，促进作物的生长发育。本研究中表明 CA 活性与锌的供应状况密切相关，当锌浓度大于 0.1 μmol/L 时两种基因型玉米的 CA 活性随着供锌水平的增加而增加，但在高锌处理下 CA 活性有所下降。

锌对植物的光合作用、蛋白质代谢、细胞膜的功能和结构都有重要的影响。Jyung et al.（1972）研究表明，缺锌时 RuBP 羧化酶的活性降低，而 RuBP 羧化酶是光合作用中催化 CO_2 固定的酶，因此光合作用也会下降。本研究结果表明，在适宜的锌浓度下，两种基因型的净光合速率最高，而此时气孔导度、胞间 CO_2 浓度、蒸腾速率均比较高。说明适宜的锌供应可以改善光合性能。高锌和低锌胁迫下，不同基因型玉米幼苗光合能力减弱。结合对 CA 活性的研究可以看出，在高锌处理下 CA 活性明显增加，而净光合速率却迅速下降，说明 CA 活性与净光合速率的变化并非密切相关。马斯纳（1991）认为只有在 CA 活性很低时，单位叶面积 CO_2 同化作用才受到影响。在严重缺锌时，CA 失去活性。但即使在 CA 活性不高时也可获得最大的净光合作用。因此看来作物一般都含有大大过量的 CA。本研究中当锌浓度在 0.01～10 μmol/L 时，CA 活性大幅度增加，说明在一定锌浓度范围内，锌与 CA 活性密切相关。至于除了增大 CO_2 贮存库外，该酶是否还有其他功能，仍是一个未解决的问题（马斯纳，1991）。这说明缺锌和高锌导致玉米净光合速率下降，不仅仅是由于某些组织中的酶活性下降引起的，而是有着十分复杂的代谢变化所引起的。

可溶性糖含量的变化是植物体内碳水化合物代谢的重要标志，锌与植物中的碳水化合物代谢密切相关，本研究中对于低锌敏感品种‘四单 19’来说缺锌和高锌均显著增加了可溶性糖含量，低锌不敏感品种‘牡丹 9’的可溶性糖含量在缺锌与低锌处理下增加幅度并不明显，而高锌处理下可溶性糖含量迅速增加。表明锌对不同敏感型玉米的调控机制有所不同。糖分积累是在生长停止情况下发生的（张福锁，1993a），缺锌提高植物体内的碳水化合物含量是由于生长受阻引起的浓度效应（马斯纳，1991），说明高锌和低锌处理抑制了植株生长，导致植株体内糖分积累。

本研究中，低锌和高锌处理都显著降低了‘四单 19’的叶片的蛋白质含量，低锌处理的降低幅度大于高锌处理，适宜供锌可增加叶片中的可溶性蛋白含量。对于低锌不敏感品种‘牡丹 9’，低锌处理下可溶性蛋白含量下降并不明显，而高锌处理下可溶性蛋白含量大幅度下降。说明两个品种对低锌敏感性与不同供锌水平下蛋白质的合成能力有关，对于低锌敏感品种低锌比高锌蛋白质合成量更少，对于低锌不敏感品种‘牡丹 9’，低锌处理下对蛋白质的合成并无太大的影响，而高锌处理明显抑制了蛋白质的合成。马斯纳（1991）认为缺锌导致蛋白质的合成和蛋白质含量下降是由于：第一，锌是 RNA 聚合酶的必要组分，每分子大约含有两个锌原子，如果去掉锌，这个酶就失去活性。第二，锌也是核糖核蛋白结构完整性所必须的。第三，缺锌植物体内蛋白质含量的降低还由于 RNA 降解速率增大所致。但是对于高锌下植物的蛋白质含量下降的研究报道较少。

在本研究中低锌与高锌处理下低锌敏感品种‘四单 19’的游离氨基酸增加幅度均高于低锌不敏感品种‘牡丹 9’。从蛋白质的变化可知，氨基酸的积累与蛋白质合成受抑制密切相关。低锌处理下，低锌敏感品种‘四单 19’的蛋白质合成受到抑制，而氨基酸大量积累，明显抑制了植株的生长；低锌不敏感品种‘牡丹 9’蛋白质和氨基酸含量变化较小，说明在低锌处理下，‘牡丹 9’的自我调节能力比较强，氨基酸的合成与蛋白质的合成能够同时进行，避免了氨基酸的无效积累，所以生长受影响程度小。而高锌处理下两个品种的蛋白质合成均受到抑制，游离氨基酸积累，导致生长受到抑制。

在低锌处理下，‘四单 19’的脯氨酸含量明显增加，随着锌浓度增加，脯氨酸含量下降，高锌处理下脯氨酸含量迅速增加，但仍低于低锌处理。对于低锌不敏感品种‘牡丹 9’在低锌处理下脯氨酸变化并不明显，但高锌处理下脯氨酸含量大幅度增加。脯氨酸的变化趋势与游离氨基酸类似，植物在正常生长条件下，脯氨酸的含量低，但在逆境时，脯氨酸在细胞质中会大量积累，有关脯氨酸在玉米高锌和低锌胁迫下的作用少见报道，从本研究结果看，脯氨酸在锌胁迫中的增加可能是作为氨基酸组分之一，由于蛋白质合成受到抑制而导致的增加，另外在锌胁迫下脯氨酸的增加是否有其特殊的作用值得我们进一步研究。

植物体内的硝态氮在氨基酸和其他含氮有机化合物的合成过程中，必须首先进行还原作用，硝酸还原酶首先使硝酸盐还原成亚硝酸盐，亚硝酸盐在亚硝酸还原酶的作用下还原成氨（马斯纳，1991）。结合本研究中对硝酸还原酶的测定可以推测，‘四单 19’中硝态氮的积累是由于硝酸还原酶活性的降低而导致的，而对于低锌不敏感品种‘牡丹 9’对高锌比较敏感，可能是高锌处理影响了根系对硝态氮的吸收。可以推测锌对不同基因型玉米氮的吸收转运与还原的影响机制不同，低锌主要影响的是硝态氮的还原，而高锌处理下主要影响的是吸收，其机理有待于进一步研究。

从以上研究可以看出缺锌与高锌处理下玉米幼苗有很多生理生化特性相似，但是可以看出玉米耐低锌机制和耐高锌的机制并不完全相同。

第八章　锌磷互作对玉米苗期生理特性的影响

全世界作物因缺锌而造成减产的面积较为广泛。其原因除土壤因素外，大量使用磷肥也是一个重要原因。由于工业等污染，即使锌为植物必需元素，因其浓度过高也会对植物产生毒害。各国的环境和植物营养学家正试图通过施用磷肥来减轻或消除这些重金属元素对植物的不利影响。

在植物体内磷—锌交互作用可以发生在生理活动的各个进程之中，包括离子的吸收、转运、分配、生理代谢等；也可以发生于植物组织不同的层次上，如整株、器官、细胞、亚细胞、分子水平上。可见，磷与锌关系是相当错综复杂的。从植物营养角度看，磷与植物必需的重金属元素间的交互作用，对促进植物对某一特定元素的吸收和利用，并对不同作物进行养分的合理配比以指导合理施肥具有重要的意义。

第一节　材料与方法

一、试验材料

试验采用低锌敏感型品种‘牡丹 9’和低锌不敏感品种‘四单 19’。

二、培养方法

营养液为1/2 的 Hoagland 营养液，试验设 4 个锌浓度和 4 个磷浓度，锌浓度分别为 0 μmol/L、0. 1 μmol/L、1 μmol/L 和 10 μmol/L，磷以 NaH_2PO_4 形式供应，4 个磷水平，0 mmol/L［加入 NH_4NO_3 补充其中因低 $(NH_4)_2HPO_4$ 而减少的氮营养］、0. 5 mmol/L、5 mmol/L 和 10 mmol/L。分别记作 P0Zn0、P0Zn1、P0Zn2、P0Zn3、P1Zn0、P1Zn1、P1Zn2、P1Zn3、P2Zn0、P2Zn1、P2Zn2、P2Zn3、P3Zn0、P3Zn1、P3Zn2、P3Zn3。种子经 10% NaClO 消毒液浸泡 5 min，迅速用流动的自来水冲洗数次，浸泡 10 min 再用去离子水冲洗 5~6 次，经 30 ℃左右温水浸种 12 h，催芽 5 d（将种子等距排开，胚朝上，置于下面铺有双层滤纸，上面盖有双层纱布和一层滤纸的发芽盒内催芽），催芽温度25 ℃，其间及时补充水分。待芽长至 5 cm 左右时，选择饱满均一的种子去胚乳后，用去离子水冲洗干净，选取高度一致的幼苗分别进行不同浓度锌磷处理，每 5 d 换一次营养液，温室培养。用 0. 1 mol/L 的 NaOH 和 0. 1 mol/L HCl 将 pH 值调至 6. 8，电动泵连续供氧，培养 28 d 后进行测定。

三、测定项目与方法

收获后每盆取 10 株测量株高，同时植株分地上和地下部分，去离子水冲洗干净，吸水纸吸干，在 105 ℃杀青 30 min 后于 80 ℃烘至恒重，称干重。样品粉碎，备用。

SOD 活性、POD 活性、CAT 活性、可溶性糖含量、可溶性蛋白含量、游离氨基酸含量测定同第七章。

氮、磷、钾测定：植物样品采用 H_2SO_4-H_2O_2 消煮方法。全氮含量测定采用瑞士产 BÜCHI 凯氏定氮系统测定；磷含量测定参照土壤农化分析（1994），采用钒钼黄比色法，紫外分光光度计测定；钾含量测定采用日立 Z5000 型原子吸收分光光度计测定。

锌含量测定：用 HNO_3-$HClO_4$（4∶1）混合液法消煮，日立 Z5000 型原子吸收分光光度计测定。

第二节　结果与分析

一、锌磷互作对玉米幼苗生长的影响

（一）锌磷互作对玉米幼苗株高的影响

表 8-1 中，锌磷互作对不同基因型玉米幼苗株高有显著影响，对于低锌不敏感品种‘牡丹 9’缺锌时（Zn0），随着磷含量增加，玉米幼苗株高变化规律并不明显，增加营养液中锌含量后（Zn1、Zn2 和 Zn3），随着磷含量的增加，玉米幼苗株高呈先上升后下降趋势，Zn1 和 Zn2 处理，以低磷处理株高最高，Zn3 处理以中等供磷（P2）处理株高最高。对于低锌敏感品种‘四单 19’，缺锌（Zn0）和低锌处理（Zn1），随着营养液中磷含量的增加株高呈下降趋势。继续增加营养液中锌含量（Zn2 和 Zn3），株高表现为随着磷含量增加而增加。当供磷水平相同时，无论是低锌不敏感品种‘牡丹 9’还是低锌敏感品种‘四单 19’均表现为，随着供锌水平的增加，株高先上升后下降。

表 8-1　锌磷配比对不同基因型玉米幼苗株高的影响　单位：cm

基因型	磷	锌浓度（μmol/L）			
		Zn0	Zn1	Zn2	Zn3
牡丹 9	P0	44.2	51.6	47.2	38.4
	P1	42.7	52.8	45.7	45.4
	P2	45.3	49.8	46.3	44.1
	P3	43.4	44.6	42.9	35.8

（续表）

基因型	磷	锌浓度（μmol/L）			
		Zn0	Zn1	Zn2	Zn3
四单 19	P0	36.1	41.7	46.4	39.1
	P1	36.6	41.4	47.2	38.5
	P2	34.2	35.4	48.6	42.4
	P3	33.7	36.1	48.2	45.3

（二）锌磷互作对玉米幼苗地上部干重的影响

如表 8-2 所示，在缺锌处理时，供磷量为 0~5 mmol/L 时，低锌不敏感品种‘牡丹 9’干重变化不明显，低锌敏感品种‘四单 19’干重明显下降，‘牡丹 9’P0Zn1、P0Zn2 处理干重分别为 P0Zn0 处理的 99.8%、94.5%，‘四单 19’P0Zn1、P0Zn2 处理干重分别为 P0Zn0 处理的 92.5%、79.2%。增加营养液中锌含量，随着磷含量的增加，玉米幼苗干重呈先上升后下降趋势，两品种表现趋势相似。当磷浓度达到 10 mmol/L 时不同供锌水平下两种基因型玉米干重均明显下降。当供磷水平相同时，低锌不敏感基品种‘牡丹 9’在锌浓度为 0~0.1 μmol/L 时干重增加，继续增加锌浓度干重下降。对于低锌敏感品种‘四单 19’，在锌浓度为 0~0.1 μmol/L 时干重下降，继续增加锌浓度干重先增加后降低，当锌浓度达到 1 μmol/L 时干重最大。

表 8-2　不同锌磷配比对不同基因型玉米幼苗地上部干重的影响　　单位：g

基因型	磷	锌浓度（μmol/L）			
		Zn0	Zn1	Zn2	Zn3
牡丹 9	P0	0.159 7	0.166 7	0.160 9	0.143 8
	P1	0.159 4	0.197 8	0.180 0	0.154 5
	P2	0.152 9	0.188 6	0.179 9	0.139 1
	P3	0.139 2	0.155 5	0.143 4	0.140 7
四单 19	P0	0.167 2	0.120 9	0.155 1	0.133 3
	P1	0.154 7	0.110 1	0.192 1	0.170 3
	P2	0.132 4	0.111 0	0.155 8	0.121 5
	P3	0.104 3	0.099 9	0.123 4	0.109 7

（三）锌磷互作对玉米幼苗根系干重的影响

表 8-3 表明，营养液中不同锌磷配比对低锌敏感品种‘四单 19’根系干重的影响大于低锌不敏感品种‘牡丹 9’。低锌敏感品种‘四单 19’在相同供锌处理下适宜的供磷处理可显著增加根系干重，而高磷处理（P3）显著降低了‘四单 19’根系干重，其降低幅

度大于缺磷处理。缺锌处理时，随着磷浓度的增加，‘牡丹 9’根系干重下降，增加锌浓度后，根系干重随磷浓度增加呈先上升后下降趋势，但是不同供锌水平下，根系干重达到最大值的磷浓度不同。在缺磷处理下‘牡丹 9’干重随锌浓度增加而减少，增加营养液中磷浓度后，随着锌浓度增加‘牡丹 9’根系干重增加。供磷水平相同时‘四单 19’的根系干重先降后升，但各处理均以 Zn1 处理根系干重最小，Zn2 处理根系干重最大。

表 8-3　锌磷配比对不同基因型玉米幼苗根系干重的影响　　单位：g

基因型	磷	锌浓度（μmol/L）			
		Zn0	Zn1	Zn2	Zn3
牡丹 9	P0	0.060 1	0.058 8	0.057 2	0.055 7
	P1	0.057 4	0.059 6	0.061 6	0.062 3
	P2	0.057 6	0.059 0	0.059 5	0.063 0
	P3	0.054 7	0.058 7	0.061 1	0.061 7
四单 19	P0	0.065 5	0.052 9	0.061 9	0.060 8
	P1	0.067 1	0.053 4	0.073 2	0.065 5
	P2	0.057 6	0.051 1	0.069 2	0.059 4
	P3	0.049 7	0.045 4	0.056 7	0.050 6

（四）锌磷互作对玉米幼苗根冠比的影响

本研究结果表明，不同锌磷配比对不同基因型玉米根冠比也有明显的影响（表 8-4），对于低锌不敏感玉米‘牡丹 9’在供磷水平相同时，缺锌（Zn0）和高锌（Zn1）处理均使根冠比增加，由表 8-2 和表 8-3 可知，缺锌（Zn0）和高锌（Zn1）处理地上部干重明显低于 Zn1 和 Zn2 处理，尽管增加营养液中磷浓度后根系干重随锌浓度增加而增加，但地上部干重明显减少，导致根冠比增加，表明地上部受到的影响大于根系的影响。与‘牡丹 9’不同，低锌敏感品种‘四单 19’Zn1 处理根冠比较大，而其地上部和根系干重均最低，表明锌浓度为 0.1 μmol/L 时，此浓度下玉米幼苗生长受到严重影响。高磷处理（P3）不同基因型玉米根冠比明显增加。

表 8-4　不同锌磷配比对不同基因型玉米幼苗根冠比的影响

基因型	磷	锌浓度（μmol/L）			
		Zn0	Zn1	Zn2	Zn3
牡丹 9	P0	0.38	0.35	0.36	0.39
	P1	0.37	0.31	0.34	0.37
	P2	0.41	0.32	0.33	0.41
	P3	0.42	0.35	0.43	0.44

（续表）

基因型	磷	锌浓度（μmol/L）			
		Zn0	Zn1	Zn2	Zn3
四单 19	P0	0.39	0.44	0.40	0.46
	P1	0.43	0.49	0.38	0.38
	P2	0.44	0.46	0.44	0.49
	P3	0.48	0.45	0.46	0.46

二、锌磷互作对玉米幼苗保护酶活性的影响

（一）锌磷互作对玉米幼苗 SOD 活性的影响

图 8-1 显示，在供磷水平相同时，低锌不敏感玉米‘牡丹 9’和低锌敏感玉米‘四单 19’均表现为随着锌含量增加，SOD 活性增加，不同的是两个品种的 SOD 活性增加幅度不同。供磷水平相同时，当锌浓度从 0 μmol/L 增加到 0.1 μmol/L 时，‘牡丹 9’SOD 活性迅速增加，P0Zn1、P1Zn1、P2Zn1、P3Zn1 分别为 P0Zn0、P1Zn0、P2Zn0、P3Zn0 处理的 1.38 倍、1.56 倍、1.49 倍、1.37 倍，当锌浓度从 0.1 μmol/L 增加到 1 μmol/L 时，SOD 活性增加缓慢，当锌浓度大于 1 μmol/L 时，SOD 活性有所下降。供锌水平相同时，锌浓度在 0~0.1 μmol/L 时，SOD 活性随磷浓度增加而增加，当锌浓度大于 1 μmol/L 时，磷浓度小于 5 mmol/L，SOD 活性随磷浓度增加而增加，继续增加磷浓度，SOD 活性有所下降。供磷水平相同时，SOD 活性随锌浓度增加而增加。当锌浓度从 0 μmol/L 增加到 0.1 μmol/L 时，‘四单 19’的 SOD 活性增加，P0Zn1、P1Zn1、P2Zn1、P3Zn1 分别为 P0Zn0、P1Zn0、P2Zn0、P3Zn0 处理的 1.21 倍、1.30 倍、1.26 倍、1.34 倍，当锌浓度达到 1 μmol/L 时，SOD 活性迅速增加，P0Zn2、P1Zn2、P2Zn2、P3Zn2 分别为 P0Zn0、P1Zn0、P2Zn0、P3Zn0 处理的 1.66 倍、2.04 倍、2.23 倍、2.32 倍。

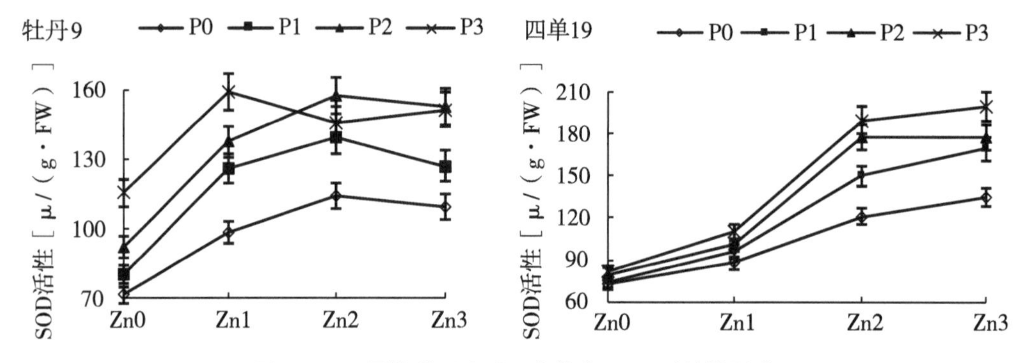

图 8-1 不同锌磷配比对玉米幼苗 SOD 活性的影响

（二）锌磷互作对玉米幼苗 POD 活性的影响

图 8-2 显示，锌磷之间存在明显的互作关系，且不同基因型玉米的 POD 活性对不同

锌磷配比响应不同。低锌不敏感玉米‘牡丹9’缺磷处理下（P0），随着锌浓度的变化POD活性变化较小，P0Zn1、P0Zn2、P0Zn3分别为P0Zn0处理的1.30倍、1.55倍、1.67倍；增加磷浓度后，随着锌浓度增加，POD活性迅速增加，以高磷处理（P3）增加幅度最大，P3Zn1、P3Zn2、P3Zn3分别为P3Zn0处理的4.27倍、4.77倍、7.43倍；供锌水平相同时，缺锌时随着磷含量的增加，POD活性变化较小，P1Zn0、P2Zn0、P3Zn0分别为P0Zn0处理的1.58倍、1.54倍、1.48倍；增加营养液中锌浓度后，Zn1、Zn2、Zn3处理均表现为随着磷含量增加POD活性迅速增加，以高锌处理下POD活性增加幅度最大，P1Zn3、P2Zn3、P3Zn3分别为P0Zn3处理的3.75倍、5.82倍、6.27倍。低锌敏感品种‘四单19’，在相同供磷水平随锌含量增加POD活性的变化幅度大于相同供锌水平下不同供磷处理。研究结果表明，锌对‘四单19’的POD活性影响较大，而磷对‘牡丹9’的POD活性影响较大，这可能是两个品种对锌敏感性差异的原因之一。

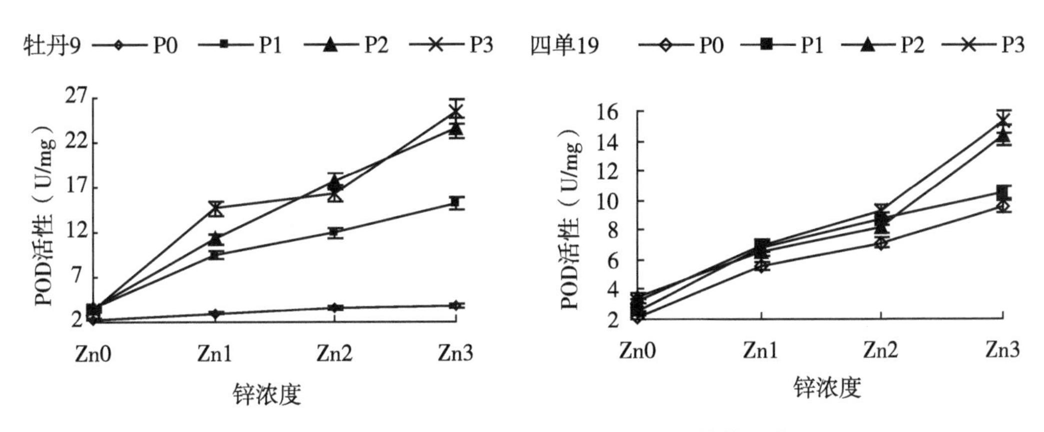

图8-2　不同锌磷配比对玉米幼苗POD活性的影响

（三）锌磷互作对玉米幼苗CAT活性的影响

不同锌磷配比结果显示（图8-3），缺锌缺磷或高锌高磷处理均会使两个品种的CAT活性明显增加，低锌不敏感玉米‘牡丹9’CAT活性表现为P3＞P0＞P2＞P1，而

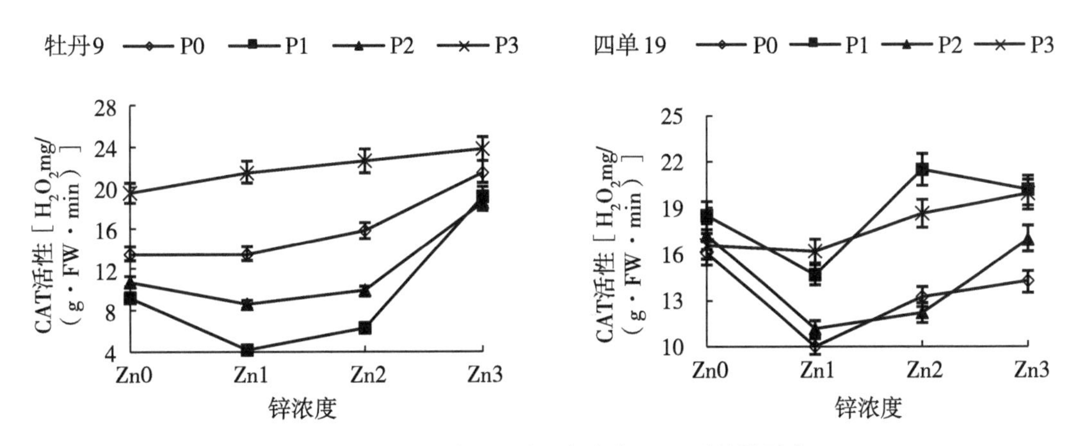

图8-3　不同锌磷配比对玉米幼苗CAT活性的影响

其在高锌处理下的 CAT 活性明显亦明显高于其他处理，从图 8-3 可以看出高磷处理下（P3），不同供锌水平对 CAT 活性的影响明显小于其他供磷处理。低锌敏感品种‘四单19’不同供磷水平下，不同供锌处理 CAT 活性变化趋势不同，但均以 Zn1 处理 CAT 活性最低，Zn3 处理 CAT 活性较高，P1Zn2 处理是 P0Zn1 处理的 2.15 倍。

三、锌磷互作对玉米幼苗碳氮代谢的影响

（一）锌磷互作对玉米幼苗叶净光合速率的影响

研究结果表明，无论是缺锌还是缺磷都会导致玉米幼苗的净光合速率下降。如图 8-4 所示，不同基因型玉米对不同锌磷配比反应不同，对于低锌不敏感玉米，供磷水平相同时，当锌浓度从 0 μmol/L 增加到 0.1 μmol/L 时，净光合速率显著增加，P0Zn1、P1Zn1、P2Zn1、P3Zn1 分别为 P0Zn0、P1Zn0、P2Zn0、P3Zn0 处理的 1.87 倍、2.05 倍、2.06 倍、1.70 倍，而当锌浓度大于 1 μmol/L 时，净光合速率下降，P0Zn3、P1Zn3、P2Zn3、P3Zn3 分别为 P0Zn2、P1Zn2、P2Zn2、P3Zn2 处理的 0.51 倍、0.59 倍、0.78 倍、0.86 倍。对于低锌敏感品种‘四单 19’，当供磷水平相同时，锌浓度从 0 μmol/L 增加到 0.1 μmol/L时，净光合速率变化不大，P0Zn1、P1Zn1、P2Zn1、P3Zn1 分别为 P0Zn0、P1Zn0、P2Zn0、P3Zn0 处理的 1.04 倍、0.93 倍、0.81 倍、0.73 倍。当锌浓度从 0.1 μmol/L增加到 1 μmol/L 时，净光合速率迅速增加，P0Zn2、P1Zn2、P2Zn2、P3Zn2 分别为 P0Zn1、P1Zn1、P2Zn1、P3Zn1 处理的 1.48 倍、2.05 倍、2.49 倍、2.18 倍。

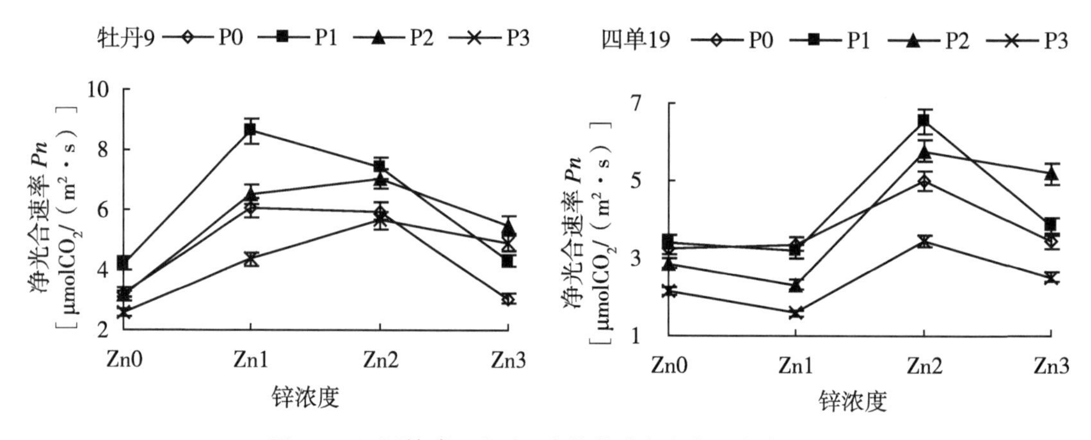

图 8-4　不同锌磷配比对玉米幼苗叶净光合速率的影响

（二）锌磷互作对玉米幼苗可溶性糖含量的影响

图 8-5 显示，缺磷处理下两个品种的叶片可溶性糖含量明显增加，‘牡丹 9’的增加幅度大于‘四单 19’，不同锌磷配比下不同基因型玉米可溶性糖含量变化不同，‘牡丹 9’缺磷处理可溶性糖含量明显增加，缺磷时，不同供锌水平对可溶性糖含量的影响较小；而增加供磷水平后可溶性糖含量迅速下降，缺锌（Zn0）和高锌（Zn3）处理下均以高磷（P3）处理下降幅度最大，P3Zn0 和 P3Zn3 处理分别为 P0Zn0 和 P0Zn3 处理的 0.65 倍和 0.70 倍；低锌（Zn1）和中锌（Zn2）处理下均以低磷（P1）处理下降幅度最大，P1Zn1 和 P1Zn2 处理分别

为 P0Zn1 和 P0Zn2 处理的 0.49 倍和 0.48 倍。缺磷和高磷以及缺锌和高锌处理均使‘四单 19’可溶性糖含量明显增加，可溶性糖平均含量表现为缺磷处理（P0）>高磷处理（P3）>中等供磷处理（P2）>低磷处理（P1），锌磷之间存在明显互作效应，低磷中锌处理（P1Zn2）可溶性糖含量最低为缺磷缺锌处理（P0Zn0）的 0.51 倍。

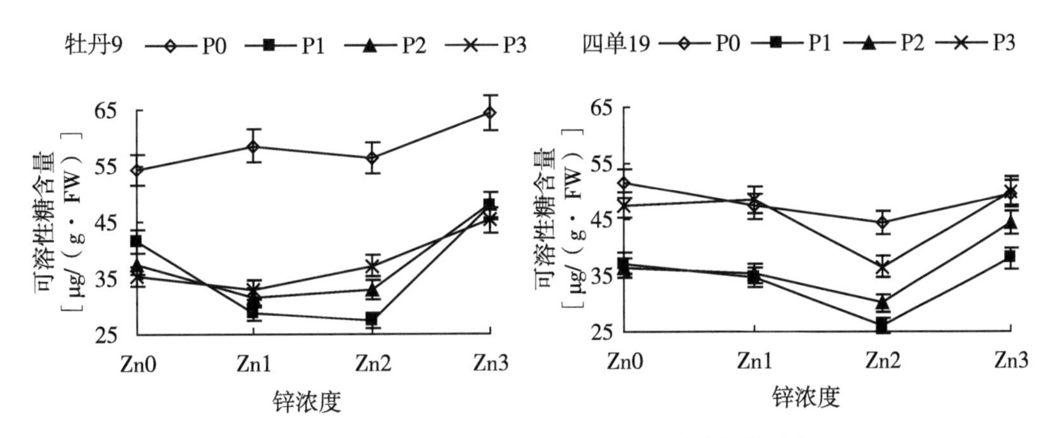

图 8-5　不同锌磷配比对玉米幼苗可溶性糖含量的影响

（三）锌磷互作对玉米幼苗可溶性蛋白含量的影响

与可溶性糖含量相反，缺磷处理（P0）可溶性蛋白含量明显下降（图 8-6）。锌磷之间存在明显的互作效应，缺磷时低锌不敏感玉米‘牡丹 9’的可溶性蛋白含量随供锌水平的增加而增加，P0Zn1、P0Zn2、P0Zn3 处理的可溶性蛋白含量分别为 P0Zn0 的 1.11 倍、1.57 倍、1.23 倍；低磷（P1）和中等供磷（P2）处理的可溶性蛋白含量与缺磷（P0）处理相比明显增加，缺锌（Zn0）、低锌（Zn1）和中等供锌（Zn2）阶段的增加幅度大于高锌阶段（Zn3），P1Zn0、P2Zn0、P3Zn0 分别为 P0Zn0 的 1.63 倍、1.72 倍、1.33 倍；P1Zn1、P2Zn1、P3Zn1 分别为 P0Zn1 的 1.49 倍、1.63 倍、1.32 倍；P1Zn2、P2Zn2、P3Zn2 分别为 P0Zn2 的 1.18 倍、1.21 倍、1.02 倍；P1Zn3、P2Zn3、P3Zn3 分别为 P0Zn3 的 1.07 倍、1.19 倍、1.27 倍，即：随着锌浓度增加不同供磷水平对可溶性蛋白含量的影响降低。对于低锌敏感品种‘四单 19’缺磷时低锌处理比缺锌处理可溶性蛋白含量更低，P0Zn1 处理为 P0Zn0 处理的 0.80 倍，中等供锌水平与高锌处理下可溶性蛋白含量增加，P0Zn2、P0Zn3 处理分别为 P0Zn0 处理的 1.31 倍、1.43 倍；增加供磷水平后，可溶性蛋白含量增加，锌浓度由 0 μmol/L 增加到 0.1 μmol/L 时，不同供磷处理下可溶性蛋白含量增加缓慢，P1Zn1、P2Zn1、P3Zn1 分别为 P1Zn0、P2Zn0、P3Zn0 处理的 1.00 倍、1.15 倍、1.21 倍；锌浓度由 0.1 μmol/L 增加到 1 μmol/L 时，不同供磷处理下可溶性蛋白含量迅速增加，P1Zn2、P2Zn2、P3Zn2 分别为 P1Zn0、P2Zn0、P3Zn0 处理的 1.59 倍、1.58 倍、1.70 倍；锌浓度由 1 μmol/L 增加到 10 μmol/L 时，不同供磷处理下可溶性蛋白含量增幅略有降低，P1Zn3、P2Zn3、P3Zn3 分别为 P1Zn0、P2Zn0、P3Zn0 处理的 1.40 倍、1.52 倍、1.41 倍；随着供锌水平增加，可溶性蛋白含量先上升后下降，以 Zn2 处理可溶性蛋白含量最高，说明锌磷之间存在明显的互作关系，合理的锌磷配比可以增加玉米叶片的可溶性蛋白含量。

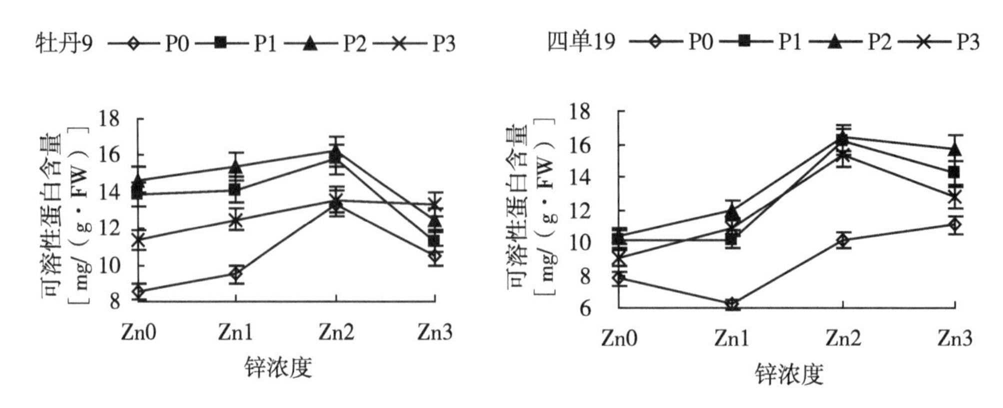

图 8-6 不同锌磷配比对玉米幼苗可溶性蛋白含量的影响

（四）锌磷互作对玉米幼苗游离氨基酸含量的影响

图 8-7 显示，不同锌磷配比对不同基因型玉米游离氨基酸含量影响不同。低锌不敏感玉米‘牡丹 9’缺磷时不同供锌处理的游离氨基酸含量变化较小（变化幅度为 0. 252~0. 265 mg/g FW）。增加供磷量后，P1、P2、P3 处理均表现为缺锌（Zn0）和高锌（Zn3）处理下游离氨基酸含量增加，与其他处理相比 P2Zn1 处理游离氨基酸含量明显下降，从不同处理看，P1Zn3 处理的游离氨基酸含量最高，表明磷对游离氨基酸含量的影响的较大，缺磷时游离氨基酸随锌含量的变化较小，当供磷充足时，锌对游离氨基酸的影响表现得更明显。当营养液中缺锌时‘四单 19’的游离氨基酸含量明显增加，缺锌同时缺磷处理（P0Zn0）游离氨基酸含量增加幅度最大，增加锌磷浓度后游离氨基酸含量下降，以 P2Zn3 处理游离氨基酸含量最低，为 P0Zn0 处理的 1. 29 倍。

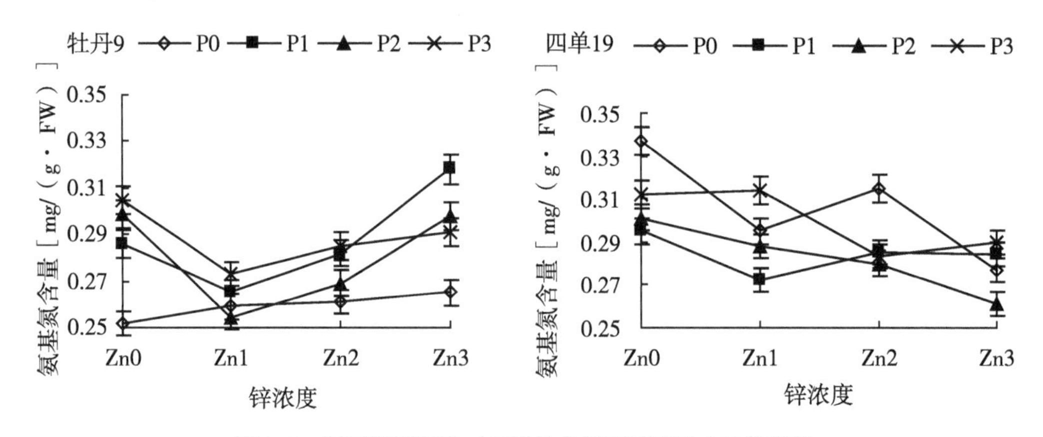

图 8-7 不同锌磷配比对玉米幼苗游离氨基酸含量的影响

四、锌磷互作对玉米幼苗大量元素和微量元素含量的影响

（一）锌磷互作对玉米幼苗氮含量的影响

从图 8-8 可以看出，不同锌磷配比对不同基因型玉米幼苗叶片氮含量影响不同，

低锌不敏感玉米‘牡丹 9’，缺磷处理下，不同供锌上水平对幼苗含氮量影响较小（变化范围为 0.195%~0.202%），中等供磷处理下（P2）幼苗含氮量明显增加。对于低锌敏感品种‘四单 19’缺锌和高锌处理下氮含量明显降低，增加锌浓度后，幼苗含氮量增加，但高磷处理下幼苗含氮量降低，供锌水平相同时以 P1 和 P2 处理含氮量较高。‘牡丹 9’含氮量最高的处理是 P3Zn2，含氮量最低的处理是 P0Zn3，P3Zn2 比 P0Zn3 增加了 12.8%。而‘四单 19’含氮量最高的处理使是 P2Zn2，含氮量最低的处理是 P0Zn0，P2Zn2 比 P0Zn0 增加了 18.8%。

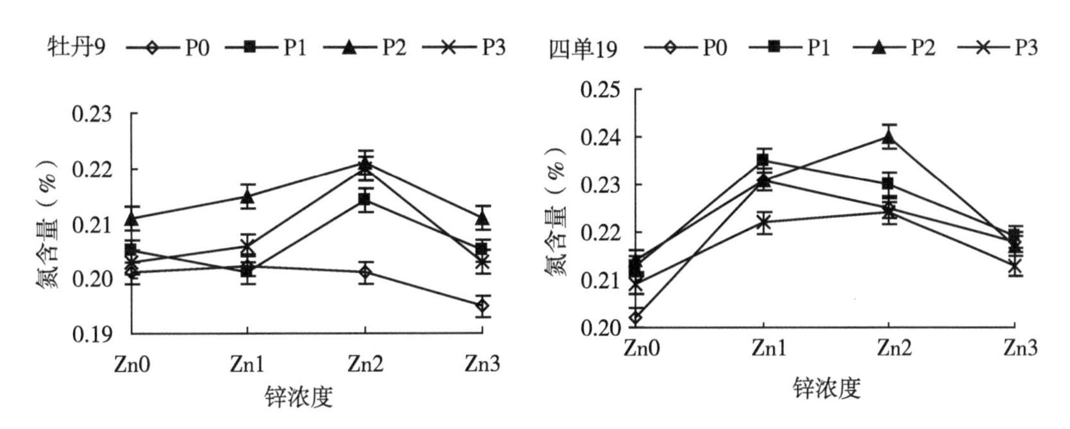

图 8-8 不同锌磷配比对玉米幼苗氮含量的影响

（二）锌磷互作对玉米幼苗磷含量的影响

图 8-9 显示，不同锌磷配比对不同基因型玉米磷含量有明显的影响，供磷水平相同时，锌浓度从 0 μmol/L 增加到 0.1 μmol/L 时，玉米幼苗的磷含量变化较小，继续增大锌含量时，表现为随着锌含量的增加，两种基因型玉米的磷含量均下降，‘四单 19’下降幅度大于‘牡丹 9’。供锌水平相同时，随着供磷水平的增加，含磷量增加，两品种均表现为缺锌和低锌处理时随磷浓度增加，磷含量的增加幅度大于中等供锌和高锌处理。

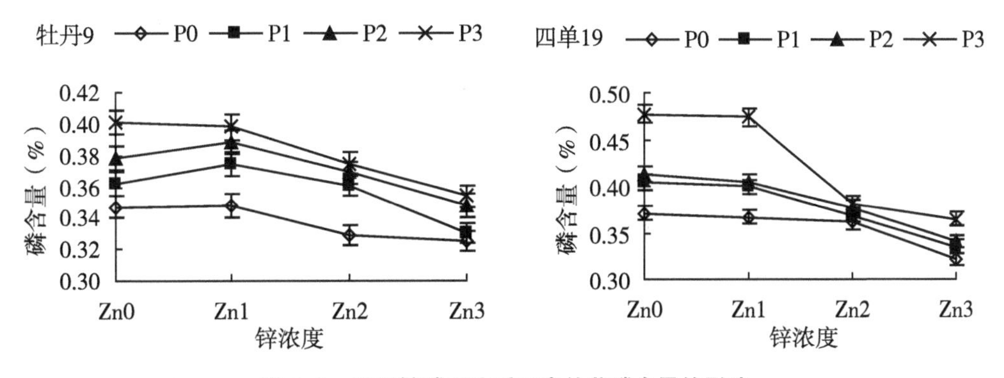

图 8-9 不同锌磷配比对玉米幼苗磷含量的影响

（三）锌磷互作对玉米幼苗钾含量的影响

图 8-10 显示，不同锌磷配比对不同基因型玉米钾含量的影响不同，低锌不敏感品总‘牡丹 9’，在不同供磷水平下均表现为随着供锌水平的增加，钾含量增加。缺锌和低锌处理下，随着磷含量的增加，钾含量增加；而中等供锌和高锌处理下，中等供磷处理的钾含量明显大于缺磷和高磷处理，表现为 P2＞P3＞P1＞P0。与缺磷缺锌处理 P0Zn0 相比，P2Zn3 处理的钾含量增加了 60.2%。与‘牡丹 9’不同，低锌敏感品种‘四单 19’缺磷和低磷处理时，低锌和高锌处理钾含量增加，表现为高锌＞低锌＞缺锌＞中等供锌，中等供磷和高磷时表现为高锌＞中等供锌＞低锌＞缺锌；供磷水平相同时，中等供锌和高锌处理的钾含量高于低锌和缺锌处理。与 P0Zn2 相比，P2Zn3 处理的钾含量增加了 72.0%。

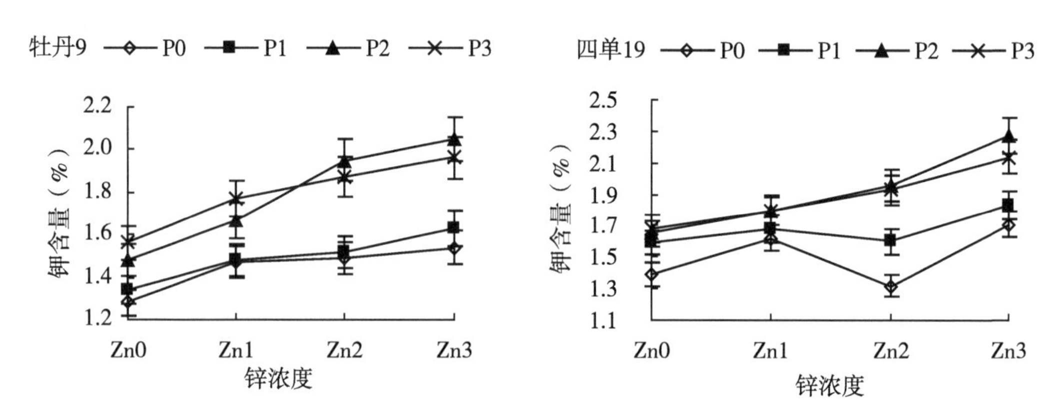

图 8-10　不同锌磷配比对玉米幼苗钾含量的影响

（四）锌磷互作对玉米幼苗锌含量的影响

图 8-11 显示，锌磷互作对不同基因型玉米幼苗锌含量有重要的影响，两种基因型玉米均表现为，随着供锌水平增加，锌含量增加，增加幅度随供磷水平增加而递减。在相同供磷水平下‘四单 19’随供锌水平增加锌含量的幅度大于‘牡丹 9’，‘牡丹 9’

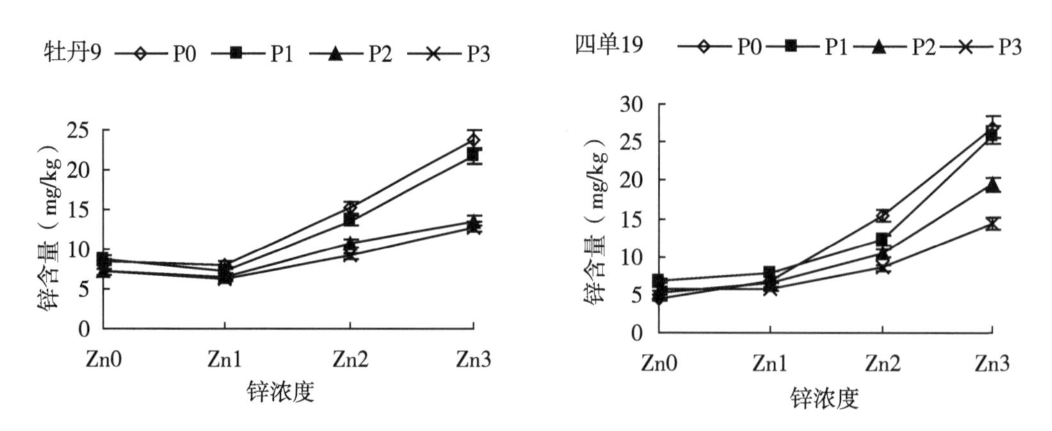

图 8-11　不同锌磷配比对玉米幼苗锌含量的影响

的 P0Zn3、P1Zn3、P2Zn3、P3Zn3 处理分别为 P0Zn0、P1Zn0、P2Zn0、P2Zn0 处理的 2.81 倍、2.50 倍、1.90 倍、1.78 倍；‘四单 19’ 的 P0Zn3、P1Zn3、P2Zn3、P2Zn3 处理分别为 P0Zn0、P1Zn0、P2Zn0、P2Zn0 处理的 6.26 倍、3.84 倍、3.70 倍、2.49 倍。当供锌水平相同时随供磷水平增加，锌含量降低，高锌处理的降低幅度大于低锌处理，‘牡丹 9’ 的 P3Zn0、P3Zn1、P3Zn2、P3Zn3 处理的锌含量分别为 P0Zn0、P0Zn1、P0Zn2、P0Zn3 处理的 1.18 倍、1.27 倍、1.67 倍、1.85 倍； ‘四单 19’ 的 P3Zn0、P3Zn1、P3Zn2、P3Zn3 处理的锌含量分别为 P0Zn0、P0Zn1、P0Zn2、P0Zn3 处理的 0.75 倍、1.18 倍、1.81 倍、1.88 倍。

第三节 讨论与结论

研究表明，锌是多种金属酶，如：乙醇脱氢酶、羧肽酶、碳酸酐酶、RNA 多聚酶和 Cu-Zn 超氧物岐化酶的组成成分，也是黄素激酶、己糖激酶、醛缩酶和多种脱氢酶的激活剂。在生理方面，锌参与质膜功能、离子吸收、激素代谢、生殖生理、抗过氧化作用等 。一旦体内发生磷—锌交互作用，势必影响各种锌的功能，而锌功能的改变又将影响磷的代谢。因此，磷—锌交互作用有其特定的生理基础。

植物体内磷—锌交互作用是指在磷与锌配合使用时，磷（锌）对锌（磷）的吸收、转运、分配、积累及生理功能的影响，这种影响可以用定性或定量的指标，如缺素、中毒症状、生理变化、生长反应等来表示。从广义上讲，磷—锌拮抗作用也可以指磷（锌）导致锌（磷）在土壤—植物体系内活性的降低或丧失。

在前期的研究中我们发现，高磷低锌和高锌低磷处理均会使植株受到伤害。从锌磷互作对不同基因型玉米生长的影响可以看出，锌磷之间存在明显的互作性，表现在不同基因型玉米的株高、地上部干重、根系干重、根冠比等指标大于（或小于）磷、锌各自的效应之和。生长抑制是植物对逆境的一种最普遍的效应。试验结果表明不同基因型玉米对不同锌磷配比的反应不同，锌浓度变化对低锌敏感品种的影响大于对低锌不敏感品种的影响。在许多环境因素中，矿质营养是决定生物产量分配的一个重要因素。本研究结果表明，植物体内适度的锌磷配比能够增加玉米植株地上部干物质积累。缺磷或者缺锌抑制玉米幼苗生长，导致株高、地上部干重明显下降，这可能与缺磷或者缺锌植株叶片光合作用效率下降有关，但对根系的影响小于对地上部的影响，导致根冠比增加，增加根冠比是植物适应不同胁迫环境包括营养条件的一个重要途径。一方面通过减少地上部生长以减少对所需养分和水分的需求，另一方面通过增加根系生长以便吸收更多的养分和水分满足地上部适应不同环境的需求。适宜的锌磷配比有利于玉米幼苗生长，说明营养液中锌磷的相对平衡对维持玉米的正常生长发育，以及玉米植株干物质分配具有重要的意义。

在植物正常的代谢过程中，活性氧、自由基一方面不断产生，另一方面又由于非酶机制和酶促防御机制的作用而不断被清除。因此，在正常情况下，活性氧、自由基的产生与清除处于动态的平衡状态而不会引起伤害。但当植物处于逆境胁迫的条件下时，这种动态的平衡状态有可能被破坏，活性氧、自由基大量累积，当其浓度超过了伤害

“阈值”，可导致膜脂中不饱和脂肪酸被氧化，细胞膜的完整性受到破坏，从而表现为细胞膜透性的增大和离子的泄漏，并导致植物的伤害与死亡（Elstner，1982）。严重的营养缺乏也可能破坏植物的抗氧化系统，从而使植物失去了对氧化胁迫的正常反应。缺锌植株细胞内一般含有超量的活性氧自由基 $O_2^{\cdot -}$（Cakmak et al.，1988），缺 Zn 引起的最早生物化学变化是生物膜损伤（Bettger，1981），Zn 除了作为生物膜结构的组成外，Zn 还是植物体内 Cu-Zn-SOD 酶的成分。缺 Zn 引起体内 Cu-Zn-SOD 酶活性降低（Obata，1999），过氧化氢酶的活性也降低（Cakmak et al.，1988）。本试验对不同锌磷配比下不同基因型玉米幼苗的 SOD、POD、CAT 活性测定结果表明，随着锌磷浓度增加不同基因型玉米幼苗的 SOD、POD、CAT 活性明显增加，说明清除活性氧的能力增强。高质等（2001）研究认为施 Zn 有利于提高春玉米生长后期穗叶 SOD 酶的活性，降低丙二醛（MDA）含量，从而降低氧自由基的伤害。说明合理的锌磷配比对维持玉米的活性氧、自由基的产生与清除的动态平衡，降低氧自由基伤害有重要的意义。

研究结果表明，合理的锌磷配比对不同基因型玉米的光合作用具有明显的调节作用，无论是缺锌还是缺磷都会导致玉米幼苗的净光合速率下降。锌磷之间存在明显的互作效应，高锌低磷或高磷低锌均会显著抑制玉米的净光合速率。当营养液磷浓度一定时，玉米叶片净光合速率随着营养液中锌浓度变化而迅速增加或降低，表明锌对光合速率的影响要大于磷的影响，其原因可能是：Zn 是植物 CA 的组成成分，缺 Zn 时 CA 的活性明显降低，从而影响光合作用中 CO_2 的同化（董文轩等，1995）。对不同基因型玉米可溶性糖含量的研究结果表明，磷对玉米叶片可溶性糖含量影响大于锌的影响，缺磷处理使叶片的可溶性糖含量迅速增加，缺磷情况下供应锌对可溶性糖含量的影响较小，说明锌对可溶性糖含量的影响只有在磷供应充足的情况下才表现得明显。本研究结果表明，缺锌、低锌和高锌处理均会导致可溶性蛋白含量下降，缺锌和低锌处理时对低锌敏感玉米‘四单 19’的可溶性蛋白含量的影响大于低锌敏感玉米‘牡丹 9’，但高锌处理‘牡丹 9’可溶性蛋白含量下降幅度大于‘四单 19’。缺磷时两种基因型玉米的可溶性蛋白含量均明显下降，随供磷水平增加，可溶性蛋白含量增加，但高磷处理下可溶性蛋白含量下降。合理的锌磷配比可以增加叶片的可溶性蛋白含量。磷对游离氨基酸含量的影响较大，缺磷时游离氨基酸随锌含量的变化较小，当供磷充足时，锌对游离氨基酸的影响表现得更明显。

研究结果表明，不同基因型玉米的氮含量对不同锌磷配比反应亦有差别，低锌不敏感品种‘牡丹 9’表现为缺锌处理下，不同供磷水平下幼苗含氮量变化不大，增加锌磷含量可以促进其氮的吸收和积累；对于锌敏感品种‘四单 19’缺锌和高锌处理下氮含量明显降低，增加锌浓度后，幼苗含氮量增加，而供磷水平对氮的吸收和积累的影响不大。说明不同锌磷配比对不同基因型玉米的含氮量的影响差别很大，锌对低锌敏感品种‘四单 19’含氮量影响大于磷的影响，且其更容易受到外界锌浓度变化的影响。对不同基因型玉米磷含量的研究表明，增加营养液中供锌量，会抑制玉米幼苗的磷含量，抑制程度随供锌水平的增加而增加，低锌敏感玉米‘四单 19’受抑制程度大于低锌不敏感玉米‘牡丹 9’。对不同基因型玉米钾含量的研究表明，增加营养液中锌磷含量，可以促进植株钾的吸收与积累。本研究结果表明，相同供锌水平下增加营养液磷浓度后，两种基因型玉米植株的锌含量明显降低，而在相同供磷水平下，两种基因型玉米的锌含量随供锌水平的增加而增加。Cakmak et al.（1987）通过棉花试验发现，在低磷条件下，根系和茎叶中水溶性锌占总锌量的 60%，而在高磷下，仅占 30%。高磷能使植株体内水溶性锌含量下降，但发生的机制并不十分清楚。一种可能是高磷胁迫干扰了锌的生理代谢作用；另一种可能是高浓度的磷与锌形成不溶性的磷酸盐，降低了植物体内锌的“有效性”。

本研究结果表明，随供磷（锌）量的提高，锌（磷）的吸收下降，同时干物质积累量也随之降低，即表现出典型的拮抗作用。

第九章　锌对不同基因型玉米产量品质的影响

锌是动植物生长发育必需的微量元素之一。自 1926 年 Sommer 和 Lipman 用向日葵和大麦证明了锌是植物必需营养元素以来（刘新保，1993），全世界陆续发现了大范围的缺锌土壤，因缺锌而造成作物大面积减产。近些年来，作物高产品种广泛栽培以及高纯度化肥普遍使用，作物缺锌进一步加重，锌供应不足成为限制作物产量和品质提高的一个重要因素，我国北方石灰性土壤上，缺锌现象十分普遍，施用锌肥可以明显提高作物产量和品质（刘铮，1996）。有关在缺锌地区施用锌肥能提高作物的产量和品质报道较多，几乎包括了各种作物，另外还有对蔬菜、果树等的研究。我国玉米种植区域辽阔，品种类型多，遗传基础复杂，而有关不同基因型玉米对锌需求特性的研究较少，因此本研究选用两个对锌敏感性差异比较大的杂交种，探讨了锌对玉米品质和产量的影响及不同基因型玉米的锌效率差异原因，旨在建立一个合理施锌的理论体系，为农业生产中锌肥的合理施用提供理论参考。

第一节　材料与方法

一、试验材料

供试品种为低锌不敏感品种‘牡丹 9’和低锌敏感品种‘四单 19’。

二、试验处理

盆栽锌肥试验设计：试验于 2007 年在黑龙江八一农垦大学盆栽场进行，土壤为碳酸盐黑钙土，土壤基础肥力性状见表 1-1，土壤风干后过 8 mm 塑料筛。试验用盆为聚氯乙烯材料制成，高 30 cm，盆口直径 32 cm，盆底直径 24 cm，每盆装 17 kg 风干土。试验分 6 个处理，每处理 18 盆，锌肥采用 EDTA-Zn，于玉米 3 叶期进行叶面喷施，喷液量为 750 L/hm^2，EDTA-Zn 用量分别为 0 kg/hm^2、7.5 kg/hm^2、15 kg/hm^2、30 kg/hm^2、60 kg/hm^2、120 kg/hm^2，记作 Zn0、Zn1、Zn2、Zn3、Zn4、Zn5。其他肥料：尿素 247.5 kg/hm^2、磷酸二铵 247.5 kg/hm^2、硫酸钾 74.25 kg/hm^2，在播种前作底肥施入盆土中。玉米拔节期再追施尿素 75 kg/hm^2。在播种前种子用 10%的过氧化氢消毒 30 min，去离子水清洗干净后催芽。取芽长一致的种子每盆播种 3 粒，待三叶一心期定苗，每盆留 1 株健壮植株。全生育期保证各处理供水一致，傍晚叶片仍出现萎蔫时进行灌水，灌水时做到一次灌透，并及时破除板结。每个处理选有代表性的植株 3

株进行定株观测，分别测量株高、叶面积发展动态及光合速率等指标。

三、测定项目与方法

株高叶面积的测定：在抽雄期测定株高。吐丝后每隔 15 d 测量一次叶面积，定株测量。

净光合速率测定：拔节和大喇叭口期取上部完全展开叶测定，抽雄以后取穗位叶测定。用美国 LI-COR 公司生产的 LI-6400 便携式光合测定系统，设定光量子通量密度为 800 μmol/（m^2·s），温度 25 ℃，于上午 9:00 测定净光合速率（*Pn*），每个处理各测定 10 株，3 次重复，每株重复测定 3 次。

碳酸酐酶活性测定（CA）：碳酸酐酶活性采用郭敏亮等（1988）和 Rengel（1995）相结合的方法。样品冰浴研磨至匀浆，提取液为巴比妥缓冲液（每升含 5 mmol 巯基乙醇，10 mmol 巴比妥缓冲液，pH 值 = 8.2）。用湿纱布过滤匀浆，滤液在 4 ℃ 15 000 g下离心 20 min，上清液为待测液，用煮沸杀死的酶液做空白对照。酶活性用意大利哈纳产 pH 213 型酸度计监测 pH 值变化，记录 pH 值下降 2 个单位的时间，测定缓冲液为巴比妥缓冲液（12 mmol/L 巴比妥缓冲液，pH 值 = 8.2）。酶活性表示方法基于下面公式（董文轩等，1995）：

酶活性［pH 单位/（g·100s）］=［（缓冲液 pH 值-反应后 pH 值）×总体积×100］/［时间×试材重］

脂肪：参照何照范的《粮油籽粒品质及其分析技术》，用索氏提取法提取，油重法测定。

淀粉：蒽酮硫酸法。参照何照范的《粮油籽粒品质及其分析技术》用日立 U1800 型分光光度计测定。

蛋白质组分：依据国标《粮食、油料检验　粗蛋白质测定法》（GB/T 5511—1985）的方法测定。

清蛋白的提取方法：称取 0.5 g 磨碎的玉米样品过 60 目筛，置于震荡瓶中，再加入 10 mL 蒸馏水，震荡 30 min 后，然后在 4 000 r/min下离心 5 min，将上清液置于 50 mL容量瓶中，然后再向离心管中加入 10 mL 蒸馏水，用玻璃棒搅拌残渣，在震荡机上震荡提取 20 min，在离心机上离心 5 min，将离心后的上清液与第一次上清液合并，重复两次，将上清液合并后定容至 50 mL。取 25 mL 的提取液置于消煮管中进行消煮，将盛有消煮液的消煮管置于凯氏定氮仪上，蒸馏和滴定过程自动完成，最后输出测量结果。

球蛋白、谷蛋白和醇溶蛋白的提取操作同上，但所用溶剂分别为 2%的 NaCl 溶液、0.5%的 KOH 溶液和 70%的乙醇。

凯氏定量测定：吸取 25 mL 液体样品，移入干燥的消煮管中，加入 1 g 催化剂及 10 mL浓硫酸，在消煮炉上消煮至液体呈蓝绿色澄清透明后，再继续加热 0.5 h 取下放冷。同时做空白试验。用瑞士产 BÜCHI 凯氏定氮系统测定。

催化剂配置方法：硫酸铜（$CuSO_4 \cdot 5H_2O$）10 g，硫酸钾 100 g，硒粉 0.2 g，在研钵中研细，使通过 40 目筛，混匀备用。

粗灰分含量测定：参照土壤农化分析（1994）采用干灰化法测定。

氮、磷、钾测定：植物样品采用 H_2SO_4-H_2O_2 消煮方法。全氮含量测定采用瑞士产 BÜCHI 凯氏定氮系统测定；磷含量测定参照土壤农化分析（1994），采用钒钼黄比色法，紫外分光光度计测定；钾含量测定采用日立 Z5000 型原子吸收分光光度计测定。

锌含量测定：用 $HN0_3$-$HCl0_4$（4：1）混合液法消煮，日立 Z5000 型原子吸收分光光度计测定。

第二节　结果与分析

一、供锌水平对不同基因型玉米株高的影响

由图 9-1 可知，不同供锌水平下不同基因型玉米株高差异较小，抽雄期两种基因型玉米均以 Zn2 处理株高最高，对于低锌敏感型玉米‘四单 19’，不同处理间株高差异未达显著水平，而对于低锌不敏感品种‘牡丹 9’，高锌处理下株高下降较明显。说明锌在一定浓度范围内对株高影响较小，但是高锌处理下株高显著降低。

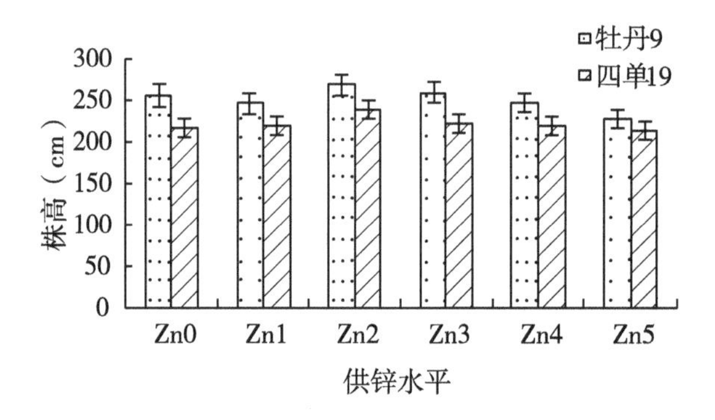

图 9-1　供锌水平对不同基因型玉米株高的影响

二、供锌水平对不同基因型玉米叶面积的影响

叶片是玉米重要的光合器官，绿叶面积，尤其是灌浆期的绿叶面积是决定光合产量的一个重要指标，适宜的叶面积发展动态是创建高效群体，实现玉米高产的重要条件，图 9-2 显示，不同的锌处理对不同基因型玉米吐丝后单株叶面积的影响，不同基因型玉米的单株叶面积随着吐丝后生育期的推进而呈下降趋势，吐丝期单株叶面积达到最大，此时不同锌处理对不同基因型的单株叶面积有明显的影响，对于‘牡丹 9’，以 Zn2 处理的单株叶面积最大，比 Zn5 处理高 11.25%，吐丝后 15 d 叶面积下降缓慢，吐丝后 30 d 叶面积迅速下降，测定期内 Zn0、Zn1、Zn2、Zn3、Zn4、Zn5 单株叶面积下降速率分别为 88.96 cm^2/（株·d）、84.40 cm^2/（株·d）、83.2 cm^2/（株·d）、78.33 cm^2/（株·d）、86.02 cm^2/（株·d）、91.44 cm^2/（株·d）。不同供锌水平下低锌敏感品种‘四单 19’在吐丝期的单株叶面积表现为 Zn3＞Zn2＞Zn4＞Zn1＞Zn5＞Zn0，Zn3 处理比 Zn0 处理高 10.73%，测定期内 Zn0、Zn1、Zn2、Zn3、Zn4、Zn5 单株叶面积下降速率分别为 89.47 cm^2/（株·d）、86.98 cm^2/（株·d）、81.53 cm^2/（株·d）、

79.78 cm^2/（株·d）、80.49 cm^2/（株·d）、87.82 cm^2/（株·d）。无论是低锌不敏感品种‘牡丹9’还是低锌敏感品种‘四单19’均以Zn3处理单株叶面积下降最慢，说明适宜的锌浓度有利于玉米维持较高的光合叶面积，高锌和低锌都会加速玉米单株叶面积下降，对于低锌不敏感品种来说，高锌的危害大于低锌，而对于低锌敏感品种则是低锌的危害要大于高锌。

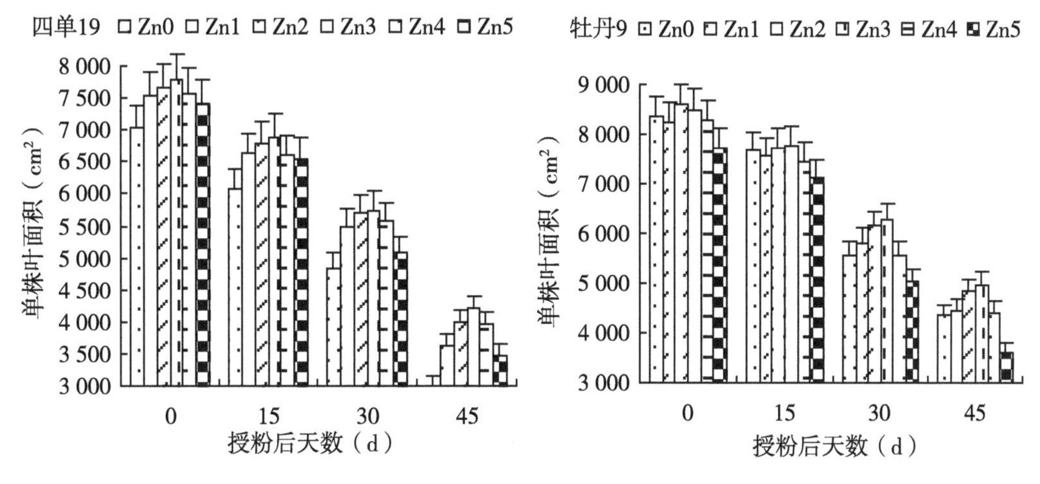

图9-2　不同锌处理对玉米叶面积的影响

三、供锌水平对不同基因型玉米净光合速率的影响

光合作用是作物进行物质生产的基础，光合速率的高低反映光合作用的强弱。由图9-3可知，玉米的光合速率、气孔导度、蒸腾速率从拔节开始逐渐升高，至抽雄吐丝期达到最大值后开始下降。不同施锌量下两个玉米品种的净光合速率表现出比较明显的差异，对于低锌敏感品种‘四单19’，Zn3处理除乳熟期和蜡熟期略低于Zn2处理外，从拔节至抽雄各时期净光合速率高于其他处理。Zn0和Zn5处理各时期的净光合速率均比较低。对

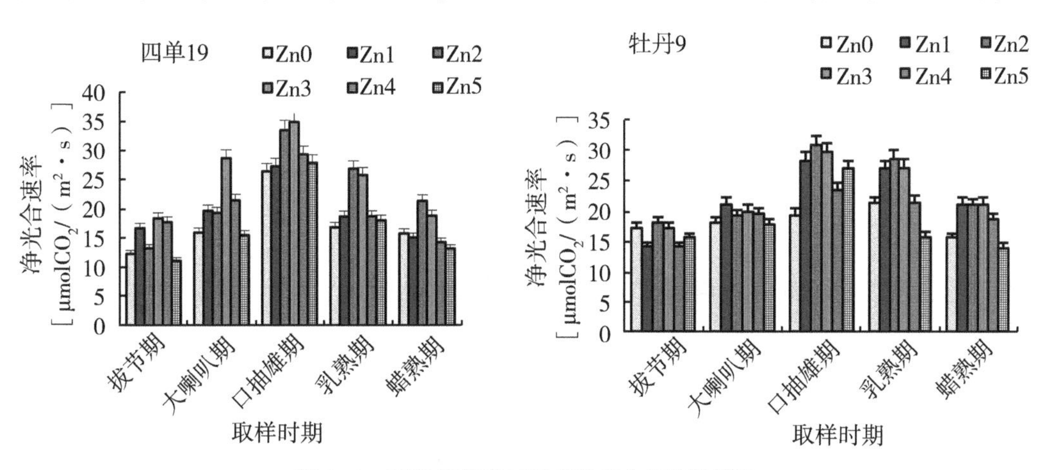

图9-3　不同锌浓度对玉米净光合速率的影响

于低锌不敏感玉米品种‘牡丹9’，Zn1、Zn2和Zn3处理在大喇叭口以后的净光合速率相差不大，均明显高于其他处理。说明在缺锌的土壤上施锌，可明显提高玉米的净光合速率，但施锌过多无论对于低锌敏感型还是低锌不敏感型玉米均会导致光合速率降低。

四、供锌水平对不同基因型玉米碳酸酐酶（CA）活性的影响

由图9-4可见，2个品种的CA活性在拔节期比较低，随着生育进程的推进CA活性逐渐增加，在抽雄吐丝期达到最大值后开始下降。两品种的CA活性变化趋势有所不同，‘四单19’在拔节期以后开始迅速增加，在抽雄吐丝达到最大值后开始迅速下降，而‘牡丹9’在拔节到大喇叭口期增加缓慢，大喇叭口至抽雄吐丝期迅速增加，抽雄至乳熟期下降缓慢，乳熟期以后迅速下降。不同施锌处理对CA活性有一定影响。测定期内‘四单19’的Zn0处理的CA活性始终处于最低值，其次是Zn1处理若把各水平各时期测定值平均起来看，则为Zn4（29.36）＞Zn5（27.07）＞Zn3（25.77）＞Zn2（23.14）＞Zn1（16.93）＞Zn0（14.07）［单位为：pH单位/（g·100s）］。对于‘牡丹9’来说，Zn0与Zn1处理各时期的CA活性差异不明显，各施锌水平各时期测定值平均分别为22.23［pH单位/（g·100s）］和23.89［pH单位/（g·100s）］，但明显低于其他处理，各施锌水平各时期测定值平均起来看，表现为Zn5（30.23）＞Zn4（29.46）＞Zn3（25.57）＞Zn2（24.99）。这表明，一定范围内施锌可以提高玉米的CA活性。

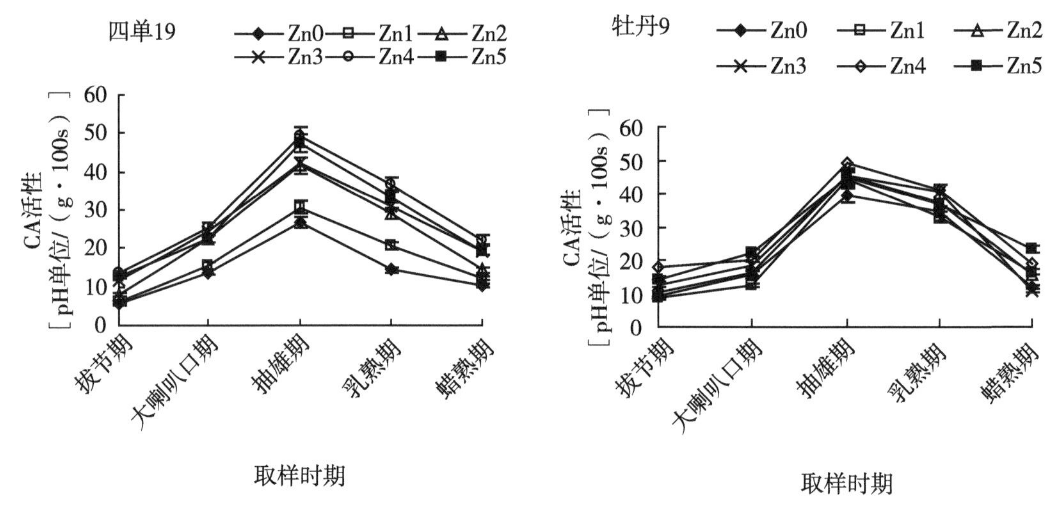

图9-4 不同锌浓度对玉米碳酸酐酶（CA）活性的影响

五、供锌水平对不同基因型玉米产量构成的影响

由于是盆栽试验，植株间距相同，可以认为是密度相同，而且在吐丝期采用人工辅助授粉，不存在空秆现象，所以单株穗重可以视为不同处理的产量。不同施锌水平对两个品种的籽粒产量有明显的影响（表9-1），‘四单19’以Zn3处理产量最高，而‘牡丹9’以Zn2处理产量最高。‘四单19’的最低产量是Zn0处理，‘牡丹9’的最低产量是Zn5处理，‘四单19’和‘牡丹9’的最高增幅分别为10.4%和10.2%。比较不同锌

肥处理的产量构成因素可以发现，施锌处理的穗粒数和千粒重都有所提高，‘四单 19’和‘牡丹 9’穗粒数提高幅度分别为 6.4%和 8.8%，千粒重提高幅度为 2.9%和 5.1%，可见施锌增产的原因主要是增加了果穗的穗粒。

表 9-1 供锌水平对玉米产量结构的影响

基因型	锌水平	穗粒数	千粒重	穗粒重
四单 19	Zn0	489.2±4.21	244.9±1.94	117.8±2.42
	Zn1	495.9±4.08	249.6±2.42	120.5±2.36
	Zn2	521.4±4.97	248.7±2.10	127.9±4.85
	Zn3	520.3±4.39	251.9±2.02	130.1±3.21
	Zn4	510.8±5.14	245.2±3.01	124.2±4.18
	Zn5	499.3±4.01	249.3±2.54	119.1±4.96
牡丹 9	Zn0	374.2±3.91	437.4±2.56	158.5±2.14
	Zn1	391.4±5.17	425.2±2.76	163.6±3.21
	Zn2	402.4±5.21	439.7±3.01	171.7±2.96
	Zn3	407.2±4.23	423.4±3.57	168.3±3.09
	Zn4	390.7±5.27	438.9±2.98	167.7±4.47
	Zn5	382.4±4.98	418.2±3.75	155.8±4.01

六、供锌水平对不同基因型玉米品质的影响

（一）供锌水平对不同基因型玉米籽粒蛋白质含量及其组分的影响

1. 供锌水平对不同基因型玉米籽粒蛋白质含量的影响

不同供锌水平影响了玉米籽粒的蛋白质的合成。由表 9-2 可知，低锌敏感品种‘四单 19’籽粒总蛋白质含量的大小排列顺序为：Zn5＞Zn4＞Zn3＞Zn0＞Zn2＞Zn1，对于低锌不敏感品种‘牡丹 9’籽粒总蛋白质含量的大小排列顺序为：Zn5＞Zn3＞Zn4＞Zn2＞Zn0＞Zn1，两个品种的 Zn3、Zn4、Zn5 间处理差异不显著，与 Zn0、Zn1、Zn2 间差异达显著水平，即高锌显著提高了籽粒中蛋白质含量，不同供锌水平对不同蛋白质的影响不完全相同，高锌处理提高了籽粒中的醇溶蛋白和谷蛋白含量，对清蛋白和球蛋白含量的影响不明确，两种基因型表现一致。

表 9-2 供锌水平对不同基因型玉米籽粒蛋白质含量的影响 单位：%

基因型	锌水平	总蛋白	清蛋白	球蛋白	醇溶蛋白	谷蛋白
四单 19	Zn0	8.51 b	1.68	0.61	3.41	2.82
	Zn1	7.49 c	1.36	0.67	3.00	2.46
	Zn2	8.47 b	1.52	0.62	3.48	2.84
	Zn3	9.14 a	1.62	0.65	3.75	3.12
	Zn4	9.30 a	1.59	0.68	3.86	3.17
	Zn5	9.36 a	1.46	0.61	4.04	3.25

（续表）

基因型	锌水平	总蛋白	清蛋白	球蛋白	醇溶蛋白	谷蛋白
牡丹 9	Zn0	9.69 c	1.77	0.72	4.56	2.64
	Zn1	9.65 c	1.74	0.73	4.44	2.74
	Zn2	10.08 b	1.74	0.72	4.87	2.76
	Zn3	10.66 a	1.76	0.70	5.45	2.76
	Zn4	10.52 a	1.62	0.62	5.44	2.84
	Zn5	10.79 a	1.64	0.64	5.43	3.09

2. 供锌水平对不同基因型玉米籽粒蛋白质组分的影响

供锌水平对玉米籽粒中四种蛋白质含量影响的程度不同，所以对籽粒蛋白质组分的影响与对蛋白质含量的影响不完全相同，随着供锌水平的增加明显提高了玉米籽粒中醇溶蛋白所占的比例，降低了球蛋白和清蛋白所占的比例，两种基因型表现一致（表 9-3）。高锌处理对‘四单 19’的谷蛋白含量有所提高，但是对‘牡丹 9’的谷蛋白含量影响不明确。

表 9-3　供锌水平对不同基因型玉米籽粒蛋白组分的影响

基因型	锌水平	清蛋白	球蛋白	醇溶蛋白	谷蛋白
四单 19	Zn0	19.73	7.12	40.00	33.14
	Zn1	18.15	8.97	40.06	32.82
	Zn2	17.95	7.37	41.16	33.52
	Zn3	17.73	7.09	41.04	34.14
	Zn4	17.10	7.29	41.54	34.07
	Zn5	15.60	6.54	43.15	34.72
牡丹 9	Zn0	18.27	7.43	47.05	27.25
	Zn1	18.03	7.52	46.06	28.39
	Zn2	17.26	7.14	48.27	27.33
	Zn3	16.50	6.58	51.08	25.84
	Zn4	15.40	5.93	51.69	26.98
	Zn5	15.20	5.89	50.32	28.59

（二）供锌水平对不同基因型玉米籽粒淀粉含量的影响

如表 9-4 所示，不同供锌水平对籽粒淀粉含量有一定影响，随着供锌水平的提高淀粉含量增加，两种基因型均表现为低锌处理（Zn0、Zn1）的淀粉含量显著低于其他处理。Zn2、Zn3、Zn4 和 Zn5 处理间差异未达显著水平。

表 9-4　供锌水平对不同基因型玉米籽粒淀粉含量的影响

处理	四单 19	牡丹 9
Zn0	70. 80 b	68. 10 b
Zn1	70. 93 b	68. 09 b
Zn2	71. 80 a	69. 12 ab
Zn3	71. 60 a	69. 35 a
Zn4	71. 43 a	69. 82 a
Zn5	71. 23 a	69. 94 a

（三）供锌水平对不同基因型玉米籽粒粗脂肪含量的影响

不同供锌水平对籽粒粗脂肪含量有一定影响，两种基因型玉米籽粒粗脂肪含量对不同锌处理反应一致。两种基因型均表现为低锌处理（Zn0、Zn1），粗脂肪含量显著高于中、高锌处理，适宜的锌处理下脂肪含量降低。‘牡丹 9’的粗脂肪含量略高于‘四单 19’（表 9-5）。

表 9-5　不同供锌水平对不同基因型玉米籽粒粗脂肪含量的影响

处理	四单 19	牡丹 9
Zn0	4. 61 a	4. 80 a
Zn1	4. 62 a	4. 84 a
Zn2	4. 40 c	4. 73 b
Zn3	4. 46 c	4. 71 b
Zn4	4. 44 c	4. 73 b
Zn5	4. 53 bc	4. 72 b

（四）供锌水平对不同基因型玉米籽粒粗灰分的影响

不同供锌水平对不同基因型玉米籽粒中的粗灰分含量有显著影响，表 9-6 表明，随着供锌水平的提高中籽粒中粗灰分含量逐渐增加，高锌处理（Zn4、Zn5）下两个基因型玉米籽粒中粗灰分含量显著高于 Zn0、Zn1、Zn2 处理。样品中粗灰分的多少基本可以反映样品中所含的矿物质总量。随着供锌水平的提高，籽粒中粗灰分含量增加，说明供锌促进了无机矿物质的吸收和向籽粒中的转移。

表 9-6　不同供锌水平对不同基因型玉米籽粒粗灰分含量的影响

处理	四单 19	牡丹 9
Zn0	1. 65 b	1. 78 b
Zn1	1. 67 b	1. 77 b

（续表）

处理	四单 19	牡丹 9
Zn2	1.68 b	1.79 b
Zn3	1.70 ab	1.81 b
Zn4	1.75 a	1.85 a
Zn5	1.72 a	1.86 a

七、供锌水平对不同基因型玉米成熟期地上部锌的吸收与分配的影响

如图 9-5 所示，随着施锌水平的提高，两种基因型玉米各器官的锌含量逐渐增加，增加幅度最大的是叶片和茎秆。随着施锌水平的提高，锌在‘四单 19’中各器官的增加幅度为叶片＞茎秆＞叶鞘＞苞叶＞籽粒，增加幅度分别为 348.1%、336.7%、138.6%、51.2%、22.8% 。锌在‘牡丹 9’的地上部各器官中增加幅度与‘四单 19’略有不同，表现为茎秆＞叶片＞叶鞘＞苞叶＞籽粒，增加幅度分别为 342.3%、339.9%、248.9%、31.8%、11.8%。两品种均表现为低锌处理下（Zn0、Zn1）各器官锌含量相差较小，籽粒中锌含量最高，随着施锌水平的提高，锌在叶片、茎秆、叶鞘中含量迅速增加，而在籽粒和苞叶中增加幅度较小。可见随着施锌水平的提高锌向籽粒和苞叶中运输逐渐减少，多余的锌积累在叶片、茎秆和叶鞘中。

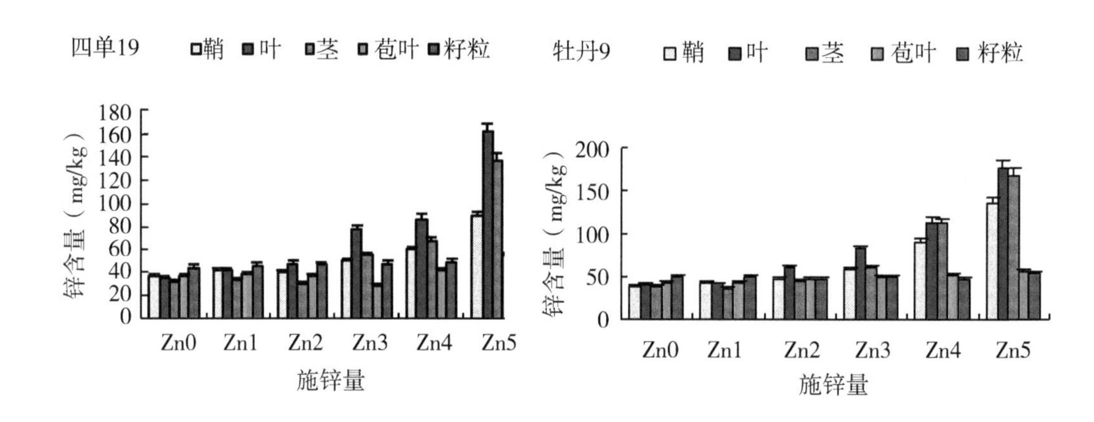

图 9-5　锌在不同基因型玉米成熟期地上部分配

随着施锌水平的增加，锌在叶片、茎秆和叶鞘中的积累量逐渐增加，那么锌在上、中、下三部分中的分配是否有区别呢，为此我们将叶片、茎秆和叶鞘分别分成上、中、下三组，分别测定其锌含量，结果见图 9-6。图 9-6 显示，随着施锌水平的提高，锌在叶片、茎秆和叶鞘不同部位的分配比例有明显的差别。‘四单 19’在中低锌水平处理下（Zn0、Zn1、Zn2）叶片、茎秆和叶鞘的上、中、下三部分间差异较小，当锌水平继续增加时，锌在叶片、茎秆和叶鞘的上、中、下三部分间分配差异逐渐增加，增加幅度表

现为下部＞上部＞中部。‘牡丹 9’在低锌处理下（Zn0、Zn1），锌在中部叶片、茎秆和叶鞘的积累略大于上部和下部，随着施锌水平增加，锌在下部叶片、茎秆和叶鞘的积累幅度逐渐增加。说明在高锌水平下，玉米吸收锌后主要储藏在下部器官中，向中上部器官运送的比例减少，以减轻过量的锌对植株造成的伤害。

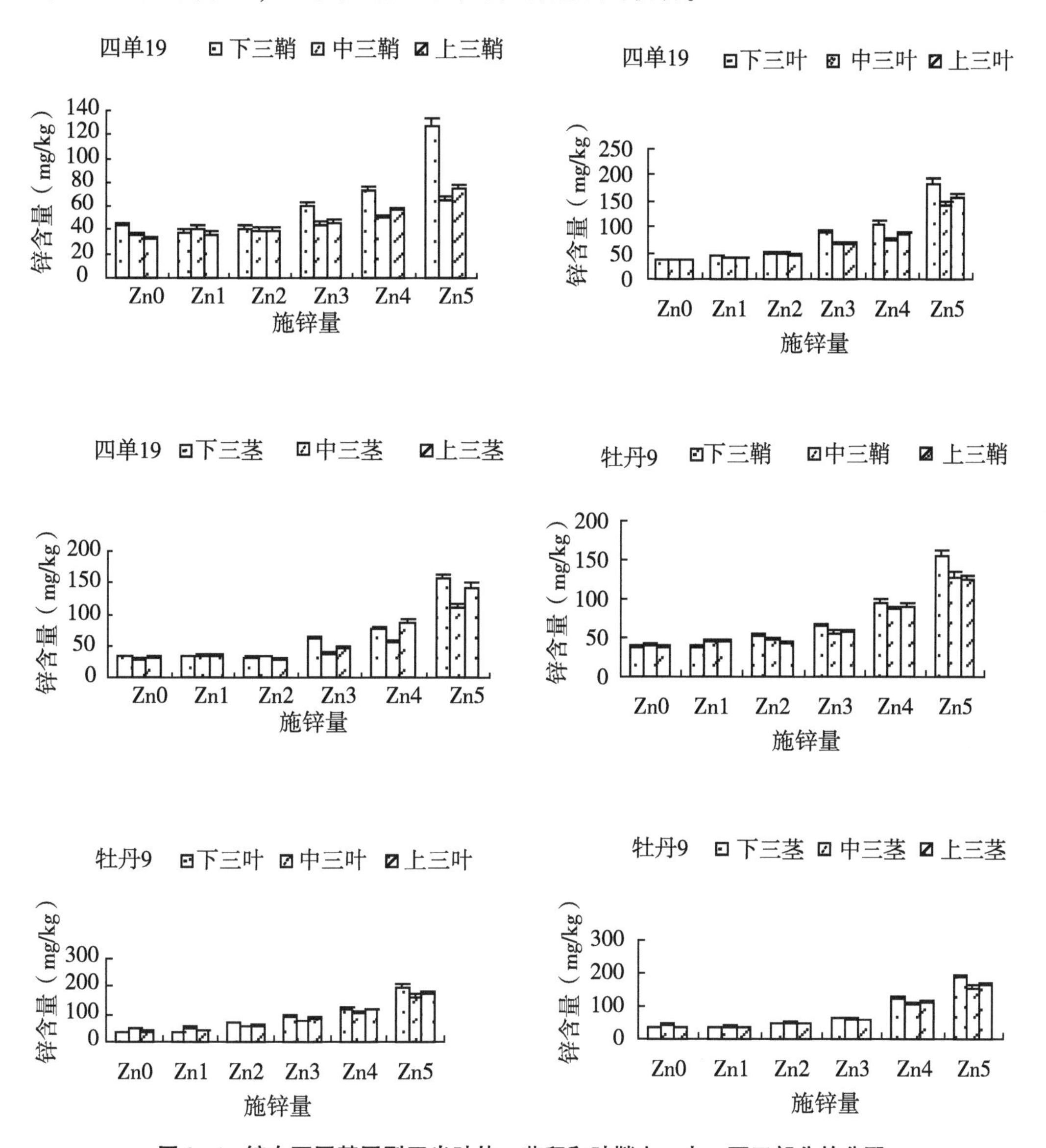

图 9-6 锌在不同基因型玉米叶片、茎秆和叶鞘上、中、下三部分的分配

八、供锌水平对不同基因型玉米地上部氮的吸收与分配的影响

氮是蛋白质的主要成分，是主要的品质元素。氮含量的高低及其向籽粒的运转情况，影响籽粒的蛋白质含量，进而影响籽粒品质。图 9-7 显示，玉米含氮量最高的器官是籽粒，其次是叶片，最低的是苞叶。不同锌处理对不同基因型玉米地上部氮含量影

响不同，对于低锌敏感品种‘四单19’，低锌和高锌处理下籽粒、叶片、茎秆和叶鞘中氮含量明显降低，苞叶中表现不明显。表明适宜的锌处理增加了植株的氮含量。对于低锌不敏感品种‘牡丹9’，低锌处理下各器官的含氮量变化不大，而在高锌处理下叶片和叶鞘的含氮量略有增加，不同锌处理对茎秆、苞叶和籽粒的氮含量的影响不明显。

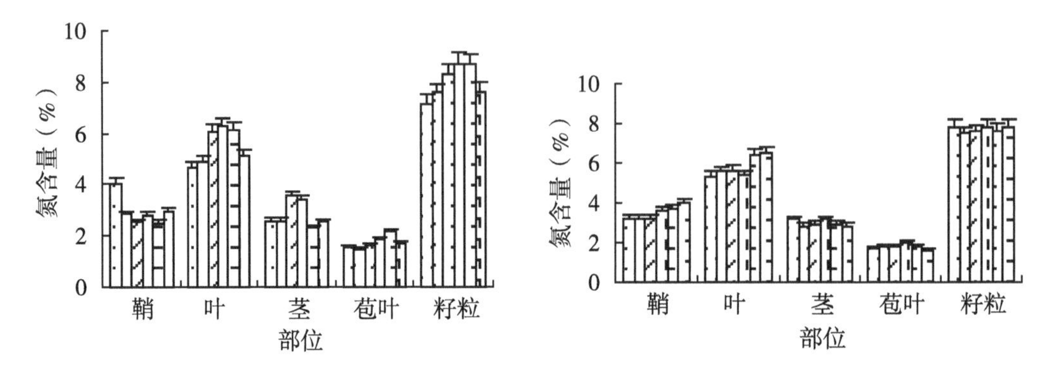

图 9-7　氮在不同基因型玉米成熟期地上部分配

九、供锌水平对不同基因型玉米地上部磷的吸收与分配的影响

供锌水平对植株磷含量有很大影响，图 9-8 表明对于低锌敏感品种‘四单 19’低锌处理下叶片、茎秆、叶鞘和苞叶的磷含量明显增加，增加幅度最大的是叶片，其次是茎秆，Zn0 处理的叶片、茎秆、叶鞘和苞叶含磷量分别为 Zn3 处理的 1.79 倍、1.30 倍、1.26 倍和 1.22 倍，随着锌用量增加，各器官的含磷量明显降低，Zn0 处理的叶片、茎秆、叶鞘和苞叶的磷含量分别为 Zn5 处理的 2.16 倍、1.59 倍、1.60 倍和 1.50 倍。对于低锌不敏感品种‘牡丹 9’，低锌处理下除籽粒外各器官的磷含量均有所增加，但是增加幅度小于‘四单 19’，Zn0 处理的叶片、茎秆、叶鞘和苞叶含磷量分别为 Zn3 处理的 1.36 倍、1.17 倍、1.27 倍和 1.06 倍，随着锌用量增加，‘牡丹 9’各器官的含磷量

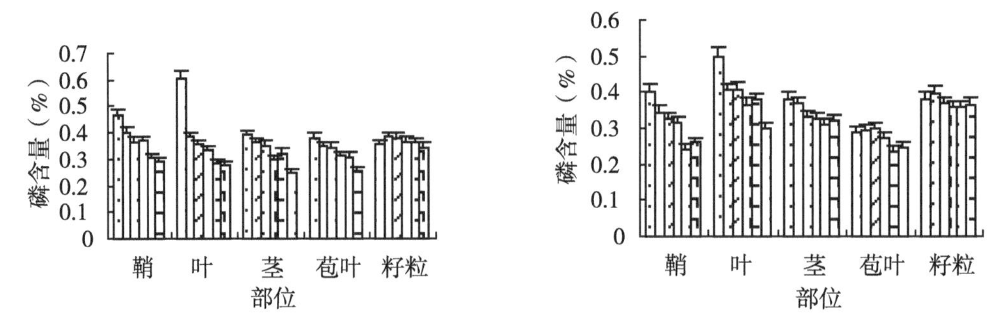

图 9-8　磷在不同基因型玉米成熟期地上部分配

下降，Zn0 处理的叶片、茎秆、叶鞘和苞叶的磷含量分别为 Zn5 处理的 1.65 倍、1.19 倍、1.55 倍和 1.17 倍。施锌对籽粒中磷含量的影响小于对茎叶的影响，且规律性不明显，‘四单 19’ 的籽粒磷含量的变化范围为 0.344%~0.383%，‘牡丹 9’ 籽粒磷含量的变化范围为 0.359%~0.396%。说明 Zn 对 P 的吸收利用是拮抗作用，施锌降低了玉米对磷肥的利用。缺锌时玉米对磷的吸收增加，过多的磷主要贮存在茎秆、叶片和叶鞘中，而不是籽粒中，这可能是为了避免造成籽粒部位磷中毒。低锌处理时，低锌敏感品种在茎秆、叶片和叶鞘中磷的增加幅度大于低锌不敏感品种，这就避免了过量的磷对植株造成的伤害，这可能是两个品种对锌敏感性差异的一个主要原因。

十、供锌水平对不同基因型玉米地上部钾的吸收与分配的影响

如图 9-9 所示，玉米地上部 K 含量表现为茎>叶>叶鞘>苞叶>籽粒，不同锌处理对玉米地上部各器官的 K 含量有较大影响，对于低锌敏感品种‘四单 19’，低锌和高锌处理下，各器官的钾含量降低，Zn3 处理叶鞘中钾含量较低锌处理（Zn0）和高锌处理（Zn5）分别增加了 87.7%和 85.1%，叶片中钾含量分别增加了 71.1%和 30.1%，茎秆中钾含量分别增加了 51.1%和 14.7%，苞叶中钾含量分别增加了 65.1%和 53.6%，变化幅度最小的是籽粒，分别增加了 5.4%和 2.6%。低锌不敏感品种‘牡丹 9’ 在低锌处理下钾含量变化幅度较小，Zn3 处理与 Zn0 处理相比，叶鞘、叶片、茎秆、苞叶和籽粒中钾含量分别增加了 11.4%、7.6%和 18.8%、12.4%和 6.3%。高锌处理下各器官的钾含量有所降低，与 Zn5 处理相比，Zn3 处理的叶鞘、叶片、茎秆、苞叶和籽粒中钾含量分别增加了 12.1%、14.2%、18.0%、27.2%和 8.9%。

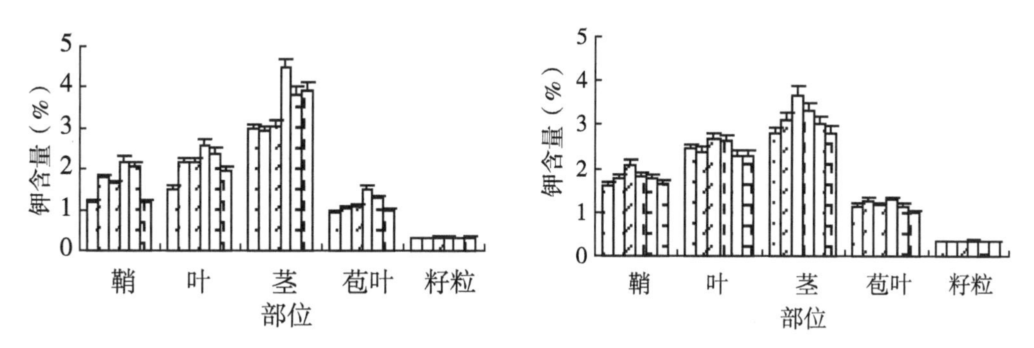

图 9-9　钾在不同基因型玉米成熟期地上部分配

十一、供锌水平对不同基因型玉米地上部 P/Zn 的影响

如图 9-10 显示，随着锌浓度增加，两种锌基因型玉米地上部各器官的 P/Zn 比值逐渐降低，变化幅度最大的器官是叶片，‘四单 19’ 和 ‘牡丹 9’ 的 Zn0 处理叶片 P/Zn 比值分别为 Zn5 处理的 9.69 倍和 7.27 倍；变化幅度最小的器官是籽粒，‘四单 19’ 和 ‘牡丹 9’ 的 Zn0 处理籽粒 P/Zn 比值分别为 Zn5 处理的 1.26 倍和 1.16 倍。

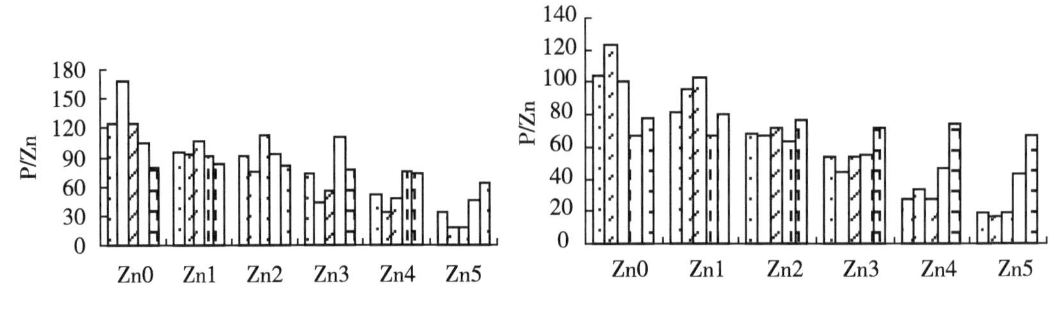

图 9-10 P/Zn 在不同基因型玉米成熟期地上部分配

第三节 讨论与结论

缺锌和锌过高对不同基因型玉米的全生育期都有一定影响。试验结果表明，锌在一定浓度范围内，不同供锌水平对不同基因型玉米株高影响较小，高锌处理可导致株高下降。在缺锌土壤上增施锌肥，可明显提高玉米产量。分析研究表明适量供锌具有增强叶片光合作用，改善玉米的光合特性，维持较高的光合叶面积，增强 CA 酶活性的作用。玉米产量由单位面积上的有效果穗数 穗粒数和粒重这 3 个构成因素共同决定，在适宜的种植密度下玉米产量的提高仅能取决于穗粒数的增加和千粒重的提高。本研究中施锌增加可以促进玉米产量的提高，对单株产量构成因素的分析表明施锌增产的原因主要是增加了果穗的穗粒数，这可能是由于锌在受精过程中有特殊作用，花粉粒的含锌量很高，在授粉期间，大部分锌结合到正在发育的种子中去（马斯纳，1991）。供锌水平过高对不同基因型品种均会造成伤害，对于低锌不敏感品种来说，高锌的危害大于低锌，而对于低锌敏感品种则是低锌的危害要大于高锌。

试验结果证实不同供锌水平对不同蛋白质组分的影响不完全相同，高锌显著提高了籽粒中蛋白质含量，对蛋白质组分的分析表明，高锌处理提高了籽粒中的醇溶蛋白和谷蛋白含量，对清蛋白和球蛋白含量的影响不明确。不同施锌水平改变了各种类型蛋白质在总蛋白质中所占的比例，随着供锌水平的增加明显提高了玉米籽粒中醇溶蛋白所占的比例，降低了球蛋白和清蛋白所占的比例。随着供锌水平的提高淀粉和粗灰分含量增加，脂肪含量有所降低。从籽粒品质指标来看，两种不同对基因型玉米对锌的反应趋势基本相同，差别在于不同基因型对不同供锌水平的反应程度。

不同供锌水平对植株体内锌含量影响较大，本研究结果表明，在低锌处理下（Zn0、Zn1）各器官锌含量相差较小，籽粒中锌含量最高，随着施锌水平的提高，锌在叶片、茎秆、叶鞘中含量迅速增加，而在籽粒和苞叶中增加幅度较小。随着施锌水平的提高，锌向籽粒和苞叶中运输逐渐减少，多余的锌积累在叶片、茎秆和叶鞘中。与其他营养器官相比，玉米叶片在锌向籽粒的重新分配过程中发挥更大的作用。过量锌供应情况下，锌向籽粒中的积累较少，仅增加 22.8%，对整个叶片来说，吸收的锌总量却增加 3 倍。这表明，无论整个植株的锌吸收状况如何，籽粒中锌的积累量是有一个限度的，以避免锌中毒。当环境中锌源不足时，籽粒中大部分锌来自植株营养器官的重新再利用。进一步研究表明，玉米吸收多余的锌主要集中在下部器官，向中上部器官运送的比例减少，以减轻过量的锌对植株造成的伤害。

适量施锌可以增加玉米氮钾利用率，锌对磷的吸收和利用是拮抗作用，施锌降低了磷的吸收和利用。不同的供锌水平下对低锌不敏感品种‘牡丹 9’氮、磷、钾的吸收与转运影响较小；相对而言，低锌敏感品种‘四单 19’氮、磷、钾的吸收与转运更易受到外界供锌量的影响。这可能是‘牡丹 9’比‘四单 19’更耐低锌的原因之一。

第十章　锌磷配比对不同基因型玉米产量品质的影响

玉米是缺锌的敏感作物，土壤缺锌直接影响玉米的生长发育，是阻碍玉米获得优质、高产的一个限制因子。另外，在有效锌低的土壤上大量施用磷肥会导致缺锌，并增强作物对锌的需求（马斯纳，1991）。有关锌磷互作效应的探讨也一直是人们研究的热点。但是这些研究所选用的材料涉及基因型之间差异的很少，而且多数试验采用硫酸锌，不能排除硫素的影响。为此我们采用盆栽试验的方法，采用 EDTA-Zn 避免了其他元素的干扰，研究了磷、锌肥料配施对不同基因型玉米生长及产量品质的影响，为揭示植物中磷与锌之间的相互作用关系，调节作物磷、锌营养，提供理论依据。

第一节　材料与方法

一、试验材料

供试品种为低锌不敏感品种‘牡丹 9’和低锌敏感品种‘四单 19’。

二、试验处理

盆栽锌肥试验设计：根据上一年试验，确定了锌肥最佳施用量，进一步进行锌磷互作试验。

试验分 9 个处理，每处理 18 盆，磷分 3 个水平，0 kg/hm^2，225 kg/hm^2，525 kg/hm^2，分别为 P1，P2，P3，磷以磷酸二铵的形式施入，锌肥采用 EDTA-Zn，在三叶一心期于晴天下午叶面喷施，各处理喷施浓度分别为 0 kg/hm^2、30 kg/hm^2、90 kg/hm^2，处理编号分别为 Zn1，Zn2，Zn3。

三、测定项目与方法

叶绿素含量测定：抽雄期取样测定两种基因型玉米穗位叶光合色素含量，采用乙醇丙酮法测定叶绿素含量（张宪政，1992）。

叶面积的测定：在拔节期、抽雄期、乳熟期、蜡熟期定株测量叶面积。

净光合速率测定：拔节和取上部完全展开叶测定，抽雄以后取穗位叶测定。用美国 LI-COR 公司的 LI-6400 便携式光合测定系统，设定光量子通量密度为 800 μmol/（m^2・s），温度 25 ℃，于上午 9:00 测定净光合速率（*Pn*），每个处理各测定 10 株，3 次重复，每株重复测定 3 次。

脂肪、淀粉、蛋白质组分、粗灰分含量、氮、磷、钾、锌含量测定同第九章。

第二节　结果与分析

一、锌磷配比对不同基因型玉米叶绿素含量的影响

在抽雄期取样测定两种基因型玉米穗位叶光合色素含量，结果如表 10-1 所示。‘四单 19’和‘牡丹 9’在供磷水平相同时，叶绿素 a、叶绿素 b、叶绿素 a+b 含量表现为中等供锌处理＞高锌处理＞低锌处理。表明合理的锌肥用量，可以使玉米保持较高的光合色素含量，有利于光合物质生产，锌含量过高或过低，都会使光合色素含量降低。当供锌水平相同时，随着供磷水平的增加叶绿素 a、叶绿素 b、叶绿素 a+b 含量逐渐增加。锌磷互作对不同基因型玉米穗位叶光合色素含量有显著影响，以低锌低磷处理（P1Zn1）光合色素含量显著降低，单施锌肥或单施磷肥光合色素含量均有所增加，不同供磷水平下单施锌肥两种基因型玉米的光合色素含量增加幅度不同，低锌敏感品种‘四单 19’以中等供磷处理光合色素含量增加幅度最大，叶绿素 a、叶绿素 b、叶绿素 a+b 含量分别增加 27.4%、26.9%、27.8%；低锌不敏感玉米‘牡丹 9’以低磷处理光合色素含量增加幅度最大叶绿素 a、b、a+b 含量分别增加 11.4%、21.2%、14.0%。不同供锌水平下单施磷肥光合色素含量增加量亦不同，低锌敏感品种‘四单 19’和低锌不敏感品种‘牡丹 9’均以中等供锌处理光合色素含量增加幅度最大，‘四单 19’叶绿素 a、b、a+b 含量分别增加 53.5%、59.7%、53.7%；‘牡丹 9’叶绿素 a、b、a+b 含量分别增加 18.4%、5.8%、14.8%。锌磷配施两品种均以高磷中锌（P3Zn2）处理光合色素含量最高，较低磷低锌处理（P1Zn1）‘四单 19’叶绿素 a、叶绿素 b、叶绿素 a+b 含量分别增加 76.1%、75.4%、76.6%，‘牡丹 9’含量分别增加 31.9%、28.2%、30.9%，不同肥料配比下两种基因型玉米对光合色素含量的影响均表现为：锌磷配施＞单施磷肥＞单施锌肥。

表 10-1　锌磷配比对不同基因型玉米光合色素含量的影响

基因型	处理	Chla	Chlb	Chla+b
四单 19	P1Zn1	1.88 e	0.61 c	2.48 e
	P1Zn2	2.17 d	0.67 c	2.85 d
	P1Zn3	1.95 de	0.61 c	2.56 e
	P2Zn1	2.04 de	0.67 c	2.70 de
	P2Zn2	2.60 bc	0.85 b	3.45 c
	P2Zn3	2.50 c	0.89 b	3.39 c
	P3Zn1	2.68 bc	0.89 b	3.57 bc
	P3Zn2	3.31 a	1.07 a	4.38 a
	P3Zn3	2.81 b	0.97 ab	3.77 b

（续表）

基因型	处理	Chla	Chlb	Chla+b
牡丹 9	P1Zn1	2.29 f	0.85 d	3.14 d
	P1Zn2	2.48 e	0.89 cd	3.37 c
	P1Zn3	2.55 de	1.03 abc	3.58 bc
	P2Zn1	2.63 cde	0.97 abcd	3.60 bc
	P2Zn2	2.75 bc	1.07 ab	3.82 b
	P2Zn3	2.82 b	0.96 abcd	3.78 b
	P3Zn1	2.69 bcd	0.93 bcd	3.62 b
	P3Zn2	3.02 a	1.09 a	4.11 a
	P3Zn3	2.79 bc	0.93 bcd	3.72 b

二、锌磷配比对不同基因型玉米叶面积的影响

由图 10-1 可知，不同基因型玉米叶面积变化趋势相同，拔节期开始迅速增加，至抽雄达到最大，后逐渐下降，不同锌磷配比对两种基因型玉米叶面积有显著的影响（表 10-2），锌磷配施处理的叶面积显著大于单施锌肥或单施磷肥的处理，高锌或高磷处理也会导致叶面积下降。相同供磷水平下两种基因型玉米均表现为 Zn2 处理叶面积最高。方差分析表明，除‘牡丹 9’在拔节期施磷处理的叶面积未达显著水平外，不同锌磷配比对两种基因型玉米的光合叶面积影响均达显著或及显著水平。抽雄以后维持较高的叶面积是玉米高产的关键，锌磷配施对于‘四单 19’叶面积有极显著的效应，抽雄期叶面积平均值为 P2Zn2＞ P2Zn3＞ P1Zn2＞P1Zn3＞ P3Zn2＞ P3Zn1＞ P2Zn1＞ P3Zn3＞ P1Zn1，抽雄以后叶面积迅速下降，乳熟期叶面积表现为 P2Zn2＞ P2Zn3＞ P3Zn2＞ P1Zn2＞ P1Zn3＞ P3Zn3＞ P1Zn1＞ P2Zn1＞ P3Zn1。蜡熟期各处理叶面积表

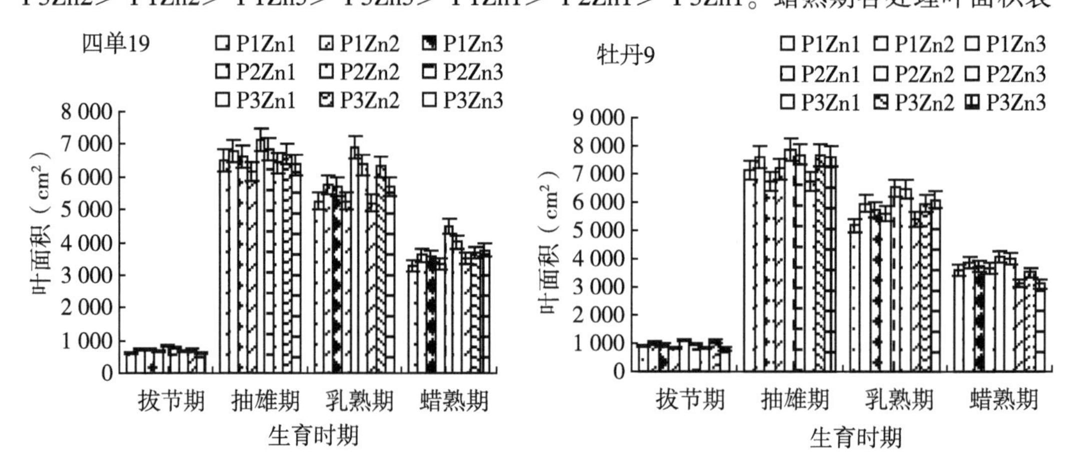

图 10-1 锌磷配比对不同基因型叶面积的影响

现为 P2Zn2> P2Zn3> P3Zn3> P3Zn2> P1Zn2 > P1Zn3> P3Zn1 > P2Zn1> P1Zn1。对于低锌不敏感玉米‘牡丹 9’抽雄期叶面积平均值为 P2Zn2 >P2Zn3 >P3Zn2 >P3Zn3 >P1Zn2 >P2Zn1 >P1Zn1 >P3Zn1> P1Zn3，乳熟期叶面积表现为 P2Zn2>P2Zn3>P3Zn3>P3Zn2>P1Zn2>P1Zn3>P2Zn1>P3Zn1>P1Zn1。蜡熟期叶面积表现为 P2Zn2> P2Zn3> P3Zn2> P3Zn3> P1Zn2> P1Zn3> P2Zn1> P3Zn1> P1Zn1。两种基因型玉米在抽雄后各时期均以 P2Zn2 处理叶面积最高，其次是 P2Zn3 处理，以低锌处理的玉米叶面积始终处于较低水平。

表 10-2　锌磷处理下玉米植株叶面积的方差分析

基因型	叶面积	变异来源	拔节期	抽雄期	乳熟期	蜡熟期
四单 19	MS	P	18 997.96	96 424.6	858 436.1	509 542.0
		Zn	24 421.16	576 250.1	2 694 068.0	767 711.9
		P×Zn	7 145.469	165 399.5	272 457.4	218 582.9
	F	P	70.692	11.979	54.881	47.8
		Zn	90.872	71.586	172.236	72.1
		P×Zn	26.589	20.547	17.419	20.5
	P	P	0.000 1	0.000 5	0.000 1	0.000 1
		Zn	0.000 1	0.000 1	0.000 1	0.000 1
		P×Zn	0.000 1	0.000 1	0.000 1	0.000 1
牡丹 9	MS	P	5 634.992	405 770.9	781 538.2	1 008 859
		Zn	105 621.9	1 104 812	1 579 387	264 808.7
		P×Zn	15 791.54	341 343.7	39 858.3	31 604.18
	F	P	1.319	69.139	69.4	102.765
		Zn	24.715	188.249	140.2	26.974
		P×Zn	3.695	58.161	3.5	3.219
	P	P	0.292 2	0.000 1	0.000 1	0.000 1
		Zn	0.000 1	0.000 1	0.000 1	0.000 1
		P×Zn	0.023 0	0.000 1	0.026 8	0.037 0

三、锌磷配比对不同基因型玉米净光合速率的影响

锌磷配比对不同基因型玉米的光合特性有显著影响，方差分析表明，不同锌磷配比除‘牡丹 9’在拔节抽雄期未达显著水平外，其余各时期均达显著或极显著水平。研究结果表明锌磷配施具有明显的协同效应。不同锌磷配比对不同基因型玉米影响不同。

图 10-2 显示，当供锌水平相同时，低锌敏感品种‘四单 19’在低锌处理下不同供

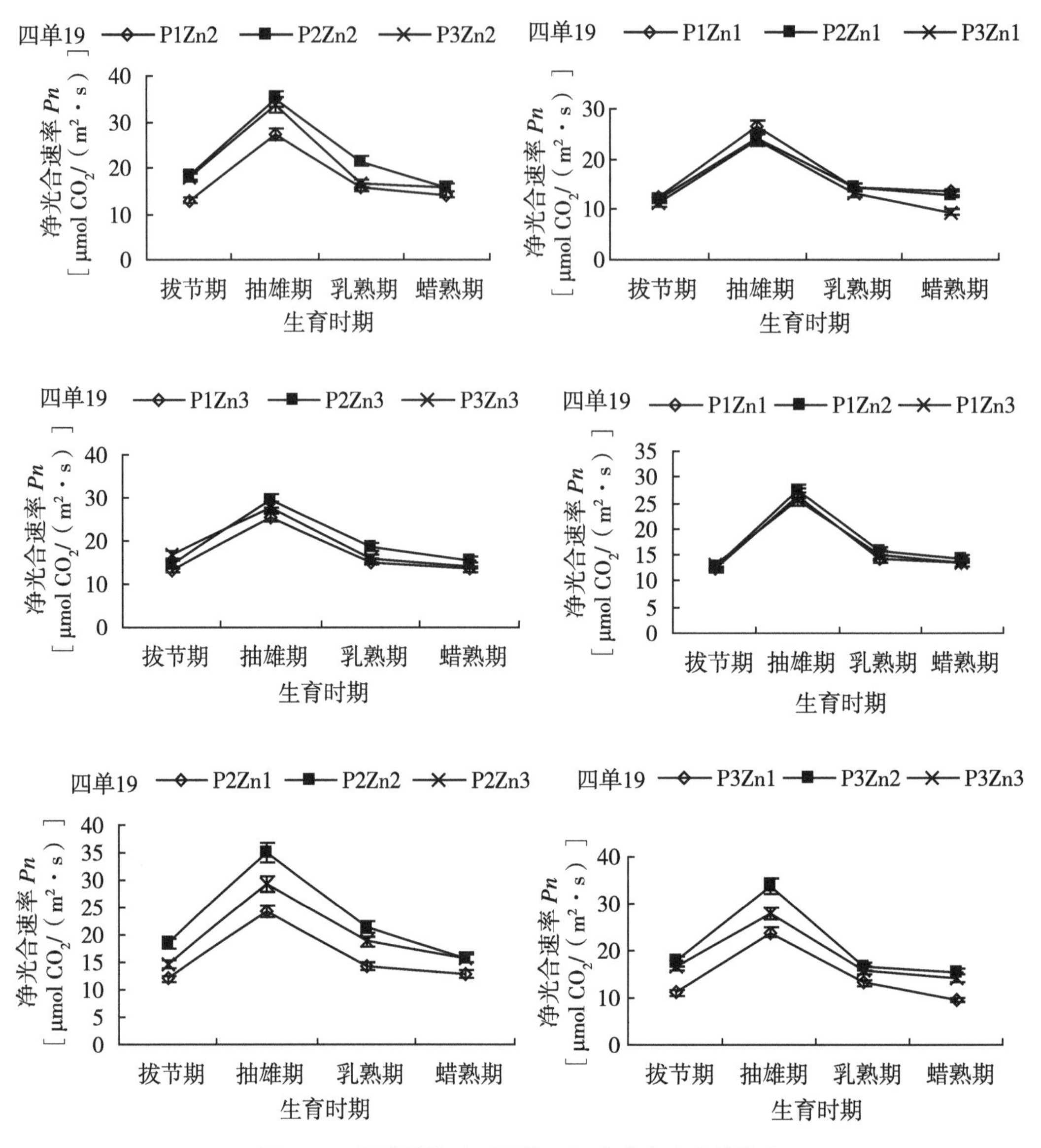

图 10-2　锌磷配比对‘四单 19’净光合速率的影响

磷水平对净光合速率的影响小于中等供锌和高锌处理，低锌处理下，以低磷处理（P1Zn1）的净光合速率最高，以高磷处理（P3Zn1）的净光合速率最低，P1Zn1 在拔节期、抽雄期、乳熟期和蜡熟期的净光合速率分别为 P3Zn1 处理的 1. 11 倍、1. 10 倍、1. 08 倍和 1. 41 倍。随着供锌水平增加，不同锌磷配比下玉米各时期的净光合速率差异增大，中等供锌水平和高锌水平下各时期以 P2 处理（P2Zn2 和 P2Zn3）净光合速率最高，P1 处理（P1Zn2 和 P1Zn3）的净光合速率最低（高锌处理的拔节期除外），P2Zn2 在拔节期、抽雄期、乳熟期和蜡熟期的净光合速率分别为 P1Zn2 处理的 1. 44 倍、1. 28 倍、1. 35 倍和 1. 12 倍，P2Zn3 在拔节期、抽雄期、乳熟期和蜡熟期的净光合速率分别为 P1Zn3 处理的 0. 87 倍、1. 05 倍、1. 19 倍和 1. 10 倍。当相同供磷水平时，低磷与不同供锌处理的各时期净光合速率差异小于中磷和高磷处理。低锌处理下，中等供磷处理（P2Zn1）‘四单 19’在拔节期、抽雄期、乳熟期和蜡熟期的净光合速率分别为 P1Zn1 处理的 1.08 倍、1.03 倍、1.10 倍和 1.06 倍；中等供锌处理下，中等供磷处理（P2Zn2）‘四单 19’在拔节期、抽雄期、乳熟期和蜡熟期的净光合速率分别为 P1Zn2 处理的 1.54 倍、1.44 倍、1.49 倍和 1.22 倍；高锌处理下，中等供磷处理（P2Zn3）‘四单 19’在拔节期、抽雄期、乳熟期和蜡熟期的净光合速率分别为 P1Zn3 处理的 1.59 倍、1.40 倍、1.25 倍和 1.65 倍；锌磷配施下，净光合速率最高的处理是 P2Zn2 处理，在拔节期、抽雄期、乳熟期和蜡熟期分别是 P3Zn1 的 1.65 倍、1.46 倍、1.61 倍和 1.67 倍。合理的锌磷配比下净光合速率的增加幅度明显大于单施锌肥，或者单施磷肥处理。总体上看，对低锌敏感品种‘四单 19’来说，净光合速率的影响表现为锌磷互作处理＞单施锌肥处理＞单施磷肥处理。

图 10-3 显示，不同锌磷配比对低锌不敏感品种‘牡丹 9’净光合速率有明显的影响，当供锌水平相同时，在低锌处理（Zn1）和中等供锌水平（Zn2）下以中磷处理（P2Zn1 和 P2Zn2）净光合速率最高，以低磷处理的净光合速率最低（P1Zn1 和 P1Zn2）。对于低锌不敏感玉米‘牡丹 9’，P2Zn1 处理在拔节期、抽雄期、乳熟期和蜡熟期的净光合速率分别为 P1Zn1 处理的 1.23 倍、1.34 倍、1.52 倍和 1.43 倍；P2Zn2 处理在拔节期、抽雄期、乳熟期和蜡熟期的净光合速率分别为 P1Zn2 处理的 1.15 倍、1.22 倍、1.16 倍和 1.54 倍；而在高锌处理下以高磷处理（P3Zn3）净光合速率明显高

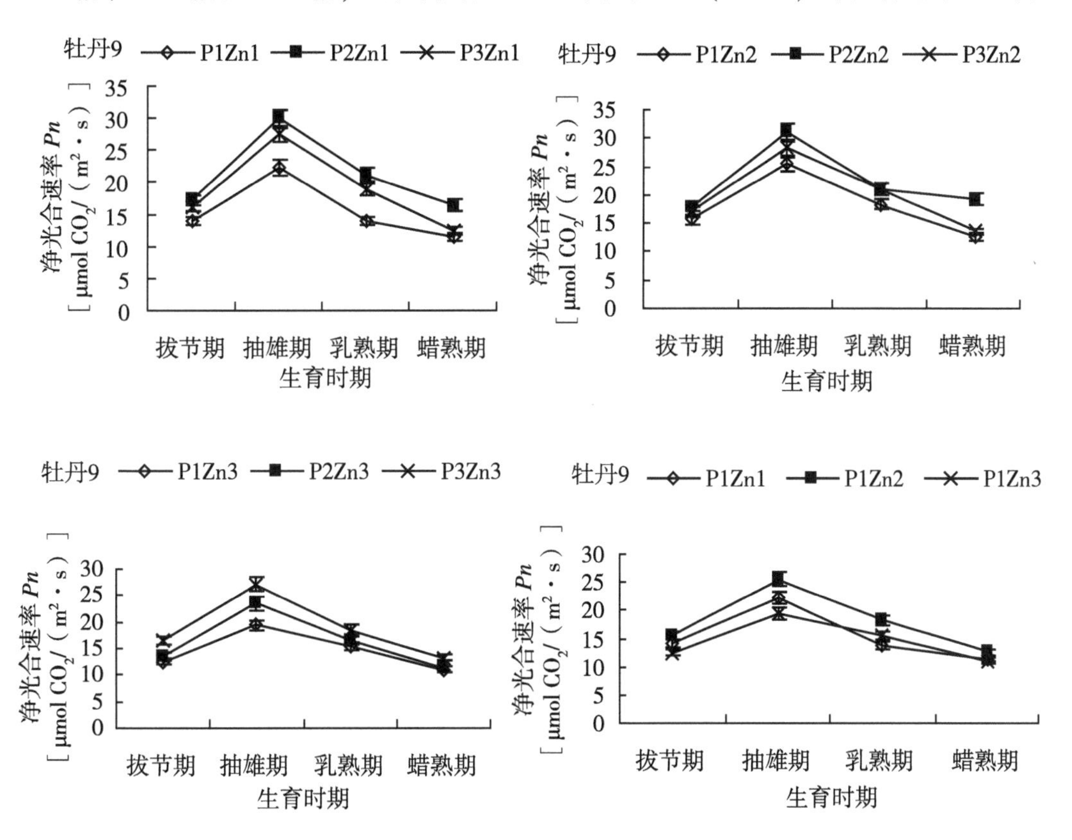

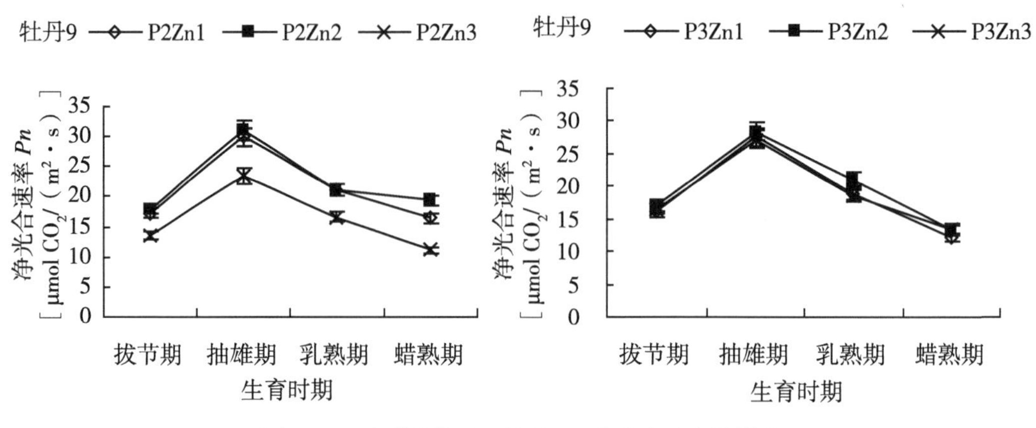

图 10-3 锌磷配比对‘牡丹 9’净光合速率的影响

于中磷（P2Zn3）和低磷（P1Zn3）处理。在拔节期、抽雄期、乳熟期和蜡熟期 P3Zn3 净光合速率分别为 P1Zn3 处理的 1.32 倍、1.40 倍、1.20 倍和 1.21 倍。当供磷水平相同时，不同锌处理对净光合速率亦有明显影响，各供磷水平下均以中等供锌处理净光合速率最高，高磷或低磷处理的净光合速率均有所降低。低磷处理下，中等供锌处理 P1Zn2 在拔节期、抽雄期、乳熟期和蜡熟期的净光合速率分别为 P1Zn3 处理的 1.25 倍、1.31 倍、1.18 倍和 1.15 倍；中磷处理时，中等供锌处理 P2Zn2 在拔节期、抽雄期、乳熟期和蜡熟期的净光合速率分别为 P2Zn3 处理的 1.34 倍、1.32 倍、1.27 倍和 1.73 倍；高磷处理时，P3Zn2 处理在拔节期、抽雄期、乳熟期和蜡熟期的净光合速率分别为 P3Zn3 处理的 1.04 倍、1.05 倍、1.14 倍和 1.02 倍。锌磷配施下净光合速率最高的处理是 P2Zn2，在拔节期、抽雄期、乳熟期和蜡熟期分别是 P1Zn3 处理的 1.43 倍、1.60 倍、1.36 倍和 1.74 倍。

表 10-3 锌磷配比对不同基因型玉米净光合速率的方差分析

基因型	叶面积	变异来源	拔节期	抽雄期	乳熟期	蜡熟期
四单 19	MS	P	15.993	21.789	9.504	20.064
		Zn	47.341	113.725	36.302	26.101
		P×Zn	11.342	21.920	9.269	4.607
	F	P	19.80	5.671	9.623	28.725
		Zn	58.61	29.598	36.756	37.368
		P×Zn	14.04	5.705	9.385	6.596
	P	P	0.000 1	0.012 3	0.001 4	0.000 1
		Zn	0.000 1	0.000 1	0.000 1	0.000 1
		P×Zn	0.000 1	0.0038	0.0003	0.0019

（续表）

基因型	叶面积	变异来源	拔节期	抽雄期	乳熟期	蜡熟期
牡丹 9	MS	P	17.293 6	91.564 3	40.791 4	36.466 5
		Zn	16.952	57.791 1	24.682 2	25.174 8
		P×Zn	4.215	10.806 9	8.036 2	14.799
	F	P	21.01	88.58	29.467	45.887
		Zn	20.595	55.907	17.83	31.678
		P×Zn	5.121	10.455	5.805	18.622
	P	P	0.000 1	0.000 1	0.000 1	0.000 1
		Zn	0.000 1	0.000 1	0.000 1	0.000 1
		P×Zn	0.006 2	0.000 1	0.003 5	0.000 1

四、锌磷配比对不同基因型玉米产量构成的影响

表 10-4 可以看出，不同锌磷配比下玉米的单穗产量变化较大。对于低锌敏感品种‘四单 19’产量最高的是 P2Zn2 处理，最低的是 P3Zn1 处理。供磷水平相同时，中等供锌处理产量明显高于低锌处理和高锌处理。低磷处理时，中锌处理（P1Zn2）单穗产量分别是低锌（P1Zn1）和高锌（P1Zn3）处理的 1.10 倍和 1.04 倍；中磷处理时，中锌处理（P2Zn2）单穗产量分别是低锌（P2Zn1）和高锌（P2Zn3）处理的 1.09 和 1.06 倍；高磷处理时，中锌处理（P3Zn2）单穗产量分别是低锌（P3Zn1）和高锌（P3Zn3）处理的 1.07 倍和 1.01 倍。当供锌水平相同时，不同供磷处理单穗产量影响较大，表现为中等供磷处理＞低磷处理＞高磷处理。低锌处理时。千粒重变化幅度较小，千粒重最高的处理是 P2Zn2，比千粒重最低的处理 P3Zn3 高 4.0%。穗粒数的变化趋势与单穗产量相似。说明不同锌磷配比对产量的影响主要是对穗粒数的影响。

表 10-4　锌磷配比对不同基因型玉米产量结构的影响

基因型	处理	穗粒数	千粒重	穗粒重
四单 19	P1Zn1	444.5±3.71	247.7±2.14	108.7±1.87
	P1Zn2	496.7±3.95	244.9±2.42	119.4±2.54
	P1Zn3	466.5±3.02	249.8±1.95	113.9±3.26
	P2Zn1	489.5±4.39	242.4±3.21	117.6±4.15
	P2Zn2	519.7±4.01	249.9±2.76	128.3±2.02
	P2Zn3	500.2±5.14	247.3±3.32	120.6±2.31
	P3Zn1	428.6±6.02	247.2±2.12	104.9±1.56
	P3Zn2	515.2±5.35	242.9±2.45	112.7±4.87
	P3Zn3	477.4±6.12	240.3±1.65	110.6±2.11

（续表）

基因型	处理	穗粒数	千粒重	穗粒重
牡丹 9	P1Zn1	377. 2±6. 43	411. 4±2. 52	155. 2±2. 42
	P1Zn2	366. 3±6. 03	419. 7±3. 12	153. 7±2. 56
	P1Zn3	331. 6±5. 96	416. 1±2. 87	138. 0±3. 84
	P2Zn1	377. 8±6. 23	436. 4±3. 26	160. 4±3. 87
	P2Zn2	411. 3±7. 11	428. 7±3. 45	171. 2±5. 21
	P2Zn3	388. 5±6. 86	419. 8±3. 84	159. 9±4. 02
	P3Zn1	386. 4±4. 07	414. 0±2. 31	160. 0±4. 21
	P3Zn2	391. 5±7. 02	415. 2±3. 65	162. 5±2. 92
	P3Zn3	343. 3±5. 85	409. 9±2. 93	140. 7±3. 74

对于低锌不敏感品种‘牡丹 9’，产量最高的处理是 P2Zn2 处理，最低的是 P1Zn3 处理，平均产量表现为中等供磷处理＞高磷处理＞低磷处理。当供磷水平相同时，产量表现为中等供锌处理＞低锌处理＞高锌处理。对于低锌不敏感品种‘牡丹 9’来说，低锌处理下对产量的影响要小于高锌处理，与前面的结论相一致，即‘牡丹 9’较低锌不敏感，而对高锌危害大于低锌处理。在供锌水平相同时，单穗产量表现为中等供磷处理＞高磷处理＞低磷处理。不同锌磷配比下‘牡丹 9’千粒重最高的处理是 P2Zn1 处理，比千粒重最低的处理 P3Zn3 处理高 6. 5%，千粒重变化幅度大于‘四单 19’。

五、锌磷配比对不同基因型玉米品质的影响

评价玉米籽粒的营养品质，主要是考虑籽粒中蛋白质、氨基酸、脂肪、淀粉、维生素和矿质元素等成分的含量和质量。

（一）锌磷配比对不同基因型玉米蛋白质含量及其组分的影响

1. 锌磷配比对不同基因型玉米蛋白质含量的影响

肥料的施用影响了玉米籽粒蛋白质的合成，如表 10-5 所示，在供磷水平相同时，低磷处理下，‘四单 19’和‘牡丹 9’均以中等供锌处理（P1Zn2）总蛋白含量最高，其中‘四单 19’的中等供锌处理（P1Zn2）与低锌（P1Zn1）和高锌处理（P1Zn3）间差异达显著水平，而‘牡丹 9’的总蛋白含量处理间差异未达显著水平。而在中等供磷和高磷水平下，‘四单 19’和‘牡丹 9’均以高锌处理（P2Zn3 和 P3Zn3）总蛋白含量较高，中等供锌处理下‘四单 19’的各处理间差异达显著水平，‘牡丹 9’的高锌与低锌处理间差异未达显著水平。供锌水平相同时总蛋白的平均含量表现为高磷处理＞中等供磷处理＞低磷处理。对蛋白质组分的分析可以看出，清蛋白与球蛋白随锌磷变化规律性不明显，醇溶蛋白和谷蛋白的变化趋势与总蛋白相似。表明磷锌均可促进蛋白质的合成，且磷对蛋白质提高的贡献大于锌的贡献，不

同锌磷配比主要影响醇溶蛋白和谷蛋白含量，而对清蛋白和球蛋白的影响不明确。两种基因型表现一致。

表 10-5　锌磷配比对不同基因型蛋白质含量的影响

基因型	处理	总蛋白	清蛋白	球蛋白	醇溶蛋白	谷蛋白
四单 19	P1Zn1	8. 34 e	1. 60	0. 63	3. 30	2. 81
	P1Zn2	8. 67 d	1. 66	0. 62	3. 37	3. 02
	P1Zn3	8. 27 e	1. 63	0. 64	3. 24	2. 76
	P2Zn1	8. 57 d	1. 68	0. 61	3. 43	2. 85
	P2Zn2	9. 15 c	1. 63	0. 64	3. 76	3. 12
	P2Zn3	9. 33 ab	1. 50	0. 62	4. 04	3. 17
	P3Zn1	8. 63 d	1. 65	0. 65	3. 49	2. 84
	P3Zn2	9. 29 b	1. 63	0. 62	4. 04	3. 00
	P3Zn3	9. 43 a	1. 59	0. 66	4. 20	2. 98
牡丹 9	P1Zn1	9. 51 d	1. 74	0. 74	4. 48	2. 55
	P1Zn2	9. 53 d	1. 70	0. 68	4. 50	2. 65
	P1Zn3	9. 48 d	1. 80	0. 79	4. 36	2. 53
	P2Zn1	9. 7 c	1. 69	0. 79	4. 52	2. 70
	P2Zn2	10. 68 b	1. 74	0. 76	5. 43	2. 75
	P2Zn3	10. 74 ab	1. 75	0. 69	5. 47	2. 83
	P3Zn1	9. 76 c	1. 69	0. 75	4. 68	2. 64
	P3Zn2	10. 81 a	1. 73	0. 72	5. 53	2. 83
	P3Zn3	10. 87 ab	1. 70	0. 72	5. 58	2. 87

2. 锌磷配比对不同基因型蛋白质组分的影响

不同锌磷配比对玉米籽粒蛋白质含量的影响程度不同，所以对籽粒蛋白质组分的影响与对蛋白质含量的影响不完全相同（表 10-6）。在供磷水平相同时，低磷处理下随着供锌水平变化，各处理蛋白质组分的变化无明显规律；继续提高供磷水平，随着供锌水平增加清蛋白和球蛋白所占比例逐渐降低，醇溶蛋白所占比例逐渐降低。当供锌水平相同时，低磷处理下（P1Zn1、P1Zn2 和 P1Zn3）清蛋白比例增加，醇溶蛋白比例降低，随着供磷水平增加，清蛋白所占比例呈下降趋势，而醇溶蛋白比例呈上升趋势。即不同锌磷配比下，玉米籽粒蛋白质增加，增加的主要是醇溶蛋白含量。

表 10-6　锌磷配比对不同基因型玉米籽粒蛋白质组分的影响　单位：%

基因型	处理	清蛋白	球蛋白	醇溶蛋白	谷蛋白
四单 19	P1Zn1	19.18	7.55	39.57	33.69
	P1Zn2	19.15	7.15	38.87	34.83
	P1Zn3	19.71	7.74	39.18	33.37
	P2Zn1	19.60	7.12	40.02	33.26
	P2Zn2	17.81	6.99	41.09	34.10
	P2Zn3	16.08	6.65	43.30	33.98
	P3Zn1	19.12	7.53	40.44	32.91
	P3Zn2	17.55	6.67	43.49	32.29
	P3Zn3	16.86	7.00	44.54	31.60
牡丹 9	P1Zn1	18.30	7.78	47.11	26.81
	P1Zn2	17.84	7.16	47.22	27.79
	P1Zn3	18.99	8.33	45.99	26.69
	P2Zn1	17.42	8.14	46.60	27.84
	P2Zn2	16.29	7.12	50.84	25.75
	P2Zn3	16.29	6.42	50.93	26.35
	P3Zn1	17.32	7.68	47.95	27.05
	P3Zn2	16.00	6.66	51.16	26.18
	P3Zn3	15.64	6.62	51.33	26.40

（二）锌磷配比对不同基因型玉米淀粉含量的影响

不同供锌磷配比对籽粒淀粉含量有一定影响（表 10-7），无论是在相同供磷水平下，增加供锌量，还是在相同供锌水平下增加供磷量，淀粉含量均呈增加趋势。总体上淀粉平均含量表现为高磷处理>中等供磷处理>低磷处理。两种基因型反应一致。

表 10-7　锌磷配比对不同基因型玉米淀粉含量的影响

处理	四单 19	牡丹 9
P1Zn1	70.72 f	68.09 f
P1Zn2	70.87 ef	68.45 e
P1Zn3	71.06 def	68.92 d
P2Zn1	70.81 ef	68.17 ef
P2Zn2	71.65 bc	69.33 bc

（续表）

处理	四单 19	牡丹 9
P2Zn3	71.23 cde	69.92 a
P3Zn1	71.45 bcd	69.11 c
P3Zn2	71.73 b	69.44 bc
P3Zn3	72.52 a	69.67 ab

（三）锌磷配比对不同基因型玉米粗脂肪含量的影响

表 10-8 表明，不同锌磷配比对不同基因型玉米粗脂肪含量的影响。当供锌水平相同时，随着供磷水平的增加，粗脂肪含量逐渐增加，表现为高磷处理＞中等供磷处理＞低磷处理。低锌处理下，高磷处理（P3Zn1）较低磷处理（P1Zn1）‘四单 19’和‘牡丹 9’的脂肪含量分别增加 2.1%和 2.3%；中等供锌处理下，高磷处理（P3Zn2）较低磷处理（P1Zn2）‘四单 19’和‘牡丹 9’的脂肪含量分别增加 4.1%和 1.3%；高锌处理下，高磷处理（P3Zn3）较低磷处理（P1Zn2）‘四单 19’和‘牡丹 9’的脂肪含量分别增加 4.2%和 2.8%；在相同供磷水平下，随着供锌水平的增加，粗脂肪含量逐渐降低，表现为低锌处理＞中等供锌处理＞高锌处理。低磷处理下，低锌处理（P1Zn1）较高锌处理（P1Zn3）‘四单 19’和‘牡丹 9’的脂肪含量分别增加 4.3%和 2.1%；中等供磷处理下，低锌处理（P2Zn1）较高锌处理（P2Zn3）‘四单 19’和‘牡丹 9’的脂肪含量分别增加 3.7%和 2.4%；高磷处理下，低锌处理（P3Zn1）较高锌处理（P3Zn3）‘四单 19’和‘牡丹 9’的脂肪含量分别增加 2.3%和 1.7%；低锌敏感品种‘四单 19’较低锌不敏感品种‘牡丹 9’的粗脂肪含量更易受锌磷供应水平的影响。总体上看锌磷不同配比对脂肪含量的影响比较复杂，施磷促进脂肪含量的增加，施锌降低了粗脂肪含量。

表 10-8　锌磷配比对不同基因型玉米粗脂肪含量的影响

处理	四单 19	牡丹 9
P1Zn1	4.76 b	4.80 bc
P1Zn2	4.64 cd	4.78 bcd
P1Zn3	4.56 d	4.70 d
P2Zn1	4.81 ab	4.85 ab
P2Zn2	4.73 bc	4.79 bc
P2Zn3	4.64 cd	4.74 cd
P3Zn1	4.86 a	4.91 a
P3Zn2	4.83 ab	4.84 ab
P3Zn3	4.75 b	4.83 ab

（四）锌磷配比对不同基因型玉米粗灰分含量的影响

不同锌磷配比对玉米籽粒粗灰分含量有明显的影响，相同供磷水平下，随着锌含量的提高籽粒中粗灰分含量增加，高锌高磷配比对提高籽粒粗灰分含量有明显作用。相同供锌水平下，籽粒粗灰分含量表现为高磷处理>中等供磷处理>低磷处理。两种基因型表现一致（表 10-9）。

表 10-9　锌磷配比对不同基因型玉米粗灰分含量的影响

处理	四单 19	牡丹 9
P1Zn1	1. 58 de	1. 64 f
P1Zn2	1. 56 e	1. 69 ef
P1Zn3	1. 64 cd	1. 74 cde
P2Zn1	1. 65 c	1. 72 de
P2Zn2	1. 70 bc	1. 81 abc
P2Zn3	1. 72 ab	1. 87 a
P3Zn1	1. 69 bc	1. 78 bcd
P3Zn2	1. 74 ab	1. 83 ab
P3Zn3	1. 77 a	1. 84 ab

六、锌磷配比对不同基因型玉米锌含量的影响

赵同科（1996）研究认为，锌营养效率差异表现在不同基因型对锌的吸收能力差异、锌在植物体内运输和分布的差异以及植物代谢和生长过程中锌利用率的差异。无论是水稻、玉米还是小麦，籽粒里的锌含量主要受基因的控制（任军等，1993）。

不同锌磷配比对玉米各器官锌含量有显著影响，如图 10-4 所示，在相同供磷水平下低锌敏感品种‘四单 19’随着供锌水平的增加各器官的锌含量增加，其中低磷处理各器官的锌含量增幅小于中磷和高磷水平，低磷高锌（P1Zn3）处理的叶鞘、叶片、茎秆、苞叶和籽粒中锌含量分别为低磷低锌（P1Zn1）处理的 2. 32 倍、3. 40 倍、2. 32 倍、1. 30 倍和 1. 06 倍。随着供磷水平的提高，在相同供锌水平下，不同供磷处理各器官的锌含量差异有所增加，中磷高锌处理（P2Zn3）的叶鞘、叶片、茎秆、苞叶和籽粒中锌含量分别为中磷低锌（P2Zn1）处理的 2. 68 倍、3. 99 倍、3. 58 倍、1. 90 倍和 0. 93 倍。高磷高锌（P3Zn3）处理的叶鞘、叶片、茎秆、苞叶和籽粒中锌含量分别为高磷低锌（P3Zn1）处理的 4. 10 倍、6. 33 倍、4. 54 倍、2. 66 倍和 1. 40 倍。而在相同供锌水平下不同供磷处理对玉米各器官的锌含量影响有所不同，低锌处理下随着供磷水平的增加，各器官锌含量降低，高磷低锌（P3Zn1）处理叶鞘、叶片、茎秆、苞叶和籽粒中锌含量分别为低磷低锌（P1Zn1）处理的 0. 55 倍、0. 61 倍、0. 44 倍、0. 54 倍和 0. 82 倍。随着供锌水平提高，不同供磷处理间差异缩小，中等供锌和高锌处理的玉米

各器官锌含量随着供磷水平增加而增加，中等供锌水平下，低磷中锌处理（P1Zn2）的叶鞘、叶片、茎秆、苞叶和籽粒中锌含量分别为高磷中锌处理（P3Zn2）的 0.83 倍、0.84 倍、0.85 倍、1.01 倍和 0.78 倍。高锌处理下，随着磷含量的增加，各器官锌含量变化规律性不明显。

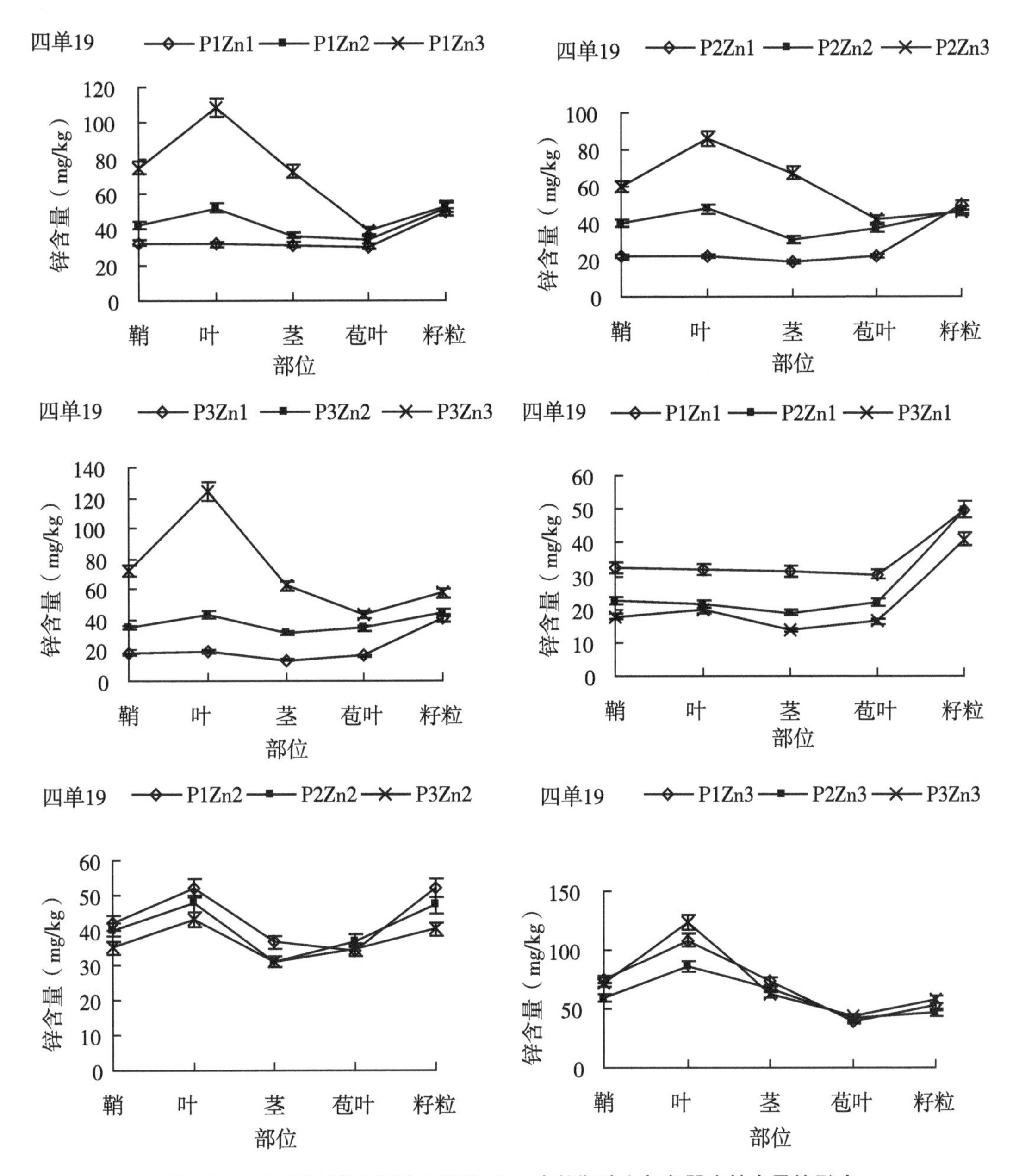

图 10-4　不同锌磷配比对‘四单 19’成熟期地上部各器官锌含量的影响

如图 10-5 所示，在相同供磷水平下低锌不敏感品种‘牡丹 9’各器官含锌量随着供锌水平的变化而有所不同，低锌和中等供锌水平对各器官的锌含量影响比较小，低磷处理下中等供锌处理（P1Zn2）的叶鞘、叶片、茎秆、苞叶和籽粒中锌含量分别为低锌处理（P1Zn1）的 1.14 倍、1.17 倍、1.09 倍、1.01 倍和 1.01 倍，随着供锌水平的进一步增加低锌不敏感品种‘牡丹 9’叶鞘、叶片和茎秆的锌含量显著增加，高锌处理下（P1Zn3）‘牡丹 9’叶鞘、叶片、茎秆、苞叶和籽粒中锌含量分别为低锌处理（P1Zn1）的 2.11 倍、2.63 倍、2.30 倍、1.17 倍和 1.06 倍。随着供磷水平增加，不同锌磷配比下‘牡丹 9’各器官锌含量差异增加，中等供磷处理下，随着供锌水平的增加各器官锌含量大幅度增加，高锌处理（P2Zn3）的叶鞘、叶片、茎秆、苞叶和籽粒中锌含量分别为低锌处理（P2Zn1）的 3.49 倍、4.40 倍、4.42 倍、1.32 倍和 1.14 倍，高磷处理的玉米各器官锌含量的增加幅度小于中等供磷处理，高磷处理下高锌处理（P3Zn3）的叶鞘、叶片、茎秆、苞叶和籽粒中锌含量分别为低锌处理（P3Zn1）的 2.41 倍、3.31 倍、3.16 倍、1.25 倍和 1.13 倍。在相同供锌水平下，不同供磷处理对各器官锌含量有明显的影响，低锌处理下，不同供磷水平对‘牡丹 9’各器官锌含量影响的规律性并不明显，随着供锌水平增加，不同锌磷配比下各器官锌含量差异明显增加，中等供锌水平和高锌处理下以中等供磷处理的‘牡丹 9’各器官锌含量增加幅度最大，中等供锌水平下，中等供磷处理（P2Zn2）的‘牡丹 9’叶鞘、叶片、茎秆、苞叶和籽粒中锌含量分别为低磷处理（P1Zn2）的 1.44 倍、1.63 倍、1.68 倍、1.46 倍和 1.04 倍，高锌水平下，中等供磷处理（P2Zn3）的‘牡丹 9’叶鞘、叶片、茎秆、苞叶和籽粒中锌含量分别为低磷处理（P1Zn3）的 1.78 倍、1.56 倍、2.22 倍、1.44 倍和 1.08 倍。

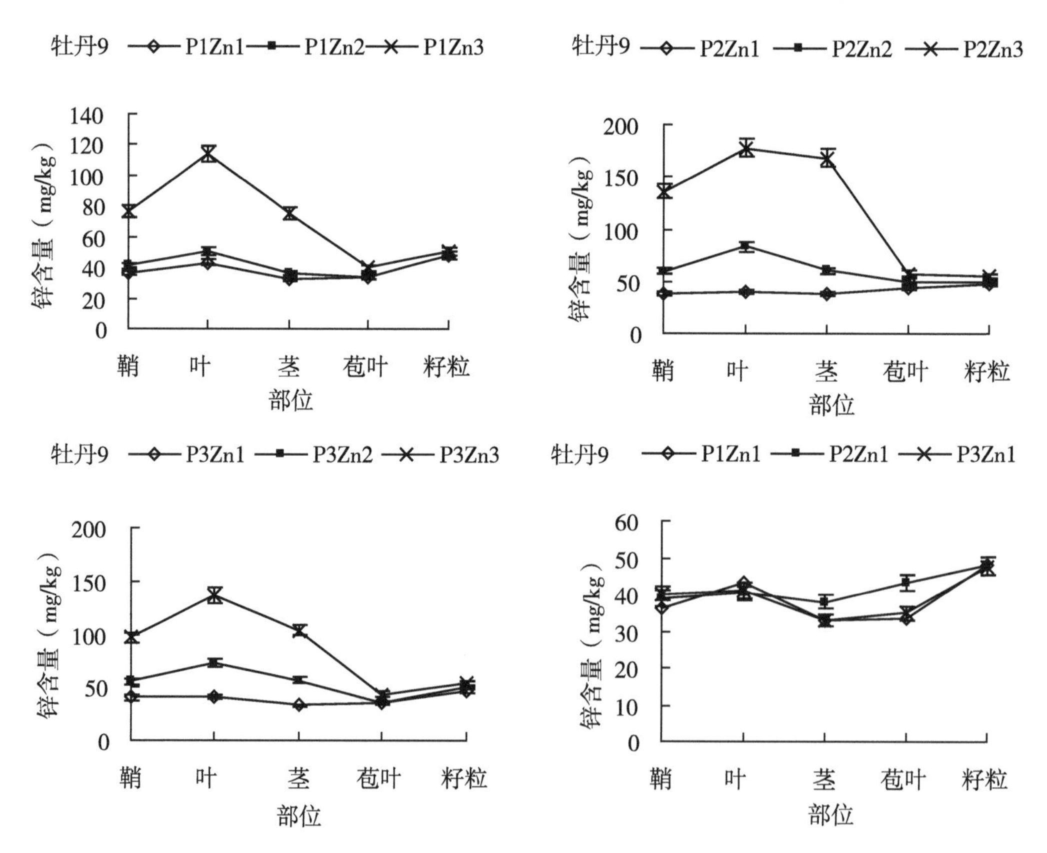

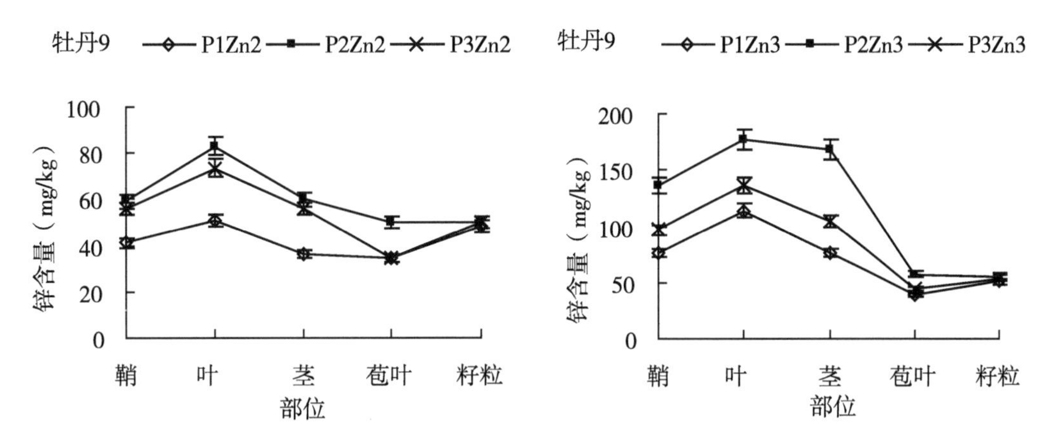

图 10-5　不同锌磷配比对‘牡丹 9’成熟期地上部各器官锌含量的影响

七、锌磷配比对不同基因型玉米氮含量的影响

植物体内氮素主要以有机氮素如蛋白质和氨基酸等的形态存在于植物组织中。试验结果表明，不同锌磷配比对玉米植株各器官中氮含量有明显的影响，最易受供锌供磷水平影响的器官是叶片、茎秆和叶鞘，而籽粒和苞叶中含氮量受供锌供磷水平影响较小。如图 10-6 所示，低锌敏感品种‘四单 19’，在相同供磷水平下，不同供锌处理下各器官含氮量有明显差异，低磷处理下表现为随着供锌水平的增加，叶鞘、叶片和茎秆的含氮量降低。低磷处理（P1）下，低锌处理（P1Zn1）玉米叶片和茎秆含氮量明显高于中等供锌处理（P1Zn2）和高锌处理（P1Zn3），P1Zn1 处理的叶鞘、叶片、茎秆、苞叶和籽粒含氮量分别为 P1Zn3 处理的 1.07 倍、2.36 倍、1.85 倍、1.27 倍和 0.997 倍。中等供磷和高磷处理下以中等供锌处理的植株含氮量较高，表现为，中等供锌处理＞高锌处理＞低锌处理，P2Zn2 处理的叶鞘、叶片、茎秆、苞叶和籽粒含氮量分别为 P2Zn1 处理的 1.55 倍、1.24 倍、1.36 倍、1.05 倍和 1.03 倍。P3Zn2 处理的叶鞘、叶片、茎秆、苞叶和籽粒含氮量分别为 P3Zn1 处理的 1.04 倍、1.30 倍、1.27 倍、1.09 倍和 0.98 倍。相同供锌水平下，不同供磷处理对玉米各器官含氮量影响比较复杂。低锌处理下（Zn1）叶片、茎秆、苞叶和籽粒中含氮量以中等供磷处理（P2Zn1）最低，苞叶和籽粒以高磷处理（P3Zn1）各器官含氮量最高。中等供锌和高锌水平下，以高磷处理

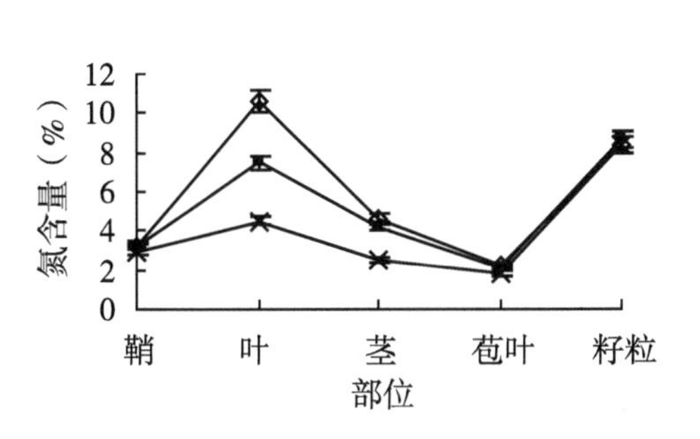

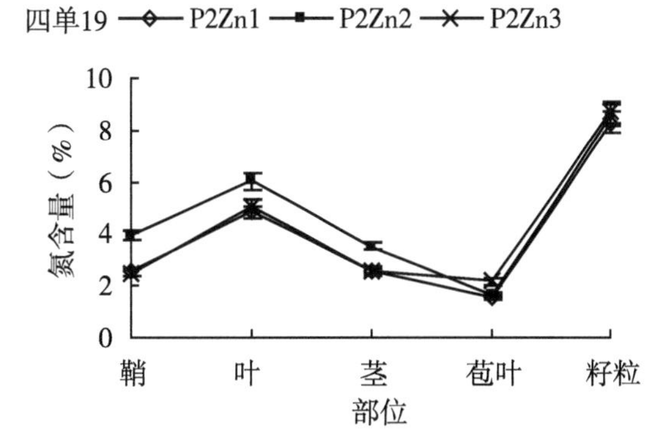

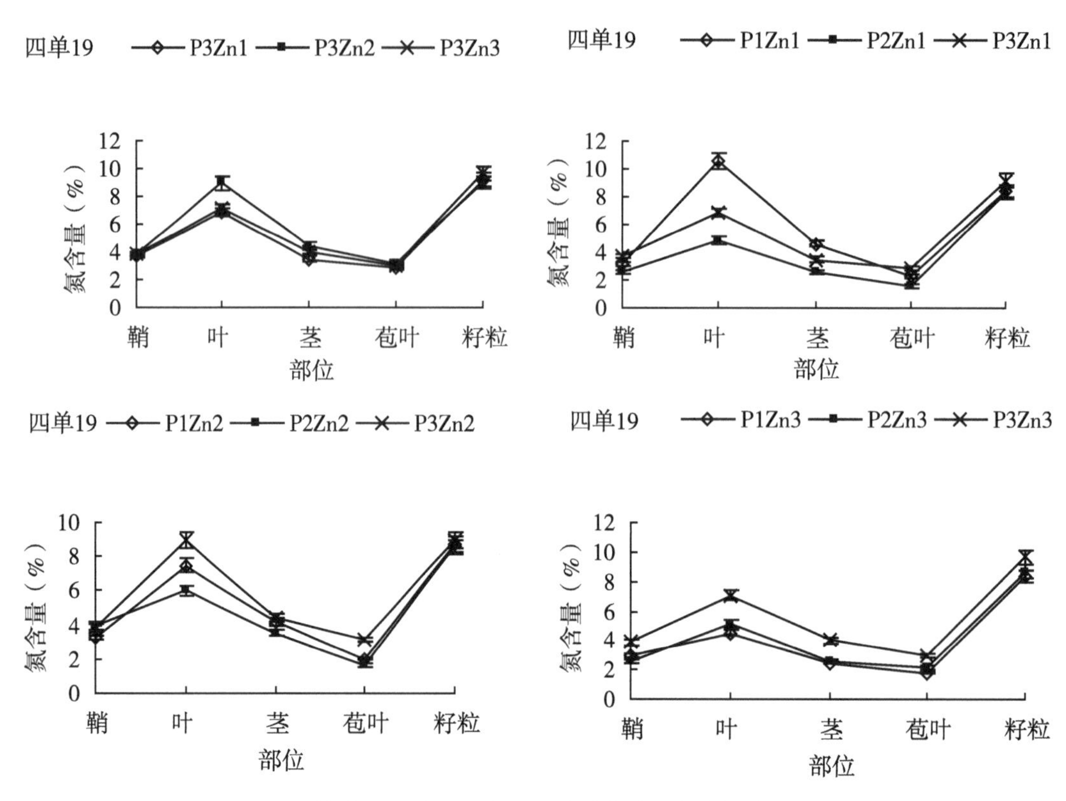

图 10-6　不同锌磷配比对‘四单 19’成熟期地上部各器官氮含量的影响

(P3Zn2 和 P3Zn3) 各器官氮含量较高。

不同锌磷配比对低锌不敏感玉米品种‘牡丹 9’各器官氮含量的影响图 10-7。在相同供磷水平下，不同供锌水平对玉米的叶片、茎秆中氮含量影响较大，而对叶鞘、苞叶和籽粒中氮含量影响较小。低磷处理下（P1），以低锌处理（P1Zn1）叶片和茎秆中含氮量最高，其次是中等供锌处理（P1Zn2），高锌处理（P1Zn3）叶片和茎秆中含氮量最低。P1Zn1 处理叶片和茎秆中氮含量为 P1Zn3 处理的 1.33 倍和 1.35 倍。随着供磷水平提高，不同供锌水平下‘牡丹 9’各器官氮含量差异减小，且规律性不明显。在相同供锌水平，平均以中等供磷处理（P2Zn1、P2Zn2、P2Zn3）的各器官含氮量较高，但籽粒中以高磷处理下含氮量较高。

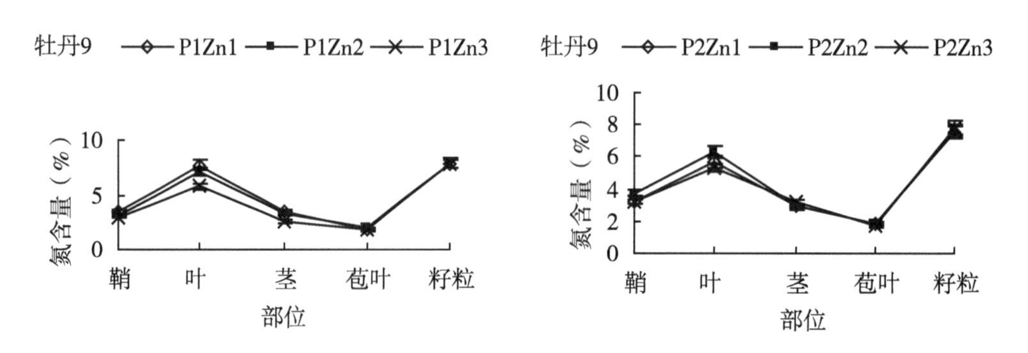

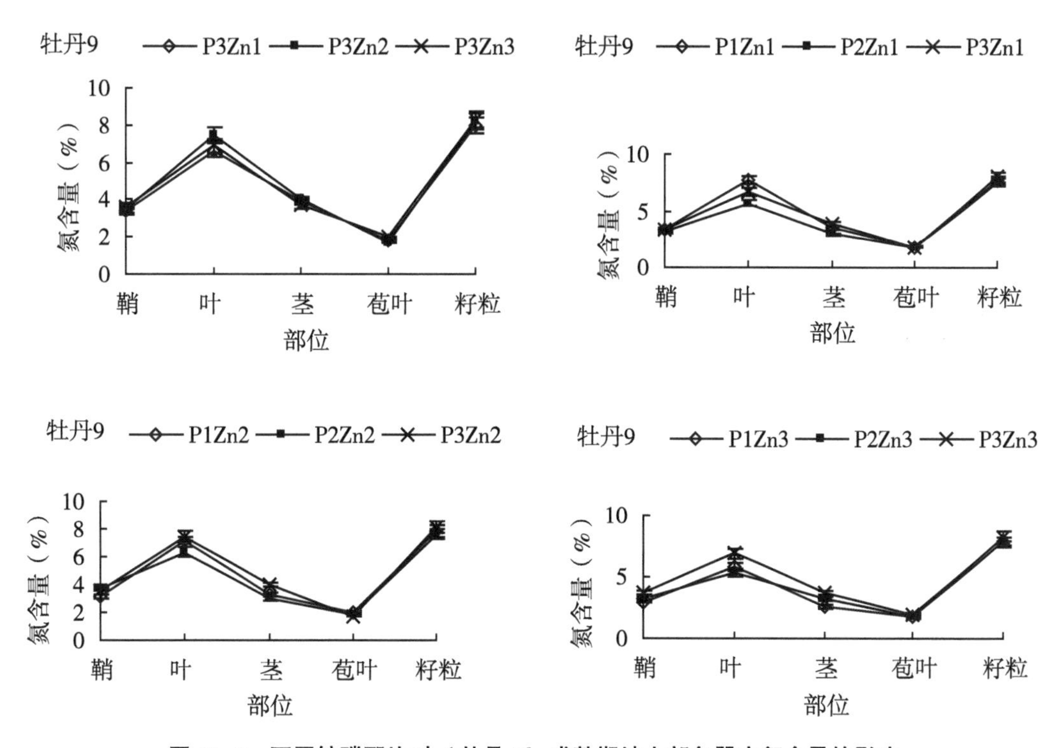

图 10-7　不同锌磷配比对‘牡丹 9’成熟期地上部各器官氮含量的影响

八、锌磷配比对不同基因型玉米磷含量的影响

植物体内磷主要以有机磷酸如核酸、磷脂，植素等的形态存在于植物组织中。图 10-8 和图 10-9 可以看出，不同锌磷配比对不同基因型玉米各器官磷含量的影响不同。对于低锌敏感品种‘四单 19’，供磷水平与玉米植株各器官含磷量并不成正相关。在供磷水平相同时，高锌处理的玉米各器官磷含量明显低于中锌和低锌处理。在供锌水平相同时，低锌中磷处理（P2Zn1）的‘四单 19’的叶鞘、叶片、茎秆和苞叶中的磷含量明显高于低锌低磷（P1Zn1）和低锌高磷（P3Zn1）处理。在中等供锌水平下，不同供磷处理的‘四单 19’的各器官磷含量规律性不明显。在高锌处理下，除籽粒外，各器官磷含量平均以中磷高锌处理最高，以高磷高锌处理最低。

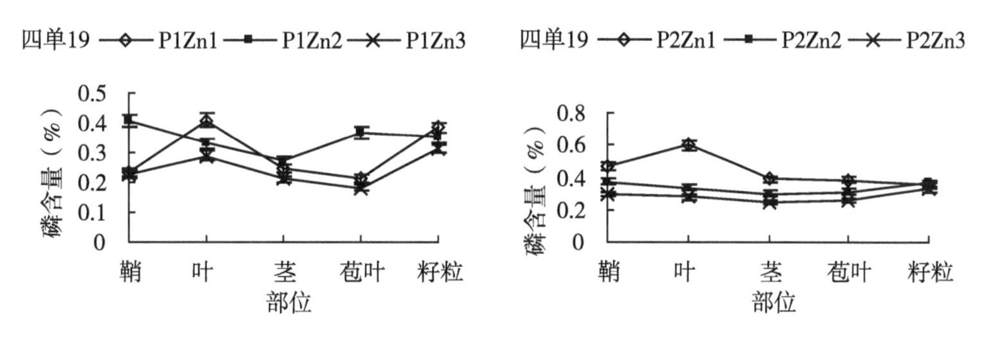

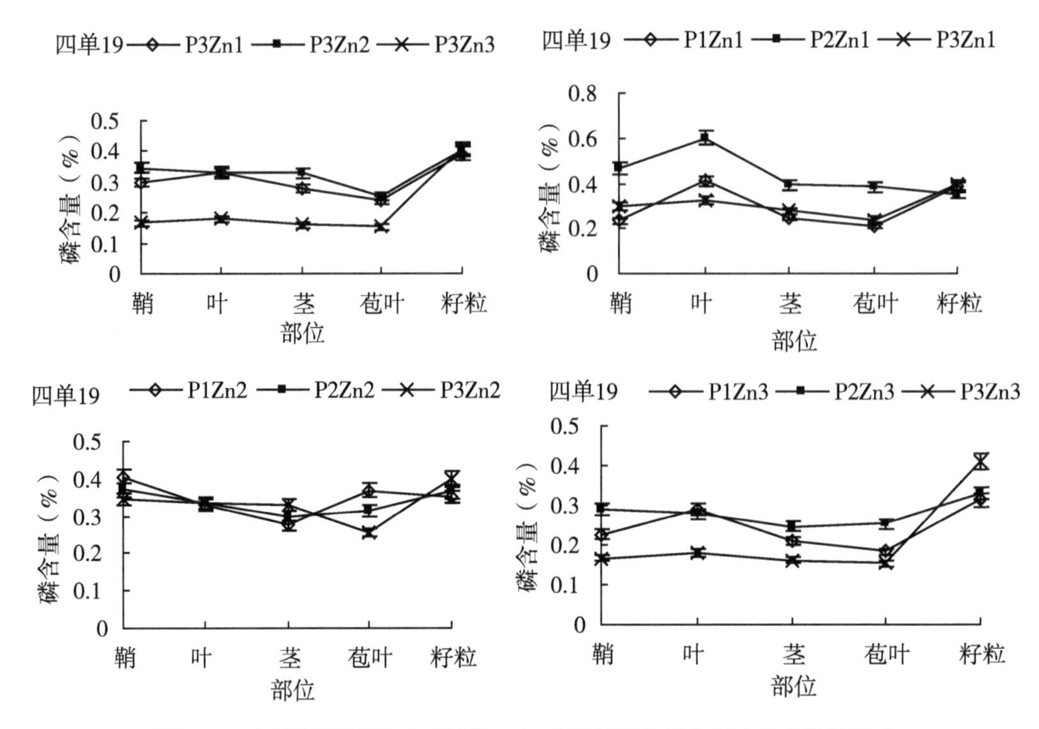

图 10-8 不同锌磷配比对‘四单 19’成熟期地上部各器官磷含量的影响

图 10-9 可以看出不同锌磷配比对低锌不敏感玉米‘牡丹 9’各器官磷含量有明显的影响，供磷水平相同时，随着供锌水平增加，除籽粒和苞叶外各器官含磷量逐渐降低，且随着供磷水平增加，处理间差异逐渐增大。低磷低锌处理（P1Zn1）叶鞘、叶片和茎秆分别是低磷高锌（P1Zn3）处理的 1.14 倍、1.21 倍和 1.17 倍；中磷低锌处理（P2Zn1）叶鞘、叶片和茎秆分别是中磷高锌（P2Zn3）处理的 1.55 倍、1.65 倍和 1.19 倍；高磷低锌处理（P3Zn1）叶鞘、叶片和茎秆分别是高磷高锌（P3Zn3）处理的 1.67 倍、1.92 倍和 1.56 倍。随着供磷水平增加，高锌对磷的吸收影响逐渐增加。当供锌水平相同时，低锌处理下随着供磷水平增加各器官含磷量逐渐增加，中锌和高锌处理下随着磷含量的变化各器官含磷量变化无明显规律性。

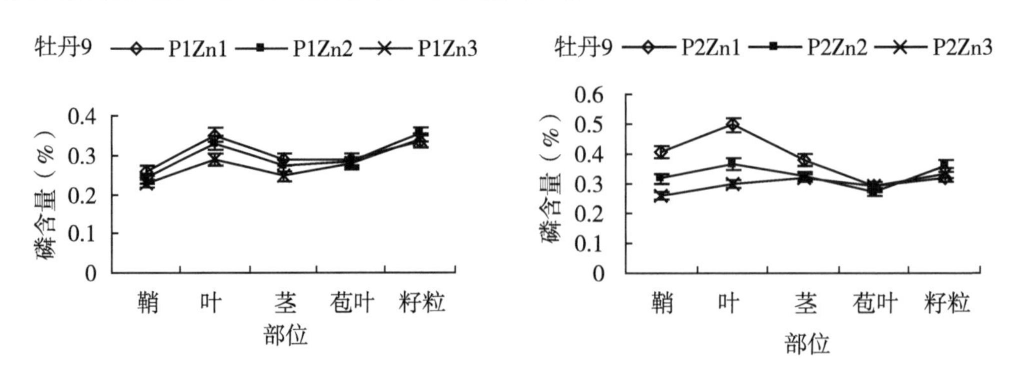

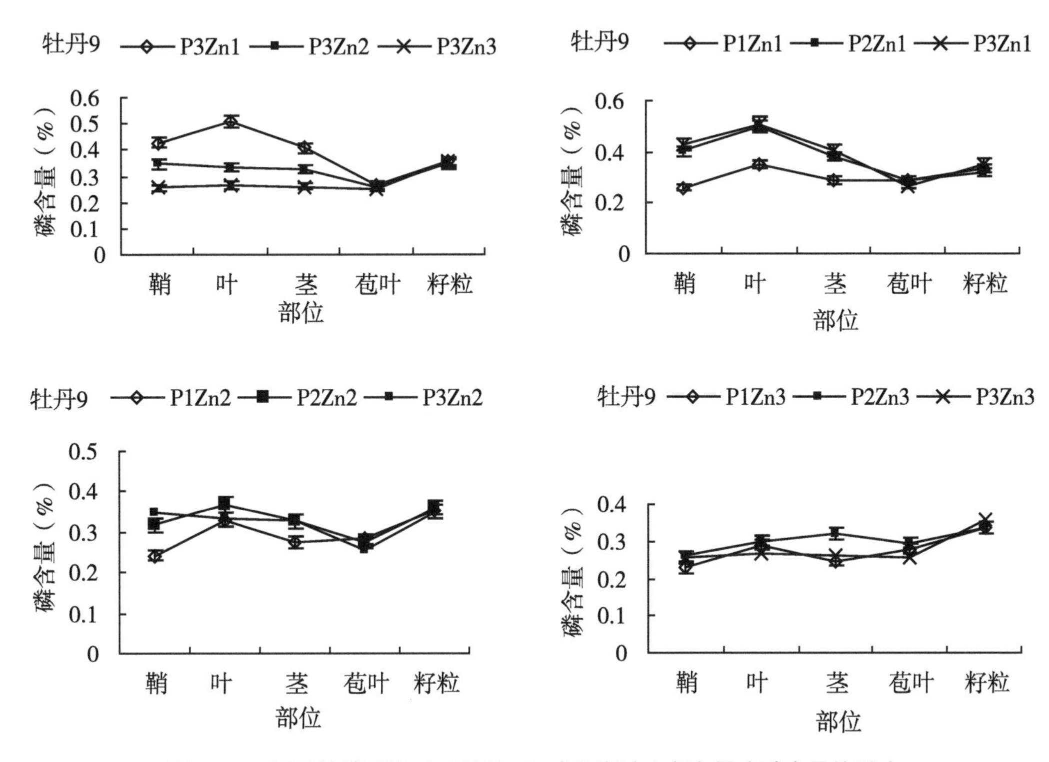

图 10-9　不同锌磷配比对‘牡丹 9’成熟期地上部各器官磷含量的影响

九、锌磷配比对不同基因型玉米钾含量的影响

植物对钾的吸收具有高度的选择性，并与代谢活动密切相连。图 10-10 显示，不同锌磷配比对‘四单 19’各器官钾含量有明显的影响，在低磷和中等供磷处理下，低锌和高锌处理都会增加‘四单 19’叶鞘、叶片、茎秆和苞叶的钾含量，适宜的锌处理使各器官钾含量降低。在高磷处理下，以中等供锌处理钾含量较高。在相同供锌水平下，不同供磷处理对‘四单 19’各器官钾含量亦有明显的影响，在低锌和高锌处理下，高磷处理（P3Zn1 和 P3Zn3）明显降低各器官的钾含量。在中等供锌水平下，不同供磷处理各器官钾含量变化无明显规律。

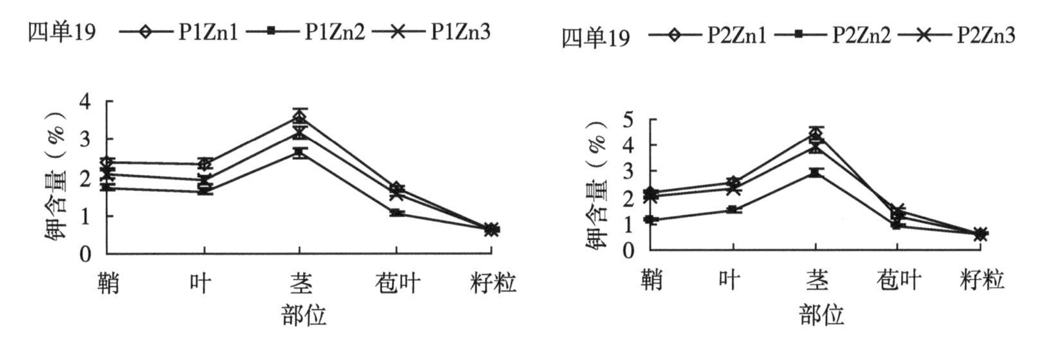

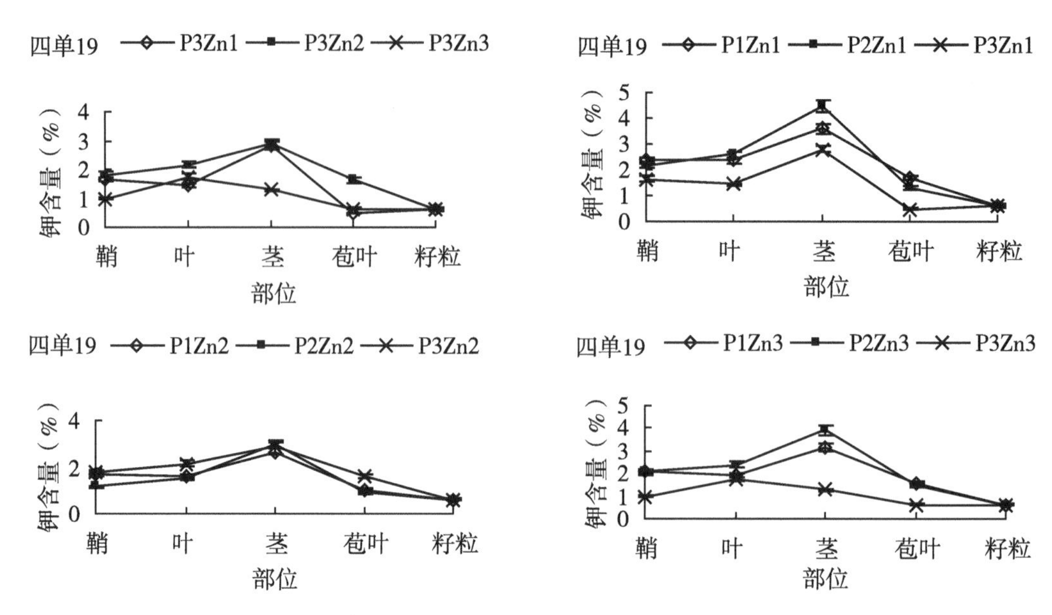

图 10-10　不同锌磷配比对‘四单 19’成熟期地上部各器官钾含量的影响

图 10-11 显示不同锌磷配比对低锌不敏感品种‘牡丹 9’的影响。在低磷处理下，随着供锌水平的增加除籽粒外‘牡丹 9’各器官钾含量增加，表现为 P1Zn3＞P1Zn2＞ P1Zn1。在中磷和高磷处理下，高锌处理（P2Zn3 和 P3Zn3）的‘牡丹 9’各器官除籽粒外均明显高于中等供锌和低锌处理。说明在供磷水平相同时，高锌处理均增加了钾的吸收。而在供锌水平相同时，高磷处理的‘牡丹 9’各器官平均钾含量明显低于中磷和低磷处理。说明在供锌水平相同时，增加磷肥的施用量，降低了各器官的钾含量。

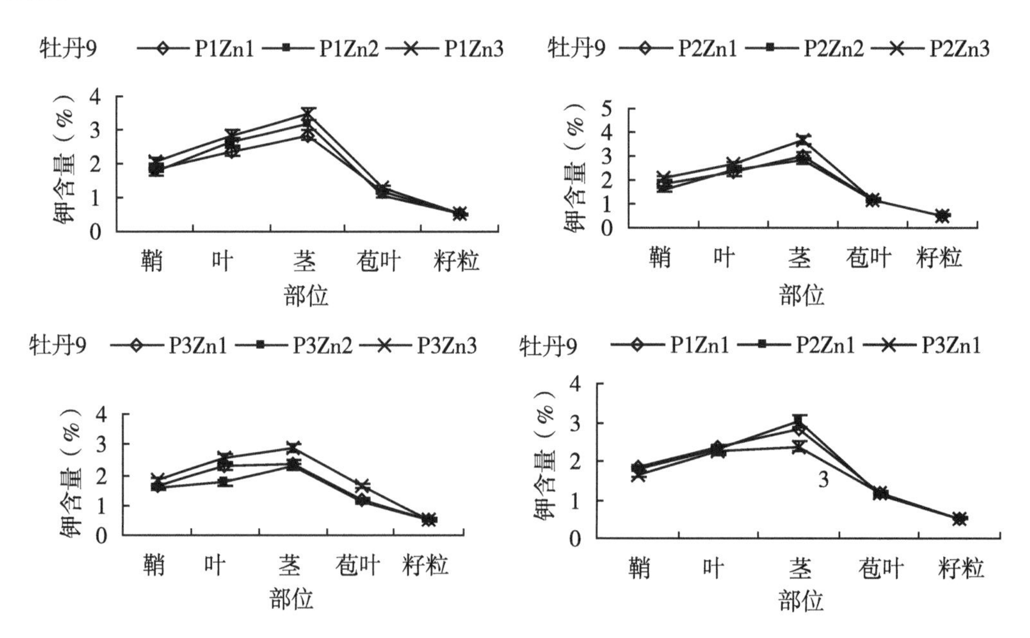

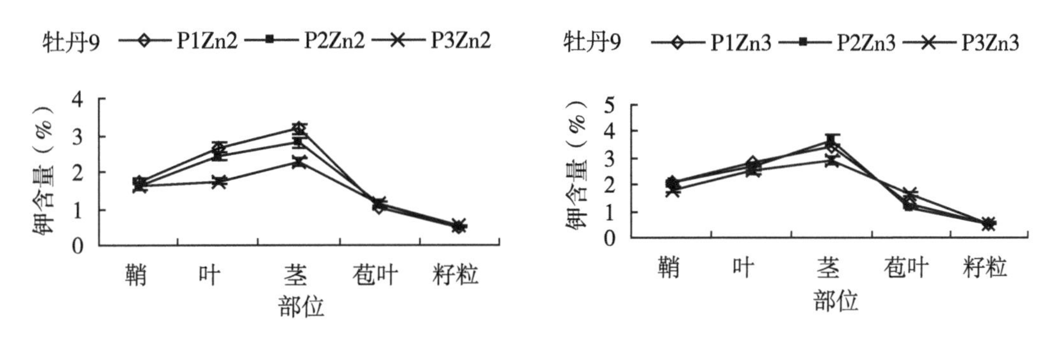

图 10-11　不同锌磷配比对‘牡丹 9’成熟期地上部各器官钾含量的影响

第三节　讨论与结论

研究结果证实，施锌和磷肥，均有利于玉米功能叶片的发育，促进了玉米的生长。合理的锌磷配比，增加了不同基因型玉米的光合色素含量，提高了光合叶面积，同时净光合速率显著增加。光合作用是植株物质生产的基础，只有光合速率和光合叶面积共同提高，才能从根本上增加物质积累量，提高产量。本试验结果表明，锌磷配施对玉米光合性能的提高并不是单方面的，而是从各方面共同作用，协调光合的各项功能，达到提高效率的目的。本研究中低锌敏感基因型玉米‘四单 19’在低锌处理下对不同供磷水平的净光合速率变化较小，随着供锌水平增加对磷的敏感性增加，中等供锌和高锌处理下，不同供磷处理间差异明显增加，说明在低锌处理下，锌是主要胁迫因子。随着供锌水平的提高，对锌的需求逐渐得到满足，对磷的需求逐渐体现。对于低锌不敏感玉米‘牡丹 9’，在低锌处理下，不同供磷水平对净光合速率的影响总体上看大于中锌和高锌处理。说明低锌胁迫对‘四单 19’的影响大于对‘牡丹 9’的影响。合理的锌磷配比均能显著增加两种基因型的净光合速率。锌磷之间具有协同效应，并且显著大于锌肥和磷肥的单独效应。低锌处理或低磷处理均使叶面积降低，合理的锌磷配比是获得较大叶面积的关键。

试验结果表明，合理的锌磷配比显著增加了玉米的产量，以中锌中磷处理产量最高，从产量构成因素看，合理的锌磷配比千粒重、穗粒数都有不同程度的增加，以穗粒数增加为主。合理的锌磷配比提高了玉米的光合叶面积，改善了玉米的光合特性，同时在合理的锌磷配比下，玉米对氮、磷、钾的吸收利用增强。锌磷之间存在明显的互作效应，合理的锌磷配比对产量的增加效果好于单施锌肥或单施磷肥。高锌低磷或高磷低锌都会使产量大幅度降低。

锌、磷与玉米籽粒品质密切相关，缺锌导致植物体内蛋白质合成速率和蛋白质含量剧烈下降（马斯纳，1991）。磷对植物的主要组成成分的形成有重要作用。如磷酸脂、植酸钙镁、磷脂、磷蛋白、核蛋白等化合物对作物的生长发育和品质都有重要作用。

试验结果证实，磷和锌均可使籽粒中蛋白质、淀粉和粗灰分含量增加，且磷对蛋白质提高的贡献大于锌的贡献，不同锌磷配比主要影响醇溶蛋白和谷蛋白含量。锌磷不同配比对脂肪含量的影响比较复杂，施磷促进脂肪含量的增加，施锌降低了粗脂肪含量。

在不同供磷水平下合理施锌或者在不同供锌水平下合理施磷，均可增加玉米籽粒的品质，但以中等供锌中等供磷处理效果更明显，从籽粒品质指标来看，两个对低锌敏感性不同的基因型，对不同锌磷配比的反应趋势完全相同，差别在于不同基因型对处理的反应程度。

本研究结果表明，锌磷之间有明显的协同作用，随着施磷水平的增加各器官中锌含量增加，低锌不敏感品种增加最多的处理是中等供磷水平，高磷下高锌处理各器官的锌含量反而降低，说明高磷对锌的吸收有一定的抑制作用。对于低锌不敏感玉米来说不同锌磷配比下苞叶和籽粒锌含量受外界供锌水平的影响要小于低锌敏感品种‘四单 19’。

植物在维持自身的生命活动过程中，需要从外界周围环境摄取矿质元素，这些矿质元素在植物体内各自执行着不同的功能，对植物的生长发育十分重要。试验结果看，锌肥和磷肥不同配比对玉米的 Zn、N、P、K 含量有不同的影响，锌磷之间存在明显的互作效应，而且基因型之间存在差异，锌磷互作对敏感型玉米品种影响大于对低锌不敏感型。对于低锌敏感品种‘四单 19’，低磷处理下低锌处理明显增加叶片和茎秆的含氮量。相同供磷水平下，以低锌处理各器官含氮量较高。中等供磷和高磷处理下以中等供锌处理的植株含氮量较高。低锌不敏感品种‘牡丹 9’，在低磷处理下随着施锌水平的增加叶片和茎秆中含氮量降低。随着供磷水平提高，不同供锌水平下‘牡丹 9’各器官氮含量差异减小，且规律性不明显。

本研究结果表明，无论是低锌不敏感品种还是低锌敏感品种玉米在高锌处理下，适当供磷可增加各器官的磷含量，而高磷处理会降低各器官的磷含量。在相同供磷水平下高锌处理明显降低了各器官的含磷量。这说明锌磷之间存在相互抑制效应，有研究认为这种抑制是在土壤中发生的，在大量施用磷时土壤中锌的有效性和锌的扩散速率都会降低。同时有研究表明锌影响根部的磷代谢，并提高根部质膜对磷和氯的渗透性（马斯纳，1991）。

从研究结果可以看出，低锌不敏感型玉米‘牡丹 9’对外界施锌的反应比低锌敏感基因型玉米‘四单 19’小，当外界的养分发生变化时，低锌敏感基因型玉米‘四单 19’体内的养分含量变化较大，营养平衡失调较严重，而低锌不敏感型玉米‘牡丹 9’则相对较稳定，这可能是‘牡丹 9’比较耐低锌的原因之一。

各种元素都有各自不同的吸收和利用途径，所以锌和磷对营养元素吸收利用的影响也必然因营养元素种类的不同存在差别。而且由于玉米的锌效率有明显的基因型差异，锌肥对不同基因型玉米的影响程度各异，即使是对同一营养元素来说，玉米对其吸收利用的影响也将受到遗传因素的影响，存在基因型差异，有关这方面的研究有待于进一步深入。

第十一章　木霉菌对玉米根际土壤养分及生长的影响

在农业经济发展过程中，农业环境问题越来越突出，化学肥料的过量施用，使土壤环境受到损伤，降低了土壤的保水保肥能力，导致作物产量下降、品质降低。随着生产技术的不断更新，化肥种类在农作物生产中不断增加。化肥里的化学物质使土壤重金属污染的情况日趋严重。重金属污染可以使土壤理化特性发生改变，这种改变很难得到恢复。同时，受污染的作物通过食物链很有可能危害人类的健康。目前，农田土壤污染包括很多方面，如：化学肥料的施用、化学农药的喷施、农田污水灌溉，以及作物覆盖的地膜造成污染等。据相关部门调查统计，我国土壤污染较重的占耕地面积的 20%，部分经济发达地区重度、轻度污染分别占耕地面积的 10%、70%。在农业生产过程中，农药在确保粮食产量的进程中发挥了关键的作用，但农药的不合适使用所造成的耕地污染问题日益突出，全国有 1.4 亿亩耕地受到农药污染（赵其国，2007），使我国耕地污染逐渐增长。在生产化肥的过程中，不能完全消除生产原料中的重金属元素，导致化肥中重金属含量超标，进而污染耕地。目前，耕地污染是我国面临的严峻问题，并且耕地污染情况也在不断恶化。只有在没有受到污染的土壤中才能生产出安全的粮食，因此改良耕地土壤资源是一项具有挑战且具有意义的任务。

近些年来，由于人类一些不合理的农业生产活动，使土壤环境质量变差，直接影响农产品质量安全，进而危害人类健康。因此，改善土壤环境是农业生产过程中十分重要的题目，目前我国耕地土壤污染主要通过物理、化学、生物等方法进行修复。物理和化学修复方法在土壤修复过程中，运用广泛，但存在一些缺点，比如固定污染物，使污染物更难去除，化学修复会使土壤重复遭受到危害，生物修复技术现在运用广泛，它可以改变土壤环境，使土壤理化性质发生变化，进而对农作物的生长得到改善。因此，土壤健康指标可以通过土壤微生物结构和土壤理化性质的变化，对土壤生态系统的恢复情况进行判定。生物菌肥是改善土壤的有效方法，它可以使土壤环境、养分、肥力得到充分的改善，通过自身的效果慢慢得到关注。生物菌肥还可以增加农田土壤动物的个体数量，改善土壤生态系统。木霉菌作为生物防治真菌，可以较好改善土壤环境，有效增强土壤中有益微生物群落结构的建造和维护。因此，施用木霉菌对土壤的改善有着十分重要的意义。在农业生产过程中哈茨木霉菌和棘孢木霉菌都具有优良的生防潜力，可以优化土壤微环境，提高作物产量和质量。哈茨木霉菌可以增强植物的长势和抗病能力，棘孢木霉菌持续期长，效果相对稳定，对环境影响较小，使用方便。

本试验研究目的是分析施用木霉菌对玉米的生长、籽粒品质、土壤理化性质以及相关酶活性和土壤养分的影响，明确不同木霉菌对该地区玉米生长发育及玉米根际土壤的影响，以期为木霉菌在该地区的推广应用提供理论参考。

第一节　材料与方法

一、试验材料

供试品种为‘先玉 335’，种子发芽率≥90%。供试“哈茨木霉菌”由成都特普科技发展有限公司提供，供试“棘孢木霉菌”由东北林业大学林学院森林保护学科“木霉菌研究团队”提供。试验所需肥料如表 11-1 所示。

表 11-1　试验所需肥料

肥料名称	生产厂家
尿素（N≥46%）	中国石油天然气股份有限公司—昆仑©尿素
磷酸二铵（N≥18%，P_2O_5≥46%）	云南云天化国际化股份有限公司
硫酸钾（K_2O≥50%）	国投新疆罗布泊钾盐有限公司—罗布泊©农业用硫酸钾

二、试验地概况

试验于 2018 年 4 月至 2019 年 10 月在黑龙江八一农垦大学试验基地基地进行（46°37′N、125°11′E）。试验地所在区域气候类型属于北温带气候区大陆性季风，试验地 2018—2019 年（4—10 月）的平均气温为 16.8 ℃，降水量平均为 621.85 mm，无霜期为 143 d。试验地土壤为盐碱性草甸土，2018—2019 年试验地 0~20 cm 耕层土壤理化性如表 11-2 所示。试验地 2018—2019 年（4—10 月）期间平均温度和降水量如图 11-1 所示，气象资料由大庆气象局提供。

表 11-2　土壤基础肥力

年份	有机质（g/kg）	全氮（g/kg）	碱解氮（mg/kg）	有效磷（mg/kg）	速效钾（mg/kg）	pH 值
2018	29.72	1.71	135.89	27.11	116.34	8.38
2019	24.73	1.68	135.74	18.65	120.56	8.23

三、田间管理

播种前进行常规整地工作。各处理磷（P_2O_5）施用含量为 120 kg/hm^2、钾肥（K_2O）施用用量为 90 kg/hm^2，氮施用量为 235 kg/hm^2。全部的磷、钾和 70%的氮肥，作为基肥一次性施用，剩余 30%的氮在拔节期施用，田间管理同当地大田生产。

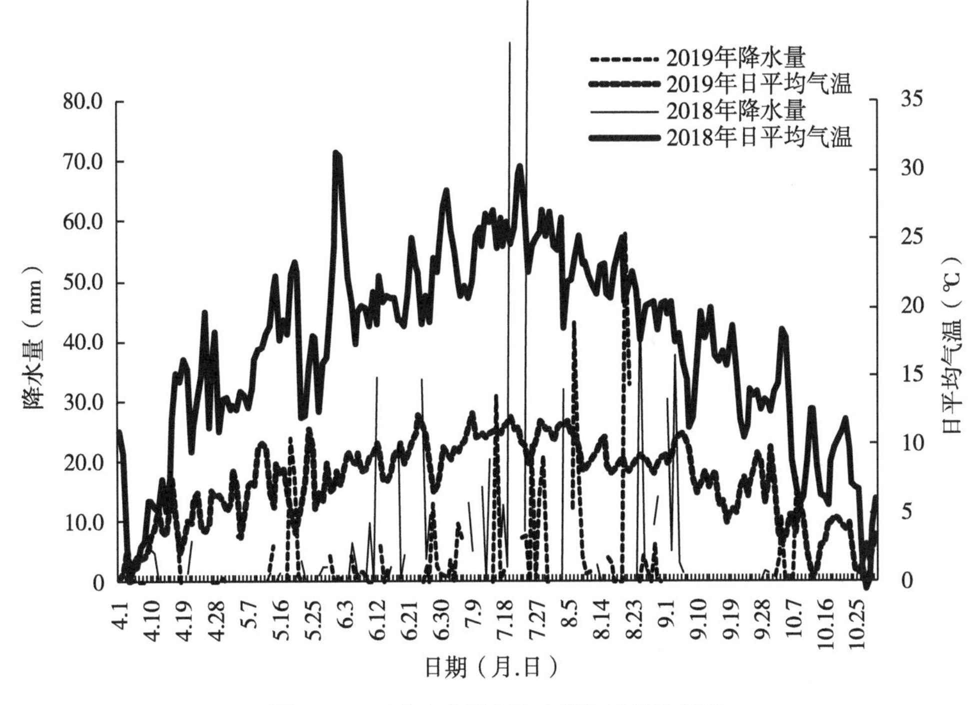

图 11-1 玉米生育期内降水量和日平均气温

四、试验设计

玉米种子采用人工精确播种，播种时间 2018 年 4 月 28 日，2019 年 5 月 3 日。试验采用哈茨木霉菌和棘孢木霉菌分生孢子粉剂，分生孢子浓度为 1×10^9 CFU/g 的可湿性粉剂，每 g 与 500 mL 水混匀后，灌根施用。设置哈茨木霉菌（TH），棘孢木霉菌（TA）和未施用木霉菌对照（CK）共 3 个处理（注：TH 代表哈茨木霉菌，TA 代表棘孢木霉菌，下同），种植密度为 7.5 万株/hm^2，每个处理设置 6 个行区，3 次重复。每行长 15 m，宽 0.65 m。采用随机区组设计。

玉米出苗后 15 d 和 25 d 进行木霉菌灌根。灌根方法：将两种木霉菌剂分别与水搅拌均匀后，在植物根围表土移开 3 cm 厚，将两种木霉菌悬液分别浇于植物根部，每株浇施 500 mL，对照浇水 500 mL，然后将移开的土壤重新覆盖。

五、试验样品采集

（一）土壤样品采集

1. 测定理化特性土样采集

于苗期、拔节期、大喇叭口期、吐丝期、灌浆期（吐丝 30 d）、成熟期，利用“S”形随机取点法在不同处理的小区内采集 3 株长势均匀的玉米植株，将玉米根系取出，对于根际土壤的收集使用抖根法，提取的根际土壤样品，带回实验室，进行风干，风干后研磨过筛后待测。

2. 测定土壤微生物土样采集

于苗期、拔节期、大喇叭口期、吐丝期、灌浆期（吐丝 30 d）、成熟期，进行根际土壤的收集（取样方法同2）。采样深度为 0~20 cm，土壤保存方法与上面的不同，将处理后的土壤装入无菌袋密封，迅速放入便携式冰盒中带回实验室，进入实验室后，马上放入低温保存（4 ℃），并且尽快测定土壤细菌、真菌、放线菌的可培养数量和土壤微生物生物量。

3. 测定土壤中小型节肢动物土样采集

在吐丝期，利用“S”形随机取点法在每个处理区随机选取 3 个点，每个点在两株玉米之间，每点取样面积为 10 cm×10 cm，土层厚度 20 cm，带回实验室用 Tullgren 漏斗装置分离，每个漏斗上方装有 40 W 的白炽灯，漏斗下方为装有 75%酒精的塑料瓶，分离出的土壤中小型节肢动物用 75%酒精保存用于分离鉴定。

（二）植株样品采集

1. 测定干重样品采集

于苗期、拔节期、大喇叭口期、吐丝期、灌浆期（吐丝 30 d）、成熟期，每个处理取 3 株玉米，将玉米分解为叶片、茎鞘、苞叶、雄穗、雌穗 5 部分，装入纸袋中，在 105 ℃的烘箱里进行杀青，时间 30 min，然后在 80 ℃下将样品烘干至恒重，进行样品称重。

2. 测定玉米灌浆样品采集

吐丝期选取长势一直的植株，进行标记，吐丝 14 d 后，每个处理取标记植株 3 个果穗，带回实验室进行果穗取粒，取果穗上中下部各 100 粒，装入纸袋中，在 105 ℃的烘箱里杀青 30 min，在由 80 ℃烘至恒重，进行样品称重。第一次采集之后，每隔 7 d 进行采集一次。

3. 测定株高及叶面积的样品采集

于苗期、拔节期、大喇叭口期、吐丝期、灌浆期（吐丝 30 d）、成熟期，选取长势一直的植株进行测量。从苗期开始标记每个测定叶面积的植株，并留其以后进行再次测量

六、测定项目与方法

（一）土壤理化特性的测定

土壤养分和土壤酶活测定同第二章。

土壤盐分离子测定参照鲍士旦方法进行。

（二）土壤可培养微生物数量测定

土壤可培养微生物采用梯度稀释平板计数法进行测定。

微生物数量的计算公式：每克烘干土中的菌数＝菌落平均数×稀释倍数/干土所占百分比。

微生物生物量碳氮采用氯仿熏蒸-K_2SO_4 提取法测定。

（三）土壤中小型节肢动物的测定

用光学显微镜进行数量统计和分类鉴定，参照《中国动物检索图鉴》将中小型节肢动物进行分类，分类后一般鉴定到科，同时记录个体数量。

类群数量等级划分：个体数量大于捕获总量的 10.0%者为优势类群（+++），大于等于 1.0%小于等于 10.0%者为常见类群（++），小于 1.0%者为稀有类群（+）。

（四）植株叶面积及株高的测定

叶面积指数（LAI）= 单株叶面积×单位土地面积内的株数/单位土地面积，每个测定叶面积的植株进行标记，并留其以后进行再次测量，之后进行轮回测定以免损害植株。

（五）植株干物质积累与分配

植株各器官烘干恒重后进行称重，计算单株干物质积累。

参照 Cox 的方法计算玉米干物质转运能力。

（六）玉米穗位叶叶绿素（SPAD）含量的测定

于吐丝期，灌浆期（吐丝后 30 d），成熟期进行测定。利用 SPAD 叶绿素仪进行 SPAD 的测定。

（七）玉米伤流量的测定

于吐丝期，灌浆期（吐丝后 30 d），成熟期进行测定。在塑封袋中装适量的棉花，用天平称重（W1），将单株玉米在地上部距地面 10~15 cm 处砍断，迅速用棉花把切口包好，套上塑封袋，用皮套扎进，24 h 后把棉花和塑封袋取下带回实验室称重（W2），根系伤流量为（W2-W1）。

（八）光合速率的测定

于吐丝期，灌浆期（吐丝后 30 d），成熟期进行测定。利用 Li-6400 便携式光合作用测定系统（Li-Cor，USA），设定人工光源光强为 800μmol/（m^2·s），晴天于 9:30—12:00 统一在每个小区的中间地点，选取 3 株长势一致、照光均匀的健康植株穗位叶，循环测定光合速率（Pn）。

（九）籽粒灌浆参数的测定

灌浆模拟：以抽丝后天数（x）为自变量，抽丝后每 5 d 百粒干重为因变量（y），用 Logistic 方程 y=A/（1+Be-Cx）模拟灌浆，得参数 A、B、C（A 为终极生长量，B 为初值参数，C 为生长速率参数）。达到最大灌浆速率的天 数 T_{max}=ln（B/C），灌浆速率最大时的生长量 W_{max}=A/2，最大灌浆速率 G_{max}=（C×W_{max}）/2，灌浆活跃期 P（约完成总积累量 90%）= 6/C。

（十）植株不同部位（器官）氮、磷、钾含量的测定

玉米成熟期各处理选取 3 株长势一致玉米植株带回实验室，将植株分解为叶、茎、鞘、雄穗、雌穗（苞叶、穗轴和籽粒）等部分，装入纸袋，在 105 ℃烘箱中杀青 30 min，80 ℃烘干至恒重，将样品称重后磨碎，磨碎后的样品进行 H_2O_2-H_2SO_4 湿灰化法

消煮。

植株吸氮量凯氏定氮仪（KjelFlex K-360，BÜCHI）测定。

植株吸磷量用钒钼黄比色法测定。

植株吸钾量用 AFG 型原子吸收分光光度测定。

（十一）玉米产量和品质的测定

玉米成熟期，各小区中间选取 2 行长 5 m 的全部玉米果穗，用 PM8818 水分测定仪测其含水量折算出实际产量，并随机抽取 10 穗进行考种。主要对植株果穗的穗数、穗粒数、百粒重等指标进行测定。

在籽粒成熟期，对玉米籽粒的粗蛋白、粗脂肪及粗淀粉进行测定。

七、数据处理

本试验规律在 2018 年和 2019 年基本相同，由于篇幅原因，2018 年和 2019 年的试验数据一部分单独列出，一部分取两年的平均值。本试验采用 Microsoft Excel 2007 进行初步分析，利用 SPSS 20.0 进行方差分析，采用 Duncan 法进行差异显著性检验，最后用 Origin 9.5 作图。

第二节　结果与分析

一、木霉菌对玉米根际土壤酶活性的影响

（一）木霉菌对土壤过氧化氢酶活性的影响

很多生物化学反应都可以释放过氧化氢，如生物呼吸，有机物的生物化学氧化反应。过氧化氢对土壤有毒害作用。土壤中过氧化氢酶，可以解除毒害作用，过氧化氢的活性可以表征有机质氧化和腐殖质形成的强度和大小。由图 11-2 可知，在整个生育时期内，土壤过氧化氢酶活性呈现先升高后降低再升高的变化趋势。从出苗开始到吐丝期，土壤过氧化氢酶活性逐渐升高，在吐丝期达到最大值，此时 TH 处理比 CK 高 18.56%，TA 处理比 CK 高 8.83%，均达到显著水平。吐丝后开始下降，灌浆期达到最低值，此时 TH 处理比 CK 高 39.31%，TA 处理比 CK 高 37.04%，两种处理均显著高于 CK。成熟期小幅度回升，TH 处理比 CK 高 27.08%，TH 处理比 CK 高 22.53%，均达到显著水平。在整个生育时期内，TH 和 TA 处理的酶活性显著高于 CK，除了灌浆期 TH 和 TA 差异不显著外，其他生育时期 TH 处理显著高于 TA 处理，TH 处理过氧化氢酶平均活性比 CK 高 19.47%，TA 处理过氧化氢酶平均活性比 CK 高 15.35%，两种木霉菌处理均能提高过氧化氢酶活性，但 TH 处理比 TA 处理效果更好。

（二）木霉菌对土壤脲酶活性的影响

脲酶是土壤中催化尿素的主要水解酶，土壤氮素和土壤理化性的变化可以影响脲酶的活性，土壤中营养物质转化能力，土壤肥力的大小，土壤受污染情况均能影响脲酶活性。由图 11-3 可知，整个生育时期各处理的土壤脲酶活性表现为先升后降的整体趋

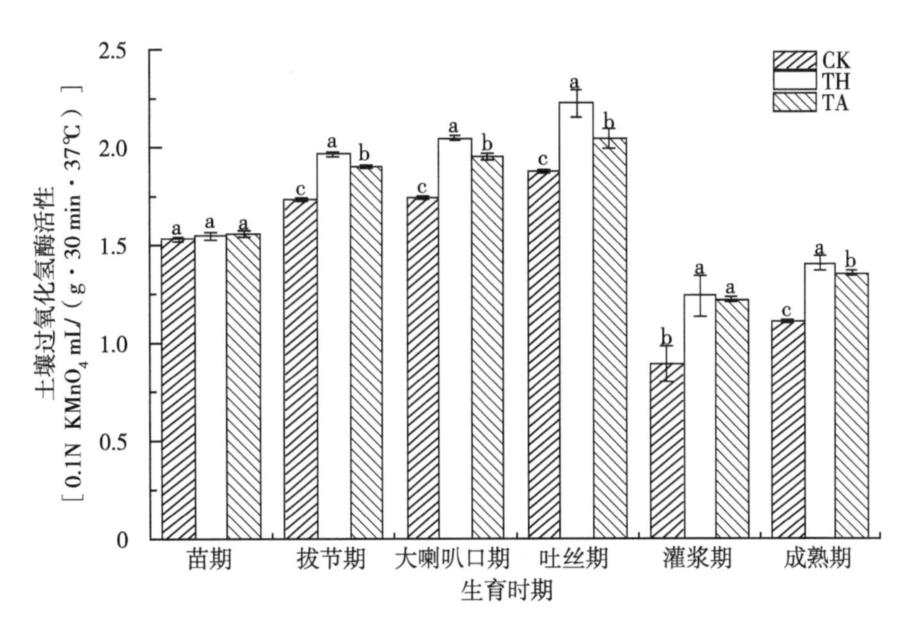

图 11-2　不同品种木霉菌对土壤过氧化氢酶活性的影响

注：图中 TH，TA 和 CK 分别代表木霉菌品种为哈茨木酶菌，棘孢木霉菌和对照 CK。不同小写字母表示不同处理之间的差异显著性（$P<0.05$），短线代表标准误，下同。

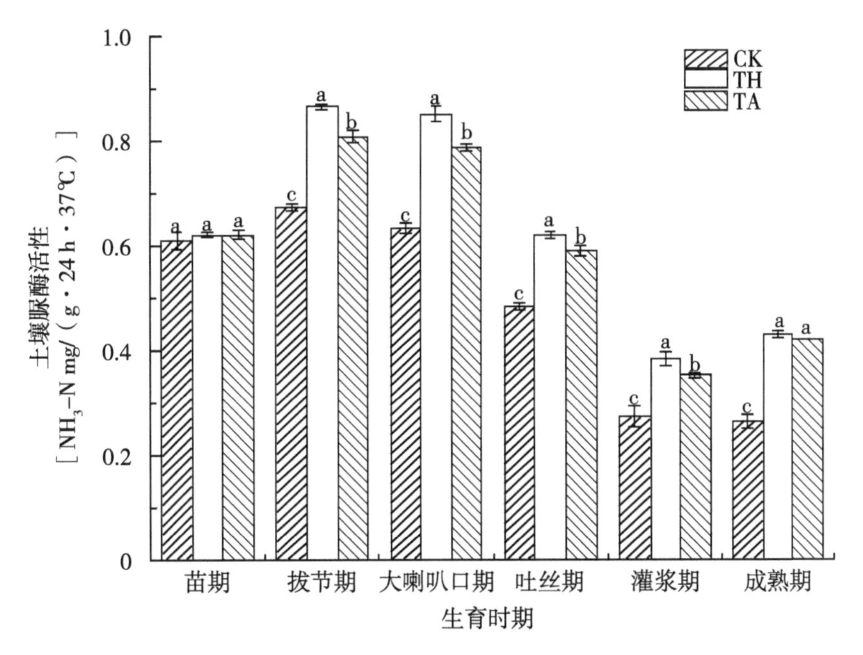

图 11-3　不同品种木霉菌对土壤脲酶活性的影响

势，但 TH 处理和 TA 处理在成熟期略有回升，而 CK 处理脲酶仍呈现下降趋势。木霉菌处理的土壤脲酶活性在拔节期达到最高，其中 TH 处理比 CK 高 28.59%，TA 处理比

CK 高 19.95%，均达到显著水平。随着生育时期的推近，在大喇叭口期土壤脲酶活性开始下降，在灌浆期降至最低，此时 TH 处理比 CK 高 41.05%，TA 处理比 CK 高 29.19%，均达到显著水平。成熟期木霉菌处理的土壤脲酶活性略有回升，达到显著水平，但是未施用木霉菌的 CK 处理仍呈现下降趋势。施用木霉菌的两种处理均能提高土壤脲酶活性，TH 处理土壤脲酶平均活性比 CK 高 32.94%，TA 处理过土壤脲酶平均活性比 CK 高 26.11%，TH 处理效果好于 TA 处理。

（三）木霉菌对土壤碱性磷酸酶活性的影响

土壤中作物根系、微生物能分泌一种胞外磷酸酶。由图 11-4 可知，在整个生育时期内木霉菌处理的土壤碱性磷酸酶活性表现为升高—下降—升高的变化趋势，不同处理变化基本一致。土壤碱性磷酸酶在拔节期开始升高，在吐丝期土壤碱性磷酸酶活性升高到最大值，随着生育时期延长，灌浆期下降，成熟期施用木霉菌的碱性磷酸酶活性略有回升，未施用木霉菌的 CK 处理，仍呈现下降的趋势。施用木霉菌处理的土壤碱性磷酸酶活性与对照相比，均显著提高。3 种处理相比，施用 TA 处理的土壤碱性磷酸酶活性最高，未施用木霉菌的对照 CK 处理最低。在整个生育时期内，TH 处理与对照 CK 相比分别提高：2.01%、10.98%、12.67%、24.52%、27.60%、37.59%；TA 处理与对照 CK 相比分别提高：4.45%、18./5%、24.89%、52.05%、35.04%、54.14%。说明施用 TA 能够显著提高根际土壤碱性磷酸酶活性。

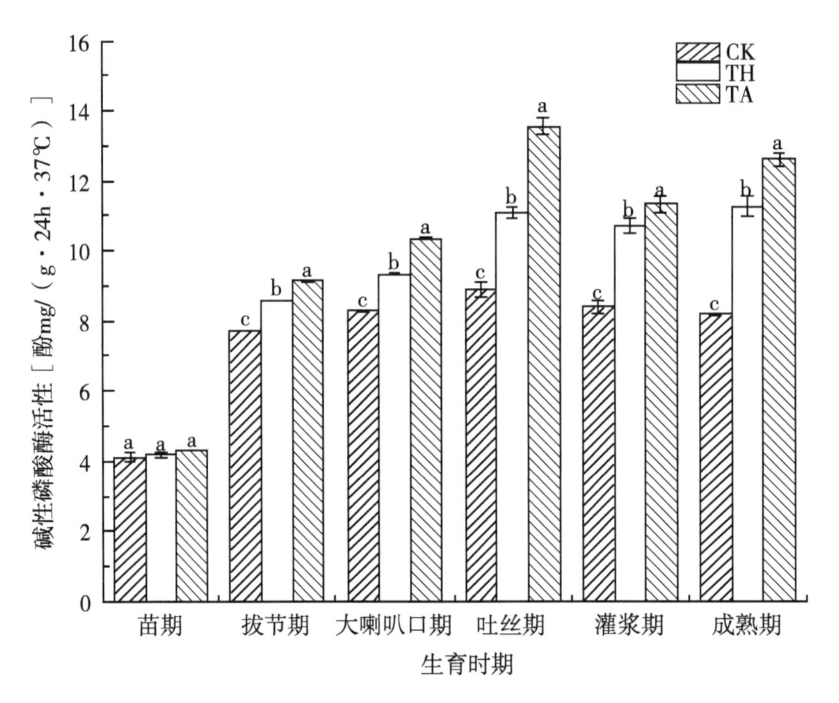

图 11-4　不同品种木霉菌对土壤碱性磷酸酶活性的影响

（四）木霉菌对土壤蔗糖酶活性的影响

蔗糖酶广泛存在于土壤中，蔗糖酶可以使土壤中易溶营养物质增加。由图 11-5 可知，在整个生育时期内木霉菌处理土壤蔗糖酶活性呈先升高—下降—升高的趋势，不同处理变化趋势一致。土壤蔗糖酶活性从苗期开始逐渐升高，在大喇叭口期蔗糖酶活性达到最大值，随着生育时期的推进，在吐丝期开始逐渐下降，在灌浆期达到最低值，在成熟期，蔗糖酶活性略有回升。整个生育时期内，木霉菌的施用可以显著提高土壤蔗糖酶活性，TH 处理土壤蔗糖酶活性与 CK 相比分别提高 4.18%、9.49%、13.96%、14.47%、16.17%、15.87%；TA 处理土壤蔗糖酶活性与 CK 相比分别提高 4.84%、34.94%、20.11%、25.40%、19.98%、22.22%。不同处理土壤蔗糖酶活性表现为：TA＞TH＞CK。说明两种木霉菌处理均能显著提高蔗糖酶活性，TA 处理效果更好。

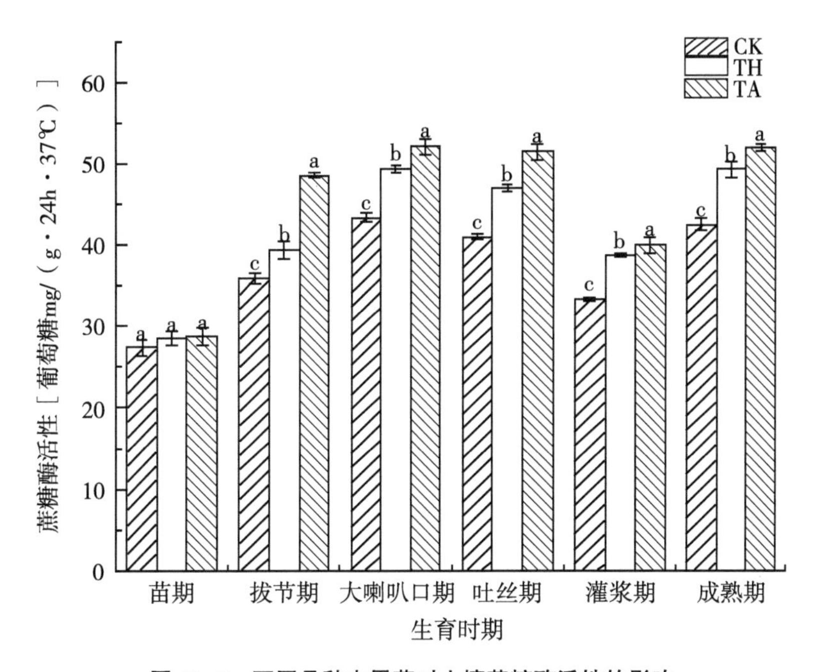

图 11-5 不同品种木霉菌对土壤蔗糖酶活性的影响

二、木霉菌对玉米根际土壤养分的影响

（一）木霉菌对土壤有机质含量的影响

由图 11-6 可知，在整个生育时期内，不同处理的土壤有机质含量呈先升高后下降再升高的趋势。苗期至大喇叭口期，土壤有机质含量逐渐升高，在大喇叭口期土壤有机质含量达到最大值，随着生育时期的推近，土壤有机质在吐丝期开始下降，在灌浆期降至最低，成熟期，各处理土壤有机质含量略有回升。在整个生育时期内，木霉菌的施用可以显著提高土壤有机质含量，TH 处理土壤有机质含量较 CK 分别提高 1.46%、6.38%、10.94%、11.05%、6.66%、6.56%，TA 处理土壤有机质含量较 CK 分别提高 1.47%、14.37%、19.77%、16.86%、17.69%、13.55%。TH 处理土壤有机质平均含量比 CK 高 7.18%，TA 处理土壤有机质平均含量比 CK 高 13.95%。由此可知，不同处理间土壤有机质含量的变化为 TA＞TH＞CK，因此，木霉菌处理能增加土壤有机质的含

量，但 TA 处理对土壤有机质含量的提高有更好的效果。

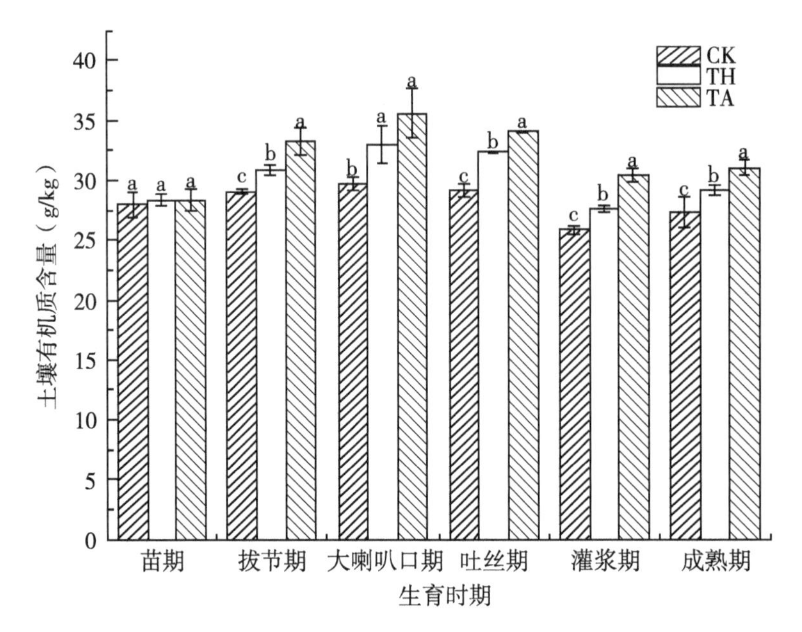

图 11-6　不同品种木霉菌对土壤有机质含量的影响

（二）木霉菌对土壤全氮含量的影响

由图 11-7 可知，土壤全氮含量随生育时期的推进呈现升高—下降—升高的趋势，

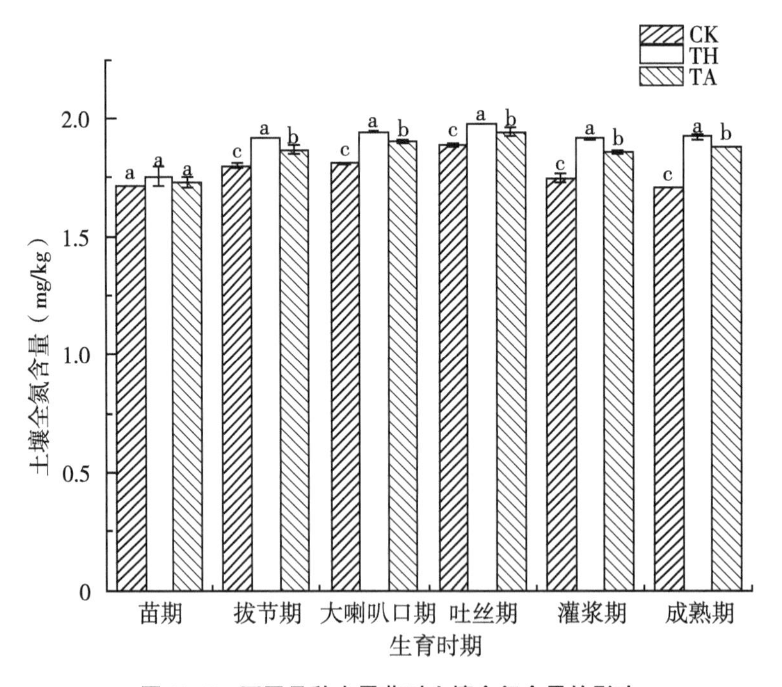

图 11-7　不同品种木霉菌对土壤全氮含量的影响

从苗期开始土壤全氮含量逐渐上升，施用木霉菌的 TH 处理和 TA 处理与对照 CK 相比，都显著提高，均达显著水平。在吐丝期土壤全氮含量达到最大值，TH 处理土壤全氮含量显著高于 CK，较 CK 处理增加了 4.56%，TA 处理土壤全氮含量比 CK 高 2.79%，达到显著水平。随着生育时期的推进，土壤全氮含量在灌浆期下降，木霉菌处理显著高于未施用木霉菌的对照，其中，TH 处理比 CK 高 9.51%，TA 处理比 CK 高 6.35%，均达到显著水平。TH 处理和 TA 处理的土壤全氮含量在成熟期略有回升，TH 处理和 TA 处理与对照相比均达到显著水平，TH 处理比 CK 高 12.65%，TA 处理比 CK 高 10.23%。成熟期未施用木霉菌的 CK 处理继续呈现下降趋势。在整个生育时期内，施用木霉菌的 TH 处理和 TA 处理土壤全氮含量均显著高于未施用木霉菌的 CK 处理，TH 处理土壤全氮平均含量比 CK 高 7.14%，TA 处理土壤全氮平均含量比 CK 高 4.85%，由结果可知，TH 处理和 TA 处理对土壤全氮含量均有所提高，施用 TH 处理的土壤全氮含量与 TA 处理进行比较，TH 处理效果更好。

（三）木霉菌对土壤碱解氮含量的影响

由图 11-8 可知，在整个生育时期内，各处理的土壤碱解氮含量大体趋势呈现先升高后下降在升高的变化趋势，在拔节期到大喇叭口期逐渐升高，在大喇叭口期达到最高值。TH 处理和 TA 处理的大喇叭口期土壤碱解氮均高于对照 CK，TH 处理比 CK 高 11.05%，TA 处理比 CK 高 5.77%，木霉菌处理均达到显著水平。随着生育时期的延长，在吐丝期土壤碱解氮开始下降，在灌浆期碱解氮含量降至最低，与 CK 相比，TH 处理比 CK 高 18.49%，TA 处理比 CK 高 8.09%。施用木霉菌的土壤碱解氮含量在成熟期略有回升，TH 处理比 CK 高 21.85%，TA 处理比 CK 高 14.39%。均达到显著水平，CK 处理的土壤碱解氮含量仍呈现下降趋势。在整个生育时期内施用木霉菌的处理均显

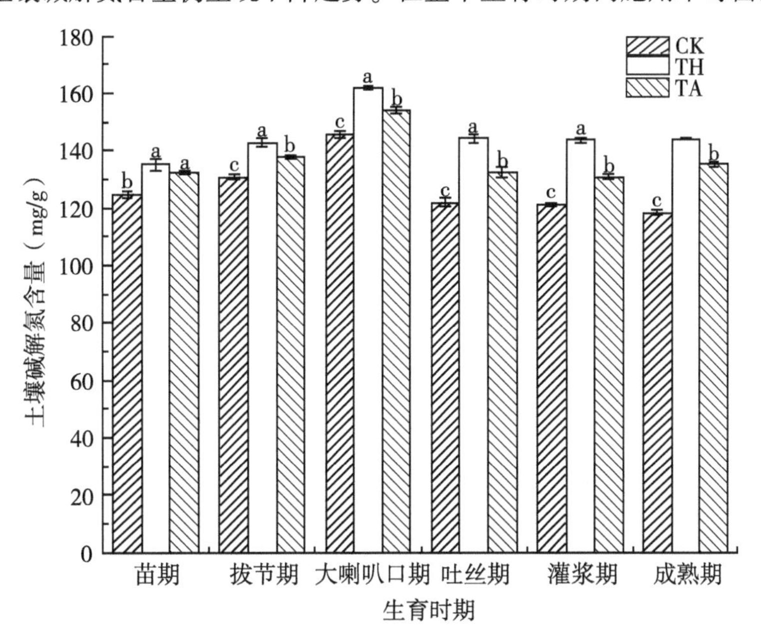

图 11-8　不同品种木霉菌对土壤碱解氮含量的影响

著高于未施用木霉菌的处理，TH 处理土壤碱解氮平均含量比 CK 高 14.55%，TA 处理土壤碱解氮平均含量比 CK 高 8.09%，TH 处理和 TA 处理都能提高土壤碱解氮含量，TH 处理效果更好。

（四）木霉菌对土壤速效钾含量的影响

由图 11-9 可知，土壤速效钾含量随着生育时期的推近，大体呈现先升高再下降的变化趋势，不同处理间变化趋势基本一致。从苗期开始土壤速效钾含量逐渐升高，在吐丝期升至最高，随着生育时期的推迟，在灌浆期下降，成熟期未施用木霉菌的对照继续下降，施用木霉菌处理略有回升。TH 和 TA 处理的土壤速效钾含量均显著高于 CK 处理。不同处理间表现为 TA＞TH＞CK。吐丝期 TH 和 TA 处理速效钾含量显著高于同时期对照处理，含量分别为 226 mg/kg，234 mg/kg。整个生育时期内，木霉菌处理可以显著提高土壤速效钾的含量，与对照相比，TH 处理分别增加 1.69%、39.44%、34.21%、39.51%、34.39%、40.17%。TA 处理分别增加 2.26%、49.29%、40.13%、44.44%、43.71%、47.88%。，TH 处理土壤速效钾平均含量比 CK 高 14.06%，TH 处理土壤速效钾平均含量比 CK 高 31.57%，TA 处理土壤速效钾平均含量比 CK 高 37.95%。由此可知，木霉菌处理均能提高土壤速效钾的含量，但 TA 处理对速效钾含量的提高有更好的效果。

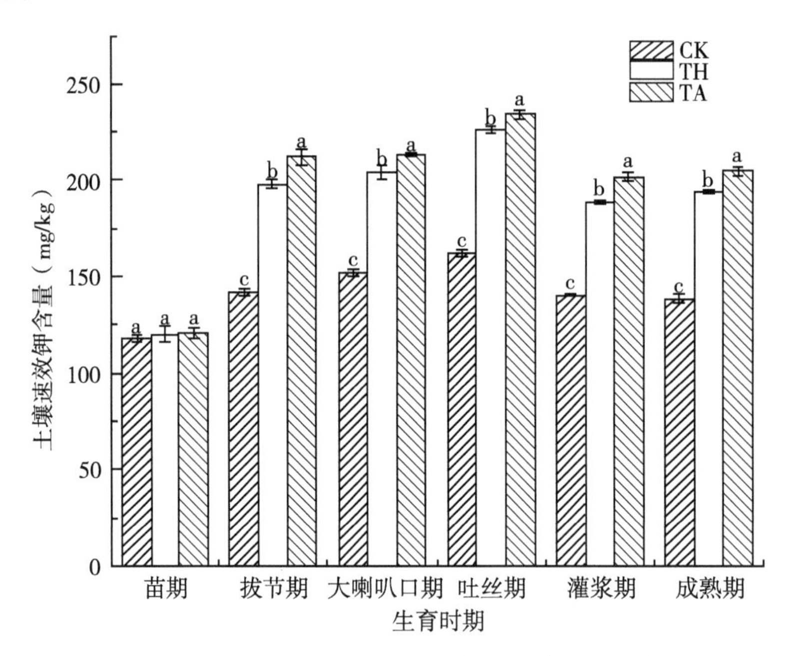

图 11-9　不同品种木霉菌对土壤速效钾含量的影响

（五）木霉菌对土壤速效磷含量的影响

由图 11-10 可知，土壤速效磷含量随着生育时期的推近，大体呈现先升高再下降的变化趋势，不同处理间变化趋势基本一致。从苗期开始土壤速效磷含量逐渐升高，在吐丝期土壤速效磷含量升至最高，随着生育时期的推进，灌浆期土壤速效磷含量下降，成熟期土壤速效磷含量略有回升，对照 CK 继续下降。不同处理间土壤速效磷含量表现为 TA>TH>CK。木霉菌处理土壤速效磷含量在吐丝期最高，吐丝期 TH 和 TA 处理速效磷含量显著高于同时期对照处理，含量分别为 63.84 mg/kg，68.32 mg/kg。在整个生育时期内，木霉菌处理显著提高土壤速效磷含量，TH 处理速效磷含量较 CK 分别增加 1.81%、11.76%、19.07%、34.40%、10.62%、30.055，TA 处理速效磷含量较 CK 分别增加 3.41%、28.18%、32.15%、43.85%、25.82%、37.65%。TH 处理土壤速效磷平均含量比 CK 高 17.95%，TA 处理土壤速效磷平均含量比 CK 高 28.51%。由结果可知，施用木霉菌可以有效增加土壤中速效磷的含量，与对照相比都有显著的提高，TH 处理和 TA 处理相比较。TA 处理对土壤速效磷的提高有更好的效果。

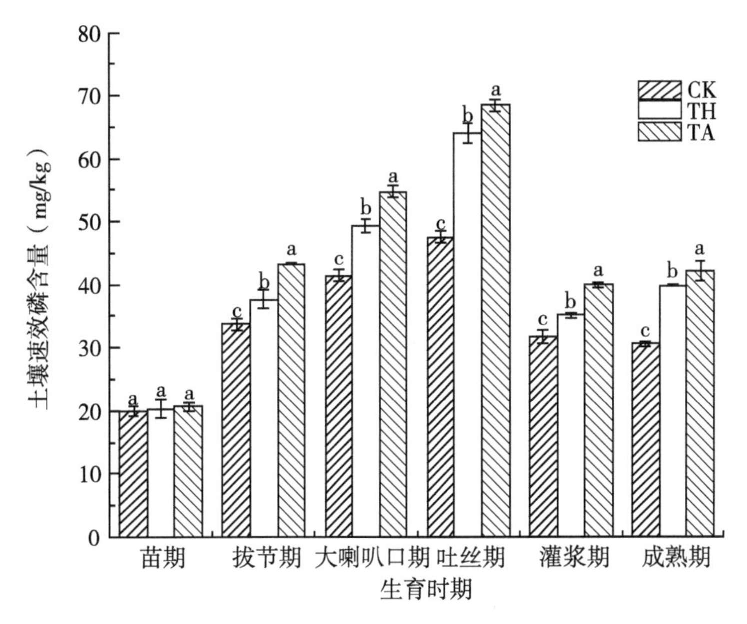

图 11-10　不同品种木霉菌对土壤速效磷含量的影响

（六）木霉菌对土壤 pH 值的影响

由图 11-11 可知，各处理的土壤 pH 值随着生育时期的推进呈现先降低后升高再降低的变化趋势。苗期施用木霉菌处理的土壤 pH 值的含量与对照 CK 相比，差异不大。从拔节期开始下降土壤 pH 值含量最低，与对照 CK 相比施用木霉菌处理均显著降低土壤 pH 值，TH 处理比 CK 降低 4.59%，TA 处理比 CK 降低 13.42%，均达到显著水平。随着生育时期的推近，土壤 pH 值含量逐渐升高，在灌浆期升至最高，TH 处理和 TA 处理均显著低于对照 CK，TH 处理比 CK 降低 4.08%，TA 处理比 CK 降低 6.18%，均达到显著水平。成熟期 pH 值略有下降，施用木霉菌处理与对照 CK 相比，TH 处理比 CK 降低 2.11%，TA 处理比 CK 降低 3.79%，均达到显著水平。在整个生育时期内，施用木霉菌的 TH 处理和 TA 处理土壤 pH 值含量均显著高于未施用木霉菌的 CK 处理，TH 处理土壤 pH 值平均含量比 CK 低 3.44%，TA 处理土壤有机质平均含量比 CK 低 8.04%。由此可知，施用木霉菌处理均能降低土壤有 pH 值的含量，但 TA 处理对土壤 pH 值含量的降低有更好的效果。

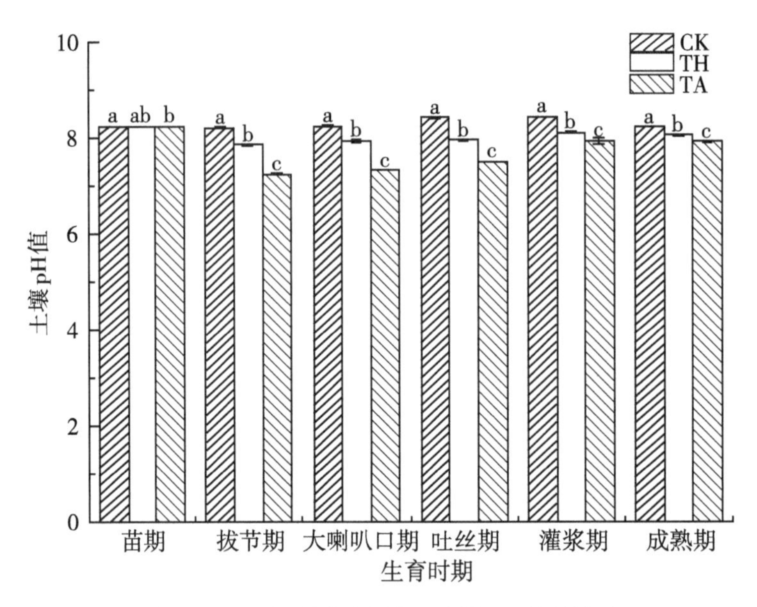

图 11-11　不同品种木霉菌对土壤 pH 值的影响

（七）木霉菌对玉米根际土壤盐分离子含量的影响

如表 11-3 所示，Ca^{2+}含量的变化趋势为先升高后降低，从苗期开始逐渐升高，在吐丝期达到最大值，随着生育时期的推进，Ca^{2+}含量开始下降。木霉菌处理与对照处理变化趋势基本一致。木霉菌的施用可以显著提高 Ca^{2+}含量，不同处理间表现为 TA＞TH＞CK。整个生育时期内，施用木霉菌处理的 Ca^{2+}含量均显著高于未施用木霉菌的对照 CK 处理，与对照 CK 相比，TH 处理 Ca^{2+}含量提高 9.62%～24.43%，TA 处理 Ca^{+}含量提高 18.68%～46.78%，均达到显著水平。

Mg^{2+}含量呈现先升后降的变化趋势，不同处理变化趋势相对一致。Mg^{2+}含量从苗期逐渐升高，在吐丝期 Mg^{2+}含量最高，随后开始下降。不同处理间 Mg^{2+}含量表现为 TA＞TH＞CK。木霉菌的施用可以增加 Mg^{2+}含量，与对照 CK 相比，TH 处理 Mg^{2+}含量提高 10.85%～26.40%，TA 处理 Mg^{2+}含量提高 18.21%～43.20%，均达到显著水平。

Na^{+}含量呈现为先下降后升高变化趋势，不同处理间变化趋势基本相同。随着生育时期的推进，Na^{+}含量逐渐下降，在灌浆期降至最低，成熟期上升。在整个生育时期内，不同处理间 Na^{+}表现为 CK＞TH＞TA。与对照 CK 相比，木霉菌处理可以显著降低 Na^{+}含量，TH 处理与 CK 相比，Na^{+}含量降低 5.19%～25.16%，TA 处理与 CK 相比，降低 8.75%～31.79%，均达到显著水平。

K^{+}含量变化趋势为下降—上升—下降。灌浆期 K^{+}含量最高，TH 处理、TA 处理和 CK 变化趋势一致，施用木霉菌可以显著提高 K^{+}含量。整个生育时期内，不同处理 K^{+}含量表现为：TA＞TH＞CK。与对照 CK 相比，TH 处理 K^{+}含量比 CK 提高 17.11%～35.96%，TA 处理 K^{+}含量比 CK 提高 43.49%～47.62%，均达到显著水平。

HCO_3^- 含量呈现先下降在上升的变化趋势，吐丝期 HCO_3^- 含量降至最低，不同处理间表现一致。由表可知，不同处理间变现为 CK＞TH＞TA。整个生育时期内，木霉菌的施用可以降低 HCO_3^- 含量，与对照 CK 相比，TH 处理 HCO_3^- 含量比 CK 降低 21.92%～38.09，TA 处理 HCO_3^- 含量比 CK 降低 32.84%～51.11%，均达到显著水平。

各处理 Cl^- 含量呈现为先下降后上升的变化趋势，随生育时期的推进 Cl^- 含量逐渐下降，在灌浆期降至最低，成熟期上升。整个生育时期内，不同处理间 Cl^- 含量表现为 CK＞TH＞TA，木霉菌的施用可以降低 Cl^- 含量，TH 处理 Cl^- 含量比 CK 降低 7.69%～25.71%，TA 处理 Cl^- 含量比 CK 降低 14.71%～33.33%，均达到显著水平。

各处理的 SO_4^{2-} 含量表现为先下降后上升的变化趋势。随生育时期的推进，SO_4^{2-} 含量在灌浆期降至最低。整个生育时期内，不同处理间 SO_4^{2-} 含量表现为 CK＞TH＞TA，说明木霉菌的施用可以降低 SO_4^{2-} 含量，与 CK 相比，TH 处理 SO_4^{2-} 含量下降 21.05%～42.31%，TA 处理 SO_4^{2-} 含量下降 30.76%～55.17%，均达到显著水平。

试验结果显示，各生育时期，木霉菌的施用可以降低玉米根际土壤 Na^+、HCO_3^-、Cl^-、SO_4^{2-} 含量，不同处理间 Na^+、HCO_3^-、Cl^-、SO_4^{2-} 含量表现为 CK＞TH＞TA，由此可知，TA 处理能够更有效地降低 Na^+、HCO_3^-、Cl^-、SO_4^{2-} 含量。各生育时期，木霉菌的施用可以提高 Ca^+、Mg^{2+}、K^+ 含量，不同处理 Ca^+、Mg^{2+}、K^+ 含量变现为 TA＞TH＞CK。处理间差异显著。施用木霉菌处理明显改善了根际土壤中离子结构平衡，有效缓解了根际土壤中高浓度 Na^+、HCO_3^-、Cl^-、SO_4^{2-} 对玉米生长的危害。

表 11-3　不同品种木霉菌对土壤盐分离子含量的影响

生育时期	处理	阳离子含量（g/kg）				阴离子含量（g/kg）		
		Ca^{2+}	Mg^{2+}	Na^+	K^+	HCO_3^-	Cl^-	SO_4^{2-}
苗期	CK	0.233 c	0.125 b	0.420 a	0.089 b	0.089 a	0.089 a	0.046 a
	TH	0.268 b	0.158 a	0.372 b	0.121 a	0.073 b	0.073 b	0.038 b
	TA	0.342 a	0.179 a	0.371 b	0.130 a	0.067 c	0.069 c	0.032 c
拔节期	CK	0.264 c	0.258 c	0.385 a	0.076 c	0.087 a	0.043 a	0.045 a
	TH	0.319 b	0.286 b	0.366 b	0.089 b	0.063 b	0.037 b	0.032 b
	TA	0.346 a	0.305 a	0.354 c	0.112 a	0.059 c	0.034 c	0.029 c
吐丝期	CK	0.374 c	0.293 c	0.199 a	0.063 c	0.068 a	0.039 a	0.034 a
	TH	0.436 b	0.334 b	0.159 b	0.081 b	0.054 b	0.036 b	0.028 b
	TA	0.457 a	0.363 a	0.151 b	0.093 a	0.045 c	0.034 c	0.026 c
灌浆期	CK	0.364 c	0.285 c	0.195 a	0.098 c	0.054 a	0.028 a	0.033 a
	TH	0.399 b	0.319 b	0.167 b	0.116 b	0.044 b	0.026 b	0.025 b
	TA	0.432 a	0.349 a	0.156 c	0.143 a	0.038 c	0.023 c	0.023 c

（续表）

生育时期	处理	阳离子含量（g/kg）				阴离子含量（g/kg）		
		Ca^{2+}	Mg^{2+}	Na^{+}	K^{+}	HCO_3^-	Cl^-	SO_4^{2-}
成熟期	CK	0.262 c	0.254 c	0.439 a	0.053 c	0.067 a	0.044 a	0.037 a
	TH	0.326 b	0.288 b	0.376 b	0.066 b	0.053 b	0.035 b	0.026 b
	TA	0.342 a	0.304 a	0.344 c	0.076 a	0.045 c	0.033 c	0.025 c

注：同列数据后不同小写字母表示处理间差异显著（$P<0.05$）。下同。

三、木霉菌对玉米根际土壤微生态的影响

（一）木霉菌对玉米根际土壤可培养微生物数量的影响

土壤微生物对土壤能力的调节起着重要的作用，它的活动可以加速土壤养分的释放，通过分解腐殖质加速土壤肥力的循环。根据培养结果显示（表 11-4），整个生育时期，土壤中细菌数量比例最大，不同处理细菌的变化均呈现为上升—下降—上升的趋势。从苗期至吐丝期呈上升趋势，在吐丝期达到最大值，随着生育时期的推进，细菌数量下降，成熟期略有回升。从苗期至大喇叭口期细菌数量少，说明植株进行营养生长，需要吸取大量的土壤养分，细菌数量较少，吐丝期玉米生长由营养生长转向生殖生长，不需要较多的土壤养分，使土壤中细菌数量增多，灌浆期玉米需要大量吸收营养，细菌数量下降，成熟期，玉米不再进行生长，土壤细菌数量略有回升。施用木霉菌处理（TH、TA）土壤细菌数量高于未施木霉菌处理（CK），在整个生育时期内，TH 处理土壤细菌数量较 CK 增加 10.29%～60.13%，TA 处理土壤细菌数量较 CK 增加 12.13%～63.25%。木霉菌的施用可以增加细菌的可培养数量，施用 TA 处理的细菌数量增加效果又明显大于 TH 处理。

培养土壤中真菌数量最少。由表 11-4 可知，各处理的变化趋势与细菌的变化趋势相一致。施用木霉菌处理的真菌数小于对照 CK，在整个生育时期内，TH 处理真菌数量较 CK 降低 3.95%～29.88%，TA 处理真菌数量较 CK 降低 11.96%～47.67%。不同处理间土壤真菌数量变化为：CK＞TH＞TA。因此，施用 TA 可更好地减少真菌数量。

土壤中可培养的放线菌数量不及细菌多，放线菌可以产生大量的抗生素，对作物生长有很大的作用。由表可知，各处理放线菌数量的变化趋势与细菌变化相一致。施用木霉菌处理的放线菌数量高于不施用木霉菌 CK。在整个生育时期内，TH 处理土壤放线数量比 CK 增加 13.22%～21.70%，TA 处理土壤放线数量比 CK 增加 20.48%～33.72%。施用棘孢木霉菌可显著提高放线菌数量，与 TH 处理相比，增加 4.34%～11.34%。

表 11-4　不同品种木霉菌对玉米根际土壤可培养微生物数量的影响

生育时期	处理	细菌（$\times10^6$ cfu/g）	真菌（$\times10^4$ cfu/g）	放线菌（$\times10^5$ cfu/g）
苗期	CK	3.79 c	3.53 a	7.08 c
	TH	4.18 b	3.06 b	8.11 b
	TA	4.25 a	2.42 c	8.53 a
拔节期	CK	4.04 c	3.81 a	7.11 c
	TH	4.85 b	3.15 b	8.15 b
	TA	5.07 a	2.58 c	8.61 a
大喇叭口期	CK	5.12 c	4.21 a	7.32 c
	TH	6.34 b	4.05 b	8.52 b
	TA	6.54 a	3.76 c	8.89 a
吐丝期	CK	5.90 b	5.78 a	7.79 c
	TH	8.36 c	4.45 b	8.82 b
	TA	9.08 a	4.61 c	9.82 a
灌浆期	CK	4.51 b	4.95 a	5.97 c
	TH	6.87 c	4.05 b	7.19 b
	TA	7.24 a	3.84 c	7.85 a
成熟期	CK	4.58 c	5.19 a	5.99 c
	TH	7.19 b	4.18 b	7.29 b
	TA	7.33 a	3.95 c	8.01 a

（二）木霉菌对玉米吐丝期土壤中小型节肢动物群落的影响

吐丝期是决定产量的重要时期，对土壤肥力要求较高。改变土壤理化性质，可以促进土壤中小型节肢动物的多样性，调节生态系统平衡，提高作物的质量和产量。表 11-5 为吐丝期土壤中小型节肢动物群落结构，土壤中小型节肢动物种类为 18 类。试验土壤中小型节肢动物主要为螨类，其中甲螨科比例最大，优势度最高。

2018 年吐丝期调查土壤中小型节肢动物共获取 450 头，根据统计 CK 处理土壤中小型节肢动物个数为 103 头，土壤中小型节肢动物种类 15 种，TH 处理土壤中小型节肢动物个数为 169 头，土壤中小型节肢动物种类为 17，TA 处理土壤中小型节肢动物个数为 178 头，土壤中小型节肢动物种类为 17。木霉菌的施用可以显著地提高总个体数，与对照 CK 相比，TH 处理总个体数增加 64.08%，TA 处理总个体数增加 72.81%。2019 年吐丝期调查土壤中小型节肢动物共获取 474 头，根据统计 CK 处理土壤中小型节肢动物个数为 107 头，土壤中小型节肢动物种类 14 种，TH 处理土壤中小型节肢动物个数为 181

头，土壤中小型节肢动物种类为17，TA处理土壤中小型节肢动物个数为186头，土壤中小型节肢动物种类为17。木霉菌的施用可以显著地提高总个体数，与对照CK相比，TH处理总个体数增加69.15%，TA处理总个体数增加73.83%。

表11-5　不同品种木霉菌对土壤中小型节肢动物群落的影响

土壤中小型节肢动物分类	CK				TH				TA			
	2018年		2019年		2018年		2019年		2018年		2019年	
	个体数	优势度	个体数	优势度	个体数	优势度	个体数	优势度	个体数	优势度	个体数	优势度
线蚓科	1	+			2	++	2	++		+	1	+
植绥螨科	3	++	3	++	10	++	11	++	4	++	4	++
巨螯螨科	4	++	3	++	9	++	9	++	4	++	5	++
巨须螨科					9	++	10	++	3	++	3	++
吸螨科	3	++	3	++	1	+	1	+	4	++	4	++
跗线螨科	2	++	2	++	1	+	1	+	3	++	3	++
小甲螨科	55	+++	57	+++	82	+++	88	+++	88	+++	95	+++
高壳甲满科	24	+++	25	+++	38	+++	41	+++	46	+++	50	+++
古甲螨科	1	+	1	+	1	+	1	+	3	++	3	++
步甲螨科	1	+	1	+	1	+	1	+	2	++	2	++
直卷甲螨科	1	+	1	+	6	++	7	++	2	++	2	++
沙甲螨科	2	++	2	++	1	+	1	+	4	++	4	++
足角螨科	1	+	2	++					1	+	1	+
长角毛蚊科	1	+	1	+	1	+	1	+	1	+	1	+
蚁科					1	+	1	+	1			+
隐翅甲科					2	++	2	++	1		1	+
虫兆虫科	2	++	3	++	1	+	1	+	2	++	2	++
棘虫兆科	2	++	3	++	3	++	3	++	3	++	5	++
总科数	18	15		14		17		17		17		17
总个体数	103		107		169		181		172		186	

两年的统计调查显示，木霉菌的施用可以提高螨科的数量，不同处理中螨科优势度最高的为甲螨科（小甲螨科、高壳甲满科）。2018年土壤中小型节肢动物甲螨科与CK

相比，TH 处理个体数增加 51.89%，TA 处理个体数增加 75.95%。2019 年土壤中小型节肢动物甲螨科与 CK 相比，TH 处理个体数增加 57.32%，TA 处理个体数增加 76.83%。随着种植年限的增加，土壤中的中小型节肢动物均有所增加。2019 年较 2018 年各处理的总个体数增加 5.3%。2019 年 TH 处理土壤中小型节肢动物总个体数较 2018 年增加 7.1%，TA 处理土壤中小型节肢动物增加 8.14%。由此可知，长期施用木霉菌会逐渐提高土壤有益中小型节肢动物数量。对比对照处理和 TH 处理，TA 能够显著提高螨科个体数量。

（三）木霉菌对微生物生物量碳的影响

如图 11-12 所示，各处理的土壤微生物生物量碳呈现为先升后降的趋势，土壤微生物生物量碳从苗期开始逐渐升高，随作物生长发育在灌浆期达到最高，在成熟期生物量碳有所下降。从苗期至成熟期，施用木霉菌（TH、TA）处理土壤微生物生物量碳显著高于对照 CK。TH 处理从苗期至成熟期生物量碳较对照 CK 分别提高 5.56%、11.17%、21.23%、23.08%、26.13%，26.15%，均达到显著水平。TA 处理从苗期至成熟期生物量碳较对照 CK 分别提高 11.81%、19.62%、25.94%、32.39%、38.14%，33.84，均达到显著水平。各生育时期微生物生物量均表现为 TA>TH>CK，由此可知，木霉菌的施用能够明显增加微生物生物量碳，并且在木霉菌处理间 TA 处理亦能有效增加土壤微生物生物量碳。

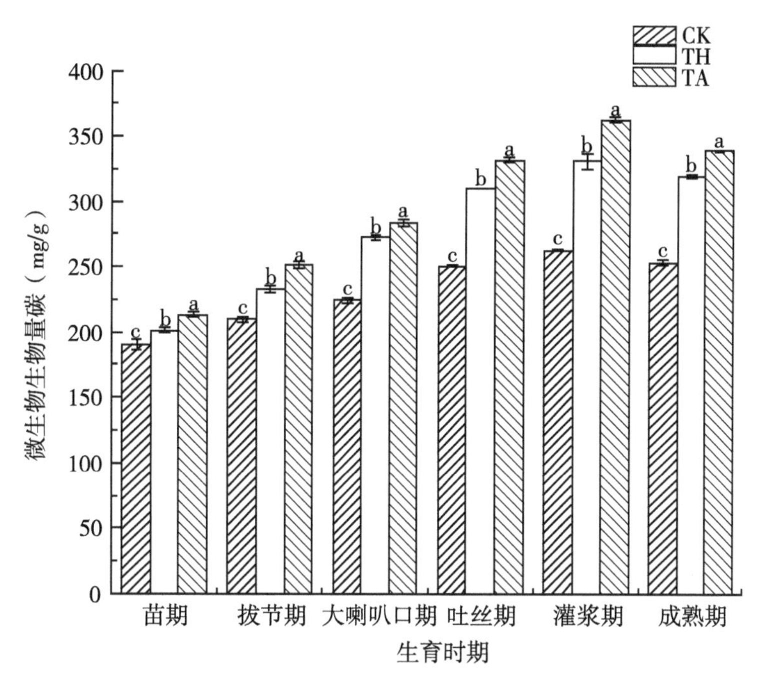

图 11-12　不同品种木霉菌对土壤微生物生物量碳含量的影响

（四）木霉菌对微生物生物量氮的影响

如图 11-13 所示，土壤微生物生物量氮变化与微生物生物量碳变化相似，土壤微生物生物量氮呈现先升后降的趋势，从苗期逐渐开始升高，随着生育时期的推进，在灌浆期达到最高，成熟期生物量氮下降。从苗期至成熟期，施用木霉菌（TH、TA）处理土壤微生物生物量氮显著高于对照 CK。TH 处理从苗期至成熟期生物量氮较对照 CK 分别提高 27.63%、38.29%、26.24、41.84%、44.98%、39.15%，均达到显著水平。TA 处理从苗期至成熟期生物量氮较对照 CK 分别提高 36.79%、50.59%、48.46%、55.48%、62%、55.48%，均达到显著水平。整个生育时期，施用木霉菌可以显著增加微生物生物量氮，不同处理间表现为 TA＞TH＞CK。由此可见，施用 TA 处理能更好地增加微土壤生物生物量氮。

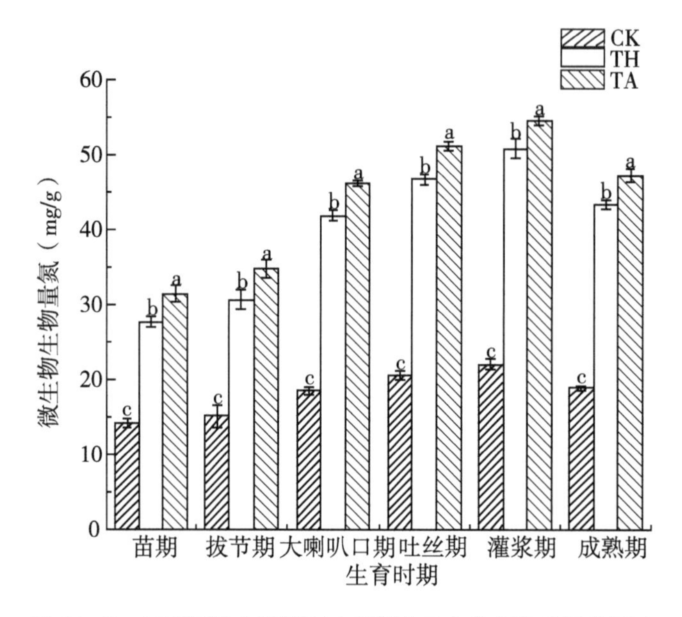

图 11-13　不同品种木霉菌对土壤微生物生物量氮含量的影响

四、木霉菌对玉米生长的影响

（一）木霉菌对玉米株高影响

如图 11-14 所示，玉米株高呈现上升趋势，株高随着生育时期的推近，逐渐升高，在吐丝期升至最高。施用木霉菌可以有效地增加玉米的高度。TH 和 TA 处理较 CK 显著增加。苗期、拔节期、大喇叭口期和吐丝期，TH 处理株高较 CK 分别提高 0.97%、1.54%、1.99%、2.84%，TA 处理株高较 CK 分别提高 2.51%、2.38%、9.34%、7.30%。由此可知，不同处理间株高表现为：TA＞TH＞CK。木霉菌的施用对玉米株高有一定促进作用，株高直接反映了作物生长状况，木霉菌可以改善土壤养分，供根系的吸收。木霉菌处理间，TA 处理更有利于改善株高。

（二）木霉菌对玉米叶面积指数的影响

叶面积指数是单位地表面积上植物叶单面面积的总和。如表 11-6 可以看出，各处理玉米叶面积指数表现为先升后降低的变化趋势。从苗期开始，玉米叶面积指数逐渐升

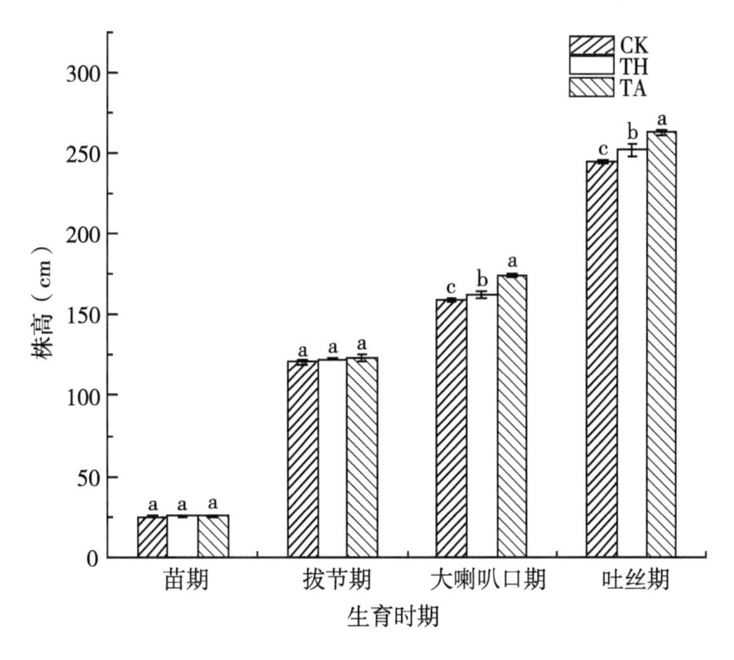

图 11-14 不同品种木霉菌对玉米株高影响

高，在吐丝期达到最大值，随后玉米叶面积指数逐渐下降。不同处理的玉米叶面积指数变化为TA＞TH＞CK。在整个生育时期内，均以CK处理最低，与对照CK相比，TH处理叶面积指数较CK提高2.46%～15.13%，TA处理叶面积指数较CK提高3.08%～23.94%，达到显著水平。木霉菌施用能够提高玉米叶面积指数，TA处理效果更好。

表 11-6 不同品种木霉菌对玉米叶面积指数的影响

处理	玉米叶面积指数					
	苗期	拔节期	大喇叭口期	吐丝期	灌浆期	成熟期
CK	0.08 a	1.62 a	3.55 c	5.50 c	4.89 c	4.03 c
TH	0.08 a	1.66 a	3.72 b	5.71 b	5.27 b	4.64 b
TA	0.09 a	1.67 a	4.40 a	6.09 a	5.82 a	4.93 a

（三）木霉菌对玉米单株干物质积累量的影响

干物质积累与分配是玉米籽粒产量形成的重要因素。从表11-7可以看出，在整个生育时期内，不同处理的玉米单株干物质积累量的变化一致。苗期和拔节期，木霉菌处理玉米干物质积累量与对照相比差异不明显。大喇叭口期，木霉菌处理的玉米单株干物质积累量明显比对照CK高，与CK相比，TH提高9.62%，TA提高17.06%，均达到显著水平。吐丝期-成熟期，各处理玉米单株干物质积累量明显增加，各处理间，表现为TA＞TH＞CK。在吐丝期，TH处理和TA处理干物质积累量较对照CK，分别增加2.85%，16.22%。灌浆期玉米单株干物质积累量逐渐上升，施用木霉菌处理与对照CK

相比，TH 处理比 CK 提高 3.95%，TA 处理比 CK 高 7.99%。成熟期的干物质积累量达到最大，TH 处理和 TA 处理与对照相比，分别提升 7.78%，8.56%。

整个生育时期内，木霉菌处理对玉米干物质积累量有影响，与对照 CK 相比，均达到显著水平，TH 处理干物质积累量平均含量比 CK 高 4.68%，TA 处理干物质积累量平均含量比 CK 高 9.63%。TA 处理干物质积累量效果更好。

表 11-7　不同品种木霉菌对玉米单株干物质积累量的影响

处理 s	单株干物质积累量（g/株）					
	苗期	拔节期	大喇叭口期	吐丝期	灌浆期	成熟期
CK	0.64 a	33.53 a	94.59 c	133.17 c	274.49 c	291.29 b
TH	0.65 a	34.31 a	103.69 b	137.03 b	285.34 b	313.94 a
TA	0.67 a	34.64 a	110.73 a	154.78 a	296.43 a	316.22 a

（四）木霉菌对玉米干物质转运能力的影响

干物质积累及转运是影响玉米产量的重要因素。如表 11-8 所示，各处理的对玉米干物质转运能力变化基本一致，花前干物质转运量为 TA＞TH＞CK，施用木霉菌的 TH 和 TA 处理，干物质转运量较对照 CK 处理分别增加 22.6%，41.99%，均达到显著水平。花前干物质转运率为 TA＞TH＞CK，施用木霉菌处理显著提高花前干物质转运率，与对照 CK 相比，TH 处理提高 10.77%，TA 处理提高 18.05%。花后同化物输入籽粒量为 TA＞TH＞CK，TH 处理和 TA 处理较 CK 处理分别增加 3.68%，5.26%。花后同化物对籽粒贡献率表现为 TA＞TH＞CK，施用木霉菌可以显著提高花后同化物对籽粒贡献率，与对照 CK 相比，TH 处理增加 16.25%，TA 处理增加 29.81%，均达到显著水平。施用木霉菌处理的收获指数显著高于对，与 CK 相比，TH 处理提高 2.25%，TA 处理提高 12.5%。说明木霉菌的施用可以提高玉米干物质转运能力，TA 处理效果更好。

表 11-8　不同品种木霉菌对玉米干物质转运能力的影响

处理	花前干物质转运量（kg/hm^2）	花前干物质转运率（%）	花后同化物输入籽粒量（kg/hm^2）	花后同化物对籽粒贡献率（%）	收获指数
CK	1 090.50 c	12.91 b	10 198.50 b	9.66 c	0.40 c
TH	1 337.00 b	14.30 ab	10 573.75 a	11.23 b	0.41 b
TA	1 539.75 a	15.24 a	10 735.25 a	12.54 a	0.45 a

（五）木霉菌对玉米根系伤流量的影响

玉米吐丝后由营养生长转为生殖生长，根深才能叶茂，玉米伤流量反映了玉米根系运输水分和营养物质的能力，根系伤流量是反应根系吸水能力强弱的重要因素，可以延缓叶片的衰老，对最终产量形成有重要的意义。由图 11-15 可知，玉米根系伤流量随着生育时期的推进呈现逐渐下降的趋势，2018—2019 年重复试验根系伤流量变化趋势基本一致。在吐丝期玉米根系伤流量最高，施用木霉菌的 TH 处理和 TA 处理可以显著提高玉米根系伤流量，与 CK 相比，2018 年 TH 处理提高 9.3%，TA 处理提高 18.6%，2019 年 TH 处理提高 11.36%，TA 处理提高 20.45%，玉米根系伤流量在灌浆期降低，木霉菌施用可以显著提高玉米根系伤流量，与 CK 相比，2018 年 TH 处理提高 17.39%，TA 处理提高 45.65%。2019 年 TH 处理提高 15.68，TA 处理提高 47.06%，均达到显著水平。两年的数据显示成熟期玉米根系伤流量降至最低，施用木霉菌处理均高于对照。2019 年较 2018 年根系伤流量分别提高 6.33%（TH），9.91%（TA）。因此，木霉菌的施用可以提高玉米根系伤流量，TA 处理玉米根系伤流量效果更好。

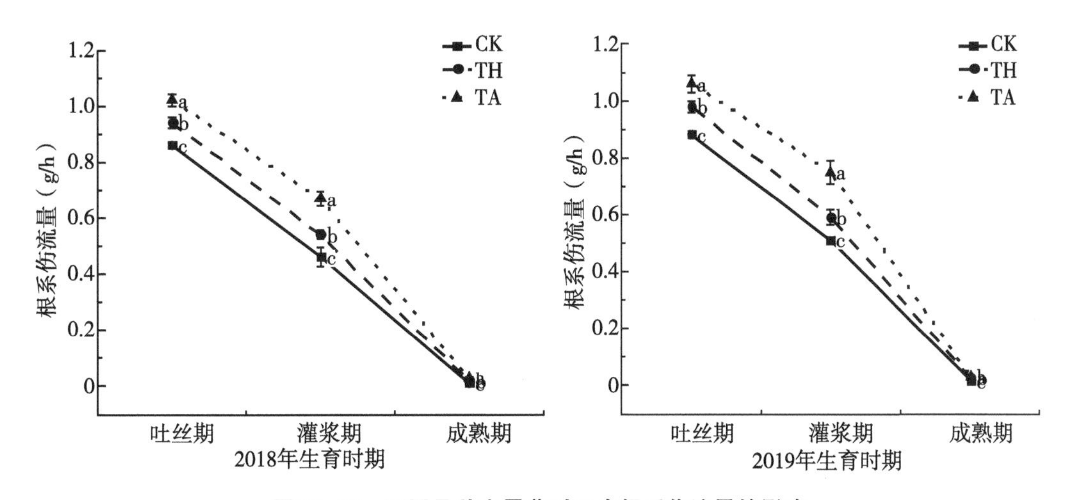

图 11-15　不同品种木霉菌对玉米根系伤流量的影响

（六）木霉菌对玉米穗位叶叶绿素含量（SPAD）的影响

植物在进行光合作用下，叶绿素对于能量的获取和传递起到了重要的作用。从图 11-16可以看出，随着生育时期的推进，不同处理玉米叶片 SPAD 值呈下降趋势，2018—2019 年两年重复试验 SPAD 变化趋势基本一致。在吐丝期玉米叶片 SPAD 值最高，2018 年 TH 处理下为 58.56，TA 处理下为 61.73，CK 为 53.41。2019 年 TH 处理下为 60.23，TA 处理下为 64.4，CK 为 57.74。灌浆期玉米叶片 SPAD 值下降缓慢。从灌浆期到成熟期玉米叶片 SPAD 下降迅速，表明玉米籽粒灌浆时，大量的消耗光合产物，致使叶绿素含量降低。功能叶的光和功能衰退。施用木霉菌的 TH 处理和 TA 玉米叶片 SPAD 值均显著高于未施用木霉菌的 CK 处理，2018 年 TH 处理玉米叶片 SPAD 值平均含量比 CK 高 8.74%，TA 处理玉米叶片 SPAD 值平均含量比 CK 高 23.35%。2019 年 TH 处理玉米叶片 SPAD 值平均含量比 CK 高 12.08%，TA 处理玉米叶片 SPAD 值平均含量比 CK 高 26.21%。由此可知，说明施用 TA 处理可以有效提高叶绿素含量。减少光合产物的消耗，有效的减少功能叶的光和功能衰退。

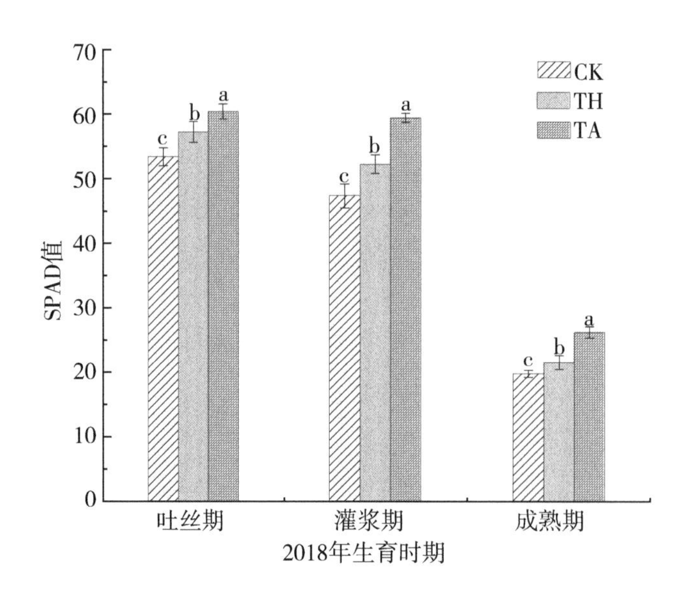

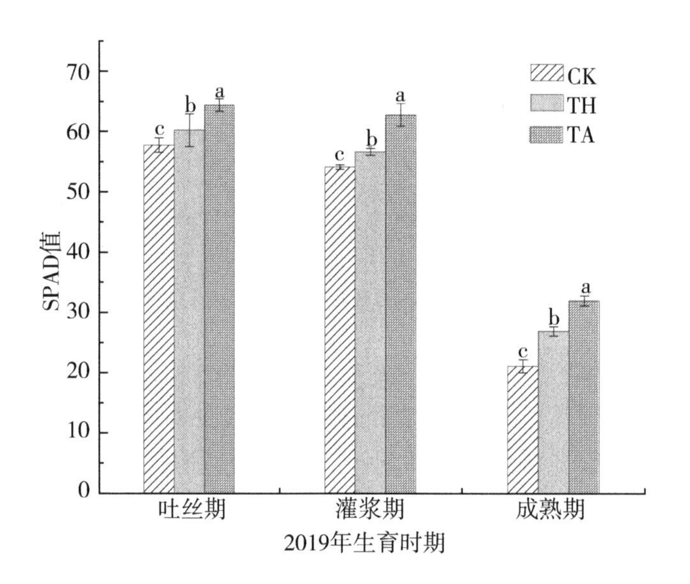

图 11-16　不同品种木霉菌对玉米穗位叶叶绿素含量（SPAD）的影响

（七）木霉菌对玉米生育后期净光合速率（*Pn*）的影响

如图 11-17 所示，不同处理下玉米叶片光和速率随着叶片不断成熟而逐渐降低的变化趋势。2018—2019 年两年重复试验净光合速率变化趋势基本一致。在吐丝期，叶片的光合速率最高，施用木霉菌的 TH 处理和 TA 处理显著高于对照 CK，与 CK 相比，2018 年 TH 处理光合速率提高 9. 85%，TA 处理光合速率提高 12. 49%。2019 年 TH 处理光合速率提高 12. 69%，TA 处理光合速率提高 17. 28%，均达到显著水平。光合速率随着时间的推移逐渐下降。在灌浆期，施用木霉菌处理的叶片光合速率显著高于对照 CK，2018 年 TH 处理比 CK 高 10.18%，TA 处理比 CK 高 25.3%，2019 年 TH 处理比 CK 高 19.91%，TA 处理比 CK 高 30.21%，均达到显著水平。在成熟期，叶片的光合速率降至最低，此时木霉菌处理的光和速率高于对照。整个生育时后期，施用木霉菌（TH 处理和 TA 处理）的叶片光合速率均显著高于未施用木霉菌的对照 CK 处理，均达到显著水平。2018 年 TH 处理叶片光合速率平均含量比 CK 高 11.75%，TA 处理叶片光合速率平均含量比 CK 高 23.55%，2019 年 TH 处理叶片光合速率平均含量比 CK 高 16.12%，TA 处理叶片光合速率平均含量比 CK 高 28.39%。由此可知，施用木霉菌有助于叶片光合速率的提升，其中，TA 处理效果更好。

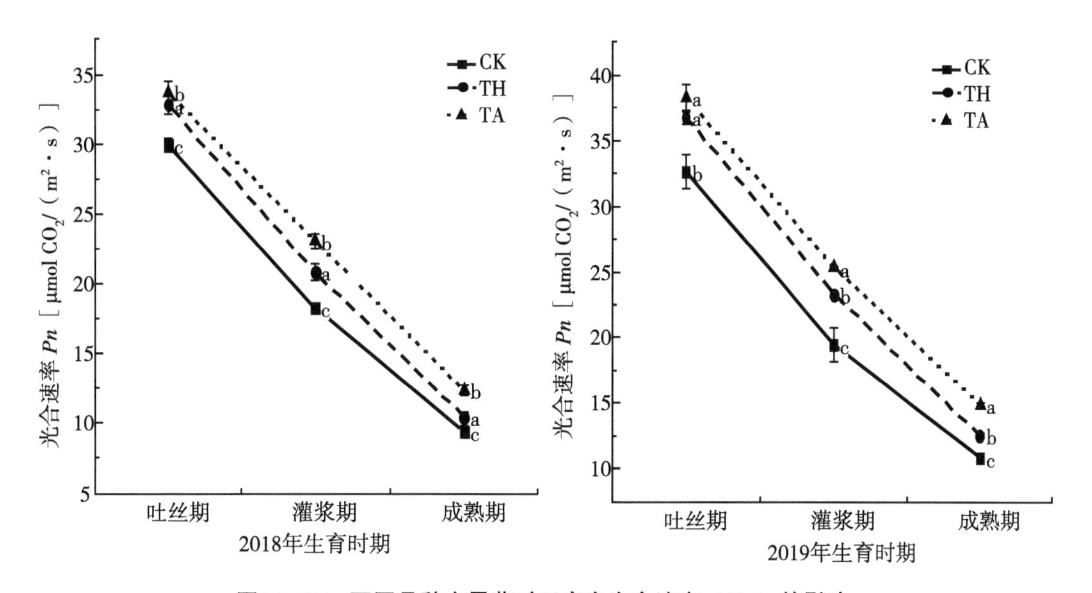

图 11-17　不同品种木霉菌对玉米净光合速率（*Pn*）的影响

（八）木霉菌对成熟期玉米氮磷钾积累与分配的影响

氮、磷、钾的积累对于产量形成至关重要。由图 11-18 可见，不同处理下，玉米单株吸氮量为 TA＞TH＞CK，木霉菌的施用可以明显增加植物吸氮量，与对照 CK 相比，TH 处理单株吸氮量增加 8.89%，TA 处理增加 13.48%，均达到显著水平。木霉菌处理间差异显著，TA 处理较 TH 处理提高 4.21%。植株吸磷量表现为 TA＞TH＞CK，处理间差异显著。木霉菌的施用可以提高植株吸磷量，TA 处理植株吸磷量最高，与对照 CK 相比提高 11.49%，达到显著水平，TH 处理较 CK 提高 5.89%。木霉菌处理间差异显著，TA 处理较 TH 处理提高 5.28%。木霉菌的施用可以提高植株吸钾量，不同处理间吸钾量表现为 TA＞TH＞CK。TH 处理植株吸钾量较 CK 提高 6.48%，TA 处理植株吸钾量较 CK 提高 11.09%，均达到显著水平。木霉菌处理间差异显著，TA 处理较 TH 处理提高 4.33%。

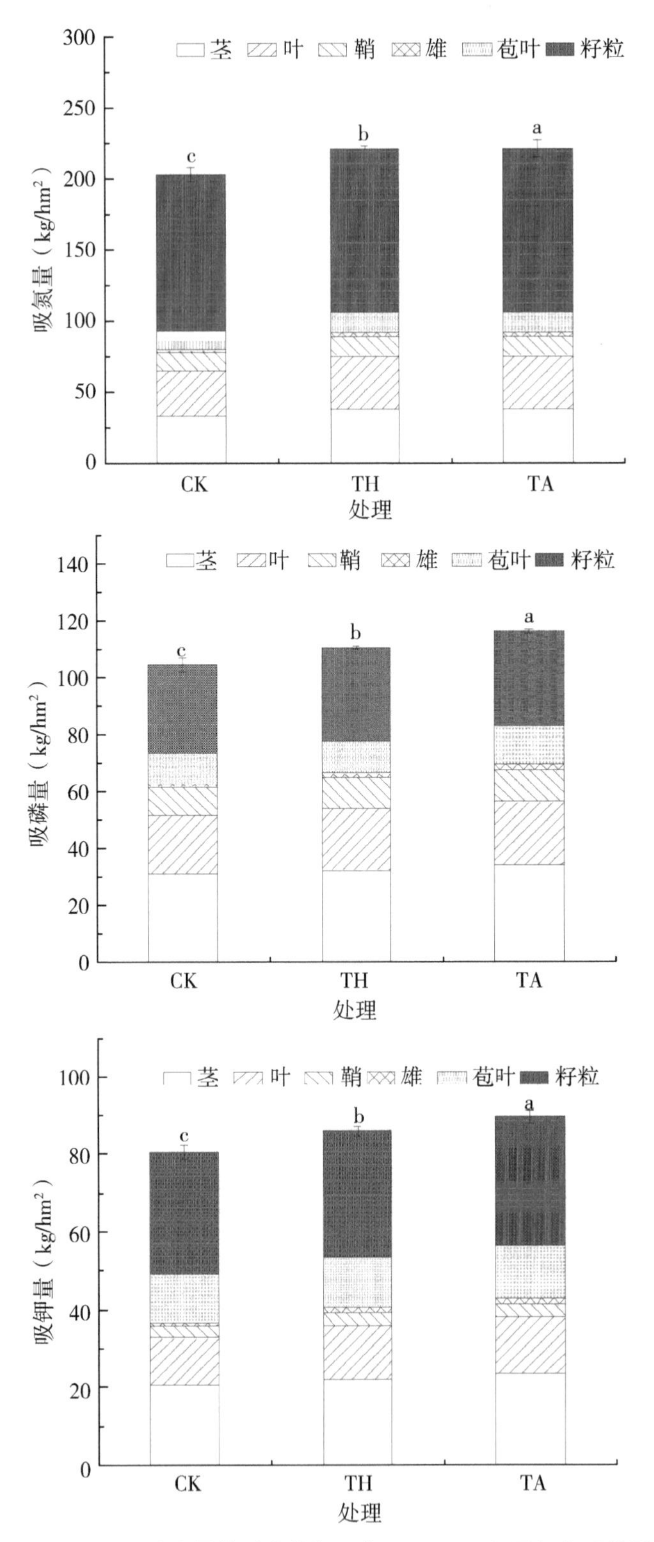

图 11-18　不同品种木霉菌对成熟期玉米 N、P、K 积累与分配的影响

五、木霉菌对玉米籽粒灌浆特性的影响

（一）木霉菌对玉米籽粒干重的影响

如图11-19所示，不同处理下玉米果穗上部、中部、下部籽粒干重变化呈现为“慢—快—慢”的“S”形变化趋势。玉米果穗上部、中部、下部籽粒在吐丝14~21 d，籽粒干重增长缓慢；吐丝21~42 d，籽粒干重增长加快；吐丝42 d后，籽粒增长缓慢至平稳。同一处理玉米不同部位籽粒干重大小依次为下部>中部>上部。

木霉菌的施用可以提高玉米各个部位的籽粒干重，在TH处理下，玉米的上部、中部、下部最终籽粒干重比对照CK分别提高4.83%、2.35%、5.94%，TA处理下，玉米的上部、中部、下部位最终籽粒干重分别比对照CK提高9.52%、7.01%，7.83%。由图可知，木霉菌的施用可以增加玉米籽粒干重。玉米籽粒上部、中部、下部的籽粒干重变化均符合TA>TH>CK。木霉菌处理间，TA处理玉米籽粒干重与TH相比，玉米上部籽粒增加4.35%~12.68%，玉米中部籽粒增加4.98%~7.41%，玉米籽粒下部增加2.81%~9.16%。由此可知，TA处理玉米籽粒干重的效果更好。

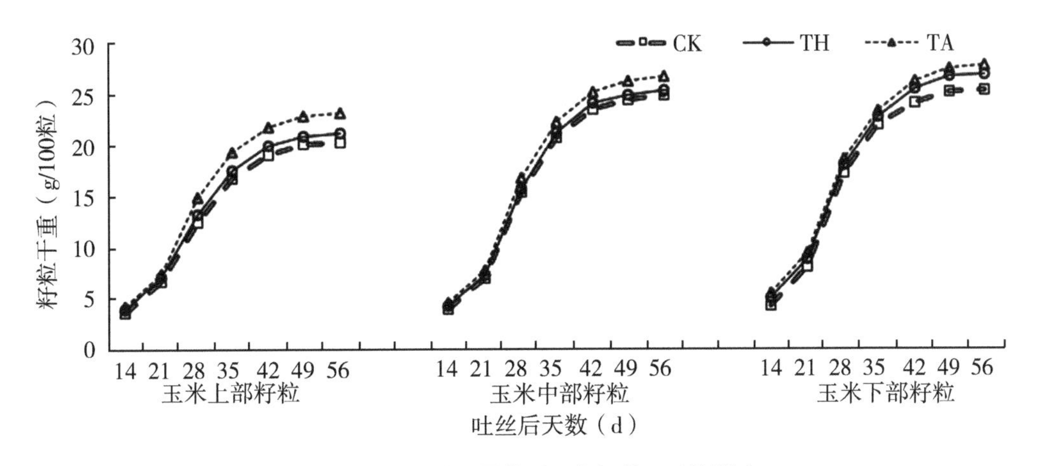

图11-19　不同品种木霉菌对玉米籽粒干重的影响

（二）木霉菌对籽粒灌浆速率的影响

玉米灌浆特性对产量的形成有重要的意义，是国内外育种者和生产者密切关心的重要农艺性状。如图11-20所示，随着是生育时期的推进，各处理的玉米果穗上部、中部、下部籽粒灌浆速率呈现先升高后下降的变化趋势。玉米上部、中部、下部在吐丝14~35 d时，籽粒灌浆速率逐渐升高，吐丝35~56 d，籽粒灌浆速率逐渐下降。各处理下的玉米上部、中部、下部，籽粒灌浆峰值大致出现在吐丝28~35 d。但是玉米上部对照CK的峰值出现在吐丝21~28 d。

TH处理玉米的上部、中部、下部籽粒灌浆峰值与对照CK相比，上部降低12.98%，中下部分别提高25.39%，1.26%，虽然TH处理降低了上部峰值，但峰值过后，先缓慢下降，然后在第42天后迅速降低。TA处理玉米的上部、中部、下部籽粒灌

浆峰值比对照分别提高 41.05%、48.13%，15.46%。因此，TH 处理可以提高中下部玉米籽粒灌浆速率峰值，而降低了玉米上部籽粒灌浆速率峰值，TA 处理可以提高玉米上部、中部、下部玉米灌浆速率峰值，因此，TA 处理对灌浆速率的影响更好。

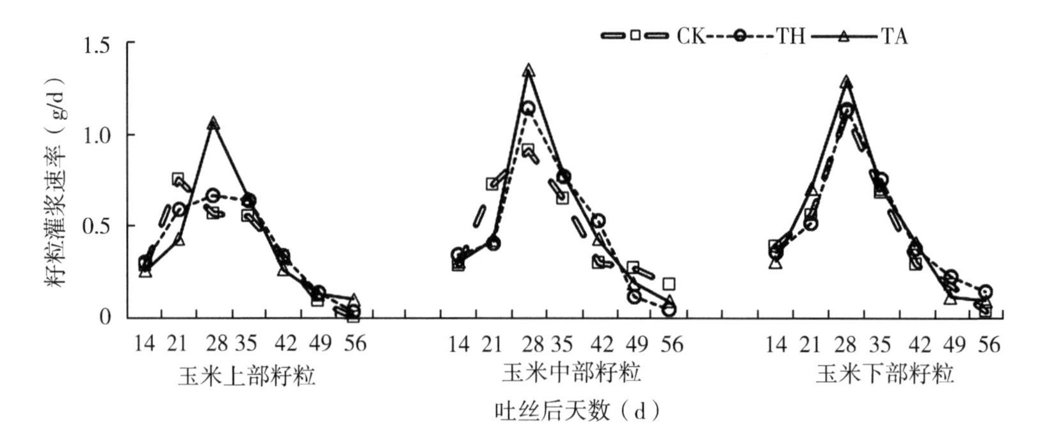

图 11-20　不同品种木霉菌对籽粒灌浆速率的影响

（三）木霉菌对籽粒灌浆参数的影响

如表 11-9 所示，用 Logistic 方程拟合玉米灌浆，玉米上中下部在各处理间决定系数均在 0.99 以上，说明可以较好描述灌浆过程。玉米上中下部不同处理间灌浆速率最大时的生长量 W_{max} 表现为 TA＞TH＞CK，最大灌浆速率 G_{max} 表现为 TA＞TH＞CK，达到最大灌浆速率的天数 T_{max} 表现为 TA＞TH＞CK。玉米上中下部各处理间灌浆活跃期 P：玉米上部灌浆活跃期 P：CK=TH＞TA，玉米中部灌浆活跃期 P：CK＞TH＞TA，玉米下部灌浆活跃期 P 差异不大。

表 11-9　不同品种木霉菌对玉米籽粒灌浆参数的影响

处理		决定系数	方程参数			灌浆参数			
			A	B	C	W_{max}	G_{max}	T_{max}	P
上部	CK	0.996 1	20.66	26.21	0.14	10.33	0.72	5.23	42.86
	TH	0.998 8	21.73	27.33	0.14	10.87	0.76	5.27	42.86
	TA	0.991 6	22.04	68.03	0.17	10.97	0.93	5.99	35.29
中部	CK	0.996 7	25.23	33.12	0.14	12.62	0.88	5.47	42.86
	TH	0.995 0	26.68	47.94	0.15	13.34	1.00	5.77	40.00
	TA	0.994 6	27.58	72.44	0.17	13.79	1.17	6.05	35.29
下部	CK	0.994 9	26.21	34.81	0.15	13.11	0.98	5.45	40.00
	TH	0.996 9	27.37	38.47	0.15	13.69	1.03	5.55	40.00
	TA	0.998 3	27.70	63.43	0.17	13.82	1.17	5.92	40.00

六、木霉菌对玉米产量和品质的影响

（一）木霉菌对玉米产量的影响

从表 11-10 可知，2018 年，木霉菌处理产量显著高于对照处理，3 种处理间差异显著，TA 处理产量最高。与对照 CK 相比，TH 处理产量增加 7.64%，TA 处理产量增加 14.76%。木霉菌处理的百粒重与对照 CK 相比，TH 处理提高 5.06%，TA 处理提高 11.95%。木霉菌处理显著增加玉米穗行数和行粒数。

2018—2019 年两年重复试验产量变化趋势基本一致，均表现为 TA＞TH＞CK，2019 年比 2018 年产量分别提高 6.62%（TH）、10.76%（TA）、4.49%（CK）。木霉菌处理具有较高的百粒重、穗行数、行粒数，因此使产量差异显著。

表 11-10　不同品种木霉菌对玉米产量的影响

年份	处理	穗行数	行粒数	百粒重（g）	产量（kg/hm^2）
2018	CK	14.73 c	35.23 c	30.61 c	8 503.25 b
	TH	16.07 b	37.77 b	32.16 b	9 152.58 a
	TA	16.53 a	38.53 a	34.27 a	9 758.17 a
2019	CK	15.47 c	35.57 c	30.93 c	8 885.19 c
	TH	16.67 b	38.77 b	36.23 b	9 758.17 b
	TA	17.20 a	39.63 a	39.64 a	10 807.75 a

（二）木霉菌对成熟期玉米穗部性状的影响

从表 11-11 中可以看出，木霉菌的施用对玉米的穗长、秃尖长和粒深的穗部性状均有一定影响。未施用木霉菌（CK）的穗长为 18.35 cm，TH 处理施用下的玉米穗长也有所增加，但未达到显著水平，TA 处理玉米穗长较对照 CK 增加 6.9%，达到显著水平。说明使用木霉菌有利于提高穗长，并且棘孢木霉菌的施用下效果更好。

未施用木霉菌（CK）的秃尖长为 2.15 cm，木霉菌的施用可以降低玉米秃尖长，TH 处理秃尖长，与对照 CK 相比，降低 2.87%，未达到显著水平，TA 处理秃尖长较对照 CK 相降低 2.87%，达到显著水平。说明棘孢木霉菌的施用有利于降低玉米的秃尖长。木霉菌处理下的粒深影响不大，没有明显差异，但木霉菌处理下的粒深均高于对照。因此，木霉菌的施用可以提高玉米穗部性状。施用 TA 的效果更佳。

表 11-11　不同品种木霉菌对玉米穗部性状的影响

处理	穗长（cm）	秃尖长（cm）	粒深（mm）
CK	18.35 b	2.15 a	21.79 a

（续表）

处理	穗长（cm）	秃尖长（cm）	粒深（mm）
TH	18.48 b	2.09 a	22.38 a
TA	19.63 a	1.83 b	22.75 a

（三）木霉菌对籽粒品质的影响

由表 11-12 可知，木霉菌的施用可以显著提高蛋白质，不同处理间达到显著水平；木霉菌的施用可以提高粗淀粉、粗脂肪含量，虽有提高，但未达到显著水平。施用木霉菌可以显著提高蛋白质的含量，与对照 CK 相比，TH 处理蛋白质提高 4.66%，TA 处理蛋白质提高 5.91%。木霉菌间处理蛋白质存在差异，未达到显著水平。木霉菌的施用可以提高脂肪含量，与对照 CK 相比，TH 处理脂肪提高 2.41%，TA 处理粗脂肪提高 3.49%，均未达到显著水平。不同处理间粗淀粉含量差异不显著，TA 处理粗淀粉含量最大，CK 处理粗淀粉含量最小。施用木霉菌可以影响籽粒品质，TA 处理籽粒品质效果更好。

表 11-12　不同品种木霉菌对籽粒品质的影响

处理	蛋白质（g/100g）	粗脂肪（g/100g）	粗淀粉（g/100g）
CK	8.80 b	3.73 a	72.02 a
TH	9.21 a	3.82 a	72.28 a
TA	9.32 a	3.86 a	72.37 a

第三节　讨论与结论

一、讨论

（一）木霉菌对玉米根际土壤酶活性的影响

在改善土壤结构中土壤酶扮演着重要的角色。土壤酶活性与土壤微生物的关联十分紧密。土壤微生物代谢的强弱，土壤肥力的大小都可以用土壤酶活来衡量，当土壤微生物数量发生变化时，土壤酶活性也同样发挥相应的变化。由于两种木霉菌的施用，导致玉米根际土壤微生物类群发生改变，土壤酶活性也会发生相应变化。

作为生态环境中重要的指示因子，土壤中的物质和能量的转换都需要土壤过氧化氢酶的调节。土壤过氧化氢酶是土壤中微生物和植物根部分泌的一种酶。木霉菌的施用可以提高土壤过氧化氢酶活性，在玉米整个生育时期内，经过木霉菌处理后，过氧化氢酶活性较对照有一定的提高。符箐等（2019）研究发现，水稻土壤过氧化氢酶活性的提高与施用复合微生物菌肥有直接联系，与本研究一致。试验结果显示，TH 处理的过氧化氢酶活性明显好于 TA 处理，说明哈茨木霉菌处理可以更好地增加根际土壤微生物代谢的活跃度，进而加快土壤氧化作用，使过氧化氢加速分解，避免过氧化氢对土壤环境和玉米根系产生危害。

植物可以直接吸收所利用的无机氮化物，它的来源是脲酶水解的酰胺态有机氮化物。含氮有机物产生的尿素同样需要脲酶分解，变成植物可吸收的营养物质，从而改善土壤肥力。木霉菌在农业生产中可以产生大量的水解酶，从木霉菌中分离得到的相关酶基因可以改善作物对病原菌的抗性。木霉菌的施用对脲酶活性有影响，TH 处理和 TA 处理的脲酶活性均高于未施用木霉菌的对照处理。黄伟等（2019）研究结果发现，生菜土壤脲酶的活性增加与微生物菌肥的施用有密切的联系，与本研究结果相似。在整个生育时期内，各处理的脲酶活性趋势表现为先增加后降低，在拔节期达到最大值，随后有所降低。说明施用木霉菌后玉米生长初期的脲酶活性高于生长后期。木霉菌处理间 TH 处理脲酶活性高于 TA 处理。说明哈茨木霉菌更有利于玉米初期的脲酶活性的提高、加快土壤有机氮的转换速度，使更多的无机氮化物富集，用于玉米生长后期的需要。

土壤磷酸酶一类水解酶，主要来自植物根系和土壤微生物，也有少部分来自动植物残体。土壤磷酸酶在转化土壤磷素过程中发挥着重要的作用，试验结果可知，土壤碱性磷酸酶活性在吐丝期升至最高后开始下降，木霉菌处理土壤碱性磷酸酶活性高于未施用木霉菌处理，其中 TA 处理土壤碱性磷酸酶高于 TH 处理，这可能因为棘孢木霉菌能更好促进核蛋白物质的升高，玉米生长发育过程中磷素的吸收能力发生改变，增强磷素的吸收使土壤有效磷含量提高，进而增强碱性磷酸酶活性，这与前人研究结果相似（谢伟等，2016）。

土壤蔗糖酶是土壤中的一种有效水解酶，能将土壤中的氮素进行水解，使其转化为作物生长发育可吸收的营养元素氮。试验结果显示，土壤蔗糖酶活性在大喇叭口期达到最大值随后逐渐降低，在整个玉米生育时期内，木霉菌处理土壤蔗糖酶活性显著高于未施用木霉菌处理，这与前人研究一致，李敏等（2015）研究表明生物菌肥冲施可促进土壤蔗糖酶的活性增加。木霉菌处理间，TA 处理土壤蔗糖酶活性更高。说明棘孢木霉菌可以更好地加快营养元素氮的转化，促进作物的生长发育。

本研究显示，在玉米生育前期土壤酶活性均达到峰值，与对照处理相比两种木霉菌处理均显著提高，表明木霉菌在可以加强玉米生育前期的根系吸收能力，提高根系的代谢产物，进而提高酶活性。在玉米生育后期，土壤酶活性开始降低，可能与玉米根系衰退和营养物质吸收能力下降有关。成熟期土壤酶活均有提高，可能是因为土壤中木霉菌的残留和土壤中植株残体腐殖质较多。研究发现，施用木霉菌可以改变土壤酶活性，不同品种的木霉菌对不同酶活性的影响不同。

（二）木霉菌对玉米根际土壤养分的影响

植物在生长发育的过程中，需要从土壤中吸收很多营养物质，促进植株的增长。有研究表明，土壤中有很多种微生物，每种微生物在土壤中的职责也不同，如木霉菌在土壤中的代谢产物通过对土传病原菌的抑制作用，加速了作物的生长，并且提高了植物的抗病性。前人研究发现，木霉菌的施用可以提高土壤养分含量。微生物防治机理可以相互作用，在微生物防治的过程中，微生物对土壤的作用的可以同时起效果，相互之间不存在排斥关系。木霉菌作为一种植物根围促生菌，它可以改变土壤中某些元素的形态，使其转化为植物可以直接吸收利用的元素。例如固氮，解磷等。

作物在生长发育过程中，有很多氮素植物不能直接吸收利用，而固氮微生物可以将不能吸收的氮气转化为有机氮，使其提高有机氮的含量，生物固氮是天然的氮肥工厂，它可以改善作物的氮营养，促进作物增产。土壤全氮是土壤中各种形式氮的总和，反映了土壤对作物生长需要的氮的供给能力，而碱解氮为速效养分。作物在生长发育的过程中不断地吸收大量的养分，严重时就会使土壤养分匮缺，导致土壤肥力下降。在研究中发现，木霉菌对全氮和碱解氮有一定的影响，TH 处理和 TA 处理均可以显著提高土壤中全氮含量和碱解性氮含量，说明木霉菌可以起到固氮的作用，可以将土壤中不能被植物吸收利用的氮转化为有机氮。在整个生育时期内，不同处理下全氮和碱解氮的变化呈现为先升高后下降在升高的变化趋势，土壤全氮含量在吐丝期升至最高，土壤碱解氮含量在大喇叭口期达到最大值。说明玉米生长旺盛时期需要吸收大量的养分，而木霉菌的施用可以使土壤中的氮素得到充分的补充，使植株吸收充足的养分，保证植株的快速生长。随着生育时期的推进，两种木霉菌处理间，TH 处理高于 TA 处理，这可能是因为，TH 处理可以显著提高土壤脲酶活性，使土壤有机氮含量增加，积累更多的氮。所以哈茨木霉菌处理下全氮含量和碱解氮含量明显高于 TA。

氮和磷都是作物在生长发育过程中需要的元素，土壤中磷的含量很丰富，但是能被植物吸收利用的磷含量较少。木霉菌作为微生物菌肥可以有益的补充化学肥料所带给的不足，生物菌肥可以改善土壤结构，增加肥料的利用率，从而提高土壤中速效磷和速效钾的含量。Molla et al（2012）研究发现，哈茨木霉菌与化学肥料（N：P：K）配施显著提高了其肥料利用效率及产量。本试验研究显示，施用木霉菌后速效养分含量的提升显著高于对照 CK，吉牛拉惹等（2005）认为，利用生物菌肥可以在不增加化肥用量的情况下，通过对土壤中的有效养分进行分解提高肥料利用率，施用生物菌肥的土壤肥力较未施田显著提高。本试验中不同处理间的速效磷和速效钾含量均表现为 TA＞TH＞CK。TA 可以更好地提高磷素含量，可能是因为 TA 解磷和溶磷的效果更好，使无效磷转化为有效磷，提供给植物吸收利用。TA 处理增加了土壤速效养分含量，更好的改善了土壤环境。微生物经棘孢木霉菌处理后土壤中微生物活性更加活跃，使无效养分转化成有效养分，使植株能够更好的吸收和利用。王立伟等（2014）研究发现，生物菌肥的施用可以提高速效磷和速效钾的含量。

土壤有机质是反应土壤肥力的主要指标，同时也是土壤中有效的组成部分，前人研究显示，土壤有机质含量的增加与生物菌肥的施用有密切关系。研究结果发现，两种木霉菌处理下的土壤有机质的含量高于对照，在整个生育时期内，各处理的有机质含量表现为 TA＞TH＞CK。说明 TA 处理能够更好地提高土壤有机质的含量，说明棘孢木霉菌能更好地改善土壤微生物种群和结构方面，加速土壤有机成分的合成，导致土壤有机质的增加。

土壤有机质的增加可以调节土壤离子的平衡，进而平衡土壤 pH 值。结果显示，木霉菌的施用可以显著提高 Ca^{2+}、Mg^{2+}、K^{+}含量，明显改善了根际土壤中离子结构平衡，有效缓解了根际土壤中高浓度 Na^{+}、HCO_3^{-}、Cl^{-}、SO_4^{2-} 对玉米生长的危害。不同处理间表现为 TA＞TH＞CK。说明木霉菌对土壤微生物的活跃性有影响，使土壤有机质得到更好的分解，使其产生的具有较强的吸附能力的腐殖质，使土壤中的 Na^+ 得到更好地吸附，产生的腐殖质含有大量的酸性物质，使土壤 pH 值得到相应的改善，腐殖质产生的酸性物质可以使 $CaCO_3$ 得到更好地溶解，增加土壤中的 Ca^{2+} 源。王涛等（2011）研究发现，多功能木霉菌处理可以提高土壤 pH 值和有机质含量的增加。王涛等研究的 pH 值与本试验研究不一致，本试验结果显示，木霉菌的施用可以显著降低 pH 值，这可能是因为供试土壤不同，导致实验结果不一致。

试验显示，土壤养分含量的最大值均出现在玉米生育前期，TH 处理和 TA 处理的土壤养分均高于 CK，说明木霉菌在玉米生长旺盛时期，可以提供给作物充足的营养物质，保证植物的生长，木霉菌处理下成熟期土壤养分略有回升，说明木霉菌可以增加植物根系的生长，根系的腐蚀为微生物提供较多的影响物质，同时增加土壤养分含量，说明木霉菌的施用可以改善土壤环境，增加土壤中的营养物质。

（三）木霉菌对土壤微生物的影响

研究结果显示，施用木霉菌可以影响土壤中可培养细菌、真菌和放线菌的数量，木霉菌处理细菌和放线菌的可培养数量均高于对照，不同处理下土壤细菌、放线菌表现为 TA＞TH＞CK。木霉菌处里的真菌数量较对照降低。不同处理下真菌数量表现为 CK＞TH＞TA。说明棘孢木霉菌处理可以更好的改变土壤环境，使细菌和放线菌数量增加，抑制真菌生长，进而控制土壤病原物，使作物更好地生长。土壤可培养真菌数量的降低与木霉菌施用后快速增殖抑制了土壤中其他真菌的繁殖有关。木霉菌施用后玉米根系释放较多分泌物，改善了土壤微生物的生存环境，进而增加土壤微生物数量，提高活性。土壤微生物的增加，可以改变土壤肥力，使作物更好地吸收营养。木霉菌的施用可以改良土壤环境。尹淑丽等（2012）研究表明，土壤中细菌和放线菌的数量增加与微生物菌剂的施用有关，与本研究一致。杨玉新等（2008）的研究表明：生物菌肥的施用可以增加土壤放线菌的数量。

土壤微生物生物量碳、氮，简称土壤微生物碳、氮。土壤微生物量碳是形成腐殖质的有效碳源，微生物量碳的增加可以使土壤形成新的腐殖质，对土壤环境的改善有重要的意义。土壤微生物量氮占全氮的 3%~8%，土壤微生物氮的增加可以增加氮素的有效性，为土壤的氮循环起着重要的作用。因此，提高土壤微生物量碳、氮对改善土壤环境有重要的作用。研究结果表明，木霉菌的施用可以提高土壤细菌和放线菌的数量，进而使微生物量碳、氮的含量发生改变。杨雪（2017）研究发现的木霉菌可以提高微生物量碳、氮含量影响。这与本实验研究结果相似。实验结果显示，木霉菌对土壤生物量碳、氮含量有影响。不同处理间变现为 TA＞TH＞CK。说明棘孢木霉菌处理可以更好地促进腐殖质形成，使土壤肥力提高，使根系活力提高，进而使作物更好地吸收营养物质。

（四）木霉菌对土壤中小型节肢动物的影响

吐丝期是玉米生长的重要时期，是玉米从营养生长转向生殖生长的关键时期，此时，土壤中的一些生物化学反应都处于最活跃的状态，所以调查此时的土壤中小型节肢动物有重要的作用。土壤螨类在农田中普遍存在。土壤中分布最广，数量最多的得主要土壤中小型节肢动物类群为甲螨，它可以影响土壤的物质循环，对改善土壤肥力，对有机质的形成起到重要的作用。本试验研究显示，2018—2019 年木霉菌施用后，土壤螨类的数量明显增加。其中甲螨类数量最多。不同处理表现为 TA＞TH＞CK。前人研究发现，EM 堆肥有利于土壤螨类的生存与繁衍，有益肥的施用可以提高种类数，使动物分布均匀，群落稳定性增强（郑长英等，2002）。两年试验结果显示 TA 处理可以显著提高土壤甲螨类的数量，因为棘孢木霉菌处理可以更好地提高和改善土壤理化性质，提高土壤生物多样性，进而改变土壤环境。

（五）木霉菌对玉米生长发育及产量的影响

木霉菌影响植物生长能力的现象很早就被提出，本试验研究显示，木霉菌对玉米生长有影响。木霉菌施用后可以显著提高玉米的株高和叶面积，株高和叶面积是玉米生长中重要的形态指标。不同处理间的株高和叶面积表现为 TA＞TH＞CK。说明 TA 处理可以使玉米根系更好地吸收养分，使玉米快速生长。TA 处理还可以将不能利用的磷元素转换为植物可以吸收利用的有效磷。因此，植物生长的过程中可以更好地吸收养分，磷素的增加也使叶片的磷素增加，进而促进玉米的叶面积。滕安娜（2010）研究发现，木霉菌的施用可以提高黄瓜的株高，这与本研究相似。顾淑娟等（2003）研究发现，施用微生物肥后的大叶菠菜株高和叶片数有明显的增加。李玉奇等（2012）发现微生物菌肥可以提高黄瓜根系活力和叶面积指数。张树武等（2014）发现 100 倍的深绿木霉菌发酵稀释液对黑麦草幼苗的根系长度、株高、干重都有所增加。

磷可以增加作物的光合作用，是植物生长发育过程中的重要元素，与氮素代谢也有紧密的联系。玉米在生长发育的过程中，缺磷会导致代谢不能正常进行，光合速率下降，使生长发育缓慢，果实和种子都会受到影响，还会使生育时期延长，最终导致产量降低，抗性减弱。研究表明木霉菌的施用可以提高速效磷的含量，因此，木霉菌可以提高光和速率，棘孢木霉菌处理下效果更好。棘孢木霉菌可以更好地促进玉米的生长发育，加速果实的成熟，加速玉米灌浆速率，灌浆速率和灌浆持续期都可以影响籽粒产量（吴春胜，2008）。因此木霉菌的施用可以使籽粒干重的增加，进而影响灌浆速率。前人研究发现，施用木霉菌可以促进整个生育期黄瓜的生长，可以影响苗期的干重（邓建玲，2013）。试验结果显示，木霉菌的施用还可以增加干物质积累和干物质的转运能力。有研究表明，花后干物质积累与分配将会对作物产量有重要影响（田立双，2014）。Fontenelle et al.（2011）种植番茄的过程中发现，施用木霉菌可以促进番茄植株干重增加 100%，具有非常明显的促生效果。

木霉菌的施用可以增加 SPAD 值，TA 处理下效果更好。玉米生育后期木霉菌处理下，SPAD 值高于对照，说明木霉菌肥可增加叶子中叶绿素的含量。这与前人研究一致（宋日，2002）。木霉菌的施用可以提高根系伤流量，TA 处理效果更好。这可能是因为木霉菌对玉米根系产生影响，进而使玉米地上部分营养物质和水分的含量增加。氮、磷、钾的积累对于植株干物质生产和产量形成至关重要，因为棘孢木霉菌处理可以促进干物质的积累，进而增加植株氮磷钾含量。前人研究表明，施用促生菌剂可以提高植株的氮、磷积累量，提高了玉米产量（刘晓丹，2018）。

研究显示，2018—2019年试验显示，施用木霉菌可以增加玉米的产量和品质。陈龙等研究发现微生物菌肥可以提高玉米生长及品质，微生物菌肥能显著提高玉米产量（陈龙等，2016）。前人研究发现，微生物复合菌肥可以有效促进作物生长使其增产（荣良燕等，2012），而且在改善玉米品质方面也具有很大作用（裴润梅等，2003）。木霉菌的施用可以提高增加作物生长所需的养分，分泌出生长刺激素的物质，加速作物生长，增强土壤肥力，最终提高了农作物产量。本试验棘孢木霉菌处理能更好地增加产量。

二、结论

第一，木霉菌的施用可以显著提高土壤酶活性和土壤养分含量，不同处理对过氧化氢酶、脲酶、全氮和碱解氮的含量表现为TH＞TA＞CK，TA处理下碱性磷酸酶、蔗糖酶、速效磷和速效钾的含量高于TH处理。施用木霉菌可以改善土壤中离子的平衡，降低pH值。TA处理能更有效地降低Na^+、HCO_3^-、Cl^-、SO_4^{2-}，提高Ca^{2+}、Mg^{2+}、K^+含量。

第二，施用木霉菌改善了土壤生物群体结构。提高土壤微生物碳、氮含量。使土壤细菌和放线菌的数量增加，真菌的数量降低，使有益微生物和有机质含量增加。其中，TA处理能更好的改善土壤微生物群体结构。木霉菌的施用可以增加土壤中小型节肢动物种群数量和个体数量的影响。TA处理效果更好。

第三，木霉菌的施用可以提高土壤微生物活性，提高土壤养分含量，促进玉米的生长发育。可以有效地改善株高、叶面积指数。提高单株干物质积累和干物质的转运能力。增加根系的伤流量。对SPAD值和光合速率、灌浆速率都能有效地改善。TA处理玉米生长发育效果高于TH处理。

第四，木霉菌的施用可以提高玉米籽粒产量，在保证产量的同时，对籽粒蛋白质、粗脂肪、粗淀粉含量等品质都有效的调节。TA处理效果高于TH处理。

综上所述，木霉菌的施用降低了pH值，改善了土壤中离子的平衡，使土壤微生物结构发生变化，增加土壤中有益微生物。有机质含量的升高使土壤中有机酸含量增加，导致微生物活性更加活跃，从而改善了土壤养分和酶活性，促进玉米的生长发育，最终使玉米产量提高。与哈茨木霉菌相比，棘孢木霉菌对该地区土壤环境改善，玉米产量提高效果较好。

参考文献

白大鹏，赵建强，陈明昌，等，1997. 整秸覆盖免耕条件下黄土高原旱地的养分消长研究［J］. 土壤学报（1）：103-106.

包岩，2006. 超高产玉米冠层结构及光合特性的研究［D］. 长春：吉林农业大学 .

蔡丽君，边大红，田晓东，等，2014. 耕作方式对土壤理化性状及夏玉米生长发育和产量的影响［J］. 华北农学报（5）：232-238.

蔡永萍，陶汉之，程备久，1996. 对生玉米叶片蒸腾、光合若干特性的研究［J］. 安徽农业大学学报，23（4）：474-477.

曹宏鑫，周银生，王世敬，等，1995. 春小麦营养平衡施肥技术对于植株营养状况和产量的影响［J］. 宁夏农学院学报，16（2）：18-25.

曹玉军，魏雯雯，徐国安，2013. 半干旱区不同地膜覆盖滴灌对土壤水、温变化及玉米生长的影响［J］. 玉米科学，21（1）：107-113.

常旭虹，2004. 保护性耕作技术的效益及应用前景分析［J］. 耕作与栽培（1）：1-3.

陈丹，李志洪，孙晓秋，等，1998. 缺锌对玉米吸收锌的动力学及氨基酸分泌的影响［J］. 吉林农业大学学报，20（4）：58-60.

陈国平，1994. 玉米干物质生产与分配［J］. 玉米科学，2（1）：48-53.

陈建爱，杜方岭，2011. 黄绿木霉 T1010 对樱桃番茄横向土壤环境性状改良效果研究［J］. 农学学报，1（8）：36-41.

陈龙，姚拓，柴强，等，2016. 微生物肥料替代部分化学肥料对玉米生长及品质的影响［J］. 草原与草坪，36（1）：20-25+30.

陈铭，尹崇仁，1989. 锰、锌肥对冬小麦营养效应的研究［J］. 中国农业科学，22（4）：58-64.

陈铭，尹崇仁，1992. 施用锌锰肥对冬小麦体内营养元素浓度的效应［J］. 中国农业科学，25（4）：60-69.

陈志斌，2001. 玉米新品种生理生态特性及优化栽培措施研究［D］. 沈阳：沈阳农业大学 .

陈志辉，范连益，李芳春，等，1996. 春玉米密肥调控技术研究［J］. 玉米科学，4（4）：57-59.

褚天铎，刘新保，李春花，1995. 锌素营养对作物叶片解剖结构的影响［J］. 植物营养与肥料学报，1（1）：24-29.

褚天铎，刘新保，王淑惠，1986. 玉米缺锌的形态解剖表现［J］. 北京农业科学（4）：12-13，44.
褚天铎，刘新保，王淑惠，1987. 小麦施锌肥效果及使用技术的研究［J］. 土壤肥料（4）：24-26.
戴俊英，1988. 高产玉米的光合作用系统参数与产量的关系［J］. 沈阳农业大学学报，19（3）：1-8.
邓建玲，卫婷婷，孙兴全，等，2013. 木霉菌剂施用技术对黄瓜生长和产量的影响［J］. 江苏农业科学，41（11）：175-177.
丁昆仑，MJ-H，1997. 深松耕作对土壤水分物理特性及作物生长的影响［J］. 中国农村水利水电（11）：13-16.
董立国，袁汉民，李生宝，等，2010. 玉米免耕秸秆覆盖对土壤微生物群落功能多样性的影响［J］. 生态环境学报，19（2）：444-446.
董文轩，沈隽，孟繁静，1995. 锌铜处理对苹果属植物叶内 CA 活性的影响［J］. 果树科学，12（1）：10-14.
董振国，于沪宁，1989. 农田光合有效辐射观测和分析［M］. 北京：气象出版社.
杜兵，李问盈，邓健，等，2000. 保护性耕作表土作业的田间试验研究［J］. 中国农业大学学报，5（4）：65-67.
杜懋国，邱振英，张广柱，1994. 旱地大豆带作少耕栽培的田间小气候及对产量的影响［J］. 中国农业气象，15（6）：22-25.
方日尧，同延安，赵二龙，2003. 渭北旱原不同保护性耕作方式水肥增产效应研究［J］. 干旱地区农业研究（1）：54-57.
房蓓，武泰存，王景安，2004. 低锌和缺锌胁迫对不同基因型玉米的影响及机理［J］. 土壤通报，35（5）：617-621.
冯绍元，黄冠华，王风新，1998. 滴灌棉花水肥耦合效应的田间试验研究［J］. 中国农业大学报学，3（6）：59-62.
符菁，赵远，赵利华，等，2019. 基于光合菌剂的复合微生物菌肥对水稻产量及土壤酶活性的影响［J］. 西南农业学报，32（10）：2330-2336.
付国占，李潮海，王俊忠，等，2005. 残茬覆盖与耕作方式对土壤性状及夏玉米水分利用效率的影响［J］. 农业工程学报，21（1）：52-56.
付国占，李潮海，王俊忠，等，2005. 残茬覆盖与耕作方式对夏玉米叶片衰老代谢和籽粒产量的影响［J］. 西北植物学报，25（1）：155-160.
付国占，王俊忠，李潮海，等，2005. 华北残茬覆盖不同土壤耕作方式夏玉米生长分析［J］. 干旱地区农业研究，23（4）：12-15.
付健，2017. 木霉菌提高玉米耐盐碱机理及其对根际土壤微生物多样性的影响［D］. 大庆：黑龙江八一农垦大学.
高成功，王春夏，朱明玉，2014. 冬暖棚黄瓜水肥一体化水分及养分利用技术研究［J］. 现代农业科技（21）：76-78.
高俊杰，于新英，1998. 施锌对油菜生长产量和品质的影响［J］. 北方园艺

（122）：16-17.
高柳青，田长彦，胡明芳，1999. 土壤锌锰胁迫对棉花氮磷养分吸收的影响［J］. 资源科学，21（3）：72-76.
高明，周保同，魏朝富，等，2004. 不同耕作方式对稻田土壤动物、微生物及酶活性的影响研究［J］. 应用生态学报，15（7）：1181-1775.
高荣歧，董树亭，胡昌浩，等，1993. 夏玉米籽粒发育过程中淀粉积累与粒重的关系［J］. 山东农业大学学报，24（1）：42-45.
高晓飞，谢云，土晓岚，2004. 冬小麦冠层消光系数日变化的实验研究［J］. 资源科学，26（1）：137-140.
高肖贤，张华芳，马文奇，2014. 不同施氮量对夏玉米产量和氮素利用的影响［J］. 玉米科学（1）：121-126，131.
高秀君，张仁陟，杨招弟，2008. 不同耕作方式对旱地土壤酶活性动态的影响［J］. 土壤通报，39（5）：514-517.
高质，林葆，周卫，2001. 锌素营养对春玉米内源激素与氧自由基代谢的影响［J］. 植物营养与肥料学报，7（4）：424-428.
耿玉翠，1999. 玉米氮肥追肥时期研究［J］. 山西农业科学，27（1）：21-23.
宫亮，孙文涛，包红静，等，2011. 不同耕作方式对土壤水分及玉米生长发育的影响［J］. 玉米科学（3）：118-120，125.
宫占元，张国庆，于文莹，等，2013. 哈茨木霉菌对水稻幼苗根际土壤微生物和酶活性的影响［J］. 干旱地区农业研究，31（4）：167-171.
谷岩，胡文河，徐百军，2013. 氮素营养水平对膜下滴灌玉米穗位叶光合及氮代谢酶活性的影［J］. 生态学报，33（23）：7399-7407.
顾淑娟，叶玫，袁勇，2003. 微生物肥在大叶菠菜上的应用效果［J］. 上海蔬菜（2）：39-40.
顾慰连等编译，1979. 玉米生理译丛［M］. 北京：农业出版社.
关义新，林葆，凌碧莹，2000. 光、氮及其互作对玉米幼苗叶片光合和碳、氮代谢的影响［J］. 作物学报，26（6）：806-812.
郭景伦，张智猛，李伯航，1997. 不同高产夏玉米品种养分吸收特性的研究［J］. 玉米科学，5（4）：50-52，59.
郭敏亮，高煜珠，王忠，1988. 用酸度计测定植物碳酸酐酶活性［J］. 植物生理学通讯（6）：59-61.
郭庆法，王庆成，汪黎明，2004. 中国玉米栽培学［M］. 上海：上海科学技术出版社.
韩仕峰，李玉山，石玉洁，等，1990. 黄土高原土壤水分资源特征［J］. 水土保持通报（1）：36-43.
韩文炎，许允文，1996. 铜与锌对茶树生育特性及生理代谢的影响［J］. 茶叶科学，16（2）：99-104.
韩文炎，许允文，伍炳华，1994. 铜与锌对茶树生育特性及生理代谢的影响［J］.

茶叶科学，14（1）：23-29.
何萍，金继运，林葆，1998. 氮肥用量对春玉米叶片衰老的影响及其机理研究［J］. 中国农业科学，31（3）：66-71.
何世炜，常生华，张建全，等，2003. 氮素用量和密度对玉米营养体产量的影响［J］. 草业学报，12（1）：74-79.
何天春，闫青云，2003. 硫、锌素养分对甘蔗产量与品质影响［J］. 广西蔗糖，1（30）：20-22.
贺建群，杨居荣，许嘉琳，等，1992. 重金属及其交互作用对小麦幼苗中金属含量的影响［J］. 生态学杂志，11（4）：5-10.
贺竞赪，1988. 施肥对不同玉米品质的影响［J］. 陕西农业科学（1）：8-11.
贺绳武，1986. 玉米不同叶龄施穗肥的研究［J］. 贵州农业科学（5）：23-24.
侯鹏，2005. 氮肥及密度对高淀粉玉米（迪卡 1 号）、高油玉米（高油 907）产量与品质的影响［D］. 泰安：山东农业大学.
侯贤清，2009. 宁南旱区保护性耕作技术对土壤性状及作物生长的影响［D］. 杨凌：西北农林科技大学.
侯贤清，李荣，韩清芳，等，2012. 轮耕对宁南旱区土壤理化性状和旱地小麦产量的影响［J］. 土壤学报（3）：592-600.
侯雪坤，2011. 不同耕作方式下土壤耕层理化性状和生物学特性时空分布研究［D］. 大庆：黑龙江八一农垦大学.
胡昌浩，1995. 玉米栽培生理［M］. 北京：中国农业出版社.
胡昌浩，2005. 紧凑型玉米椰单 22 与 SC704 籽粒灌浆特性对比研究［J］. 山东农业大学学报（1）：70-74.
胡明芳，文启凯，田长彦，1997. 作物锌素营养研究进展与展望［J］. 新疆农业科学，(5)：214-216.
胡琼，邵菲菲，2010. 木霉对植物促生作用的研究进展［J］. 安徽农业科学，38（10）：5077-5079.
华洛，陈世宝，白玲玉，等. 2001. 土壤腐殖酸与 109Cd、65Zn 及其复合存在的络合物稳定性研究［J］. 中国农业科学，34（2）：187-191.
黄海，吴春胜，胡文河，2013. 氮素营养水平对大垄双行膜下滴灌玉米花粒期叶片衰老特性及产量的影响［J］. 南京农业大学学报，36（3）：1-7.
黄健，王爱文，张艳茹，等，2002. 玉米宽窄行轮换种植条带深松留高茬新耕作制对土壤性状的影响［J］. 土壤通报，33（3）：168-171.
黄明，李友军，吴金芝，等，2006. 深松覆盖对土壤性状及冬小麦产量的影响［J］. 河南科技大学学报：自然科学版（2）：74-77，9.
黄明，吴金芝，李友军，等，2009. 不同耕作方式对旱作冬小麦旗叶衰老和籽粒产量的影响［J］. 应用生态学报（20）：1355-1361.
黄瑞冬，1993. 玉米和高粱的比较研究［D］. 沈阳：沈阳农业大学.
黄舜阶，1963. 玉米产量构成的生理基础［J］. 中国农业科学（2）：21-25.

黄舜阶，1992. 玉米株型在高产育种中的作用［J］. 山东农业科学（3）：4-8.
黄伟，张俊花，刘倩男，等，2019. 微生物菌肥对生菜土壤酶活性和微生物数量的影响［J］. 湖北农业科学，58（22）：54-57，64.
黄文川，李录久，李文高，2000. 小麦氮锌配施效应及增产机理研究［J］. 核农学报，14（4）：225-229.
黄兴法，赵楠，任夏楠，2015. 宁夏引黄灌区膜下滴灌春玉米适宜施肥量试验研究［J］. 灌溉排水学报，34（12）：28-31.
黄益宗，2003. 镉与磷、锌、铁、钙等元素的交互作用及其生态学效应［J］. 生态学杂志，23（2）：92-97.
黄玉鸾，张继林，孙元敏，等，1991. 不同耕作方式机条播小麦的生长发育特性［J］. 江苏农业科学（5）：5-8.
姬景红，李玉影，刘双全，2015. 覆膜滴灌对玉米光合特性、物质积累及水分利用效率的影响［J］. 玉米科学（1）：128-133.
吉牛拉惹，崔涛，史光祥，等，2005. 生物菌肥对土壤肥力影响的研究初报［J］. 西昌学院学报（自然科学版）（4）：25-26.
贾凯文，2010. 寒地玉米叶龄施肥模式的建立与应用［D］. 哈尔滨：东北农业大学.
江晓东，2007. 耕作方式与施氮量对土壤理化性状及小麦玉米产量及品质的影响［D］. 泰安：山东农业大学.
江晓东，李增嘉，侯连涛，2005. 少免耕对灌溉农田冬小麦/夏玉米作物水、肥利用的影响［J］. 农业工程学报，21（7）：20-24.
姜琳琳，韩晓日，杨劲峰，等，2010. 施肥对不同密度型高产玉米品种光合生理特性的影响［J］. 沈阳农业大学学报（3）：265-269.
姜涛，2013. 氮肥运筹对夏玉米产量、品质及植株养分含量的影响［J］. 植物营养与肥料学报（3）：559-565.
姜勇，梁文举，闻大中，2004. 免耕对农田土壤生物学特性的影响［J］. 土壤通报，35（3）：347-351.
蒋耿民，李援农，周乾，2013. 不同揭膜时期和施氮量对陕西关中地区夏玉米生理生长、产量及水分利用效率的影响［J］. 植物营养与肥料学报（5）：1065-1072.
蒋式洪，2000. 植物微量元素分析［M］//鲁如坤. 土壤农业化学分析方法. 北京：中国科技出版社.
蒋廷惠，胡蔼堂，秦怀英，1989. 土壤中锌、铜、铁、锰的形态与有效性的关系土壤通报，20（5）：228-231.
金继运，何萍，刘海龙，等，2004. 氮肥用量高淀粉玉米和普通玉米吸氮特性及产量和品质的影响［J］. 植物营养与肥料学报，10（6）：568-573.
金攀，2010. 美国保护性耕作发展概况及发展政策［J］. 农业工程技术（11）：23-25.

瞿志海，周俊芳，1997. 小麦高产实用技术［M］. 北京：科学出版社.
孔涛，梁冰，那冰静，等，2018. 木霉菌协助丛枝菌根真菌对煤矸石分解和绿化的促进效果［J］. 煤炭转化，41（6）：58-65.
孔晓民，韩成卫，曾苏明，等，2014. 不同耕作方式对土壤物理性状及玉米产量的影响［J］. 玉米科学（1）：108-113.
兰全美，张锡洲，李廷轩，2009. 水旱轮作条件下免耕土壤主要理化特性研究［J］. 水土保持学报，23（1）：145-149.
郎家庆，王颖，刘顺国，2014. 玉米高产施肥技术探讨［J］. 农业科技与装备（9）：5-6.
李彬，妥德宝，程满金，2015. 内蒙古西辽河流域春玉米水肥一体化技术应用研究［J］. 节水灌溉（9）：39-43.
李箔，王枫，2000. 锌与细胞凋亡的关系及其分子研究［J］. 国外医学（医学地理分册），21（4）：145-148.
李潮海，李胜利，王群，等，2005. 下层土壤容重对玉米根系生长及吸收活力的影响［J］. 中国农业科学，38（8）：1706-1711.
李潮海，刘奎，周苏玫，等，2002. 不同施肥条件下夏玉米光合对生理生态因子的响应［J］. 作物学报，28（2）：265-269.
李春霞，陈阜，2006. 秸秆还田与耕作方式对土壤酶活性动态变化的影响［J］. 河南农业科学（11）：68-70.
李登海，张永慧，翟延举，等，1992. 玉米株型在高产育种中的作用［J］. 山东农业科学（4）：5-8.
李国清，石岩，2012. 深松和翻耕对旱地小麦花后根系衰老及产量的影响［J］. 麦类作物学报，32（3）：500-502.
李洪文，陈君达，高焕文，1997. 旱地农业三种耕作措施的对比研究［J］. 干旱地区农业研究，15（1）：7-11.
李洪文，胡立峰，2005. 保护性耕作的生态环境效应［M］. 北京：中国农业科学技术出版社.
李花粉，张福锁，李春俭，等，1998. Fe 对小麦吸收不同形态 cd 的影响［J］. 应用生态学报，9（1）：110-112.
李华，1997. 施锌对马铃薯产量和品质的影响［J］. 山西农业大学学报，17（3）：270-272.
李惠英，李惠英，陈素英，等，1994. 铜、锌对土壤—植物系统的生态效应及临界含量［J］. 农村生态环境，10（2）：22-24.
李建奇，黄高宝，牛俊义，2004. 氮肥对不同玉米品种产量和品质的影响研究［J］. 耕作与栽培（2）：22-24.
李琳，2007. 保护性耕作对土壤有机碳库和温室气体排放的影响［D］. 北京：中国农业大学.
李玲玲，黄高宝，张仁陟，等，2005. 不同保护性耕作措施对旱作农田土壤水分的影响［J］. 生态学报，25（9）：7.
李敏，王胜楠，邵美乐，等，2015. 生物菌肥冲施对黄瓜生长及土壤酶活性的影响［J］. 北方园艺（16）：153-156.
李明，李文雄，2004. 肥料和密度对寒地高产玉米源库性状及产量的调节作用［J］. 中国农业科学，37（8）：1130-1137.
李强，2004. 锌对小麦生长及产量的影响［J］. 土壤肥料（1）：16-17.
李生秀，1999. 土壤-植物营养研究文集［M］. 西安：陕西科学技术出版社.
李世贵，吕天晓，顾金刚，等，2010. 施用木霉菌诱导黄瓜抗病性及对土壤酶活性的影响［J］. 中国土壤与肥料（2）：75-78.
李旭，闫洪奎，曹敏建，等，2009. 不同耕作方式对土壤水分及玉米生长发育的影响［J］. 玉米科学（6）：76-78，81.
李友军，黄明，吴金芝，等，2006. 不同耕作方式对豫西旱区坡耕地水肥利用与流失的影响［J］. 水土保持学报，20（2）：42-45，101.
李玉奇，辛世杰，奥岩松，2012. 微生物菌肥对温室黄瓜生长、产量及品质的影响［J］. 中国农学通报，28（1）：259-263.
李月兴，魏永华，魏永霞，2010. 保护性耕作对土壤水分和玉米产量的影响［J］. 中国农村水利水电（10）：25-28，32.
李战国，2008. 不同灌溉施肥方式对樱桃番茄产量和品质的影响［J］. 安徽农业科学，36（18）：133-134，446.
李兆君，李万峰，解晓瑜，等，2010. 覆膜对不同施肥条件下玉米苗期生长和光合及生理参数的影响［J］. 核农学报（2）：360-364.
梁金凤，齐庆振，贾小红，等，2010. 不同耕作方式对上壤性质与玉米生长的影响研究［J］. 生态环境学报，19（4）：945-950.
梁熠，齐华，王敬亚，等，2009. 宽窄行栽培对玉米生长发育及产量的影响［J］. 玉米科学（4）：97-100.
林葆，李家康，1989. 我国化肥的肥效及其提高的途径全国化肥试验网的主要结果［J］. 土壤学报，26（3）：273-279.
刘福来，1998. 土壤—植物系统中锌的研究概况［J］. 土壤肥料（5）：10-14.
刘国荣，李秀芹，赵义，等，1996. 玉米花白叶病与锌［J］. 农业与技术（3）：29-32.
刘洪顺，1980. 光合成有效辐射的观测和计算［J］. 气象，6（1）：5-6.
刘慧迪，2015. 基于叶龄指数氮素管理对寒地玉米产量及品质形成的影响［D］. 大庆：黑龙江八一农垦大学.
刘铃，1994. 我国土壤中锌含量的分布规律［J］. 中国农业科学，27（1）：30-37.
刘仁武，郑金玉，冯艳春，等，2005. 玉米品种不同密度下的质量效应［J］. 玉米科学，13（2）：99-101.
刘爽，张兴义，2011. 保护性耕作对黑土农田土壤水热及作物产量的影响［J］. 大豆科学（1）：56-61.

刘武仁，刘凤成，冯艳春，等，2004. 玉米不同密度的生理指标研究［J］. 玉米科学（S2）：82-83，87.
刘晓丹，朱学强，张林利，等，2018. 多功能促生菌剂对砂质潮土玉米生产的影响［J］. 浙江农业科学，59（6）：902-906.
刘新保，褚天铎，杨清，等，1993. 硫、镁和微量元素在作物营养平衡中的作用. 国际学术会论文集［M］. 成都：成都科技大学出版社.
刘新民，刘永江，郭砺，1999. 内蒙古草原地带不同生境土壤动物比较研究［J］. 内蒙古大学学报（自然科学版），30（1）：74-78.
刘兴贰，才卓，孙发明，2006. 3 个高淀粉玉米新品种适宜种植密度的研究［J］. 吉林农业科学，31（5）：19-21，36.
刘秀梅，李琪，梁文举，等，2006. 潮棕壤免耕农田土壤酶活性的动态变化［J］. 应用生态学报，17（12）：2347-2351.
刘绪军，荣建东，2009. 深松耕法对土壤结构性能的影响［J］. 水土保持应用技术（1）：9-11.
刘萱，于沪宁，1990. 麦田冠层气孔导度的分层研究［J］. 植物学报，32（5）：390-396.
刘艳昆，阎旭东，徐玉鹏，等，2014. 滨海地区不同耕作方式对土壤水分及夏玉米生长发育的影响［J］. 天津农业科学（5）：84-87.
刘洋，栗岩峰，李久生，2014. 东北黑土区膜下滴灌施氮管理对玉米生长和产量的影响［J］. 45（5）：529-536.
刘玉兰，2007. 密度及氮肥量对高淀粉玉米产量与品质的影响［D］. 北京：中国农业科学院.
刘铮，1991. 微量元素的农业化学［M］. 北京：农业出版社.
刘铮，1996. 中国土壤中微量元素［M］. 南京：江苏科学技术出版社.
鲁如坤，1999. 土壤农业化学分析方法［M］. 北京：中国农业科技出版社.
吕巨智，程伟东，钟昌松，等，2014. 不同耕作方式对土壤物理性状及玉米产量的影响［J］. 中国农学通报（30）：38-43.
吕军杰，姚宇卿，王育红，2003. 不同耕作方式对坡耕地土壤水分及水分生产效率的影响［J］. 土壤通报，34（1）：4-77.
吕鹏，张吉旺，刘伟，2012. 施肥时期对高产夏玉米氮代谢关键酶活性及抗氧化特性的影响［J］. 应用生态学报，23（6）：1591-1598.
吕鹏，张吉旺，刘伟，2013. 施氮时期对高产夏玉米光合特性的影响［J］. 生态学报，33（2）：576-585.
吕选忠，宫象雷，唐勇，2006. 叶面喷施锌或硒对生菜吸收镉的拮抗作用研究［J］. 土壤学报，43（5）：868-870.
罗文扬，习金根，2006. 滴灌施肥研究进展及应用前景［J］. 中国热带农业（2）：35-37.
罗珠珠，黄高宝，Li G D，等，2009. 保护性耕作对旱作农田耕层土壤肥力及酶活性的影响［J］. 植物营养与肥料学报（15）：1085-1092.
马金豪，吴鹏飞，2018. 土壤动物群落对沙化高寒草地生态恢复的响应［J］. 生态学杂志，37（12）：3566-3575.
马斯纳，1991. 高等植物的矿质营养［M］. 北京：北京农业大学出版社 .
马涛，2010. 农业机械深松深翻推广技术［J］. 现代农业科技（14）：91-91.
马晓河，2007. 关于玉米深加工业发展的几个问题［C］//2007 中国玉米化工国际论坛论文集 . 北京：中国化工信息中心 .
马兴林，关义新，逄焕成，等，2005. 种植密度对 3 个玉米杂交种产量及品质的影响［J］. 玉米科学，13（3）：84-86.
马兴林，许建新，林治安，等，2004. 种植密度与施肥水平对优质蛋白玉米中单 9409 产量及籽粒蛋白质含量的影响［J］. 玉米科学（12）：107-110.
马月存，秦红灵，高旺盛，等，2007. 农牧交错带不同耕作方式土壤水分动态变化特征［J］. 生态学报（6）：2523-2530.
毛红玲，李军，贾志宽，等，2010. 旱作麦田保护性耕作蓄水保墒和增产增收效应［J］. 农业工程学报，26（8）：44-51.
孟庆秋，谢佳贵，胡会军，等，2000. 土壤深松对玉米产量及其构成因素的影响［J］. 吉林农业科学（2）：25-28.
南京农业大学，1994. 土壤农化分析［M］. 北京：农业出版社 .
牛庆良，黄丹枫，赵志昆，2006. 增施锌肥对基质培甜瓜品质的影响［J］. 上海交通大学学报（农业科学版），24（3）：235-239.
逄焕成，1999. 秸秆覆盖对土壤环境及冬小麦产量状况的影响［J］. 土壤通报，30（4）：174-175.
逄蕾，黄高宝，2006. 不同耕作措施对旱地土壤有机碳转化的影响［J］. 水土保持学报（3）：110-113.
裴润梅，梁和，范稚莲，等，2003. 桂乐牌复合微生物肥料对甜玉米产量品质及土壤特性的影响［J］. 中国农学通报（4）：131-133.
钱春荣，于洋，宫秀杰，2012. 黑龙江省不同年代玉米杂交种产量对种植密度和施氮水平的响应［J］. 作物学报，38（10）：1864-1874.
秦红灵，高旺盛，马月存，等，2007. 免耕对农牧交错带农田休闲期土壤风蚀及其相关土壤理化性状的影响［J］. 生态学报，27（9）：3778-3784.
秦红灵，高旺盛，马月存，等，2008. 两年免耕后深松对土壤水分的影响［J］. 中国农业科学，41（1）：78-85.
屈海泳，2003. 木霉的离子束注入的诱变筛选及对草莓灰霉病菌的拮抗作用［D］. 合肥：安徽农业大学 .
任军，袁震林，张淑芬，1993. 锌肥有效施用条件研究［J］. 土壤肥料（2）：40-42.
荣良燕，姚拓，刘青海，等，2012. 复合菌肥代替部分化肥对玉米生长的影响［J］. 草原与草坪，32（3）：65-69.

荣廷昭，李晚忱，潘光堂，2003. 新世纪初发展我国玉米遗传育种科学技术的思考 [J]. 玉米科学（S2）：42-53.
阮培均，马俊，梅艳，等，2004. 不同密度与施氮量对玉米品质的影响 [J]. 中国农学通报（6）：147-149.
邵元虎，张卫信，刘胜杰，等，2015. 土壤动物多样性及其生态功能 [J]. 生态学报，35（20）：6614-6625.
沈世华，1996. 免耕生态系统中土壤动物对土壤养分影响的研究 [J]. 农村生态环境，12（4）：8-10，14.
沈秀瑛，戴俊英，胡安畅，等，1993. 玉米群体冠层特征与光截获及产量关系的研究 [J]. 作物学报，19（3）：246-252.
施木田，2004. 锌对苦瓜叶片内源激素与氮代谢及产量的影响研究 [J]. 中国生态农业学报，12（1）：59-62.
石孝均，毛知耘，周则芳，1990. 钙质紫色土小麦优质高产与氮、锌、锰优化配方的研究 [J]. 西南农业大学学报，12（6）：553-558.
宋菲，郭玉文，刘孝义，等，1996. 镉、锌、铅复合污染对菠菜的影响 . 农业环境保护，15（1）：9-14.
宋日，吴春胜，牟金明，等，2002. 玉米根茬留田对土壤微生物量碳和酶活性动态变化特征的影响 [J]. 应用生态学报（3）：303-306.
孙冬梅，林志伟，段东平，等，2010. 黄绿木霉菌及不同生物混剂对土壤养分与酶活性的影响 [J]. 中国蔬菜（10）：72-76.
孙刚，杨习文，田霄鸿，等，2007. 不同玉米基因型幼苗缺锌敏感性评价 [J]. 西北农林科技大学学报（自然科学版），35（3）：166-171.
孙桂芳，杨光穗，2002. 土壤—植物系统中锌的研究进展 [J]. 华南热带农业大学学报，8（2）：22-30.
孙海国，1996. 不同耕作方式对土壤有机质及氮磷钾含量的影响 [J]. 河北农业科学（3）：20-22.
孙海国，LARNEY F J，1997. 保护性耕作和植物残体对土壤养分状况的影响 [J]. 生态农业研究，5（1）：47-51.
孙建，刘苗，李立军，等，2009. 免耕与留茬对土壤微生物量 C、N 及酶活性的影响 [J]. 生态学报，29（10）：5508-5515.
孙利军，张仁陟，黄高宝，2007. 保护性耕作对黄土高原旱地地表土壤理化性状的影响 [J]. 干旱地区农业研究，25（6）：207-211.
孙伟红，2004. 长期秸秆还田改土培肥综合效应的研究 [D]. 泰安：山东农业大学 .
孙艳，2009. 土壤紧实胁迫对黄瓜叶片光合作用及叶绿素荧光参数的影响 [J]. 植物营养与肥料学报，15（3）：638-642.
孙月轩，1994. 夏玉米灌浆与温度，籽粒含水率关系的初步探讨 [J]. 玉米科学，2（1）：54-58.

台莲梅，高俊峰，左豫虎，等，2018. 长枝木霉菌 T115D 诱导大豆叶片防御酶活性及疫病盆栽防治效果［J］. 中国生物防治学报，34（6）：897-905.
唐静，袁访，宋理洪，2020. 施用生物炭对土壤动物群落的影响研究进展［J］. 应用生态学报，31（7）：2473-2480.
唐亚芹，瞿龙兴，陈建，2005. 糯玉米不同叶龄穗肥施用效应初探［J］. 上海农业科技，3（1）：70-71.
滕安娜，2010. 木霉菌对植物的促生效果及其机理的研究［D］. 济南：山东师范大学.
田立双，李国红，杨恒山，等，2014. 不同栽培模式对春玉米干物质积累及转运的影响［J］. 作物杂志（1）：89-93.
田慎重，李增嘉，宁堂原，等，2008. 保护性耕作对农田土壤不同养分形态的影响［J］. 青岛农业大学学报：自然科学版，25（3）：171-176.
田秀平，陶永香，王立军，等，2002. 不同耕作处理对白浆土养分状况及农作物产量的影响［J］. 黑龙江八一农垦大学学报，14（3）：9-11.
佟屏亚，1994. 高产玉米产量形成动态的研究［J］. 农业系统科学与综合研究，10（2）：85-90.
佟屏亚，1998. 为玉米栽培研究做出贡献的人［C］. 北京：中国农业出版社.
佟屏亚，2000. 中国玉米科技史［M］. 北京：中国农业科技出版社.
佟屏亚，2001. 20 世纪中国玉米品种改良的历程和成就［J］. 中国科技史料（2）：113-127.
佟屏亚，程延年，1995. 玉米密度与产量因素关系的研究［J］. 北京农业科学（1）：23-25.
汪邓民，周冀衡，朱显灵，等，2000. 磷钙锌对烟草生长、抗逆性、保护酶及渗调物的影响［J］. 土壤，32（1）：34-37.
汪洪，刘新保，褚天铎，等，2003. 锌对作物产量、籽粒锌及土壤有效锌含量的后效［J］. 土壤肥料（1）：3-6.
王崇桃，李少坤，1997. 主要增产措施对玉米光合特性与产量的影响［J］. 玉米科学，5（1）：58-60.
王改玲，郝明德，许继光，等，2011. 保护性耕作对黄土高原南部地区小麦产量及土壤理化性质的影响［J］. 植物营养与肥料学报，17（3）：539-544.
王继安，王金阁，2000. 大豆叶面积垂直分布对产量及农艺性状的影响［J］. 东北农业大学学报，31（1）：14-19.
王建政，古润生，2003. 旱地小麦保护性耕作增加播前地表处理的研究［J］. 农业工程学报（4）：139-141.
王晶，张仁陟，李爱宗，2008. 耕作方式对土壤活性有机碳和碳库管理指数的影响［J］. 干旱地区农业研究，26（6）：8-12.
王景安，张福锁，1999. 缺锌与低锌对玉米苗期生长发育的影响［J］. 土壤肥料（5）：18-20.

王景安，张福锁，2000. 玉米幼苗对短暂供锌的反应及缺锌后再供锌的恢复［J］. 土壤肥料，9（3）：25-27.
王景安，张福锁，2003. 锌对不同基因型玉米缺锌后的恢复效果及胚乳在缺锌中的作用［J］. 中国生态农业学报，11（3）：72-75.
王靖，林琪，倪永君，等，2009. 不同保护性耕作模式对冬小麦产量及土壤理化性状的影响［J］. 青岛农业大学学报（自然科学版），26（4）：276-281.
王立伟，王明友，2014. 生物菌肥对番茄连作土壤质量及根结线虫病的影响［J］. 河南农业科学，43（4）：51-55.
王鹏文，1996. 玉米品质改良的研究现状［J］. 国外农学（杂粮作物）（3）：9-13.
王鹏文，戴俊英，赵桂坤，等，1996. 玉米种植密度对产量和品质的影响［J］. 玉米科学，4（4）：43-46.
王庆成，刘开昌，张秀清，等，2001. 玉米的群体光合作用［J］. 玉米科学，9（4）：57-61.
王庆成，牛玉贞，徐庆章，等，1996. 株型对玉米群体光合速率和产量的影响［J］. 作物学报，22（2）：223-227.
王庆祥，1992. 玉米群体的自动调节与产量［M］//顾慰连论文选集. 沈阳：辽宁科学技术出版社：200-209.
王庆祥，顾慰连，戴俊英，等，1987. 玉米群体的自动调节与产量［J］. 作物学报，13（4）：281-287.
王群，张学林，李全忠，等，2010. 紧实胁迫对不同土壤类型玉米养分吸收分配及产量的影响［J］. 中国农业科学，43（21）：4356-4366.
王人民，杨肖娥，杨玉爱，1998. 水稻耐低锌基因型的生长发育和若干生理特性研究［J］. 植物营养与肥料学报，4（3）：284-293.
王人民，杨肖娥，杨玉爱，1999. 不同 Zn^{2+} 活度对水稻根和叶生长生理特性的影响［J］. 作物学报，25（4）：466-473.
王涛，辛世杰，乔卫花，等，2011. 几种微生物菌肥对连作黄瓜生长及土壤理化性状的影响［J］. 中国蔬菜（18）：52-57.
王锡平，李保国，郭焱，等，2004. 玉米冠层内光合有效辐射三维空间分布的测定和分析［J］. 作物学报，30（6）：568-576.
王秀斌，梁国庆，周卫，2009. 优化施肥下华北冬小麦、夏玉米轮作体系农田反硝化损失与 N2O 排放特征［J］. 植物营养与肥料学报（1）：48-54.
王洋，1999. 不同氮磷水平对耐密型玉米籽粒产量和营养品质的影响［J］. 吉林农业大学学报（3）：45-47.
王宜伦，李潮海，谭金芳，2011. 氮肥后移对超高产夏玉米产量及氮素吸收和利用的影响［J］. 作物学报（2）：339-347.
王永勤，赵鸿钧，1999. 施锌对青花菜产量品质影响机理的研究［J］. 山西农业大学学报，17（3）：218-221.

王育红，蔡典雄，姚宇卿，等，2009. 豫西旱坡地长期定位保护性耕作研究-Ⅰ. 连年免耕和深松覆盖对冬小麦生育及产量的影响［J］. 干旱地区农业研究，27（5）：47-51.
王育红，姚宇卿，吕军杰，等，2008. 调亏灌溉对冬小麦光合特性及水分利用效率的影响［J］. 干旱地区农业研究（3）：59-62.
王云奇，陶洪斌，徐丽娜，等，2013. 拔节期深松对夏玉米干物质生产及光合作用的影响［J］. 玉米科学（1）：90-95.
王正银，胡尚钦，孙彭寿，1999. 作物营养与品质［M］. 北京：中国农业科技出版社.
王忠孝，1999. 山东玉米［M］. 北京：中国农业出版社.
王忠孝，杜成贵，王庆成，1990. 不同类型玉米籽粒灌浆过程中主要品质成分的变化规律［J］. 植物生理学通讯（1）：30-36.
王忠孝，魏金鹏，杨克军，2014. 不同肥力和种植密度对黑龙江省中西部地区玉米光合特性及产量的影响［J］. 安徽农业科学（8）：2225-2227，2250.
魏抿，1999. 锌与蔬菜生育［J］. 北方园艺（1）：124-125.
文都日，李刚，张静妮，等，2010. 呼伦贝尔不同草地类型土壤微生物量及土壤酶活性研究［J］. 草业学报，19（5）：94-102.
乌瑞翔，刘荣权，卢翠玲，2001. 地膜玉米的最佳播期及其两个学说的应用［J］. 中国农业科学（34）：433-438.
吴才武，夏建新，2015. 保护性耕作的水土保持机理及其在东北黑土区的推广建议［J］. 浙江农业学报（2）：254-260.
吴春胜，2008. 超高产玉米灌浆速率与干物质积累特性研究［J］. 吉林农业大学学报（4）：382-385，400.
吴沿友，张红萍，吴德勇，等，2006. 植物叶片和角果的碳酸酐酶与光合速率的关系研究［J］. 西北植物学报，26（10）2094-2098.
吴兆明，王玉琦，1998. 小麦种子含锌量在幼苗中的分配与对缺锌敏感性的关系［J］. 植物学通报，15（4）：51-54.
吴振球，吴岳轩，1990. 铜、锌对水稻幼苗生长及超氧化物酶的影响［J］. 植物生理学报，16（2）：139-146.
武海涛，吕宪国，姜明，等，2008. 三江平原典型湿地土壤动物群落结构及季节变化［J］. 湿地科学，6（4）：459-465.
武志海，2002. 高产玉米群体冠层结构及其微环境的构建［D］. 吉林：吉林农业大学.
谢建冶，刘树庆，李博文，等，2004. 锌处理对白莱营养品质的影响［J］. 园艺学报，31（5）：668-669.
谢伟，谭向平，田海霞，等，2016. 土壤水分对稻田土壤有效砷及碱性磷酸酶活性影响［J］. 中国环境科学，36（8）：2418-2424.
徐健，2015. 浅谈水肥一体化技术的应用现状与发展趋势［J］. 科技致富向导

（3）：100.
徐克章，武志海，王珍，2001. 玉米群体冠层内光和 CO_2 分布特性的初步研究［J］. 吉林农业大学学报，23（3）：9-12.
徐凌飞，韩清芳，吴中营，等，2010. 清耕和生草梨园土壤酶活性的空间变化［J］. 中国农业科学，43（23）：4977-4982.
徐庆章，王庆成，牛玉贞，等，1995. 玉米株型与群体光合作用的关系研究［J］. 作物学报，21（4）：492-496.
徐晓燕，杨肖娥，杨玉爱，1999. 锌在植物中的形态及生理作用机理研究进展［J］. 广东微量元素科学，6（11）：1-6.
许崇香，关义新，逄焕成，等，2005. 密度对中早熟高淀粉玉米品种淀粉产量的影响［J］. 玉米科学，13（2）：97-98.
许恩军，闰鹏，孔晓民，2004. 大棚蔬菜滴灌施肥技术的效应分析［J］. 土壤肥料（2）：37-40.
许嘉琳，鲍子平，杨居荣，等，1991. 作物体中铅、镉、铜的化学形态研究［J］. 应用生态学报，2（3）：244-248.
薛吉全，鲍巨松，杨成书，等，1995. 玉米不同株型群体冠层特性与光能截获量及产量的关系［J］. 西北农业学报，4（1）：29-34.
闫湘，金继运，何萍，2008. 提高肥料利用率技术研究进展［J］. 中国农业科学（2）：450-459.
杨大星，杨茂发，2016. 马尾松人工林火烧迹地大型土壤动物的群落结构［J］. 贵州农业科学，44（4）：154-159，164.
杨克军，2001. 栽培方式对玉米产量及品质的研究［D］. 哈尔滨：东北农业大学.
杨克军，萧常亮，李明，等，2005. 栽培方式与群体结构对玉米生长发育及产量的影响［J］. 黑龙江八一农垦大学学报（4）：9-12.
杨利华，郭丽敏，傅万鑫.2003. 施锌对玉米氮磷钾肥料利用率、产量及籽粒品质的影响［J］. 中国生态农业学报，11（2）：41-43.
杨清，刘新保，褚天铎，等，1995. 小麦氮、磷与锌配合施用的研究［J］. 中国农业科学，28（1）：5-24.
杨晴，王文颇，韩金玲，等，2009. 冀东地区密度对夏玉米光合、呼吸及产量的影响［J］. 玉米科学，17（4）：66-69.
杨荣厚，王修源，1989. 黑龙江省土壤锌的含量分布和肥效以及有效施用条件的研究［J］. 黑龙江农业科学（2）：1-5.
杨升辉，张延和，刘晶，2011. 超高产栽培氮肥运筹对春玉米穗部性状及产量的影响［J］. 作物杂志（6）：38-41.
杨雪，2017. 木霉菌肥促春油菜生长及改良土壤效果研究［D］. 哈尔滨：东北林业大学.
杨玉萍，杨叶，李红英，等，2019. 绿色木霉菌微生物菌剂在番茄上的应用效果试验［J］. 基层农技推广，7（9）：36-38.

杨玉新，王纯立，谢志刚，等，2008. 微生物肥对土壤微生物种群数量的影响［J］. 新疆农业科学（S1）：169-171.
易振邪，王璞，张红芳，等，2006. 氮肥类型与施用量对夏玉米产量与品质性状的影响［J］. 玉米科学，14（2）：130-133.
尹淑丽，张丽萍，张根伟，等，2012. 复合微生态菌剂对黄瓜根际土壤微生物数量及酶活的影响［J］. 微生物学杂志，32（1）：23-27.
尹婷，2012. 深绿木霉 T2 对微生物种群数量的影响及抗药菌株的筛选［D］. 兰州：甘肃农业大学.
尹文英，1992. 中国亚热带土壤动物［M］. 北京：科学出版社.
余海英，彭文英，马秀，等，2011. 免耕对北方旱作玉米土壤水分及物理性质的影响［J］. 应用生态学报（1）：99-104.
余晓鹤，朱培立，黄东迈，1991. 土壤表层管理对稻田土壤氮矿化势、固氮强度及铵态氮的影响［J］. 中国农业科学，24（1）：73-791.
曾玲玲，张兴梅，洪音，等，2008. 长期施肥与耕作方式对土壤酶活性的影响［J］. 中国土壤与肥料（2）：27-30.
曾庆芳，1996. 石灰性土壤棉花的施锌效果研究［J］. 中国棉花，23（11）：21-22.
翟瑞常，G·卡量纳新基，1990. 不同耕作方法对耕层土壤水分时空分布的影响［J］. 黑龙江八一农垦大学学报（1）：89-90.
张福锁，1993a. 锌在植物细胞原生质膜稳定性方面的作用［J］. 土壤学报，30（增刊）：104-110.
张福锁，1993b. 植物营养、生态生理学和遗传学［M］. 北京：中国科学技术出版社.
张富仓，康绍忠，龚道枝，等.2005. 不同磷浓度对玉米生长及磷、锌吸收的影响［J］. 应用生态学报，16（5）：903-906.
张华文，管延安，秦岭，等，2008. 甜高粱茎节含糖量和榨汁率研究［J］. 华北农学报，23（增刊）：20-24.
张俊丽，SIKANDER K T，温晓霞，等，2012. 不同耕作方式下旱作玉米田土壤呼吸及其影响因素［J］. 农业工程学报（18）：192-199.
张树武，徐秉良，薛应钰，等，2014. 长枝木霉对禾谷胞囊线虫的寄生和致死作用［J］. 微生物学报，54（7）：793-802.
张四海，连健虹，曹志平，等，2013. 根结线虫病土引入秸秆碳源对土壤微生物生物量和原生动物的影响［J］. 应用生态学报，24（6）：1633-1638.
张薇，周连仁，2011. 保护性耕作对黑钙土水分及温度的影响［J］. 东北农业大学学报（2）：115-121.
张宪政，1992. 作物生理研究法［M］. 北京：农业出版社.
张星杰，刘景辉，李立军，等，2008. 保护性耕作对旱作玉米土壤微生物和酶活性的影响［J］. 玉米科学，16（1）：91-95.

张雪萍，陈鹏，李景科，等，2007. 大兴安岭土壤动物生态地理研究［M］. 哈尔滨：哈尔滨地图出版社.

张燕卿，1991. 小麦锌素营养初报［J］. 土壤肥料（1）：29-32.

张玉玲，张玉龙，黄毅，等，2009. 辽西半干旱地区深松中耕对土壤养分及玉米产量的影响［J］. 干旱地区农业研究（4）：167-170.

张志国，徐琪，BLEVINS R L，1998. 长期秸秆覆盖免耕对土壤某些理化性质及玉米产量的影响［J］. 土壤学报（3）：384-391.

张智锰，戴良香，胡昌浩，等，2005. 氮素对玉米淀粉积累及相关酶活性的影响［J］. 作物学报，31（7）：956-962.

赵宏伟，邹德堂，迟凤琴，2007. 氮肥施用量对春玉米籽粒淀粉含量及淀粉合成关键酶活性的影响［J］. 农业现代化研究，28（3）：361-363.

赵化春，韩萍，2001. 玉米栽培的适宜密度问题［J］. 玉米科学（9）：34-38.

赵会杰，李有，邹琦，2002. 两个小同穗型小麦品种的冠层辐射和光合特征的比较研究［J］. 作物学报，28（5）：654-659.

赵建波，2008. 保护性耕作对农田土壤生态因子及温室气体排放的影响［D］. 泰安：山东农业大学.

赵明，李少昆，王美云，1997. 田间不同条件下玉米叶片的气孔阻力及光合、蒸腾作用的关系［J］. 应用生态学报，8（5）：481-485.

赵明，郑丕尧，王瑞舫，1992. 夏玉米个体生长发育中叶片光合速率的动态特征［J］. 作物学报，16（5）：64-69.

赵其国，2007. 土壤污染与安全健康——以经济快速发展地区为例［C］//中国土壤学会土壤生物和生物化学专业委员会. 第四次全国土壤生物和生物化学学术研讨会论文集. 中国土壤学会土壤生物和生物化学专业委员会：广东省科学技术协会科技交流部：25-26.

赵如浪，刘鹏涛，冯佰利，等，2010. 黄土高原春玉米保护性耕作农田土壤养分时空动态变化研究［J］. 干旱地区农业研究（6）：69-74.

赵同科，1996. 植物锌营养研究综述与展望［J］. 河北农业大学学报，19（1）：102-107.

赵同科，曹云者，王运华，等，1997. 锌胁迫下玉米基因型与根分泌物变化［J］. 华中农业大学学报，16（2）：146-150.

赵同科，曹云者，张国印，等，1999. 冬小麦氮肥的植株诊断和推荐施用指标研究［J］. 华北农学报，14（增刊）131-134.

阵国平，1994. 干物质的生产与分析（综述）［J］. 玉米科学，2（1）：48-53.

郑长英，胡敦孝，李维炯，2002. 施用EM堆肥对土壤螨群落结构的影响［J］. 生态学报（7）：1116-1121.

郑伟，何萍，高强，2011. 施氮对不同土壤肥力玉米氮素吸收和利用的影响［J］. 植物营养学报，17（2）：301-309.

郑延海，崔光泉，杨秀凤，等，2004. 高产夏玉米密度及氮磷肥用量优化方式的研究［J］. 山东农业科学（5）：36-37.
郑育锁，陈子学，肖波，2007. 温室黄瓜水肥一体化技术的效应分析［J］. 天津农业科学（2）：26-28.
周国庆，2000. 几种微量元素配施对杂交早稻秧苗的效应［J］. 作物研究，14（1）：12-14.
周继华，贾松涛，2013. 不同灌溉施肥方式对春玉米产量和水分生产效率影响［J］. 中国农学通报（36）：224-227.
周启星，1994. 作物籽实中镉与锌的交互作用及其机理的研究［J］. 农业环境保护，13（4）：148-151.
周青，施作家，汪浩才，2000. 不同叶龄期施用穗肥对夏玉米群体质量及产量的影响［J］. 玉米科学，8（1）：77-79.
周伟，1995. 不同施锌方法对小麦含锌量及产量影响的研究［J］. 生态农业研究，3（1）：34-38.
周允华，项月琴，单福芝，1984. 光合有效辐射（PAR）的气候学研究［J］. 气象学报，23（4）：5-18.
朱杰，牛永志，高文玲，等，2006. 秸秆还田和土壤耕作深度对直播稻田土壤及产量的影响［J］. 江苏农业科学（6）：388-391.
朱金龙，危常州，张书捷，2014. 不同供氮水平对膜下滴灌春玉米干物质及养分累积的影响［J］. 新疆农业科学，51（9）：1569-1576.
朱金龙，危常州，朱齐超，2014. 膜下滴灌春玉米氮素吸收规律与增产效应［J］. 玉米科学（6）：121-125.
朱双杰，高智谋，2006. 木霉对植物的促生作用及其机制［J］. 菌物研究（3）：107-111.
朱文珊，1996. 地表覆盖种植与节水增产［J］. 水土保持研究（3）：141-145.
朱新玉，董志新，况福虹，等，2013. 长期施肥对紫色土农田土壤动物群落的影响［J］. 生态学报，33（2）：464-474.
朱秀良，1994. 棉花农艺措施优化组合的寻优方法浅析［J］. 农业系统科学与综合研究（4）：55-58.
朱应远，宋少援，曹林，等，1994. 密度、肥料对玉米产量协同效应的初步研究［J］. 湖北农学院学报，14（3）：6.
朱兆良，2000. 农田中氮肥的损失与对策［J］. 土壤与环境，9（1）：1-6.
朱兆良，2003. 合理使用化肥充分利有机肥发展环境友好的施肥体系［J］. 中国科学院院刊：89-93.
庄恒扬，刘世平，沈新平，等，1999. 长期少免耕对稻麦产量及土壤有机质与容重的影响［J］. 中国农业科学（4）：41-46.
宗良纲，丁园，2001. 土壤重金属（Cu，Zn，Cd）复合污染的研究现状［J］. 农业环境保护，20（21）：126-128.
邹剑秋，王艳秋，张志鹏，等，2011. A3 型细胞质能源用甜高粱生物产量、茎秆含糖锤度和出汁率研究［J］. 中国农业大学学报，16（2）：8-13.
邹琦，王学臣，1994. 作物高产高效生理学研究进展［M］. 北京：科学出版社.
ABUL HOSSAIN MOLLA，MD，2012. Manjurul Haque，Md. Amdadul Haque，et al. Trichoderma-Enriched Biofertilizer Enhances Production and Nutritional Quality of Tomato（Lycopersicon esculentum Mill.）and Minimizes NPK Fertilizer Use［J］. Agricultural Research，1（3）：588-596.
AFZALINIA S，ZABIHISOIL J，2014. Compaction variation during corn growing season under conservation tillage［J］. Soil & Tillage Research（137）：1-6.
ALLOWAY B，HEAVY M I，1995. London：Blackie Academic Professiona1，368.
ALTOMARE C，NORVELL W A，BJORKMAN T，et al.，1999. Solubilization of phosphates and micronutrients by the plant-growth-promoting and biocontrol fungus Trichoderma harzianum rifai 1295-22［J］. Applied & Environmental Microbiology，65（7）：2926-2933.
BETTGER W J，DELL B L，1981. A critical physiological role of Zn in the structure and function of biomembrane［J］. Life Sci，28：1245-1438.
BOARDMAN N K，1975. Trace elements in photosynthesis In Trace Elements in Soil Plant Animal Systems［M］. London：Academy press.
BOAWN L C，LEGGETT G E，1968. Phosphorus and zinc concentrations in Russet Burbank potato tissues in relation to development of zinc deficiency symptoms［J］. Soil Sci Soc Am Proc，28：229-232.
BROWN J C，JONES W E，1976. A technique to determine iron efficiency in plants［J］. Soil Sci Soc Am J，40：398-405.
CAKMAK I，DIRCI R，TORUN B，et al.，1997. Role of rye chromosomes in improvement of zinc efficiency in wheat and triticate［J］. Plant and Soil，196：249-253.
CAKMAK I，MARSCHNER H，1987. Mechnism of phosphorous-induced zinc deficiency in cotton III：Changes in physiological availability of zinc in plants［J］. Physiol Plant（70）：13-20.
CAKMAK I，MARSCHNER H，1988a. Increase in membrane permeability and exudation in roots of Zn deficient plants［J］. Plant Physiol（132）：356-361.
CAKMAK I，MARSCHNER H，1988b. Zinc-dependent changes in ESR signals NADPH oxidase and plasma membrane permeability in cotton roots［J］. Physiol Plant（73）：182-186.
CAKMAK I，MARSCHNER H，1991. Pecrease in nitrate up-take and increase in proton release in zinc deficient cotton，sunflower and buckwheat plant［J］. Plant Soil（129）：261-268.
CAKMAK I，OZTURK L，KARANLIK S，et al.，1996. Zinc-efficient wild grasses enhance release of phytosiderophores under zinc deficiency［J］. J Plant Nutr，19：551-563.

CAMPBELL C A, SELLES F, LAFOND G P, et al., 2001. Adopting zero tillage management: Impact on soil C and N under long-term crop rotations in a thin Black Chernozem [J]. Canadian Journal of soil Science (81): 139-148.

CENGIZ K, DAVID H, 2002. Response of Tomato Cultivars to Foliar Application of Zinc When Grown in Sand Culture at Low Zinc [J]. Sci Hor, 53-64.

CHAKRAVARTY B, SRIVASTAVA S, 1997. Effect of cadmium and zincinteraction on metal uptake and regeneration of tolerant plants inlinseed [J]. Agric Ecosys Environ, 61: 45-50.

CHANDLER WH, 1937. Zinc as a nutrient for Plant [J]. Bot Gaz, 98: 625-646.

CHEN H Q, MARHAN S, BILLEN N, et al., 2009. Soil organic-carbon and total nitrogen stocks as affected by different land uses in Baden-Württem berg (southwest Germany) [J]. Journal of Plant Nutrition and Soil Science, 172 (1): 32-42.

CHOUDHARY M, BAILEY L D, GRANT C A, et al., 1995. Effect of Zn on the concentration of Cd and Zn in plant tissue of two durum wheat lines [J]. Can J Plant Sci (75): 445-448.

CWIVEDI R S, TAKKAR F N, 1974. Ribonuclease activity as index of hidden hunger zinc in crops [J]. Plant and soil, 40: 170-181.

CZUPRYN M, FALCHUK K H, VALLEE B L, 1987. Zinc deficiency and metabolism of histones and non-histone proteins in Euglena gracilis [J]. Biochemistry (26): 8263-8269.

DAYNARD T B, MULDOON J F, 1983. Plant-60-plant variability of maize plants grown at different densities [J]. Plant sci, 63: 45-59.

DOLAN M, DOWDY R, VOORHEES W, et al., 1992. Corn phosphorus and potassium uptake in response to soil compaction [J]. Agronomy Journal, 84 (4): 639-642.

DONALD C M, 1968. The breeding of crop ideotypes [J]. Euphytica (17): 193-211.

DORAN J W, ELLIOTTE T, PAUSTIAN K, 1998. Soilmicrobiala ctivi-ty, nitrogen cycling, and long-term change in organic carbon pool sare lated to fallow tillage management [J]. Soil tillage research (49): 3-18.

EDWARDS W M, SHIPITALO M J, TRAINA S J, 1992. Role of lumbricus terrestris (L) burrows on quality of infiltrating water [J]. Soil Biology &Biochemistry, 24 (12): 1555-1561.

ELSTNER E F, 1982. Oxygen activivation and oxygen toxicity [J]. Annu Rev Plant Physiol, 133: 73-96.

ERENOGLU B, RMHELD V, CAKMAK I, 2001. Retranslocation of zinc from older leaves to yonger leaves and roots in wheat cultivars differing in zinc dfficiency. In: Horst WJ, Schenk MK, Brkert A. eds. Plant Nutrition: Food Security and Sustainbility of Agro-ecosystems Though Basic and Applied Research. London: Kluwer Academic Pulishers: 224-225.

FONTENELLE A D B, GUZZO S D, LUCON C M M, et al., 2011. Growth promotion and induction of resistance in tomato plant against Xanthomonas euvesicatoria and Alternaria solani by *Trichoderma* spp. [J]. Crop Protection, 30 (11): 1492-1500.

GRAVEL V, ANTOUN H, TWEDDELL R J, 2007. Tweddell. Growth stimulation and fruit yield improvement of greenhouse tomato plants by inoculation with Pseudomonas putida or Trichoderma atroviride: Possible role of indole acetic acid (IAA) [J]. Soil Biology and Biochemistry, 39 (8): 1968-1977.

GREWAL H S, GRAHAM R D, 2002. Seed zinc content influences early vegetative growth and zinc uptake in silseed rape (Brassica napus and Brassica juncea) genotypes on zinc-deficient soil [J]. Plant and soil (192): 191-197.

GREWAL H S, LU Z G, GRAHAM R D, 1997. Influence of subsoil zinc on dry matter production, seed yield and distribution of zinc in oilseed rape genotype differing in zinc efficiency [J]. Plant and soil, 192: 181-189.

GREWAL H S, WILLIAMS R, 1999. Alfalfa genotypes differ in their ability to tolerate zinc deficiency [J]. Plant and Soil (214): 39-48.

HARMENS H, 1993. Physiology of zinc tolerance in Silene vulgaris [D]. Amsterdam: Vrije Universiteit.

HE P P, LU X Z, WANG G Y, 2004. Effects of Se and Zn supplementation on the antagonism against Pb and Cd in vegetables [J]. Environ Int, 30: 167-172.

HEMANTARANJAN A, GARG K, 1984. Effect of zinc fertilization on the senescence of wheat varieties [J]. Indian J. Plant Physiol (28): 239-245.

HERREN T, FELLER U, 1997. Influence of increased Zinc levels on phloem transport in wheat shoots [J]. Plant Physiol, 150: 228-231.

HERRREN T, FELLER U, 1997. Transport of cadmium via xylem and phloem in maturing wheat shoots: Comparison with the translocation of zinc, strontium and rubidium [J]. Ann Bot, 80: 623-628.

HIRADATE S, MORITA S, FURUBAYASHI A, et al., 2005. Plant Growth Inhibition By Cis-Cinnamoyl Glucosides and Cis-Cinnamic Acid [J]. Journal of Chemical Ecology, 31 (3): 591-601.

JOHSON D R, et al., 1972. Calculation of the rate and durauon of grain [J]. Crop Sic, 12: 458-486.

KANWAR J S, CHOPRA S C, 1967. Practical agricultural chemistry. Delhi-S. Chand: 29-107.

KITAGISHE K, OBATA H, 1986. Effcets of zinc deficiency on the nitrogen metabolism of meristematic tissues of rice plants with reference to protein synthesis [J]. Soil Sci Plant Nutr (32): 397-405.

KITAGISHI K, OBATA H. 1986. Effects of zinc deficiency on the nitrogen metabolism of meristematic tissues of rice plants with reference to protein synthesis [J]. Soil Sci

Plant Nutr, 32: 397-405.

KITAGISHI K, OBATA H. Effects of zinc deficiency on the nitrogen metabolism of meristematic tissues of rice plants with reference to protein synthesis [J]. Soil Sci Plant Nutr, 32: 397-405.

LAFOND G, MCCONKEY B, 2009. Stumborg. M. Conserv1986, ation tillage models for small-scale farming: Linking the Canadian experience to the small farms of Inner Mongolia Autonomous Region in China [J]. Soil &Tillage Research, 104 (1): 150-155.

LASAT M M, PENCE N S, GARVIN D F, et al., 2000. Molecular physiology of zinc transport in the Zn hyperaccumulator Thlaspi caerulescens [J]. J Exp Bot (51): 71-79.

LIAO M T, HEDLEY M J, WOOLEY D J, et al., 2000. Copper uptake and translocation in chicory and tomato plants grown in FST system Ⅱ. The role of nicotianamine and histidine in xylem sap copper transport [J]. Plant and Soil (223): 243-252.

LOMBNAES P, SINGH BR, 2003. Varietal tolerance to zinc deficiency in wheat and barely grown in chelator-buffered nutrient solution and its effect on uptake of Cu, Fe, and Mn [J]. Plant Nutr Soil Sci, 166 (1): 76-83.

LONGNECKER N E, ROBSON A D, 1993. Distribution and transport of zinc in plants. In: Zinc in Soils and Plants (Robson AD, ed.): 79-91.

Lucas N G, 崔引安译. 关于免耕法的综合绍 [M]. Power Farming, 1973, (11): 8-9.

LUGTENBERG B, KAMILOVA F, 2009. Plant-Growth-Promoting Rhizobacteria [J]. Annual Review of Microbiology (1): 541-556.

MA B L, DWYER L M, 1998. Nitrogen uptake and use of two contrasting maize hybrids in leaf senescence [J]. Plant Soil (19): 283-291.

MARSCHNER H, 1986. Mineral nutrition of Higher Plants [M]. London: Academic Press.

MARTINOIA E, HECK V, WIEMKER A, 1981. Vacuoles as storage compartment for nitrate in barley leaves [J]. Nature, 289: 292-293.

MATTEO L, SHERIDAN L W, GARY E, 2010. Harman, and Enrique Monte. Translational Research on Trichoderma: From Omics to the Field [J]. Annual Review of Phytopathology (48): 395-417.

MESQUITA M E, VIEIRA J M, SILVA E, 1996. Zinc adsorption by a calcareous soil [J]. Copper interaction (69): 137-146.

MIELE L N, WILHELM W W, FENSTER C R, 1984. soil physical characteristies of reduced tillage in a wheat-fallow system [J]. trans. Asae (27): 1724-1728.

MOSISA W, MARIANNE B, GUNDA S, et al., 2007. Nitrogen uptake and utilization in contrasting nitrogen efficient tropical maize hybrids [J]. Crop Science (47): 519-528.

NORMAN J M, WELLES J M, 1983. Radiative transfer in an array of canopies [J]. Agronal Journal, 75 (3): 481-488.

NYIRANEZA J, DAYEGAMIYE A N, CHANTIGNY, 2009. Variations in corn yield and nitrogen uptake in relation to soil attributes and nitrogen availability Indices [J]. Soil Science Society of America Journal (73): 317-327.

OBATA H, KAWAMURA S, SENOO K, 1999. Changes in level of protein and activity of Cu/Zn-superoxide dismutasen in zinc deficient rice plant (*Oryza sativa* L.) [J]. Soil Sci Plant Nutr (45): 891-896.

PEPPER G Z, PEARCE R B, MOCK J J, 1987. Leaf orientation and yield of maize [J]. Crop Science, 17 (6): 883-886.

PRASK J A, PLOCKE D J, 1971. A role for zinc in the structural integrity of cytoplasnuc ribosomes of Euglena gracilis [J]. Plant Physiol (48): 150-155.

PRESTERL T, GROH S, LANDBECK M, 2002. Nitrogen uptake and utilization efficiency of European maize hybrids developed under conditions of low and high nitrogen input [J]. Plant Breeding (121): 480-486.

RANDALL P J, BOUMA D, 1973. Zinc deficiency, carbonic anhydase and photosynthesis in leaves of spinach [J]. Plant physiol, 52: 229-232.

RAUN W R, JOHNSON G V, 1999. Improving nitrogen use efficiency for cereal production [J]. Agronomy Journal (91): 357-363.

RAUSER W E, GLOVER J, 1984. Cadmium-binding protein in roots of maize [J]. Can J Bot (62): 1645-1650.

RAVI B, SUJATHA S, BALASIMH D, 2007. Impact of drip fertigation on productivity of are canut (Areca catechu L) [J]. Agricultural Water Management, 90 (1-2): 101-111.

RENGEL Z, 1995. Carbonic anhydrase activity in leaves of wheat genotypes differing in Zn effieiency [J]. J Plant Physiol (147): 251-256.

RENSHAW J C, ROBSON G D, WIEBE M G, et al., 2002. Fungal siderophores: structures, functions and applications [Review] [J]. Mycological Research, 106 (10): 1123-1142.

RICEMAN DS, JONES GB, 1958. Distribution of zinc in subterranean clover (*Trifoliumsubterraneum* L.) grown to maturity in a culture solution containing zinc labeled with the radioactive isotope Zn-65 [J]. AgricRes (9): 730-744.

SARAVANAKUMAR K, ARASU V S, KATHIRESAN K, 2013. Effect of Trichoderma on soil phosphate solubilization and growth improvement of Avicennia marina [J]. Aquatic Botany, 104 (1): 101-105.

SEETHAMBARAM Y, DAS VSR, 1984. RNA and RNase of rice (*Oryza sativa* L.) and pearl miller (*Pennisecum americar - mun* L. Leeke) under zinc deficiency. Plant Physiol Biochem (11): 91-94.

SILLANPAA M P, VLEK L G, 1985. Micronutrients and the agroecology of tropical and Mediterranean regions. Fert Res, 87: 151-167.

TAKKAR P N, WALKER C D, 1993. The distribution and correction of zinc deficiency, In: Robson A D ed, Zinc in soils and Plants. Dordrecht, Kluwer Academic Publishers: 151-165.

THOMAS G A, DALAL R C, STANDLEY J, 2007. No-till effects on organic matter, PH, cation exchange capacity and nutrient distribution in a Luvisol in the semiarid subtroPics [J]. soil and Tillage Research (94): 295-304.

THOMET U, VOGEL E, KRAHENBUHL U, 1999. The uptake of cadmium and zinc by mycelia and their accumulation in mycelia and fruiting bodies of edible mushrooms [J]. Eur Food Res Technol (209): 317-324.

TILMAN D, CASSMAN K G, MATSON P A, 2002. Agricultural sustainability and intensive production practices [J]. Nature, 418 (8): 671-677.

TIWARI K N, DWIVEDI B S, 1990. Responde of eight winter crops to zinc fertilizer on a Typic Ustochrept Soil [J]. Agric Sci (Camb) (115): 383-387.

TRIPATHI P, SINGH P C, MISHRA A, et al., 2013. Trichoderma: a potential bioremediator for environmental clean up [J]. Clean Technologies & Environmental Policy, 15 (4): 541-550.

UDAYAKUMAR M, DEVENDRA R, REDDY V S, et al., Nitrate availability under low irradiance and its effect on the nitrate reductase activity. New Phytol, 88: 290-297.

URBANEK E, BODI M, DOERR S H, et al., 2010. Inulence of initial water content on the wettability of autoclaved soils [J]. Soil Science Society of America (74): 1981, 2086-2088.

VALBOA G, LAGOMARSINO A, BRANDI G, et al., 2015. Long-term variations in soil organic matter under different tillage intensities [J]. Soil Tillage Res (154): 126-135.

VALLEE B L, AULD D S, 1990. Zinc coordination, function, and structure of zinc enzymes and other proteins [J]. Biochemistry (29): 5647-5659.

VALLEE B L, GALDES A, 1984. The metallo-biochemistry of zinc enzymes [J]. Ady Enzymol (56): 284-430.

VAN DE MORTEL JE, VILLANUEVA L A, SCHAT H, et al., 2006. Large expression differences in genes for iron and zinc homeostasis, stress response, and lignin biosynthesis distinguish roots of Arabidopsis thaliana and the related metal hyperaccumulator Thlaspi caerulescens. Plant Physio, 142: 1127-1147.

VIETS F G, BOAWN C L, CRAWFORD L C, et al., 1954. Zinc contents of bean plants in relation to deficiency sym ptoms and yield [J]. Plant Physiol, 29: 76-79.

VIETS F G, BOAWN L C, CRAWFORD C L, 1954. Zinc contents and deficiency symptoms of 26 crops grown on a zinc-deficient soil [J]. Soil Sci, 78: 305-316.

VOORHEES W, JOHNSON J, RANDALL G, et al., 1989. Corn growth and yield as affected by surface and subsoil compaction [J]. Agronomy Journal, 81 (2): 294-303.

WALTER A, ROMHELD V, MARSCHNER H, et al., 1994. Is the release of phyto siderophores in zinc-deficient wheat plants a response to impaired iron utilization [J]. Physiol Plant (192): 493-500.

WEINDING R, 1932. Trichodema lignorum as a parasite of other soil fungi [J]. Phytopathology, 22: 837-845.

WELCH R M, HOUSE W A, CAMPEN V D, 1976. Effects of oxalic acid on availability of zinc from spinach leaves and zinc sulfate to rats [J]. J Nutr, 107: 923-933.

WHITE M, BAKER F, CHANEY R, et al., 1981. Metal compl exation in the xylem fluid. Ⅱ. Theoretical equilibrium model and computational computer program [J]. Plant Physiol, 67: 301-310.

YOSHIDA S, AHN J S, FORNO D A, 1973. Occurrence, diagnosis and correction of zinc deficiency of lowland rice [J]. Soil Sci Plant Nutr, 19: 83-93.

YOUNG I, MONTAGU K, CONROY J, et al., 1997. Mechanical impedance of root growth directly reduces leaf elongation rates of cereals [J]. New Phytologist, 135 (4): 613-619.

ZIEGENHAIN G, URBASSEK H M, HARTMAIER A, 2009. Growth stimulation in bean (*Phaseolus vulgaris* L.) by Trichoderma [J]. Biological Control, 51 (3): 409-416.